高职高专"十三五"规划教材
信息化数字资源配套教材

机械设计应用
（信息化教材）

雷晓燕　刘　芳　燕晓红　主编
甄继霞　王　娟　副主编　　　关玉琴　主审

化学工业出版社
·北京·

本书由常用机构的识别与应用、挠性传动的设计、齿轮传动的设计、减速器输出轴的设计和带式输送机一级直齿圆柱齿轮减速器的设计5个任务组成。在各任务前设有教学目标，教学目标明确了完成本任务学生应达到的知识目标和能力目标，在任务中设有任务实施，通过具体任务的实施引出各知识点，通过知识点的学习完成各任务的教学目标，在各任务后设有任务总结和思考与练习，任务总结总结了本任务难点、重点、学习方法，读者可参考任务总结有目的地进行学习，思考与练习帮助读者巩固所学内容，举一反三、融会贯通，方便读者使用。

书中对重要内容设置了二维码，通过扫描二维码，可查看信息化资源，信息化资源包含动画、视频、微课等内容，方便读者理解学习。

本书可作为高职高专院校、成人高校及中等职业院校相关专业的教学用书，也可作为从事机械设计的工程技术人员的参考书及培训用书。

图书在版编目（CIP）数据

机械设计应用：信息化教材/雷晓燕，刘芳，燕晓红主编．—北京：化学工业出版社，2019.6（2024.2重印）
高职高专"十三五"规划教材　信息化数字资源配套教材
ISBN 978-7-122-34041-2

Ⅰ.①机… Ⅱ.①雷… ②刘… ③燕… Ⅲ.①机械设计-高等职业教育-教材 Ⅳ.①TH122

中国版本图书馆CIP数据核字（2019）第041364号

责任编辑：韩庆利
责任校对：宋　玮　　　　　　　　　　　　装帧设计：张　辉

出版发行：化学工业出版社（北京市东城区青年湖南街13号　邮政编码100011）
印　　装：三河市延风印装有限公司
787mm×1092mm　1/16　印张19¼　字数520千字　2024年2月北京第1版第4次印刷

购书咨询：010-64518888　　售后服务：010-64518899
网　　址：http://www.cip.com.cn
凡购买本书，如有缺损质量问题，本社销售中心负责调换。

定　　价：49.00元　　　　　　　　　　　　　　　　　版权所有　违者必究

前言
FOREWORD

本教材根据高职高专机械类及近机械类专业人才培养目标的要求，并对相关专业人才培养模式改革进行调研，结合当前高职高专办学实际情况和作者多年教学经验及教改实践编写而成。本教材以培养学生的机械应用能力为主线，将机械原理、机械设计、工程力学、工程材料的内容进行了有机整合，在内容的选取上遵循"以应用为目的、必需够用为度"的原则，针对高职高专的教学特点，精简了不必要的理论推导，淡化了抽象的理论分析与设计计算，强化了学生对机械零件应用能力的培养，提升了学生对就业岗位群的适应能力。

本教材内容由常用机构的识别与应用、挠性传动的设计、齿轮传动的设计、减速器输出轴的设计和带式输送机一级直齿圆柱齿轮减速器的设计5个任务组成。在各任务前设有教学目标，教学目标明确了完成本任务学生应达到的知识目标和能力目标，在任务中设有任务实施，通过具体任务的实施引出各知识点，通过知识点的学习完成各任务的教学目标，在各任务后设有任务总结和思考与练习，任务总结总结了本任务难点、重点、学习方法，读者可参考任务总结有目的地进行学习，思考与练习帮助读者巩固所学内容，单一反三、融会贯通，方便读者使用。

本教材为信息化教材，教材中设置了大量的动画、视频、微课等信息化资源（通过扫描二维码可直接观看），信息化资源的使用更加形象、生动地表达了教学内容，有效地帮助读者理解教学重点、难点，提高了读者的学习兴趣。另外，配套电子课件，可登录www.cipedu.com.cn下载。

本教材由雷晓燕、刘芳、燕晓红担任主编，甄继霞、王娟担任副主编，关玉琴担任主审。文字部分编写内容具体分工为：雷晓燕、刘芳编写任务五；刘芳编写任务三；燕晓红编写绪论、任务一、附录；甄继霞编写任务二；燕晓红、王娟编写任务四；信息化资源制作具体分工为：雷晓燕制作任务四、刘芳制作任务三、燕晓红制作任务一、王娟制作任务二、任务五，张建新、陈庆丰参与了部分信息化资源的制作。雷晓燕负责全书统稿。

本书主要适用于高职高专院校机械类和近机械类各专业"机械设计应用"类课程的教材，适用学时80～120，也可作为在职人员培训用书。

由于编者水平所限，书中不妥之处在所难免，恳请广大读者提出宝贵意见。

编　者

目录 CONTENTS

绪论 / 1

任务一 常用机构的识别与分析 / 4

【教学目标】 4
【任务导入】 4
【知识链接】 5
　模块一　平面机构运动简图与自由度计算分析 5
　模块二　常用机构的识别与应用 13
　模块三　静力学基础 21
　模块四　力在直角坐标轴上的投影、力矩、力偶 33
　模块五　平面力系的平衡方程及应用 37
　模块六　承载能力分析基础 40
　模块七　轴向拉(压)内力、应力、变形分析 43
　模块八　典型材料在拉伸和压缩时的力学性能 48
　模块九　轴向拉(压)的强度条件及应用 52
【知识拓展】 53
【任务实施】 58
【任务总结】 60
【实践项目】 60
【思考与练习】 60

任务二 挠性传动的设计 / 68

【教学目标】 68
【任务导入】 68
【知识链接】 69
　模块一　带传动的工作原理、类型与工作情况分析 69
　模块二　带传动的张紧、安装和维护 76
　模块三　带传动的设计 78
　模块四　链传动 81
【知识拓展】 88
【任务实施】 91
【任务总结】 93
【思考与练习】 93

任务三　齿轮传动的设计 / 95

- 【教学目标】 …………………………………………………………………… 95
- 【任务导入】 …………………………………………………………………… 95
- 【知识链接】 …………………………………………………………………… 96
  - 模块一　标准齿轮的结构认知 ……………………………………………… 96
  - 模块二　渐开线齿轮加工 …………………………………………………… 105
  - 模块三　材料的选择与热加工基础 ………………………………………… 109
  - 模块四　齿轮的受力分析 …………………………………………………… 143
  - 模块五　轮系 ………………………………………………………………… 163
- 【知识拓展】 …………………………………………………………………… 169
- 【任务实施】 …………………………………………………………………… 172
- 【任务总结】 …………………………………………………………………… 173
- 【实践项目】渐开线齿廓范成法模拟齿轮加工 ……………………………… 174
- 【思考与练习】 ………………………………………………………………… 176

任务四　轴的设计 / 179

- 【教学目标】 …………………………………………………………………… 179
- 【任务导入】 …………………………………………………………………… 179
- 【知识链接】 …………………………………………………………………… 180
  - 模块一　轴的分类、选材及加工工艺 ……………………………………… 180
  - 模块二　轴的结构设计 ……………………………………………………… 182
  - 模块三　轴承 ………………………………………………………………… 187
  - 模块四　联轴器的类型及型号选择 ………………………………………… 202
  - 模块五　连接 ………………………………………………………………… 208
  - 模块六　轴的承载能力分析 ………………………………………………… 227
- 【知识拓展】 …………………………………………………………………… 249
- 【任务实施】 …………………………………………………………………… 252
- 【任务总结】 …………………………………………………………………… 255
- 【实践项目】 …………………………………………………………………… 258
- 【思考与练习】 ………………………………………………………………… 258

任务五　带式输送机一级直齿圆柱齿轮减速器设计 / 264

- 【教学目标】 …………………………………………………………………… 264
- 【任务导入】 …………………………………………………………………… 264
- 【知识链接】 …………………………………………………………………… 266
  - 模块一　减速器的主要类型及特点 ………………………………………… 266
  - 模块二　传动装置的总体设计 ……………………………………………… 269
  - 模块三　传动零件的设计 …………………………………………………… 273
  - 模块四　其他传动零件（联轴器、键、轴承）的选择与校核 …………… 274
  - 模块五　装配图的绘制与设计 ……………………………………………… 275
  - 模块六　零件工作图的设计与绘制 ………………………………………… 284

模块七　减速器的润滑 287
　　模块八　设计计算说明书的编写 289
【任务实施】 290
【任务总结】 292
【实践项目】 295
【思考与练习】 295

附录 / 296

参考文献 / 302

绪论

机器是人类为了提高劳动生产率而创造出来的工具。随着生产的不断发展，品种繁多的机械进入了社会的各个领域，大量的新机器从传统的纯机械设备演变成机电一体化的设备。机器的设计、制造进入了个性化、智能化的新阶段。机器不仅减轻和代替人的体力劳动，又提高了劳动生产率和产品质量，同时也便于对生产进行严格分工和科学管理，易于实现产品的标准化、系列化和通用化，并向着高速、精密、智能等方面发展。使用机器进行生产的水平成为衡量一个国家科学技术水准、核心竞争力和现代化程度的重要标志之一。

一、本课程的研究对象与基本概念

本课程的研究对象是机械。在生产和生活中，常见到的飞机、汽车、起重机、自行车和各种机床等都是机器。机械种类繁多，性能、用途各异，但它们有共同的特征，从它们的特征出发，剖析结构研究其组成原理，以达到掌握、运用的目的。

（一）机器、机构、机械

如图0-1-1所示的单缸内燃机，是由气缸体（机架）1、活塞2、进气阀3、排气阀4、连杆5、曲轴6、凸轮7、顶杆8、齿轮9和齿轮10组成。气缸的气体燃烧膨胀，推动活塞作往复移动，通过连杆5使曲柄连续转动，齿轮、凸轮和顶杆的作用是启闭进气阀和排气阀，以吸入燃气和排出废气，这样，就能把燃烧的热能转换为机械能。

从以上的例子中可以看出，机器有三个共同的特征：①都是人为的实物组合体；②组成

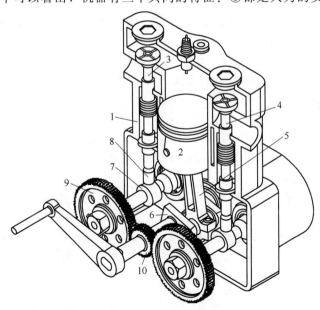

图 0-1-1 单缸内燃机
1—气缸体（机架）；2—活塞；3—进气阀；4—排气阀；
5—连杆；6—曲轴；7—凸轮；8—顶杆；9,10—齿轮

机器的各实物体形成运动单元,各运动单元之间具有确定的相对运动;③可实现能量和信息的转化,完成有用的机械功。同时具备上述三个特征的称为机器,而仅具备前两个特征的称为机构。单缸内燃机就是由以下三种机构组合而成的:①由气缸体(机架)1、活塞2、连杆5、曲轴6组成的曲柄滑块机构,将活塞的往复移动转变为曲柄的连续转动,是机器的主体部分;②由气缸体(机架)1、齿轮9和齿轮10组成的齿轮机构,将曲轴的转动传递给凸轮轴并可以改变转速的大小和方向;③由气缸体(机架)1、凸轮7、顶杆8组成的凸轮机构将凸轮轴的转动变换为顶杆的直线往复运动,从而保证进、排气阀有规律地启闭。可见若干机构组成了机器,简单的机器也可以只有一个机构,如电动机。总之,机构主要用来传递和转换运动,机器主要用来传递和转换能量,但仅从结构和运动的角度看两者之间并无差别,因此,工程上把机器和机构通称为"机械"。

(二)零件、构件、部件

机器是由若干个不同的零、部件组装而成的,零件是机器的最小制造(加工)单元,是组成机器的基本要素,可分为通用零件和专用零件两类。在各种机器中普遍采用的零件为通用零件,如螺钉、螺母、轴、齿轮等;特殊机器中才会使用的零件为专用零件,如汽轮机中的叶片、内燃机中的曲轴、连杆、活塞等。

构件是机器的最小运动单元,构件可以是单一的零件,如齿轮既是零件又是构件;也可以是两个以上的零件组成的刚性结构,如图0-1-2所示的内燃机连杆就是由连杆体、连杆盖、螺栓、螺母等组成的构件。

部件是机器装配的最小单元,由彼此协同完成同一工作的若干零件或构件组成的组合体,如联轴器、离合器、滚动轴承、减速器等。

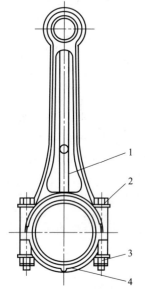

图0-1-2 连杆简图
1—连杆体;2—螺栓;
3—螺母;4—连杆盖

(三)机器的组成

一部机器不管它的内、外部结构如何,一般都由四个部分组成。

1. 动力系统(原动机)

动力系统是机器的动力来源,可采用人力、畜力、风力、水力、电力、热力、磁力等动力源。常用的原动机有电动机、内燃机。

2. 执行系统(工作机)

处于整个机器的终端,是完成工作任务的部分。

3. 传动系统(传动机)

介于动力系统和执行系统之间,能把原动机的运动或动力传递给执行系统。

4. 控制系统

包括各种控制、操纵机构,能够使机器的原动机、传动机、工作机按一定的顺序和规律运动,从而完成所需的工作任务。

二、本课程的性质、内容和任务

本课程是一门综合的专业技术基础课。内容涵盖零件、构件的受力分析、承载能力分析及机械设计基本知识,打破传统的章节编写方式,采用"任务驱动"模式,由5个任务组成,其具体内容如下。

(1) 常用机构的识别与应用

主要讲述机械中常用机构的工作原理、结构特点、运动特性等。

(2) 挠性传动的设计

主要介绍带传动的工作原理、类型与设计,通过实例分析重点讲授 V 带传动的设计。

(3) 齿轮传动的设计

主要讲授典型齿轮传动机构的传动特性、结构特点、材料选择及受力分析、承载能力分析等内容,通过实例分析重点讲授直齿轮传动的设计。

(4) 轴的设计

主要讲授轴的结构设计、材料选择、承载能力分析方法,通过实例分析重点讲授转轴设计的内容。

(5) 带式输送机一级直齿圆柱齿轮减速器的设计

介绍了减速器设计的内容、步骤、方法和要求,能够具有完成带式输送机一级圆柱齿轮减速器的能力。

本课程的任务是:

(1) 熟悉常用机构的工作原理、结构特点、运动特性;

(2) 掌握典型零件、构件材料的选择、受力分析、承载能力分析及减速器相关设计方法;

(3) 具备正确分析、使用和维护机械的能力,具有运用机械设计相关手册、图册、标准、规范等有关技术资料设计简单机械的能力;

(4) 通过本课程的学习为后续专业课的学习打好基础。

任务一
常用机构的识别与分析

教学目标

知识目标：
① 熟练掌握平面连杆机构、凸轮机构和间歇机构等常用机构的组成及工作特性；
② 对常用典型机构进行静力平衡、承载能力的分析。

能力目标：
① 能识别平面连杆机构、齿轮机构、凸轮机构等常用机构，并熟悉机构的工作特性、使用特点及应用；
② 能熟练识读平面机构的计算简图、计算机构的自由度并判断运动状态；
③ 对典型机构进行强度设计。

任务导入

本任务以单缸内燃机为载体，通过对内燃机工作原理、运动规律、受力特点等内容的学习，使学生掌握平面机构运动简图的测绘、物体的受力分析、强度校核等教学内容。通过工作任务单的形式提出问题，让学生带着问题去学习，在学习过程中逐一解决任务单中提出的问题，在解决问题的同时掌握了知识，提升了能力。通过对本任务的学习，学生可以了解到平面机构运动简图的测绘方法、平面机构自由度的计算、平面力系平衡方程的求解、物体的受力分析、杆件的强度计算及校核等内容。具体工作任务单见表 1-0-1。

表 1-0-1　工作任务单

课程名称	机械设计应用
任务名称	单缸内燃机运动与强度分析

一、任务描述

根据图 1-0-1 所示单缸内燃机运动特点及相关参数，完成以下任务。

单缸内燃机

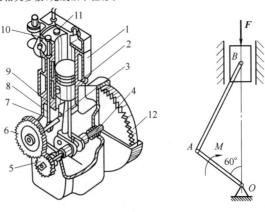

(a)　　　　　　　　(b)
图 1-0-1　单缸内燃机运动特点及相关参数

续表

1. 单缸内燃机的结构、工作特性;
2. 单缸内燃机运动简图的绘制;
3. 单缸内燃机自由度计算与运动状态的判断;
4. 单缸内燃机曲柄滑块机构受力分析与计算;
5. 单缸内燃机连杆的强度分析。

二、任务目的

1. 掌握常用机构的工作原理、工作特性及应用;
2. 掌握平面机构简图绘制的要求和基本方法;
3. 掌握机构自由度的计算及运动的判断;
4. 掌握机构力学分析与强度设计。

三、任务实施流程

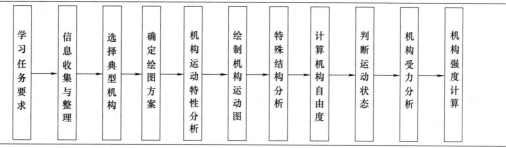

四、提交成果

1. 平面机构运动简图、受力图;
2. 计算平面机构自由度,校核连杆强度。

知识链接

模块一　平面机构运动简图与自由度计算分析

一、运动副

机构由若干个构件组合而成,构件之间都以一定的方式相互连接,这种使两个或两个以上的构件直接接触并能产生相对运动的活动连接,称为运动副。两构件组成的运动副,可以有点、线、面 3 种接触方式,按照组成运动副两构件之间接触方式的不同,运动副分为低副和高副。

(一) 低副

两构件通过面接触构成的运动副称为低副。根据它们之间的相对运动是转动还是移动,又分为转动副和移动副。

1. **转动副**

组成运动副的两构件之间只能绕某一轴线作相对转动的运动副称为转动副。如图 1-1-1 (a) 所示,通常转动副的具体形式是用铰链连接。

2. **移动副**

组成运动副的两构件只能作相对直线移动的运动副称为移动副。如图 1-1-1 (b) 所示,两构件互相限制了沿 y 轴的移动和在 xy 平面内绕任一点的转动,只允许沿 x 轴移动。

(a) 转动副　　　　　　　　(b) 移动副

图 1-1-1　低副

（二）高副

两构件通过点或线接触所构成的运动副称为高副。常见的高副主要有齿轮副和凸轮副。

图 1-1-2（a）所示为齿轮副，轮齿 1 与轮齿 2 为线接触。它们的相对运动是绕 A 点转动和沿齿廓公切线 $t-t$ 的移动，限制了沿 A 点公法线 $n-n$ 方向的移动。

图 1-1-2（b）所示为凸轮副，凸轮 1 与从动件 2 为点接触。

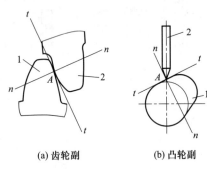

(a) 齿轮副　　　(b) 凸轮副

图 1-1-2　高副

二、平面机构的运动简图

对机构进行运动分析时，如果使用实际结构图，绘制很复杂且不便于分析，为了简化问题，提高效率，方便工作，通常把与运动无关的因素（如构件的形状、运动副的构造等）剔除，仅用简单的线条和规定的符号表示构件和运动副，并按一定比例画出各运动副的位置。这种用简单线条和规定符号绘制的能反映机构各构件间相对运动关系的图形，称为机构运动简图。

（一）构件的分类及表示方法

通常机构中的构件可分为以下两类：

1. 固定件（机架）

固定件是机构中相对固定不动用来支承可动构件的部分。

2. 活动件

活动件是机构中可动的部分。活动件包括原动件和从动件。

（1）原动件　机构中接受外部给定运动规律的，有驱动力或驱动力矩的构件，一般与机架相连。在机构运动简图中原动件用箭头标注。

（2）从动件　机构中随原动件运动而运动的其余活动构件。

在任何机构中，必有一个是相对固定的构件（机架），另有一个或几个原动件，其余的都是从动件。例如：汽车发动机的汽缸体虽然随着汽车运动，但在研究发动机中各构件的运动时，仍将汽缸体视为机架，活塞是原动件，其余构件为从动件。

构件的表示方法：采用实线表示出构件几何图形特征即可。如：杆件用直线、齿轮用圆、凸轮用椭圆表示等。

如图 1-1-3 所示，图（a）、（b）所示为不同形状的连杆，图（c）所示为曲轴，虽然它们的外形、结构和截面尺寸都不相同，但它们都是杆件，两端各有一个转动副，因此，表示成一个件和两个转动副，如图（d）所示。

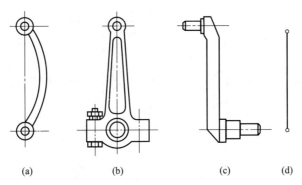

(a)   (b)   (c)   (d)

图 1-1-3　构件及转动副的表示方法

（二）机构运动简图常用符号（表1-1-1）

表 1-1-1　机构运动简图常用符号（部分摘自 GB/T 4460—2013）

名称	符号	名称	符号
固定构件		凸轮机构	
两副元素构件		棘轮机构	
三副元素构件		外啮合圆柱齿轮机构	
转动副		内啮合圆柱齿轮机构	
移动副		齿轮齿条机构	
平面高副		圆锥齿轮机构	

续表

名称	符 号	名称	符 号
蜗杆蜗轮机构		链传动	类型符号,标注在轮轴连心线上方 滚子链 ♯ 齿形链 W
带传动		类型符号,标注在带的上方 V 带 ▽ 圆带 ○ 平带 —		

（三）平面机构运动简图的绘制方法

（1）观察并分析机构的结构特点和运动情况，找出机架、原动件和从动件；

（2）从原动件开始，按照运动传递的顺序，分析各构件之间相对运动的性质，确定组成机构的构件数目、运动副的数目和类型，测出各运动副相对位置的尺寸；

（3）通常选择平行于构件运动的平面为视图平面，确定适当的比例尺

$$\mu_l = \frac{\text{实际尺寸(mm)}}{\text{图上尺寸(mm)}}$$

（4）用简单的线条和规定的运动副符号，绘制机构运动简图。

绘制时应撇开与运动无关的构件复杂外形和运动副的具体构造。同时应注意，选择恰当的原动件位置进行绘制。避免构件相互重叠或交叉，用箭头标明机构的原动件。

【**例 1-1-1**】 绘制图 1-1-4（a）所示颚式碎矿机主体机构的运动简图。

解：（1）分析并确定构件类型：颚式碎矿机由电动机（图中未画出）通过带传动的大带轮 5 驱动偏心轴 2 绕轴线 A 转动时，驱动颚板 3 作周期性平面复杂运动，实现将动、静颚板间的物料轧碎的目的。分析可知其主体机构由机架 1、偏心轴 2、动颚 3、肘板 4 四个构件通过转动副连接而成。

（2）由原动件开始，按照传递顺序确定构件的数目、运动副的种类和数目：构件 1 是机

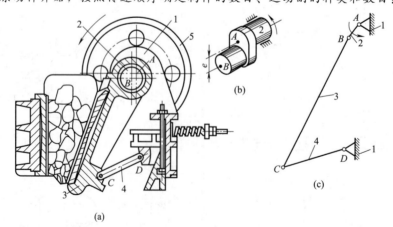

图 1-1-4 颚式碎矿机结构图及平面机构运动简图

架；偏心轴 2 是原动件；动颚 3 和肘板 4 是从动件。偏心轴 2 与机架 5 形成转动副 A [图 1-1-4 (b)]，偏心轴 2 与动颚 3 形成转动副 B，动颚 3 与肘板 4 形成转动副 C，肘板 4 与机架 1 形成转动副 D。

（3）选择合适的比例尺和投影视图，确定各运动副位置，用构件和运动副的规定符号绘制机构运动简图：测量各运动副之间相对位置尺寸，选择投影平面和适当比例尺，绘制机构运动简图。如图 1-1-4 (c) 所示。

【例 1-1-2】 绘制图 1-1-5 (a) 所示牛头刨床主体机构运动简图。

牛头刨床是一种作直线往复运动的刨床，滑枕带着刨刀，因滑枕前端的刀架形似牛头而得名，主要用于单件小批量生产中刨削中小型工件上的平面、成形面和沟槽。常用的中小型牛头刨床主要运动机构大多采用曲柄摇杆机构传动。

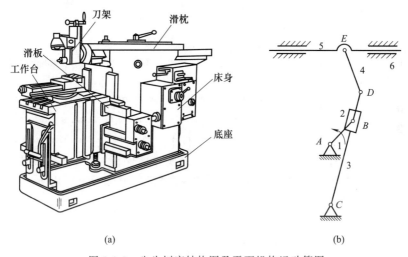

图 1-1-5　牛头刨床结构图及平面机构运动简图

解：（1）分析并确定构件类型：牛头刨床由电机（图中未画出）驱动曲柄 1 绕轴线 A 转动，曲柄 1 带动滑块 2 和摇杆 3、摆杆 4 运动，其中摇杆 3 绕轴线 C 作往复摆动，滑块 2 随摇杆摆动的同时在摇杆上滑动，通过摆杆 4 使得滑枕作直线往复运动。

（2）由原动件开始，按照传递顺序确定构件的数目、运动副的种类和数目：构件 6 是机架；曲柄 1 是原动件；滑块 2 和摇杆 3、4 以及滑枕 5 是从动件。曲柄 1 与机架 6 形成转动副 A，曲柄 1 与滑块 2 形成转动副 B，滑块 2 与摇杆 3 之间形成移动副，摇杆 3 与机架 6 形成转动副 C，摇杆 3 与摆杆 4 形成转动副 D，摆杆 4 与滑枕 5 形成转动副 E，滑枕在滑道中作往复直线运动。

（3）选择合适的比例尺和投影视图，定出各运动副位置，用构件和运动副的规定符号绘制机构运动简图：选择连杆运动平面为视图方向，选择比例尺。

先画出滑块导路中心线及曲柄中心位置，然后根据构件尺寸和运动副之间的尺寸，按选定的比例尺和规定符号绘出牛头刨床机构运动简图。如图 1-1-5 (b) 所示。

三、平面机构的自由度

构件是机构的运动单元，若干构件通过运动副的连接组成了机构，从而完成运动和动力的转换与传递。机构能否按照工作和设计的要求有规律地完成运动和动力的传递，需要判断机构的运动状态。机构运动状态的判断首先要进行自由度的计算。自由度是构件或机构具有的独立运动数目。

（一）构件的自由度

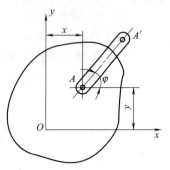

图 1-1-6 构件的自由度

如图 1-1-6 所示，自由运动的构件 AB 可以在 xOy 平面内绕 A 点转动，也可以沿 x 轴或 y 轴方向移动。显然，一个作平面运动的构件有 3 个独立的运动，也就是具有 3 个自由度。

（二）平面机构的自由度

当两个构件通过运动副连接后，构件间的相对运动受到限制，自由度数目就会减少。运动副对两构件间的相对运动所起的限制作用称为约束。每引入 1 个约束，机构就减少 1 个自由度。

不同类型的运动副，引入的约束数目不同，保留的自由度也不同。

如图 1-1-1 所示，转动副引入了 2 个限制移动的约束，只保留了 1 个转动的自由度。移动副引入了 1 个移动和 1 个转动的约束，只保留了 1 个移动的自由度。即低副引入了 2 个约束，保留了 1 个自由度。

如图 1-1-2 所示，高副引入 1 个约束，保留了 2 个自由度。

若一个平面机构由 N 个构件组成，则机构中的活动件数目为：$n = N - 1$。在未用运动副连接之前，这些构件都是自由的，应有 $3n$ 个自由度。当用 P_L 个低副、P_H 个高副将各构件连接起来组成机构时，由于 1 个低副引入 2 个约束，保留 1 个自由度；1 个高副引入 1 个约束，保留 2 个自由度；因此该机构引入的约束总数为 $2P_L + P_H$。用 F 表示机构的自由度，则平面机构自由度的计算公式如下：

$$F = 3n - 2P_L - P_H \qquad (1\text{-}1\text{-}1)$$

由公式可知，机构的自由度的数目取决于活动件的数目（件数）和运动副的类型、数目（副数）。

机构自由度计算的目的是判断机构是否具有确定的运动状态。

（三）机构运动状态的判断

机构具有确定运动的条件是：机构的自由度大于零，且原动件的数目等于自由度数目。通常表达为：$F > 0$ 且等于原动件的数目。

在图 1-1-7（a）中，3 个构件用 3 个转动副连接，其机构自由度 $F = 3n - 2P_L - P_H = 3 \times 2 - 2 \times 3 = 0$，它是一个静定桁架。图 1-1-7（b）中，4 个构件用 5 个转动副连接，其机构自由度 $F = 3n - 2P_L - P_H = 3 \times 3 - 2 \times 5 = -1$，表明该机构约束的数目超过了自由度的数目，称为超静定桁架。图 1-1-7（c）中，4 个构件用 4 个转动副连接，其机构自由度 $F = 3n - 2P_L - P_H = 3 \times 3 - 2 \times 4 = 1$，由于 $F > 0$ 且等于原动件的数目，该机构具有确定的运动状态，这是一个铰链四杆机构。图 1-1-7（d）中，5 个构件用 5 个转动副连接，其机构自由度 $F = 3n - 2P_L - P_H = 3 \times 4 - 2 \times 5 = 2$，由于 $F > 0$ 且等于原动件的数目，该机构也具有确定的运动状态。

(a)

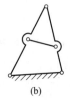
(b)

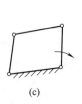
(c)

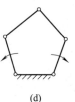
(d)

图 1-1-7 机构简图

在计算机构自由度时，必须注意以下三种特殊情况，要准确识别它们的存在，正确确定构件和运动副的数目。

1. 复合铰链

两个以上的构件在同一处用转动副相连接就构成了复合铰链。如图 1-1-8（a）所示，构件在 A 处构成复合铰链。由图 1-1-8（b）可知，此三构件共组成两个转动副。因此，当有 m 个构件在同一处构成复合铰链时，就构成 $m-1$ 个转动副。

复合铰链

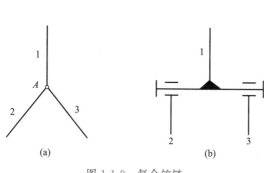

图 1-1-8　复合铰链　　　　图 1-1-9　钢板剪切机

【例 1-1-3】　判断图 1-1-9 所示钢板剪切机的运动状态。

解：该机构有 5 个活动构件，6 个转动副（B 处为复合铰链，含两个转动副），1 个移动副，没有高副，$n=5$，$P_L=7$，$P_H=0$；机构自由度为：

$$F=3n-2P_L-P_H=3\times5-2\times7-0=1$$

由于 $F>0$ 且等于原动件的数目，该机构具有确定的运动状态。

2. 局部自由度

机构中出现的与整个机构输出、输入运动无关的自由度称为局部自由度。

如图 1-1-10（a）所示平面凸轮机构中，在从动件顶部安装一个滚子 2，使其与凸轮 1 的轮廓线为滚动接触，减小了接触处的磨损，改善了局部的运动状态。很显然，在这个机构中，滚子 2 绕其自身轴线的转动方式并不影响从动件 3 的运动，因此，滚子绕其中心的转动是一个局部自由度。

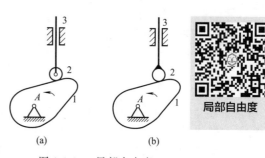

图 1-1-10　局部自由度

局部自由度

在计算机构自由度时，要去掉这个局部自由度，即将滚子 2 与从动件 3 视为一个构件，同时也消除了它们之间的转动副，如图 1-1-10（b）所示，简称为"减件也减副"。

凸轮机构的自由度计算为：

$$n=2, P_L=2, P_H=1$$

$$F=3n-2P_L-P_H=3\times2-2\times2-1=1$$

由于 $F>0$ 且等于原动件的数目，该机构具有确定的运动状态。

3. 虚约束

在特殊的几何条件下，有些约束对机构自由度所起的限制作用是重复的，这种重复的约束称为虚约束。在计算机构自由度时，应除去虚约束。

平面机构中通常存在下列 4 种虚约束：

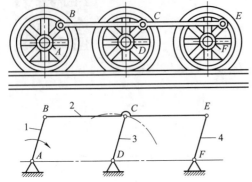

图 1-1-11 运动轨迹重合引入的虚约束

（1）轨迹重合　如图 1-1-11 所示，由于 CD 平行于 AB 和 EF 且相等，构件 3 上的点 C 和构件 2 上 C 点的轨迹重合，即构件 3 和转动副 C、D 是否存在对整个机构的运动无影响，所以构件 3 和转动副 C、D 引入的约束对机构不起限制作用，是虚约束，计算该机构的自由度时，应先将其除去。

需要注意的是，如果构件 3 不平行于 AB 和 EF，则 CD 杆不是虚约束。

（2）转动副轴线重合　两构件组成多个转动副且轴线相互重合，此时只有 1 个转动副起约束作用，其余转动副均为虚约束。如图 1-1-12 所示，A、B 两处转动副只需考虑其中一处。

（3）移动副导路平行　两构件构成多个移动副且导路相互平行，此时只有 1 个移动副起约束作用，其余移动副均为虚约束。如图 1-1-13 所示，A、B、C 三处移动副只需考虑一处。

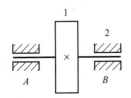

图 1-1-12 轴线重合引入的虚约束

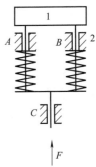

图 1-1-13 导路平行引入的虚约束

（4）对称结构　机构中对运动不起独立作用的对称部分会形成虚约束，如图 1-1-14 所示的行星轮系，只要有一个行星轮 2 就可以满足运动要求，但为了机构受力均衡运动平稳，采用三个行星轮对称布置的形式，在计算自由度时将行星轮 $2'$ 和 $2''$ 连同它们所引入的运动副一起除去不计。

【例 1-1-4】　计算图 1-1-15 所示发动机配气机构的自由度并判断运动状态。

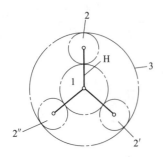

图 1-1-14 行星轮系

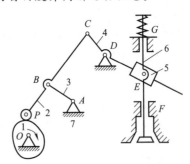

图 1-1-15 发动机配气机构

解：该机构原动件为凸轮 1，P 点处为局部自由度，GF 处为虚约束，因此，$n=6$，$P_L=8$，$P_H=1$；则机构的自由度为：

$$F=3n-2P_L-P_H=3\times6-2\times8-1=1$$

由于 $F>0$ 且等于原动件的数目，该机构具有确定的运动状态。

模块二　常用机构的识别与应用

一、平面连杆机构

平面连杆机构是若干个构件用低副连接而成的机构，又称平面低副机构。由于低副是面接触，压强低且便于润滑，能有效降低磨损并传递较大的载荷，具有成本低、制造简单等优点。通过改变构件的数目、长度等，可以实现较复杂的预期运动。因此，平面连杆机构在各种机械和仪器中得到广泛的使用。其缺点是：低副存在的间隙会引起运动误差，在高速工作时会产生较大的惯性力和冲击，因此，连杆机构不适用于高速运动。

最简单的平面连杆机构是由四个构件组成的，称为平面四杆机构。当平面四杆机构中的运动副都是转动副时，称为铰链四杆机构。铰链四杆机构是平面连杆机构的典型基本形式。

（一）四杆机构的组成

图 1-2-1 所示的铰链四杆机构中，固定不动的杆 4 是机架，与机架相连的杆 1、3 为连架杆，不与机架相连的杆 2 为连杆。在铰链四杆机构中，如果杆 1 或杆 3 能绕其轴线作整周运动，称为曲柄；若只能在小于 360°作往复摆动，则称为摇杆或摆杆。

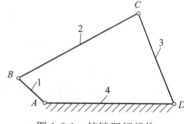

图 1-2-1　铰链四杆机构

（二）四杆机构的类型

1. 基本类型

在四杆机构中，机架和连杆总是存在的，因此，根据两连架杆运动形式的不同，可将铰链四杆机构分成以下 3 种基本类型。

（1）曲柄摇杆机构　在铰链四杆机构中，若两个连架杆中，一个为曲柄，另一个为摇杆，则称为曲柄摇杆机构。

如图 1-2-2 所示为雷达天线的曲柄摇杆机构。曲柄 1 匀速转动，通过连杆 2，使摇杆 3 在一定角度范围内摆动，达到调整天线俯仰角的大小的目的。

（2）双曲柄机构　在铰链四杆机构中，若两连架杆均为曲柄，则称为双曲柄机构。如图1-2-3

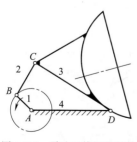

图 1-2-2　雷达天线调整机构

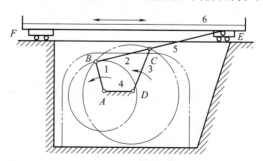

图 1-2-3　惯性筛机构

所示的惯性筛,其中的构件1、构件2、构件3、构件4组成的机构为双曲柄机构。主轴曲柄 AB 等角度速回转一周,曲柄 CD 变角速度回转一周,进而带动筛子 EF 往复运动筛选物料。

在双曲柄机构中还包括平行双曲柄机构和反向双曲柄机构。如图 1-2-4 所示,这种机构的两个曲柄等长,连杆与机架也等长,且两曲柄转向相同。当杆 AB 等角速转动时,杆 CD 也以相同角速度同向转动,连杆 2 则作平移运动。如图 1-2-5 所示的公共汽车车门启闭机构。当主动曲柄转动时,通过连杆使从动曲柄朝相反方向转动,从而保证两扇车门同时开启和关闭。

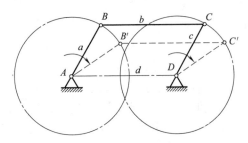

图 1-2-4 平行双曲柄机构

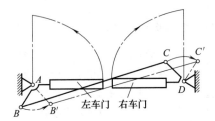

图 1-2-5 公共汽车车门启闭机构

(3) 双摇杆机构 两个连架杆均为摇杆的铰链四杆机构称为双摇杆机构。

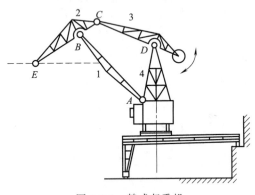

图 1-2-6 鹤式起重机

如图 1-2-6 所示鹤式起重机用的是变幅的双摇杆机构 ABCD。当主动件摇杆 AB 摆动时,从动件摇杆 CD 随之摆动,而且可以通过设计找到合适的杆长参数,使悬挂点 E 的轨迹近似为水平直线,以免被吊重物作不必要的上下运动而造成功耗。此外,生活中的折叠椅、折叠桌等都是按照双摇杆机构的原理制成的。

2. 演化类型

将铰链四杆机构中的杆件变成滑块、用移动副取代转动副,可以演化成为滑块四杆机构,主要包括以下几种。

(1) 曲柄滑块机构 将铰链四杆机构中的摇杆件变成滑块、用移动副取代转动副,就成为曲柄滑块机构。

根据滑块移动的导路中心线是否通过曲柄转动中心,可将曲柄滑块机构分为偏置曲柄滑块机构和对心曲柄滑块机构,如图 1-2-7 所示。

曲柄滑块机构广泛应用于活塞式内燃机、空气压缩机、冲床等机械中。有时为了简化结构,提高曲柄的强度和刚度,会把曲柄做成偏心轮或偏心轴。

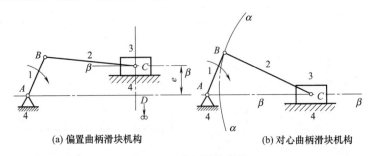

(a) 偏置曲柄滑块机构   (b) 对心曲柄滑块机构

图 1-2-7 曲柄滑块机构

（2）导杆机构　在图1-2-8（a）所示的曲柄滑块机构中，若将机架杆4改为杆1，则得到如图1-2-8（b）所示的导杆机构。通常取杆2为原动件，杆4称为导杆。若杆1长度小于杆2长度，则杆2和杆4均可作整周转动，称为转动导杆机构。若杆1长度大于杆2长度，则杆4只能作往复摆动，称为摆动导杆机构。

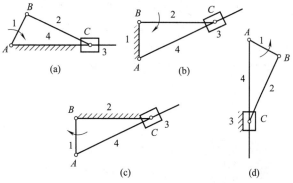

（3）摇块机构　若取杆2为机架，则成为图1-2-8（c）所示的摇块机构。这种机构广泛应用于摆缸式内燃机和液压驱动装置，如自卸卡车翻转卸料机构用的就是摇块机构。

图1-2-8　演化机构的类型

（4）定块机构　若取曲柄滑块机构中的滑块3作为机架，则可得到如图1-2-8（d）所示的定块机构。这种机构常用于抽水机构和液压泵。

（三）四杆机构类型的判别

由前述可知：在铰链四杆机构中，当某杆件的长度变为无穷大时，铰链四杆机构将演化成滑块四杆机构。同时，无论是在铰链四杆机构还是在滑块四杆机构中，取不同的杆件作为机架可得到不同的对应机构。那么，四杆机构类型的判别主要取决于连架杆是否存在曲柄和选哪个杆件为机架。

1. 曲柄存在的条件

分析表明，铰链四杆机构存在一个曲柄的条件如下：

（1）曲柄是最短杆；

（2）最短杆与最长杆长度之和小于或等于其余两杆长度之和。

2. 铰链四杆机构类型的判别

根据曲柄存在的条件，按照下述方法判断铰链四杆机构的类型。

若最短杆与最长杆长度之和小于或等于另外两杆长度之和，则：

（1）分别以最短杆的两个邻边为机架时，该机构是曲柄摇杆机构；

（2）以最短杆为机架时，该机构是双曲柄机构；

（3）以最短杆的对边为机架时，该机构是双摇杆机构。

若最短杆与最长杆长度之和大于其余两杆长度之和，机构中不存在曲柄，则不论取任何杆作为机架，机构都为双摇杆机构。

若构件的长度具有特殊的关系，如不相邻的杆长两两分别相等，该机构不论以哪个杆件作为机架，都是双曲柄机构（平行四杆机构或反向双曲柄机构）。

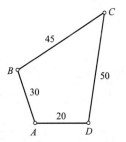

图1-2-9　铰链四杆机构

【例1-2-1】　如图1-2-9所示的铰链四杆机构，各杆长度见图中所示。

（1）判别A、B、C、D四个转动副中，哪个能整转，哪个不能整转。

（2）分别说明该机构以AB、BC、CD和AD杆为机架时，属于哪种机构？

解：（1）该机构中最短杆为$AD=20$，最长杆为$CD=50$

$$20+50=70<30+45$$

故最短杆 AD 两端的转动副 A、D 能整转,而 B、C 不能。

(2)当以 AB 杆或 CD 杆(最短杆 AD 的邻杆)为机架时,机构为曲柄摇杆机构;当以 BC 杆(最短杆 AD 的对边杆)为机架时,该机构为双摇杆机构;当以 AD 杆(最短杆)为机架时,该机构为双曲柄机构。

(四)铰链四杆机构的工作特性

1. 急回特性

(1)急回特性及应用 从动件作往复运动的四杆机构,一般只用一个行程完成工作,称为工作行程,另一个行程不承受工作载荷,称为空回行程。这两个行程所占用的时间可能相等,也可能不相等。我们将具有一个时间较短的空回行程的机构称为有急回特性的机构。

四杆机构特性

在曲柄摇杆机构中,以曲柄为原动件,摇杆空回行程速度比工作行程速度快,我们把这个性质称为机构的急回特性,如图 1-2-10 所示。在实际生产中常常利用机构的急回特性来缩短非生产时间,提高生产效率。

通常用行程速比系数 K 表示摇杆的急回特性。

$$K=\frac{v_2}{v_1}=\frac{\phi_1}{\phi_2}=\frac{180°+\theta}{180°-\theta} \qquad (1\text{-}2\text{-}1)$$

式(1-2-1)中,θ 角为摇杆处于两极限位置(极位)时,对应的曲柄位置线所夹的锐角,称为极位夹角。如图 θ 角越大,急回特性越明显。当 $\theta=0$ 时,$K=1$,机构无急回特性;当 $\theta>0$ 时,$K>1$,机构具有急回特性。在一般机械中 K 取值 1.1~1.3。

在牛头刨床、往复式运输机等机构中应用急回特性可提高生产效率。如刨床的刨刀在切削时(工作行程),为保证切削质量需要速度较慢;回刀时(空回行程)刀具不切削,速度快些,这样,既可以保证产品质量,又可以提高生产效率。

(2)压力角和传动角 在实际生产中,不仅要求连杆机构能实现预定的运动规律,而且希望其运转轻便,传动性能好,效率高。

在图 1-2-11 所示的曲柄摇杆机构,如不考虑各构件的质量和运动副中的摩擦等,则连杆 BC 为二力杆,它作用于从动摇杆 CD 上的力 F 是沿 BC 方向的。从动件受力方向与受力点绝对速度 v_c 之间所夹的锐角 α 称为压力角。力 F 在 v_c 方向的有效分力为 $F_t=F\cos\alpha$。

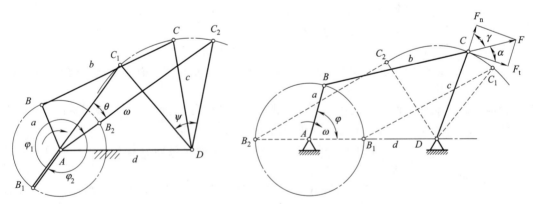

图 1-2-10 曲柄摇杆机构的急回特性　　图 1-2-11 曲柄摇杆机构的压力角和传动角

显然,压力角越小,有效分力就越大,越有利于机构的传动。也就是说,压力角可作为判断机构传力性能好坏的一个重要参数。

在实际应用中,为了度量方便,习惯用压力角 α 的余角 γ(即连杆与从动摇杆之间所夹的锐角)来判断传力性能,γ 称为传动角。因 $\gamma=90°-\alpha$,所以,α 越小,γ 越大,机构的传力性能越好；反之，α 越大，γ 越小，机构传力越费劲，传动效率越低。如果 α 过大或 γ 过小，机构将不能运动。

在机构运转过程中，传动角是变化的，为了保证机构的正常传动工作，必须保证最小传动角 γ_{min}。对于一般功率机械，通常取 $\gamma_{min}>40°$；对于颚式破碎机、冲床等大功率机械，最小传动角应当取大一些，可取 $\gamma_{min}>50°$；对于小功率的控制机构和仪表，γ_{min} 可略小于 $40°$。

2. 死点位置

在曲柄摇杆机构中，以摇杆为原动件，在两极位时，机构的从动件出现卡死或运动不确定状态，该位置称为机构的死点位置，此时传动角为零，由于 $F_t=0$，则无论力 F 多大，都不能驱动从动件运动。

例如家用缝纫机的踏板机构，在使用过程中有时会出现踏不动或倒车现象，就是因为机构处于死点位置而引起的。

机构处于死点位置时从动件将静止不动，因而必须设法使机构顺利通过死点。在工程实际中常用的办法有：

（1）采取机构错位排列的办法（如图 1-2-12 所示，蒸汽机车两边的车轮联动机构错位排列）；

（2）安装飞轮，利用飞轮惯性闯过死点（如缝纫机曲轴上的大带轮就兼有飞轮的作用）；

（3）给从动件施加一个不通过其转动中心的外力（如缝纫机停在死点位置后需重新启动时，给手轮（小带轮）一个外力，便可通过死点）。

虽然死点位置对于传动是不利的，应当设法消除其影响，但有时在工程上也经常利用死点位置来实现某种特殊工作要求，如图 1-2-13 所示的飞机起落架机构，在机轮放下时，杆 BC 与 CD 成一直线，此时虽然机轮上可能受到很大的力，但由于机构处于死点位置，起落架不会反转，这样可使降落更加安全可靠。

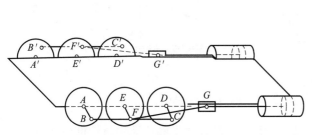

图 1-2-12　蒸汽机车车轮联动机构

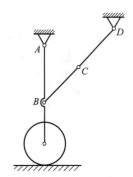

图 1-2-13　飞机起落架机构

二、凸轮机构

（一）凸轮机构的应用及特点

凸轮机构主要由凸轮、从动件和机架 3 个基本构件组成，凸轮通常作为主动件并作等速回转或移动，借助其曲线轮廓（或凹槽）使从动件作相应的运动（摆动或移动）。凸轮机构结构简单、紧凑，通过改变凸轮轮廓的外形，就可以使从动件实现特殊或复杂的运动规律，广泛用于自动化和半自动化机械中作为控制机构。因凸轮轮廓与从动件间为点、线接触而易于磨损，所以不宜承受重载或冲击载荷；而且凸轮轮廓的要求比较高，加工起来困难，费用昂贵。

图 1-2-14 所示为内燃机配气凸轮机构。当具有一定曲线轮廓的凸轮 1 以等角速度回转

时，凸轮轮廓迫使从动件 2（阀杆）按内燃机工作循环的要求来启闭阀门。图 1-2-15 所示为自动送料机构中实现往复摆动的凸轮机构。带凹槽的圆柱凸轮 1 等速转动，槽中的滚子带动从动件 2 作往复移动实现自动送料。

（二）凸轮机构的分类

工程实际中使用的凸轮机构种类很多，对心尖顶直动从动件盘形凸轮机构是最基本的形式。常用的分类方法有以下几种：

（1）按凸轮的形状分类　有盘形凸轮、移动凸轮和圆柱凸轮机构（图 1-2-16 所示）。

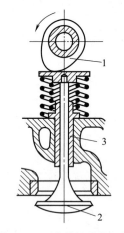
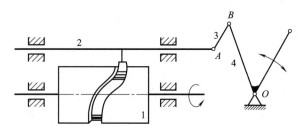

图 1-2-14　内燃机配气机构　　　图 1-2-15　实现往复摆动的自动送料机构

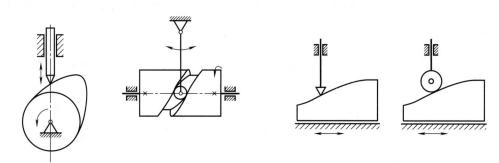

图 1-2-16　盘形凸轮、圆柱凸轮和移动凸轮

（2）按从动件形状分类　有尖顶从动件、滚子从动件、平底从动件凸轮机构（图 1-2-17 所示）。

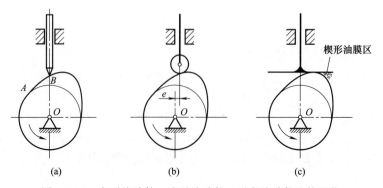

图 1-2-17　尖顶从动件、滚子从动件、平底从动件凸轮机构

(3) 按从动件运动形式分类 有直动从动件（图 1-2-14 所示）和摆动从动件凸轮机构（图 1-2-15 所示）。

(4) 按锁合形式分类 有力锁合（图 1-2-14 所示）和形锁合凸轮机构（图 1-2-18 所示）。

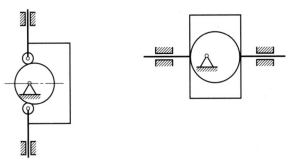

图 1-2-18 常见形锁合方式凸轮机构

三、间歇机构

主动件作连续运动，从动件作周期性间歇运动的机构称为间歇运动机构。在自动和半自动机械中，除了前面已经识读过的平面连杆机构、凸轮机构外，经常会用到类型繁多、功能各异的间歇机构。

（一）棘轮机构

1. 棘轮机构的组成及工作原理

棘轮机构是间歇运动机构的一种，如图 1-2-19 所示。它由摇杆 1、主动棘爪 2、棘轮 3、制动棘爪 4、片簧 5 和机架等组成。当摇杆 1 逆时针摆动时，摇杆上铰接的主动棘爪 2 插入棘轮 3 的齿槽中，推动棘轮同向转过一定角度，制动棘爪则在棘轮的齿背上滑过；当摇杆顺时针摆动时，主动棘爪 2 在棘轮 3 的齿背滑过，此时制动棘爪 4 在片簧作用下插入棘轮 3 的齿槽中，阻止棘轮 3 顺时针转动，故棘轮 3 静止不动。因此，当摇杆作往复摆动时，棘轮作单方向时动时停的间歇运动。

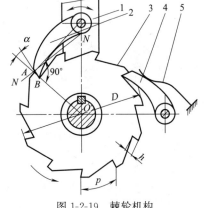

图 1-2-19 棘轮机构

2. 棘轮机构的种类

棘轮机构按照结构特点可分为齿式棘轮机构和摩擦式棘轮机构两大类。

(1) 齿式棘轮机构 齿式棘轮机构有外啮合（图 1-2-20）、内啮合（图 1-2-21）两种形式。按棘轮齿形分，可分为锯齿形齿（图 1-2-19、图 1-2-20）和矩形齿（图 1-2-22）。矩形齿用于双向转动

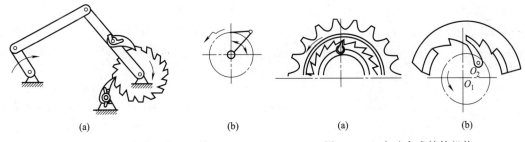

图 1-2-20 外啮合式棘轮机构 　　图 1-2-21 内啮合式棘轮机构

的棘轮机构。图1-2-23所示棘轮机构为双动式棘轮机构，它有两个主动棘爪，它们可以同时工作，也可以单独工作。同时工作时，两个棘爪交替推动棘轮转动，摇杆往复摆动一次，可使棘轮转动两次。当提起一个棘爪使另一个棘爪单独工作时，其工作原理与单动式相同。

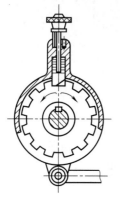

图 1-2-22　矩形齿棘轮机构

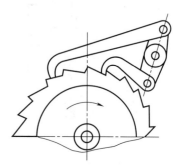

图 1-2-23　双动式棘轮机构

齿式棘轮机构在机构中应用广泛，常用来实现送进、输送、制动和超越等工作要求。

（2）摩擦式棘轮机构　为减少棘轮机构的冲击及噪声，并实现转角大小的无级调节，可采用图1-2-24、图1-2-25所示的摩擦式棘轮机构。摩擦式棘轮机构是依靠主动棘爪与无齿棘轮之间的摩擦力来推动棘轮转动的，摩擦力应足够大。外摩擦式棘轮机构由主动棘爪1、棘轮2和止回棘爪3组成。滚子式内摩擦棘轮机构由外套1、星轮2和滚子3组成。滚子式内摩擦棘轮机构，当外套1逆时针转动时，在摩擦力的作用下使滚子3楔紧在外套1与星轮2之间，从而带动星轮2转动；当外套顺时针转动时，滚子3松开，星轮2不动。

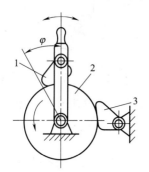

图 1-2-24　外摩擦式棘轮机构

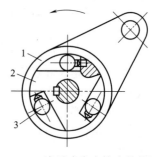

图 1-2-25　滚子式内摩擦式棘轮机构

（二）槽轮机构

1. 槽轮机构的工作原理和基本类型

槽轮机构又称马氏机构，也是一种间歇运动机构，可分为外槽轮机构和内槽轮机构。其结构如图1-2-26所示，由带圆销的拨盘1、具有径向槽的从动槽轮2和机架等组成。当拨盘1进行连续匀速转动时，其上的圆销进入槽轮相应的槽

马尔他的前世今生

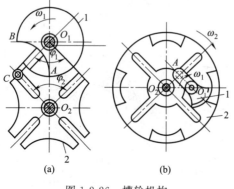

图 1-2-26　槽轮机构

内,迫使槽轮转动。当拨盘转过 $2\varphi_1$ 角时,槽轮转过 $2\varphi_2$ 角,此时圆销开始脱离槽轮。拨盘继续转动,槽轮上的凹弧(称为锁止弧)与拨盘上的凸弧相接触,此时槽轮不能转动,等到拨盘的圆销再次进入槽轮的另一槽时,槽轮又开始转动。由此将主动拨盘的连续转动变为从动槽轮周期性的间歇运动。

2. 槽轮机构的特点和应用

槽轮机构结构简单,转位迅速,工作可靠,机械效率高且转动平稳。但槽轮转角不可调整,在工作中会产生柔性冲击,因此一般应用在转速较低且有间歇转动要求的场合。

图 1-2-27 所示为六角车床刀架的转位槽轮 2 机构。与六槽外槽轮 2 固定在一起的刀架 3 上可装 6 把刀具,拨盘 1 旋转一周,驱使槽轮(即刀架)转过 60°,从而将下一工序所需的刀具转换到工作位置。

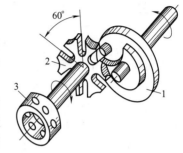

图 1-2-27 六角车床刀架转位槽轮机构

(三) 不完全齿轮机构

不完全齿轮机构由具有一个或几个齿的不完全主动齿轮 1、具有正常轮齿和带锁止弧的从动齿轮 2 及机架组成,如图 1-2-28 所示,与棘轮机构、槽轮机构同属于间歇运动机构。

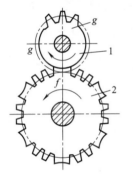

图 1-2-28 不完全齿轮机构

当主动齿轮 1 等速连续转动时,主动齿轮 1 上的有齿部分作用时,从动齿轮 2 被驱使转动;当主动齿轮 1 的无齿圆弧部分作用时,从动齿轮 2 歇止不动并停在确定位置上,从而将主动齿轮的连续转动转变为从动齿轮周期性的单向间歇运动。图 2-52 所示的不完全齿轮机构,主动齿轮每转一周,从动齿轮只转 1/6 周。

与其他间歇运动机构相比,不完全齿轮机构的结构更简单、工作更可靠,能传递较大的力,而且从动轮转动和停歇的次数、时间、转角大小等不受结构的限制;不足之处是工艺复杂,而且从动轮在转动开始和结束时角度有突变,会产生较大的冲击。因此,不完全齿轮机构多用于低速、轻载场合,如自动机械和半自动机械中工作台的间歇转位机构、间歇进给机构以及计数装置等。

模块三 静力学基础

一、静力学的基本概念

(一) 静力学的研究对象

静力学是研究物体在力作用下的平衡规律。平衡,是指物体相对于地球保持静止或作匀速直线运动的状态。物体的运动是绝对的,平衡是相对和暂时的。如地面上的建筑物是静止不动的,但它相对于太阳系,却随着地球不停地运动着,因此,以后所说的物体处于平衡状态,都是相对于地球这个参考系而言的。

由于静力学仅研究物体在力作用下的平衡规律,并不研究力作用下物体的变形,为了突出事物的主要矛盾,忽略一些次要的因素,将静力学研究的物体抽象成一个理想的力学模型——刚体。刚体,是指在外力作用下,几何尺寸和形状不发生变化的物体。

事实上,任何物体在力的作用下都或多或少会产生变形。而实际工程中的构件在力的作用下产生的变形非常微小,忽略这一微小变形不会对研究结果发生实质性影响,同时又能将所研究的问题简化。但是,将物体抽象为刚体是有条件的,这与所要研究问题的性质和内容有关,在研究物体承载能力时,变形这一因素在所研究的问题中成为主要矛盾,就必须以变形体为研究对象。

(二)静力学的研究内容

静力学主要研究两个问题:

1. 力系的简化

作用在物体上的若干个力,称为力系。在研究物体的平衡问题时,为了方便地显示出各种力系对物体作用的总效应并从中找出平衡规律,就需要将一个比较复杂的力系用另一个简单的力系来代替,但必须保证简化前后力系对物体的作用效应完全相同,这个过程称为力系的简化,由于力系简化前后并不改变物体原有的运动状态,这两个力系互称为等效力系。若一个力对物体的作用和一个力系等效,则称这个力为这个力系的合力,而该力系中的所有各力称为这个合力的分力。力系简化的理论和工具主要是静力学公理。

2. 力系的平衡

若物体在某一力系作用下处于平衡状态,则该力系称为平衡力系。欲使物体处于平衡状态,则作用于物体的力系必须满足一定的条件,这些条件称为力系的平衡条件。

静力学的主要任务是:已知物体在某力系作用下处于平衡状态时,应用力系的平衡条件求解力系中的未知力(约束反力)。因此,力系平衡条件的建立及应用是静力学研究的主要内容。

(三)力的概念

1. 力的定义及其三要素

力是物体间相互的机械作用,这种作用使物体的运动状态发生改变或使物体产生变形。

力对物体机械作用的效应表现为两个方面:一是使物体的机械运动状态发生改变,如使物体运动速度的大小或方向改变,这种效应称为力的运动效应或外效应;二是使物体产生变形,例如使轴弯曲或弹簧伸长,这种效应称为力的变形效应或内效应。力的这两种效应是同时出现的,因此,静力学只研究力的外效应,而材料力学将研究力的内效应。

由于力对物体的作用效应取决于力的大小、方向和作用点,这三个因素通常称为力的三要素。

力的大小是指物体间相互机械作用的强弱程度。力的国际单位制为牛顿(N)、千牛顿(kN),且 $1kN=1000N$。

力的方向包含方位和指向两个意思,方位是力在空间的位置。如重力是"铅直向下","铅直"是力的方位;"向下"是力的指向。

力的作用点是物体相互作用位置的抽象化结果。实际上,力的作用位置不是一个点而是分布作用在一定的面积或体积上的。一般来说,如果作用面积或体积很小,则可将其抽象为一个点,称为力的作用点,我们把这种力称为集中力;如果力分布作用的面积或体积比较大且不可忽略时,则称为分布力。

在力的三要素中,如果改变其中任何一个要素,也就改变了力对物体的作用效果。

2. 力的表示方法

力是一个有大小和方向的量,所以力是矢量。常用一带箭头的线段来表示,如图1-3-1所示。图中线段 AB 的长度(按一定的比例尺)表示力的大小;线段与某一参考线之间的夹角(如 θ 角)表示力的方位;箭头则表示力的指向;线段的起点 A(或终点 B)表示力的作用点,与线段重合的直线 KL 称为力的作用线。

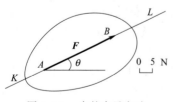

图1-3-1 力的表示方法

本书中力矢量一律用黑体字母表示,例如 F;而不用黑体字母表示的力只是表示该力矢量的大小,例如 F。

二、静力学公理

公理,就是无需证明已为大家公认的真理。静力学公理是人们从长期的生产和生活实践中对客观现实经过观察、分析、归纳和总结而得出的结论。它揭示了力的一系列基本性质,是静力学的理论基础。

(一) 公理一(二力平衡公理)

公理一:作用在同一刚体上的两个力,使刚体处于平衡的必要和充分条件是:这两个力大小相等(等值),指向相反(反向),作用在同一条直线上(共线)。如图 1-3-2 所示。

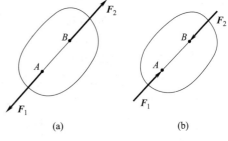

图 1-3-2 二力平衡公理

公理一说明,两个等值、反向、共线的力系构成了最简单的平衡力系。

只受两个力作用而处于平衡的杆件或构件称为二力杆(或二力构件),如图 1-3-3 所示,其中图(a)所示为轴向拉杆;图(b)所示为轴向压杆。

需要强调的是,二力平衡公理只适用于刚体,不适用于变形体。对于变形体来说,二力平衡公理中的条件只是必要条件而不是充分条件。

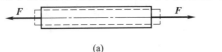 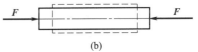

图 1-3-3 轴向拉、压杆

(二) 公理二(加减平衡力系公理)

公理二:在作用于刚体上的任一力系中,加上或减去任意一个平衡力系,不会改变原力系对刚体的作用效应。

公理二的正确性是显而易见的,由平衡力系的定义可知,平衡力系不改变刚体的平衡或运动状态。公理二常被用来简化力系和推导一些定理。

同公理一一样,公理二也只适用于刚体。对于变形体来说,加上或减去一平衡力系后,将会引起物体形状的改变。

由前面两个公理可以推导出作用于刚体上力的一个重要性质。

推论Ⅰ:(力的可传性原理)

作用在刚体上的力可沿其作用线移动到该刚体内的任一点,而不改变力对刚体的作用效应。

问题:力 F 作用在刚体上的 A 点,现在要将力 F 移至刚体内力作用线上的任意一点 B。如图 1-3-4(a)所示。

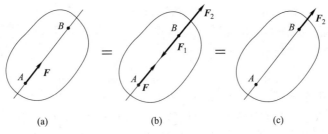

图 1-3-4 力的可传性原理

证明：

在 B 点沿 AB 线加上一对平衡力 F_1 与 F_2，并令 $F_1 = F_2 = F$，如图 1-3-4（b）所示，由于 F_1 与 F_2 为平衡力系，加上之后并不改变原力 F 对刚体的作用效应，在 F、F_1 和 F_2 组成的力系中，F 和 F_1 也是一个平衡力系，因此，除去这两个力，也不改变 F 对刚体的原有效应。除去 F 与 F_1 后，剩下一个作用于 B 点的 F_2。F 与 F_2 大小相等，指向相同，在一条作用线上，这相当于把原来作用于 A 点的力 F 沿着作用线移到了任意一点 B。如图 1-3-4（c）所示。

必须注意的是，力的可传性原理也只适用于刚体，而不适用于变形体。另外，力的可传性原理多用于理论的推导和论证，在研究具体的平衡问题进行受力分析时，不能应用力的这一性质将力沿作用线随意移动。

（三）公理三（力的平行四边形法则）

公理三：作用在物体上同一点的两个力可以合成为作用于该点的一个合力，它的大小和方向由这两个力的矢量为邻边所构成的平行四边形的对角线来表示。如图 1-3-5（a）所示。

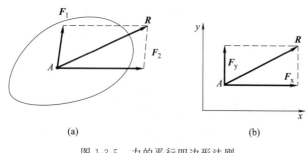

图 1-3-5 力的平行四边形法则

作用在 A 点的两个力 F_1 和 F_2 与合力 R 的数学关系式为：

$$R = F_1 + F_2$$

上式为矢量表达式，即作用在物体上同一点的两个力的合力 R 等于两个分力 F_1 和 F_2 的矢量和。求解合力 R 的大小和方向时，可以根据力的平行四边形法则应用图解或几何关系求解，这种合成的方法称为几何法。

力的平行四边形法则是力系简化的基础。它表明作用于物体上同一点的两个力可以合成为一个合力；反之，一个力也可以分解为同一平面内的两个分力，但两个分力并不是唯一的，即进行力的分解时必须给定分解方向，否则没有唯一解。

在工程实际中，常把一个力沿直角坐标轴方向分解，从而得到两个相互垂直的分力 F_x 和 F_y，这样的分解称为力的正交分解。如图 1-3-5（b）所示。

推论Ⅱ：（三力平衡汇交定理）

刚体受共面且互不平行的三个力作用而平衡，则此三力的作用线必汇交于一点。

证明： 刚体受不平行的三个力 F_1、F_2 和 F_3 作用处于平衡状态，A、B、C 分别为三个力的作用点，如图 1-3-6 所示，应用力的平行四边形法则求出 F_1 和 F_2 的合力 R，此时，刚体只在两个力 F_3 和 R 作用下处于平衡状态，由二力平衡公理可知 F_3 必与 R 等值、反向、共线，即 F_1 和 F_2 的作用线的交点 O 与 F_3 的作用点 C 共线。因此，F_1、F_2 和 F_3 三力的作用线共面，且汇交于一点 O 点。

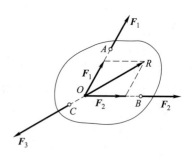

图 1-3-6 三力平衡汇交定理

（四）公理四（作用力与反作用力定律）

公理四：两个物体间的相互作用力，总是同时存在，它们的大小相等，指向相反，沿着同一条直线分别作用在这两个相互作用的物体上。

公理四揭示了任何两个物体间相互作用的关系，不论物体是处于平衡状态还是处于运动状态，也不论物体是刚体还是变形体，公理四都是普遍适用的。公理四表明在相互作用的物体之间的力总是成对出现，有作用力就必定有反作用力，二者总是同时存在，同时消失。

值得注意的是，公理四容易与公理一二力平衡公理混淆。作用与反作用力定律中的两个力分别作用在两个物体上，而二力平衡公理中的两个力是作用在同一刚体上的。

一般习惯上将作用力与反作用力用同一个字母表示，其中一个字母加上一撇表示区别。

一物体置于水平面上处于平衡状态，如图 1-3-7（a）所示，现分析各物体所受的力及它们之间的关系。

G 为物体受到的重力，F_N 为水平面对物体的支承力（法向约束反力，属于光滑面约束，见前述相关内容），如图 1-3-7（b）所示，由于系统静止，所以力 G 与 F_N 必定满足公理一的条件，是平衡力系。F'_N 为物体对水平面的压力，如图 1-3-7（c）所示，而 F_N 和 F'_N 则是一对作用力与反作用力。这两对力尽管都是等值、反向、共线的，但它们的物理意义是不同的，即力 G 与 F_N 是

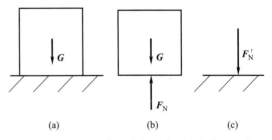

图 1-3-7　作用力与反作用力定律

作用在同一物体上的平衡力系，而力 F_N 和 F'_N 则是一对作用力与反作用力，它们同时存在，同时消失，分别作用于水平面上和物体上。在以后分析多个物体组成的物体系统的受力情况时，根据作用力与反作用力定律可以把相邻物体的受力关系联系起来，因此，该定律也是分析物体系统问题的基本力学定律。

三、物体的受力分析与受力图

物体无论是处于平衡状态还是运动状态，总是与周围其他物体相互联系着的。在研究力学问题时，首先需要了解物体与周围其他物体的连接方式和形式，才能正确分析物体的受力情况，并作进一步的分析和研究。

（一）约束与约束反力

按照物体是否与周围其他物体直接接触可将物体分为两类：凡能在空间不受限制地作任意运动的物体称为自由体。例如飞行中的气球、子弹等。凡受到周围其他物体的限制，使其沿某些方向的运动或位移受到限制的物体称为非自由体。限制非自由体运动的其他物体（条件）称为该非自由体的约束。

用绳索悬挂的重物、沿铁轨行驶的火车、放置在桌子上的物品等都是非自由体，在这些例子中，绳索是重物的约束、铁轨是火车的约束、桌子是物品的约束，而重物、火车、物品称为被约束物体；绳索、铁轨和桌面则称为约束。约束是通过物体间的直接接触形成的。受到约束的物体就是非自由体。静力学主要是研究非自由刚体的平衡问题。

约束既然限制了物体的运动，改变了物体的运动状态，那么，约束对物体必然有力的作用。约束作用在被约束物体上的力称为约束反力，简称约束力。

约束反力的作用点在约束与被约束物体相互接触处。约束反力的方向总是与约束所能限制的运动方向相反，约束反力的大小则需要根据平衡条件来确定。

（二）作用在物体上力的分类

1. 按照是否是引起物体运动的原因分类

（1）主动力　促使物体有运动或具有运动趋势的力，工程上也称为载荷，如重力、水压力、土压力、风力等。

（2）被动力　由主动力的作用引起的，也就是约束反力。因此，约束反力也称被动力。

约束反力随主动力的改变而改变,一般是未知的。在静力学所研究的问题中,主动力是作为已知条件给出的,被动力是需要求解的对象,因此,静力学研究的核心问题是根据平衡条件求解约束反力。

2. 载荷按照作用范围分类

(1) 集中载荷　如果载荷的作用范围与结构尺寸相比很小,则可认为其作用在一点。集中载荷包括集中力和集中力偶。

(2) 分布载荷　也称分布力。载荷作用的范围比较大且不可忽略。分布载荷包括体积分布载荷(在体积中分布的力)、面积分布载荷(在面积中分布的力)和线分布载荷(在长度上分布的力)。

3. 载荷按照作用性质分类

(1) 静载荷　由零开始逐渐缓慢地加在物体上的力,作用到物体上后,力的大小方向不再改变。

(2) 动载荷　加力过程中物体有明显的加速度产生,作用到物体上后,力的大小方向会发生改变。

本书主要讨论的是静载荷中的集中载荷和线分布的均布载荷。

(三) 约束类型与约束反力

约束反力除了与作用在物体上的主动力有关外,还与约束本身的性质有关。工程中实际约束的形式和结构是各种各样的,通常将工程中常见的约束理想化,归纳为几种基本类型,掌握这些基本类型约束反力的表达是绘制受力图进而应用平衡方程求解约束反力的关键,下面就介绍几种常见的典型平面约束和各种约束的特性与约束反力的确定方法。

1. 柔性约束

由绳索、链条、皮带等柔性体对物体构成的约束称为柔性约束。如图 1-3-8 所示,因柔性体只能承受拉力,不能承受压力,即只能限制物体沿柔性体伸长方向的运动,因此,柔性体对物体的约束反力只能是拉力,作用在物体的连接点处,作用线沿柔性体的中心线,指向背离物体,即沿柔性体的中心线而背离物体,用 F_T 表示。

如图 1-3-8 (a) 所示,起吊重物时,A、B 两处绳索的约束反力分别为 F_{TA}、F_{TB}。又如图 1-3-8 (b) 所示的带传动中,带对主动带轮 O_1 和从动带轮 O_2 的拉力分别为 F_{T1}、F_{T2} 和 F_{T1}'、F_{T2}'。F_{T1} 与 F_{T1}'、F_{T2} 与 F_{T2}' 为作用与反作用力。

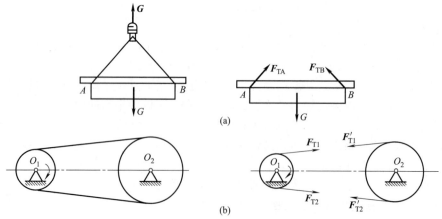

图 1-3-8　柔性体约束

2. 光滑面约束

两物体的接触可能是面接触或是点、线接触。

当忽略两物体接触处的摩擦力时,它们的接触就可认为是光滑的。不考虑摩擦的接触面

（点、线）约束称为光滑面约束。这类约束的特点是不能限制物体沿接触处公切线任何方向的运动，只能限制物体沿接触处公法线而指向接触面方向的运动。因此，光滑面约束的约束反力只能是压力，作用在接触处，沿接触处的公法线指向被约束物体。用 F_N 表示。

如图 1-3-9 所示，各物块受到光滑面约束，约束反力均作用在接触处并沿接触处的公法线而指向物体。

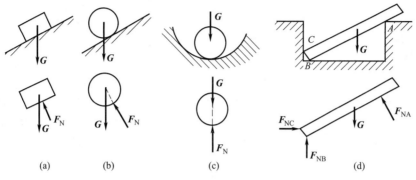

图 1-3-9 光滑面约束

3. 光滑铰链约束

在工程结构和机械设备中，铰链约束（也称转动副）常用来连接构件或零部件，它是一个圆柱形零件，称为销钉。两物体连接后，接触处的摩擦忽略不计，这类约束只能限制被连接物体间的相对移动，不能限制它们绕着销钉轴线的相对转动的，这种约束称为光滑铰链约束，简称铰链约束。常见的铰链约束有以下三种形式。

（1）圆柱铰链（或称中间铰链） 圆柱铰链约束是用圆柱销钉 A 插入两个构件 B、C 的圆孔而构成，如图 1-3-10（a）、（b）所示。圆柱铰链常用作连接两个或多个构件并处在结构物的内部，所以，也把它们称为中间铰链，简称中间铰、铰接。例如螺栓、铆钉、活塞销连接等，都可抽象为这类约束。由其结构可见，当构件 C 受主动力作用后，与销钉 A 的接触点为 D，如图 1-3-10（c）所示。由于销钉与孔都是光滑的，按光滑接触面约束反力的特点，可知销钉 A 给构件 C 的约束反力沿接触点 D 处的公法线，即必须通过销钉中心（铰链中心），指向构件 C。但是，构件运动趋势的变化无法事先确定，因此，接触点的位置不确定，故中间铰链约束的约束反力作用在垂直于销钉轴线的平面内，通过销钉中心，垂直于销钉轴线，方向未定。通常将其分解为相互垂直的两个分力 F_{Ax} 和 F_{Ay}，如图 1-3-10（d）所示，力的指向可以任意假定，所设指向正确与否由计算结果校正。铰接的简化符号如图 1-3-10（e）所示。

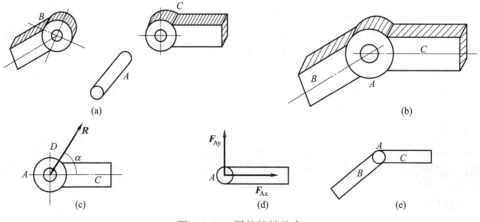

图 1-3-10 圆柱铰链约束

(2) 固定铰链支座 用中间铰连接的两个构件中,若其中一个构件(支座)固结于地面或机架上,这种约束称为固定铰链支座,如图 1-3-11 (a) 所示,其简图如图 1-3-11 (b) 所示。

由固定铰链支座的构造特点可见,它的性质与中间铰链的性质相同,其约束反力的表示方法也与中间铰链相同,如图 1-3-11 (c) 所示。

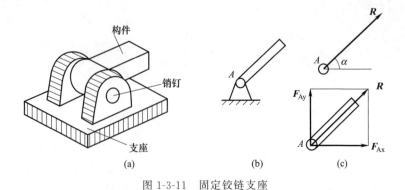

图 1-3-11 固定铰链支座

(3) 活动铰链支座(辊轴支座) 如果固定铰链支座的座体,用几个圆柱形辊轴支承在光滑面上,这种支座称为辊轴支座或活动铰链支座,如图 1-3-12 (a) 所示,其简图如图 1-3-12 (b) 所示。由于支承面光滑,活动铰链支座可以在支承面上有微小移动,只限制构件沿支承面法线方向的运动。因此,活动铰链的支座的约束反力通过铰链中心,垂直于支承面,指向未定。约束反力的表示方法如图 1-3-12 (c) 所示。

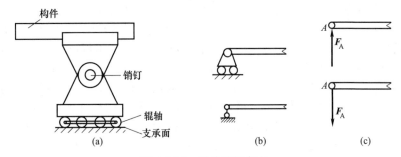

图 1-3-12 活动铰链支座

4. 固定端约束

工程实际中,经常碰到物体的一部分固嵌(插入)到另一物体中所构成的约束称为固定端约束。构件在固定端不能沿任何方向移动和转动。如建筑物阳台下的挑梁,被水泥等固定在墙中不能作任何方向的移动和转动;装在车刀架上的车刀,当旋紧螺钉后,刀杆被牢固地固定在刀架上使车刀相对于刀架不能作任何方向的移动和转动。其简图如图 1-3-13 (a) 所示。

固定端约束有约束反力 F_{Ax}、F_{Ay} 和约束反力偶 M_A。指向和转向未定。固定端的约束反力的表示方法如图 1-3-13 (b) 所示。一端是固定端支座,另一端自由的结构为悬臂梁。

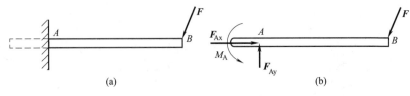

图 1-3-13 固定端约束

5. 二力构件约束

一个不计自重、两端都用光滑铰链与其他物体连接，而且在杆的长度范围内（除杆端外）不受其他任何外力作用的杆称为二力构件或称二力杆，如果二力杆是直杆通常又称为连杆。这种性质的约束称为二力构件约束。二力构件约束的约束反力沿杆两端铰中心的连线，指向未定。如图1-3-14所示，其中图（a）所示为拉杆；图（b）所示为压杆。

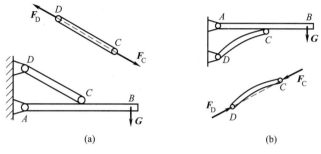

图1-3-14 二力构件约束

上面介绍的是几种常见的、典型的平面约束，由于各种约束的结构不同，各种约束所能限制的被约束物体运动特点也就不同，但是，约束反力与约束所能限制的物体的运动方向相反。

需要指出的是，静力学的主要任务是在研究力系简化的基础上，建立力系的平衡条件并应用平衡条件求解约束反力。在进行平衡问题的求解时，首先遇到的就是如何正确地用约束反力代替约束对物体的作用，即对物体的受力进行分析并正确绘制受力图。

（四）物体的受力分析与受力图

分析物体受到哪些力的作用，以及每个力的作用位置和方向，这一过程称为物体的受力分析。为了便于分析和清晰地表示出物体的受力情况，要将所受的全部主动力和相应的约束反力以绘图的方式表达出来，这样的图形称为受力图。正确绘制受力图是求解静力学问题的第一步也是最重要的工作，不能省略，更不允许有任何错误。进行受力分析画受力图的关键是对约束性质及约束反力的分析，为了画好受力图，建议按以下步骤进行。

1. 明确研究对象，画分离体图

为正确分析物体的受力，根据求解未知力的需要，选定一个或几个物体作为研究对象，并将研究对象从周围的约束中分离出来，单独画出其轮廓简图，即为分离体图。恰当地选取研究对象是进行受力分析画受力图的关键，需要根据题意以及已知和未知条件综合考虑。

2. 画出分离体上的全部主动力

在分离体上画出该物体所受到的全部主动力，如重力、风载、水压、油压、电磁力等。

3. 根据约束类型画出分离体上的全部约束反力

就是把所解除的全部约束代之以约束反力。画约束反力时要根据约束的不同类型确定约束反力的方向和作用位置，其方向不能确定时，可以假设。

画受力图应注意：

（1）在受力图上，只画上研究对象所受的全部作用力，而研究对象对周围物体的作用力不要画出。

（2）不要画错力的作用位置和方向，特别要注意相互接触两物体间的约束反力必须符合作用与反作用定律。

（3）正确判断和分析二力构件约束。

（4）依据约束类型画约束反力，不能多画也不能漏画。

（五）单个物体受力分析实例

【例 1-3-1】 将重量为 W 的小球 O 放在光滑的斜面上，并用绳索 AC 将其与铅直面连接，小球处于静止状态，如图 1-3-15（a）所示，画出小球的受力图。

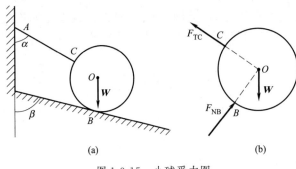

图 1-3-15　小球受力图

解：（1）以小球 O 为研究对象，并画出球的分离体图，如图 1-3-15（b）所示。

（2）画出全部主动力。作用在小球上的主动力只有重力 W，作用点在球心 O，铅直向下。

（3）根据约束类型画出全部约束反力。球在 C 处受柔性体约束，其约束反力 F_{TC} 作用于接触点 C，沿绳的中心线且背离小球（拉力），其作用线必通过球心 O。球在 B 点受光滑面约束，其约束反力 F_{NB} 作用在接触点 B，沿着公法线（通过球心 O）指向球体。受力图如图 1-3-15（b）所示。小球的受力满足三力平衡汇交定理。

【例 1-3-2】 简支梁 AB 中点受已知力 F 的作用，A 端为固定铰支座，B 端为活动铰链支座，如图 1-3-16（a）所示，不计梁的自重，画出梁 AB 的受力图。

解：（1）以梁 AB 为研究对象，画出其分离体，如图 1-3-16（b）所示。

（2）画出全部主动力。作用在梁 AB 上的主动力只有 F。

（3）根据约束类型画出全部约束反力。

A 端固定铰链支座的约束反力由于方向不确定，用两个正交分力 F_{Ax} 和 F_{Ay} 表示，指向均为假设；B 端活动铰链支座的约束反力为 F_B，作用线垂直于支承面，指向假设。受力图如图 1-3-16（b）所示。

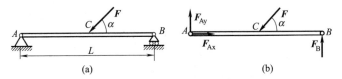

图 1-3-16　简支梁受力图

（六）物体系统受力分析实例

若干个物体通过适当的约束组成的系统称为物体系统，简称物系。物系的受力图与单个物体受力图画法相同，只是所选取的研究对象可能是整个系统也可能是系统的某一部分或某一物体。但绘制物体系统受力图时特别要注意：

（1）正确表达作用力与反作用力。画系统的某一部分或某一物体的受力图时，要注意被拆开的相互联系处约束反力要遵循作用力与反作用力定律。

（2）正确区分并表达内力与外力。物系内各部分之间的相互作用力为内力，系统以外的物体对系统的作用力为外力。在受力图上只画出外力，不画内力。内力与外力的区分是相对的，它随着研究对象选择的不同而改变。

【例 1-3-3】 如图 1-3-17（a）所示为路灯支架简图，路灯重量为 G，A、C、D 三处均为光滑铰链连接，各杆自重不计。试分别画出路灯、曲杆 CD、水平杆 AB 及整体的受力图。

解：由图 1-3-17（a）可见，A、C、D 三处均为光滑铰链连接，因此，曲杆 CD 为二力

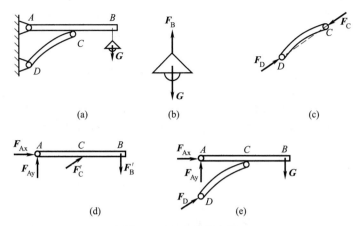

图 1-3-17 支架受力图

杆,路灯支架受力分析研究对象的选择可分别按路灯、曲杆 CD、水平杆 AB 及整体的顺序进行。

(1) 以路灯为研究对象。其上作用有重力 G 和绳子的拉力 F_B,路灯处于平衡状态,满足二力平衡公理,如图 1-3-17 (b) 所示。

(2) 以 CD 杆为研究对象。杆 CD 是二力杆,作用于点 C、D 的二力等值、反向,作用线沿 CD 的连线,指向假定。受力如图 1-3-17 (c) 所示。

(3) 以水平杆 AB 为研究对象。水平杆 AB 上 A 处为固定铰支座,约束反力过铰链 A 的中心,可用两个正交分力 F_{Ax} 和 F_{Ay} 表示,指向假定。C 处的约束反力与 CD 杆是一对作用与反作用力。因此,F_C 和 F'_C 平行、反向、分别作用在两个物体上,同理 B 处的约束反力与路灯在此处的反力是一对作用与反作用力。受力如图 1-3-17 (d) 所示。

(4) 以整体为研究对象。

如图 1-3-17 (e) 所示,先画出主动力 G,再画出 A 处固定铰链支座的约束反力 F_{Ax} 和 F_{Ay},以及 D 处的固定铰支座的约束反力为 F_D。

需要注意的是,整体受力图中某约束反力的指向,应与局部受力图中(单件)同一约束力的指向相同。例如画 CD 杆的受力图时,已假定固定铰支座 C 的约束反力为压力,在画整体的受力图时,C 处的约束反力也应与之相同。即同一作用位置约束反力的表达要一致。

在整体的受力图中,没有画出铰支座 C 处的约束反力,这一对约束反力是整体的两部分(杆 AB 和 CD)之间的相互作用力,对整体而言,属于内力。因此在整体的受力图上不画出。显然,内力与外力的区分是相对的,它随着研究对象选择的不同而改变,在本例中铰支座 C 处的约束反力就因研究对象的不同而由外力转为内力,或由外力转为内力。

【例 1-3-4】 如图 1-3-18 (a) 所示三铰拱桥,由左、右两拱铰接而成。设各拱自重不计。在 AB 拱上载荷 W 作用下,试分别画出拱 AC、AB 及整体的受力图。

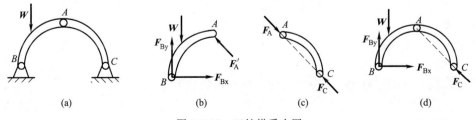

图 1-3-18 三铰拱受力图

解：(1) 以 AC 拱为研究对象。

由于 AC 拱不计自重，在拱长范围内也不受任何外力，且拱两端的 A、C 分别受到中间铰和固定铰链支座的约束。因此 AC 拱为二力构件，作用于 A、C 两点处的约束反力 F_A、F_C 沿 AC 的连线，等值、反向，如图 1-3-18（c）所示，图中假设为压力。

(2) 以 AB 拱为研究对象。

先画出主动力 W。A 处铰链的约束反力 F'_A 和 F_A 是一对作用与反作用力，因此，F'_A 和 F_A 等值、反向、作用线平行。B 处是固定铰链支座，其约束反力可用两个正交分力 F_{Bx} 和 F_{By} 表示，如图 1-3-18（b）所示。

(3) 以整体为研究对象。

先画出主动力 W，再画出 C 处的约束力 F_C、B 处的约束力 F_{Bx} 和 F_{By}，整体受力图如图 1-3-18（d）所示。

【例 1-3-5】 如图 1-3-19（a）所示支架由杆 AC 与 AB 组成，A、B、C 三处都是铰链连接，各杆自重不计。在铰 A（销钉）悬挂重量为 G 的重物。画出 AB、AC 杆及铰 A（销钉）的受力图。

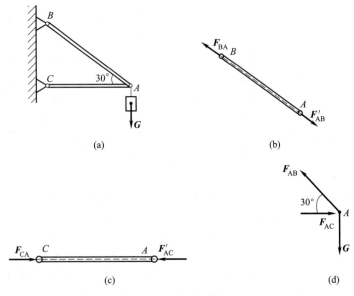

图 1-3-19 支架受力图

解：根据题目所给条件可知，杆 AB 和 AC 均为二力杆（链杆），分别以杆 AB 和 AC 为研究对象，它们两端所受铰链的约束反力的作用线都沿它们的轴线，指向假设，以 F_{BA} 和 F'_{AB}、F_{CA} 和 F'_{AC} 表示，它们的受力图如图 1-3-19（b）、（c）所示。其中 F'_{AB} 是铰 A（销钉）对杆 AB 的约束反力；F'_{AC} 是铰 A 对杆 AC 的约束反力，但 F'_{AB} 和 F'_{AC} 不是作用与反作用力的关系。再以铰 A 为研究对象，如图 1-3-19（d）所示，铰 A 所受主动力为重物的重量 G。根据作用与反作用定律，杆 AB 作用于铰 A 的力 F_{AB} 与 F'_{AB} 是一对等值、反向、共线的力；杆 AC 作用于铰 A 的力 F_{AC} 与 F'_{AC} 也是等值、反向、共线是一对作用与反作用力。

综上各例，将物体系统受力分析的注意事项归纳如下：

(1) 画受力图时，首先要明确画哪一个物体或物体系统的受力图，即明确研究对象，然后将其所受的全部约束去掉，单独画出该研究对象分离体的简图。

(2) 分析受力时先画出主动力，再画约束反力。原则上每解除一个约束，就有与之相应的约束反力作用在研究对象上，约束反力的方向要依据约束的类型来画，切不可根据主动力的情况来臆测约束力。

（3）正确判别二力构件约束。是否能准确判断二力构件约束成为分析某些题目受力的关键。固定铰链支座和中间铰的约束反力过铰链的中心但方向未知，一般用两个正交的分力表示。但是，当固定铰链支座或中间铰连接二力构件时，其约束反力作用线的位置是可以确定的。

（4）注意作用力与反作用力的关系及正确表达。在分析两物体之间相互作用时，作用力方向一旦确定，反作用力的方向就必与它平行、反向。

（5）如果取若干个物体组成的系统为研究对象，只画研究对象所受外力，不画内力。

（6）同一约束处的约束反力，在各受力图中假设的指向必须一致。

模块四　力在直角坐标轴上的投影、力矩、力偶

一、力在直角坐标轴上的投影

（一）力在直角轴上的投影的计算

如图 1-4-1（a）所示，在直角坐标系 xOy 平面内的 A 点作用有一力 $\boldsymbol{F}$，从力矢 $\boldsymbol{F}$ 的两端 A 和 B 分别向 x 和 y 轴作垂线，得垂足 a、b、a' 和 b'，线段 ab 和 $a'b'$ 的长度冠以适当的正负号，就表示力在 x 和 y 轴上的投影，并记为 $\boldsymbol{F}_x$、$\boldsymbol{F}_y$。并规定力 $\boldsymbol{F}$ 投影的走向（从 a 到 b 或从 a' 到 b' 的指向）与投影轴 x、y 的正向一致时为正；反之为负，如图 1-4-1（b）所示。

力在直角坐标轴上的投影是代数量，若力 $\boldsymbol{F}$ 与 x 轴所夹锐角为 α，其投影表达式如下：

$$\left. \begin{array}{l} F_x = \pm F\cos\alpha \\ F_y = \pm F\sin\alpha \end{array} \right\} \tag{1-4-1}$$

如果已知 $\boldsymbol{F}_x$、$\boldsymbol{F}_y$ 值，可以求出力 $\boldsymbol{F}$ 的大小和方向

$$\left. \begin{array}{l} F = \sqrt{F_x^2 + F_y^2} \\ \tan\alpha = |F_y/F_x| \end{array} \right\} \tag{1-4-2}$$

式中，α 为力 $\boldsymbol{F}$ 与 x 轴所夹锐角，力 $\boldsymbol{F}$ 的指向由 $\boldsymbol{F}_x$、$\boldsymbol{F}_y$ 正负号通过判断所在象限确定。

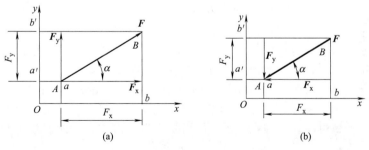

图 1-4-1　力在直角坐标轴上的投影

当力与坐标轴平行时，力在该轴上投影的绝对值等于力本身的大小；当力与坐标轴垂直时，力在该轴上的投影为零。

注意：力在坐标轴上的投影与力沿坐标轴的分解是两个不同的概念。分力是矢量，投影是代数量；在直角坐标系中，力在轴上的投影的绝对值与力沿该轴的分力的大小相等。

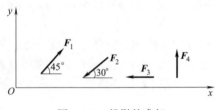

图 1-4-2 投影的求解

【例 1-4-1】求图 1-4-2 中各力在 x 轴和 y 轴上的投影。已知 $F_1=10\text{kN}$、$F_2=20\text{kN}$、$F_3=30\text{N}$、$F_4=40\text{kN}$，各力方向如图所示。

解：由式（1-4-1）可得出各力在 x 轴和 y 轴上的投影分别为：

$$F_{1x}=F_1\cos45°=10\times\frac{\sqrt{2}}{2}=5\sqrt{2}\;(\text{kN})$$

$$F_{1y}=F_1\sin45°=10\times\frac{\sqrt{2}}{2}=5\sqrt{2}\;(\text{kN})$$

$$F_{2x}=-F_2\cos30°=-20\times\frac{\sqrt{3}}{2}=-10\sqrt{3}\;(\text{kN})$$

$$F_{2y}=-F_2\sin30°=-20\times\frac{1}{2}=-10(\text{kN})$$

$$F_{3x}=-F_3=-30\;(\text{N})$$

$$F_{3y}=0$$

$$F_{4x}=0$$

$$F_{4y}=F_4=40\;(\text{kN})$$

（二）合力投影定理

合力投影定理建立了合力的投影与分力的投影之间的关系。即合力在任一坐标轴上的投影，等于分力在同一轴上投影的代数和。此即为合力投影定理。若力系的合力用 R 表示，其表达式如下：

$$R_x=F_{1x}+F_{2x}+\cdots+F_{nx}=\sum_{i=1}^{n}F_{ix}=\sum F_x$$

$$R_y=F_{1y}+F_{2y}+\cdots+F_{ny}=\sum_{i=1}^{n}F_{iy}=\sum F_y \tag{1-4-3}$$

以力在直角坐标轴上的投影和合力投影定理为基础求解力学问题的方法，称为解析法。解析法是解决力学问题的主要方法。

二、力矩

力对点之距

（一）力对点之矩

力作用在物体上会使物体的运动状态发生改变，这种改变包括移动效应和转动效应。力对物体的移动效应取决于力的大小、方向和作用点。那么，力对物体转动的效应与哪些因素有关呢？

如图 1-4-3 所示，用扳手拧螺母时，在扳手上作用一力 F，使扳手和螺母绕螺钉中心 O 转动，就是力 F 使扳手产生的转动效应。用扳手拧紧螺母时，必须在扳手上作用一适当的力 F，才能使扳手和螺母一起绕 O 点转动；而加在扳手上的力 F 离 O 点越远，拧紧螺母就越省力；力 F 离 O 点越近，就越费力。若施力方向与图示力 F 的方向相反，扳手将绕相反的方向转动，就会使螺母松动。以上例子说明，力 F 使物体绕任一点 O 转动的效应取决于：①力 F 的大小和方向；②点 O 到力 F 作用线的垂直距离 d。

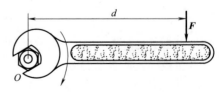

图 1-4-3 力对点之矩

度量力对刚体绕某点转动效应的物理量称为力矩。在平面问题中，我们把乘积 $F \cdot d$ 加上适当的符号，作为力 F 使物体绕点 O 转动效应的度量，称为力 F 对 O 点之矩，简称力矩，并用 $M_O(F)$ 表示，其计算公式为

$$M_O(F) = \pm Fd \tag{1-4-4}$$

式（1-4-4）中 O 点称为力矩中心（简称矩心）；O 点到力 F 作用线的垂直距离 d 称为力臂，并规定：力使物体绕矩心作逆时针方向转动时为正，反之为负。显然，在平面问题中，力矩是一代数量。在国际单位制中，力矩的单位为牛顿米（N·m），或千牛顿米（kN·m）。

（二）力矩的基本性质

（1）力 F 对 O 点的矩，不仅取决于力的大小，还与矩心的位置有关。矩心位置不同，力矩随之不同。

（2）若将力 F 沿其作用线移动，则因为力的大小、方向和力臂都没有改变，所以不会改变该力对某一矩心的力矩。

（3）力的大小等于零（$F=0$）或力的作用线通过矩心（$d=0$），则力矩等于零。

（4）相互平衡的两个力对同一点的矩的代数和等于零。

（三）合力矩定理

合力矩定理：合力对平面上某点之矩等于力系中所有分力对同一点力矩的代数和。即：

$$M_O(R) = M_O(F_1) + M_O(F_2) + \cdots + M_O(F_n) = \sum M_O(F_i) \tag{1-4-5}$$

式中，力 R 为力 F_1、$F_2 \cdots F_n$ 的合力。

合力矩定理阐述了合力对某点的力矩与其分力对同一点力矩之间的关系。

【**例 1-4-2**】 求图 1-4-4 所示简支梁上各力对支座 B 的力矩。已知：$F_1 = 2.5\text{kN}$，$F_2 = 3\text{kN}$，$F_3 = 8\text{N}$。

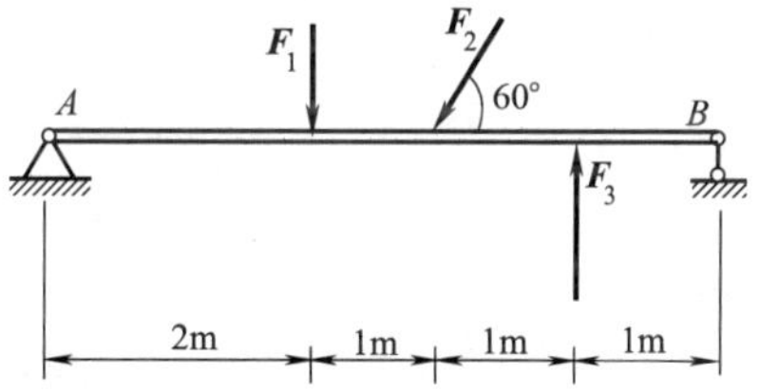

解：根据力矩的计算公式（1-4-4）及式（1-4-5），各力对 B 的矩为：

$$M_B(F_1) = F_1 \times d_1 = 2.5 \times 3 = 7.5 \text{kN·m}$$

$$M_B(F_2) = F_2 \sin 60° \times d_2 = 3 \times \frac{\sqrt{3}}{2} \times 2 = 3\sqrt{3} \text{ (kN·m)}$$

$$M_B(F_3) = -F_3 \times d_3 = 8 \times 1 = 8 \text{N·m}$$

图 1-4-4 简支梁

计算力矩时的注意事项：

（1）正确找出力臂的长度，正确判断力矩的转向以便确定力矩的正负；

（2）注意取矩点在公式中的正确表达、力矩的单位；

（3）当直接计算力臂几何关系较复杂时，可灵活运用力矩的性质及合力矩定理，使求解得以简化。

【**例 1-4-3**】 如图 1-4-5（a）所示的直齿圆柱齿轮啮合时轮齿受到啮合力 F_n 的作用，设 $F_n = 400\text{N}$，压力角为 $\alpha = 20°$，F_n 作用在齿轮的节圆上，其半径为 $r = 240\text{mm}$，试计算力 F_n 对于轴心 O 的力矩。

解：

将力 F_n 分解为两个分力：圆周力 F_t 和径向力 F_r，如图 1-4-5（b）所示。根据合力矩定理得：

$$M_O(F_n) = M_O(F_t) + M_O(F_r)$$

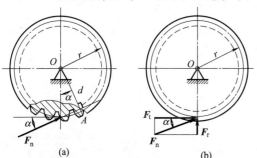

图 1-4-5 力 F_n 对 O 点之矩

由于径向力 F_r 的作用线通过矩心 O，故
$$M_O(F_r)=0$$
所以有
$$M_O(F_n)=M_O(F_t)=F_n\cos\alpha\times r=400\times\cos20°\times240=90\text{N}\cdot\text{m}$$

三、力偶

（一）力偶和力偶矩

在日常生活及生产实践中，常见到某些物体受到一对大小相等、方向相反，作用线平行但不共线的力作用。如图 1-4-6（a）所示汽车司机用双手转动方向盘，如图 1-4-6（b）所示攻丝锥时的用力等。

攻丝锥

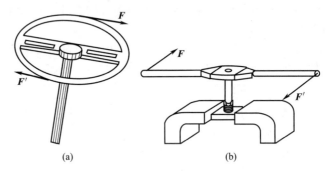

(a)　　　　(b)

图 1-4-6　力偶

作用在同一物体上的一对等值、反向、不共线的平行力组成的力系称为力偶，以符号 (F,F') 表示，两力作用线所决定的平面称为力偶的作用面，两力作用线之间的垂直距离称为力偶臂，用 d 表示。由上述实例可知，力偶对物体作用的外效应是使物体产生转动运动的变化。

力偶对物体的作用效果，不仅取决于组成力偶的力的大小，而且取决于力偶臂的大小和力偶的转向。因此，力偶对物体的作用效应可用力与力偶臂的乘积 $F\cdot d$ 来度量，称为力偶矩，记作 $M(F,F')$，简写为 M。即

$$M(F,F')=M=\pm Fd \tag{1-4-6}$$

在平面问题中，力偶矩是一个代数量，其大小的绝对值等于力的大小与力偶臂的乘积，力偶在作用面内的转向用正负号表示，一般规定：使物体作逆时针转动的力偶矩为正，反之则为负。力偶矩的单位与力矩的单位相同，在国际单位制中是 N·m，或 kN·m。

力偶对物体的转动效应取决于力偶的三要素：力偶矩的大小、力偶的转向及作用面。三要素中的任何一个要素发生改变，力偶对物体的转动效应就会发生改变。

（二）力偶的基本性质

力偶具有以下基本性质：

性质一　力偶无合力。即力偶在任意轴上投影的代数和为零。

由于力偶无合力，因此，力偶对物体只有转动效应而没有移动效应，所以力偶不能用一个力来代替，也不能用一个力来平衡。即力偶不能与一个力等效，只能与另一个力偶等效。因此力和力偶是力学中的两种基本元素。

性质二　力偶对其作用面内任意一点的力矩恒等于力偶矩，而与矩心的位置无关。

不论 O 点选择在何处，力偶对物体的力矩，恒等于其力偶矩，而与力偶对矩心的相对

位置无关。

性质三 在同一平面内的两个力偶，如果转向相同、力偶矩相等，则两力偶彼此等效。这就是平面力偶的等效条件，这两个力偶称为等效力偶。

根据力偶的等效条件，可得出以下推论：

推论 1 力偶可以在它的作用面内任意移转，而不改变它对刚体的作用效应。即力偶对刚体的作用效应与力偶在其作用面内的位置无关。

推论 2 只要保持力偶矩的大小和力偶的转向不变，可以同时改变力偶中力的大小和力偶臂的长短，而不改变力偶对刚体的作用效果。

由此可见，力偶中力偶臂和力的大小都不是力偶的特征量，只有力偶矩才是力偶作用效果的唯一度量。所以在研究与力偶有关的问题时，只需要考虑力偶矩的大小和转向。因此，常用带箭头的弧线表示力偶，箭头方向表示力偶的转向，弧线旁边的字母 M 或数字表示力偶矩的大小，如图 1-4-7 所示。

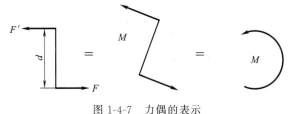

图 1-4-7 力偶的表示

模块五 平面力系的平衡方程及应用

力系按各力作用线是否在同一平面内，分为平面力系和空间力系。在平面力系中又包含平面汇交力系、平面平行力系和平面任意力系（也称平面一般力系）。

平面任意力系是平面力系中最一般、最常见的力系，平面汇交力系和平面平行力系是平面任意力系的特殊力系。只要掌握了平面任意力系的平衡方程及应用，其他特殊力系的平衡问题就可以迎刃而解了。

一、平面任意力系的平衡方程

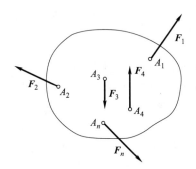

图 1-5-1 平面任意力系

若力系中各力作用线既不完全汇交于一点，也不完全平行，该力系称为平面任意力系，如图 1-5-1 所示。

平面任意力系的平衡方程为：

$$\begin{cases} \sum F_x = 0 \\ \sum F_y = 0 \\ \sum M_O(F) = 0 \end{cases} \quad (1\text{-}5\text{-}1)$$

上式表明，平面任意力系平衡的必要和充分条件是：力系中所有各力在两个任选的坐标轴上投影的代数和分别等于零；各力对任意点力矩的代数和也等于零。

式（1-5-1）也称为平面任意力系平衡的解析条件。式中的前两个方程为投影方程，第三个方程为力矩方程。

二、平面特殊力系的平衡方程

（一）平面汇交力系的平衡方程

若力系中各力作用线全部汇交于一点，则该力系称为平面汇交力系，如图 1-5-2 所示。

平面汇交力系的平衡方程为

$$\left.\begin{array}{l}\sum F_x=0\\ \sum F_y=0\end{array}\right\} \quad (1\text{-}5\text{-}2)$$

由此可得出结论，平面汇交力系平衡的必要和充分条件是：力系中所有各力在两个任选的坐标轴上的投影的代数和分别等于零。

式（1-5-2）的两个方程称均为投影方程。

（二）平面平行力系的平衡方程

若力系中各力作用线全部平行，则称该力系为平面平行力系，如图 1-5-3 所示。

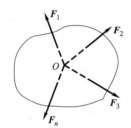

图 1-5-2 平面汇交力系

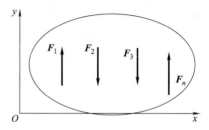

图 1-5-3 平面平行力系

平面平行力系的平衡方程为

$$\left.\begin{array}{l}\sum F_x=0(\text{或}\sum F_y=0)\\ \sum M_O(F)=0\end{array}\right\} \quad (1\text{-}5\text{-}3)$$

由此可得出结论，平面平行力系平衡的必要和充分条件是：力系中所有各力在与力系作用线平行的坐标轴上的投影的代数和等于零；各力对任意点的力矩的代数和也等于零。

式（1-5-3）的前一个方程是投影方程，后一个方程是力矩方程。

三、平衡方程应用实例

1. 解题步骤和要求

（1）明确研究对象。根据题意恰当选择研究对象。

（2）画受力图。对研究对象进行受力分析并绘制受力图。

（3）列平衡方程求解。

2. 注意事项

（1）应用力系平衡方程求解约束反力时，要注意分析平衡方程的独立性。独立方程的数目意味着可求解未知力的数目，这样的分析在平衡问题选择研究对象时是非常重要的。从以上各力系的平衡方程中可知：平面任意力系独立的平衡方程是三个，一次最多能求解三个未知量；平面汇交力系和平面平行力系独立的平衡方程是两个，一次最多能求解两个未知量。

（2）为了避免求解联立方程，应使所选的坐标轴尽量垂直于未知力（通常选择直角坐标轴）；所选矩心尽量位于两个未知力的汇交点（可在研究对象之外）上，以便简化计算。

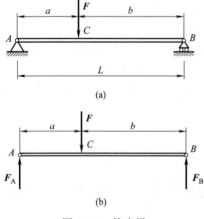

图 1-5-4 简支梁

【例 1-5-1】 如图 1-5-4（a）所示，简支梁上作用有集中力 F，已知：$F=4$kN，$a=1$m，$b=3$m，求 AB 处支座反力。

解：（1）以梁 AB 为研究对象。

(2) 画受力图。受力如图 1-5-4（b）所示。
(3) 列平衡方程并求解。

$$\text{由} \sum M_A(F)=0 \quad F_B L - Fa = 0$$

解得
$$F_B = \frac{Fa}{L} = 1 \text{ (kN)}$$

由
$$\sum F_y = 0 \quad F_B + F_A - F = 0$$

解得
$$F_A = \frac{Fb}{L} = 3 \text{ (kN)}$$

【例 1-5-2】 如图 1-5-5（a）所示为一可沿轨道移动的塔式起重机，机身重 $G=500\text{kN}$，重心在 C 点，其作用线至右轨的距离 $e=1.5\text{m}$。起重机的最大起重量 $W_{\max}=250\text{kN}$，其作用线至右轨的距离 $L=10\text{m}$。欲使起重机满载和空载时均不致倾倒，试确定平衡重 W_Q 之值。已知 $a=6\text{m}$，$b=3\text{m}$。

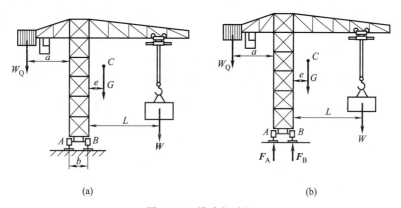

图 1-5-5 塔式起重机

解：(1) 以起重机为研究对象。
(2) 画受力图。在一般情况下，起重机所受的主动力有 G、W、W_Q；约束反力有轨道的光滑面约束反力 F_A、F_B，这些力组成一平面平行力系，如图 1-5-5（b）所示。
(3) 列平衡方程并求解。

① 满载时，$W=W_{\max}=250\text{kN}$，设此时平衡重为 W_{Q1}，要保证起重机不倾倒，必须满足平衡方程

$$\sum M_B(F)=0 \quad -F_A b + W_{Q1}(a+b) - Ge - W_{\max} L = 0$$

及限制条件
$$F_A \geq 0$$

因为，若起重机在这种情况下倾倒，将是绕 B 点转动，轮 A 将悬空，则 F_A 不存在。要使起重机不倾倒的临界状况是 $F_A=0$，所以，理论上的限制条件必须是 $F_A \geq 0$，由此解得：

$$W_{Q1}(a+b) - Ge - W_{\max} L \geq 0$$

即
$$W_{Q1} \geq \frac{Ge + W_{\max} L}{a+b} = \frac{500 \times 1.5 + 250 \times 10}{6+3} = 316 \text{kN}$$

② 空载时，$W=0$，设此时平衡重为 W_{Q2}，类似上述分析，要保证起重机不倾倒，必须满足平衡方程

$$\sum M_A(F)=0 \quad W_{Q2}a + F_B b - G(b+e) = 0$$

及限制条件
$$F_B \geq 0$$

解得：
$$G(b+e) - W_{Q2}a \geq 0$$

即 $W_{Q2} \leqslant \dfrac{G(b+e)}{a} = \dfrac{500 \times (3+15)}{6} = 375 \text{kN}$

因此，为保证起重机平衡，平衡重 W_Q 之值应满足以下关系：

$$W_{Q1} < W_Q < W_{Q2}$$

即 $361 \text{kN} < W_Q < 375 \text{kN}$

【例 1-5-3】 如图 1-5-6（a）所示悬臂梁受载荷集度为 $q = 40 \text{kN/m}$ 的均布载荷和 $F = 80 \text{kN}$ 的集中力作用，已知 $a = 2 \text{m}$，不计梁的自重，试求 A 端的约束反力。

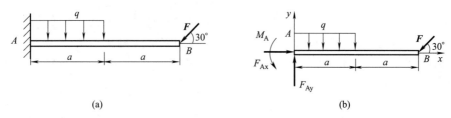

图 1-5-6 悬臂梁

解：（1）以梁 AB 为研究对象。

（2）画受力图。梁上作用有主动力均布载荷和集中力；约束类型为固定端约束其约束反力有 F_{Ax}、F_{Ay} 和矩为 M_A 的约束力偶，它们的指向和转向都是假设的，受力图如图 1-5-6（b）所示。

（3）列平衡方程并求解。

$$\sum F_x = 0 \qquad F_{Ax} - F\cos 30° = 0$$

$$\sum F_y = 0 \qquad F_{Ay} - qa - F\sin 30° = 0$$

$$\sum M_A(F) = 0 \qquad M_A - q \times a \times \dfrac{a}{2} - F \times \sin 30° \times 2a = 0$$

将已知数分别代入上面三个方程解得

$$F_{Ax} = 69 \text{kN} \qquad F_{Ay} = 120 \text{kN} \qquad M_A = 240 \text{kN·m}$$

模块六　承载能力分析基础

一、材料力学的研究对象与任务

材料力学是研究工程结构及构件承载能力的一门学科。

（一）构件承载能力的概念

承载能力是指结构或构件承受具体载荷作用的能力，主要包括两个指标，强度和刚度。在机械设计中判断结构正常工作必须满足强度、刚度的要求，即对其进行承载能力的计算。

1. 强度

强度是构件抵抗破坏的能力。在工程实际中，要保证机械和结构能正常工作，每个构件都必须安全可靠，而要保证构件安全可靠，首先要求构件在载荷作用下不发生破坏。如：起吊重物用的钢丝绳不能被拉断；齿轮传动中的轮齿不允许被折断；传动轴不被扭断等。

2. 刚度

刚度是构件抵抗过大变形的能力。即要求构件在规定的适用条件下不产生过大的弹性变形。如：钢板轧机在轧制过程中，轧辊会因钢板坯的反作用力而产生弯曲变形，如图 1-6-1

(a) 所示，若轧辊的变形过大，将造成钢板沿宽度方向的厚度不均匀，影响产品的质量。如图 1-6-1（b）所示的齿轮轴，在啮合力作用下所产生的弯曲变形如果过大，不但会造成齿轮间的啮合不良及影响传动的平稳性，又会加剧轴承的磨损，降低其使用寿命。为了保证结构的正常工作，要将变形控制在一定的范围内，从而使结构和构件具有足够的刚度。

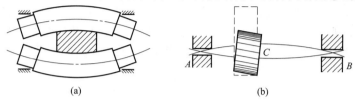

图 1-6-1　变形分析

（二）材料力学的研究对象

工程中，实际构件的形状是多种多样的，大致可简化为杆件［如图 1-6-2（a）所示］、壳［如图 1-6-2（b）所示］、板［如图 1-6-2（c）所示］和块体［如图 1-6-2（d）所示］，共四类。

材料力学的主要研究对象是杆件。凡长度尺寸远远大于其他两个方向尺寸的构件称为杆件。杆件的几何形状可用其轴线（杆件各横截面形心的连线）和横截面（垂直于杆件轴线的几何图形）来表示，如图 1-6-3 所示。轴线是直线的杆件，称为直杆；轴线是曲线的杆件，称为曲杆；轴线是折线的杆件，称为折杆。各横截面形状和大小完全相同的直杆，称为等截面直杆，反之称为变截面直杆。本书主要研究等截面直杆。

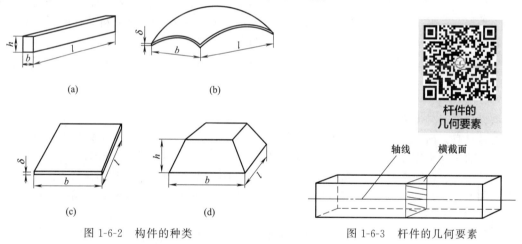

图 1-6-2　构件的种类　　　　图 1-6-3　杆件的几何要素

（三）材料力学的研究任务

材料力学的任务是：研究各种构件在外力的作用下的内力、变形和破坏规律，在保证满足强度、刚度和稳定性的前提下，提供必要的理论基础、计算方法和试验技术，为构件选择适宜的材料，确定合理的截面形状和尺寸，以达到既安全又经济的目的。

二、变形固体的基本假设

（一）变形固体的概念

各种构件或杆件均为固体，与刚体相对应，变形固体是指在受力作用后可以产生变形的物体。

在各种实际工程结构中，构件或杆件或多或少都会发生变形，即其形状和尺寸会有所改变，这些改变有的可以直接观察到，有的则需要通过仪器才能测出。如：房屋中的柱子，在一定压力的作用下会有所缩短；梁受横向力作用后会产生微弯；钢板的连接部分在钢板受力的作用后会产生相对错动等都是变形的实例。应当指出的是，上述所说的这些变形，相对于物体本身的尺寸来说是非常微小的，在进行受力计算时可先不予考虑，只是在需要知道变形量时才对其进行计算。

变形固体在外力作用下产生的变形，按其变形的性质分为弹性变形和塑性变形。所谓弹性，是指变形物体在外力撤除后能恢复其原来形状和尺寸的性质。如弹簧在拉力作用下会伸长，如果拉力不太大，当撤除拉力后，弹簧能恢复原状，这表明弹簧具有弹性。弹性变形是指变形物体上的外力撤除后可恢复的变形。如果撤除外力后，变形不能全部消失而留有残余，此残余部分称为塑性变形或称为残余变形。

撤除外力后能完全恢复原状的物体称为理想弹性变形体或理想弹性体。实际上，在自然界并不存在理想弹性体，但实验研究表明，常用的工程材料如金属、木材等，当外力不超过某一限度时（称为弹性阶段），很接近于理想弹性体，这样，可以将它们近似地视为理想弹性体进行研究；如果外力超过了这一限度，就会产生明显的塑性变形（称为弹塑性阶段）。

（二）变形固体的基本假设

为了分析和研究构件的强度、刚度和稳定性，在进行理论分析时，为了使计算简便，往往忽略变形固体的一些次要性质而将它们简化抽象为一种理想的模型即理想弹性体，为此，对其作如下基本假设：

1. 连续均匀性假设

假设变形固体内毫无空隙地、均匀地充满了物质，而且各点处的力学性质完全相同。尽管实际材料内部存在着不同程度的空隙，是非均匀、非连续的，但这些空隙与构件的尺寸相比要小得多，当从宏观角度去研究构件的强度等问题时，这些空隙对材料的性质和计算结果所引起的误差很小，可以忽略不计，从而认为材料是连续均匀的。

根据这个假设，构件变形的一些物理量就可以用坐标的连续函数来表示，使理论分析和计算大为简化。

2. 各向同性假设

假设材料沿各个方向的力学性能都相同。工程中常用的金属材料，就其每一晶粒来说，力学性质是具有方向性的，但是，由于构件中所含晶粒数量极多，而其排列又是不规则的，因此，它们的统计平均性质在各个方向就基本趋于一致了。这样的材料可以认为是符合各向同性假设的，称为各向同性材料。铸钢、铸铜、混凝土和玻璃等可视为各向同性材料。但也有一些材料，如木材、轧制的钢材其力学性能在不同的方向上不一定相同，故称为各向异性材料。

3. 小变形假设

构件在载荷的作用下所产生的变形，与构件的原始尺寸相比是非常微小的。根据这个假设，在分析计算构件的平衡问题时，可以不考虑外力作用点在构件变形时的位置改变，而用变形前的原始尺寸进行分析计算，这样可使计算大为简化，而产生的误差却非常微小。

三、杆件变形的形式

在不同形式的外力作用下，杆件产生的变形形态各不相同，分为基本变形和组合变形。

（一）基本变形

1. 轴向拉伸和压缩

如图 1-6-4（a）、(b) 所示，在一对大小相等、方向相反、作用线与杆轴线重合的外力（称为轴向拉力或压力）作用下，杆件将发生长度的改变（伸长或缩短），相应地横截面则变细或变粗。

2. 剪切

如图 1-6-4（c）所示，在一对作用线相距很近、方向相反的横向外力作用下，杆件的横截面将沿外力方向发生相对错动。

3．扭转

如图 1-6-4（d）所示，在一对大小相等、转向相反、位于垂直与杆轴线的两平面内的力偶作用下，杆的任意两横截面将发生绕轴线的相对转动。

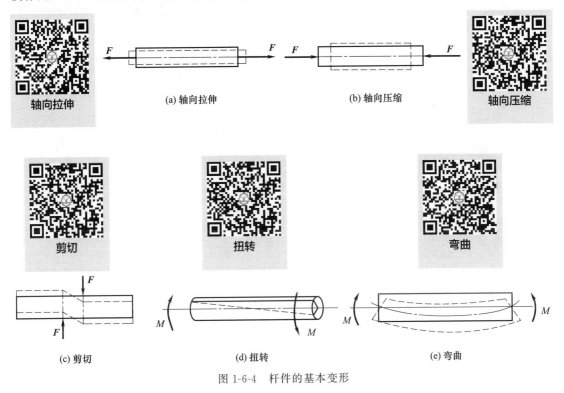

图 1-6-4　杆件的基本变形

4．弯曲

如图 1-6-4（e）所示，在一对大小相等、转向相反、位于纵向对称平面内的力偶作用下，杆件将在纵向对称平面内发生弯曲，其轴线由直线变为曲线。

（二）组合变形

工程实际中的杆件或构件，可能同时承受两种或两种以上不同形式的外力作用，同时产生两种或两种以上不同形式的基本变形，称为组合变形。组合变形是由以上四种基本变形组合而成的，如图 1-6-5 所示的带轮轴发生的就是弯、扭组合变形。

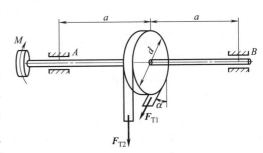

图 1-6-5　弯、扭组合变形

模块七　轴向拉(压)内力、应力、变形分析

一、轴向拉伸和压缩的内力

工程实际中，发生轴向拉伸或压缩的构件很多。如图 1-7-1（a）所示，螺栓连接紧固后

螺杆受到沿轴线的拉力作用,将产生轴向伸长变形,单缸内燃机的曲柄连杆机构中的连杆 BC,如图 1-7-2(a)所示,在工作中将产生压缩变形。虽然这些构件结构形式各有差异,但其受力和变形具有共同的特点。轴向拉伸或压缩的外力特点是:作用在构件上的所有外力都沿着构件的轴线(或与构件轴线重合)。其变形特征是:构件的变形沿轴线方向伸长(拉杆)或缩短(压杆)。图 1-7-1(b)、图 1-7-2(b)为螺杆和连杆的计算简图,其中螺杆为拉杆,连杆为压杆。

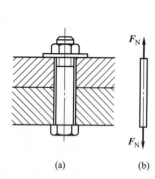

图 1-7-1 螺栓受到轴向拉伸

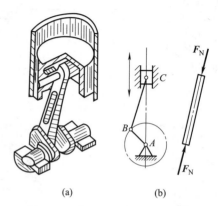

图 1-7-2 气缸连杆受到轴向压缩

(一)内力的概念

物体受到外力作用发生变形,使组成物体的质点间相互位置发生变化,质点间的相互作用力也随之改变。这种由于外力作用而引起的物体内部质点间相互作用力的改变量称为"附加内力",简称内力。

内力随外力的变化而改变,在一定限度内,外力增大,内力增大,变形也随之增大,内力与外力服从正比关系。当外力超过弹性限度,内力不再随外力而增加,构件就会发生破坏而丧失正常的工作能力。因此,内力的变化直接影响到杆件的失效。它是分析杆件强度、刚度的基础。

(二)截面法

研究承载能力首先要求出杆件的内力,无论何种变形求内力的方法均采用截面法。

以轴向拉压杆的内力为例说明求解内力的方法——截面法。

1. 截开

在所求内力处用 m—m 截面假想把杆件截为两部分,如图 1-7-3(a)所示。

2. 代替

可以以任意一部分为研究对象,去掉一部分,留下另一部分,去掉部分对留下部分的作用,用内力来代替(表示)。如图 1-7-3(b)所示留下左边部分,去掉右边部分,右边部分对左边部分的作用用内力代替,内力是分布内力。通常用其合力 F_N 来表示。由于轴向拉伸和压缩横截面上的分布内力的合力与杆轴线重合,称 F_N 为轴力。[也可以右部分为研究对象如图 1-7-3(c)所示]。

轴力的单位是牛顿(N)或千牛顿(kN)。轴力的正负规定如下:拉伸时(背离截面)的轴力为正,压缩时(指向截面)的轴力为负。

3. 平衡

利用静力学平衡方程,求解内力 F_N 的大小。

杆件在一对力 F 作用下处于平衡状态,用截面 m—m 截开后,各部分仍然保持原有的平衡状态。因此可采用静力平衡方程,可以求出内力的 F_N 大小,即

取左段为研究对象，有

$$\sum F_x = 0, F_N - F = 0, 解得 F_N = F$$

取右段为研究对象，有

$$\sum F_x = 0, F - F'_N = 0, 解得 F'_N = F$$

因为 F_N 与 F'_N 是杆件内力中的作用力与反作用力，所以 $F_N = F'_N = F$。因此，用 $m-m$ 截面将杆件截开后，可以以任意一部分为研究对象，所求结果是一样的。

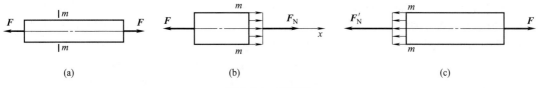

图 1-7-3 截面法

（三）轴力图

为了反映轴力随截面位置的变化情况并能清晰地表示最大轴力的数值，规定用垂直于杆件轴线的纵轴 F_N 表示对应截面上轴力大小，用平行于杆件轴线的横轴 x 表示横截面的位置，选定比例尺，绘制出轴力沿轴线方向随截面位置变化规律的图形，称为轴力图。拉力为正值画在 x 轴上方，压力为负值画在 x 轴下方。

【例 1-7-1】如图 1-7-4（a）所示一等直杆，受四个轴向外力作用。试求杆件截面 1—1、2—2、3—3 上的轴力，并绘出轴力图。已知：$F_1=10\mathrm{kN}$、$F_2=10\mathrm{kN}$、$F_3=50\mathrm{kN}$、$F_4=30\mathrm{kN}$。

解：（1）按照外力的变化分段。根据题意可分三段，即 AB 段、BC 段和 CD 段，各段内轴力处处相等。

（2）用截面法求各段轴力。

AB 段：沿截面 1—1 将杆件截为两段，取杆件左段为研究对象，如图 1-7-4（b）所示，假设轴力 F_{N1} 向右（拉力）。由静力学平衡条件可得

$$\sum F_x = 0, 即 F_{N1} - F_1 = 0$$

解得 $F_{N1} = 10\mathrm{kN}$

可见，所求结果为正值，说明假设轴力的方向与实际方向一致，因此 F_{N1} 为拉力。

BC 段：同理求 2—2 截面的轴力，可取 2—2 截面左边一段为研究对象，如图 1-7-4（c）所示，那么

$$\sum F_x = 0, 即 F_{N2} - F_1 - F_2 = 0$$

解得 $F_{N2} = 20\mathrm{kN}$

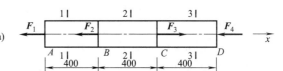

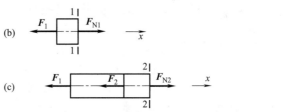

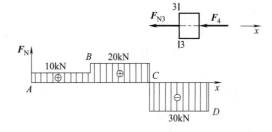

图 1-7-4 轴力及轴力图

所求结果为正值，说明 F_{N2} 为拉力。

CD 段：再求 3—3 截面的内力时，为了简便，可取右段为研究对象，如图 1-7-4（d）所示，设轴力为 F_{N3}，轴力向右。由静力学平衡条件可知

$$\sum F_x = 0, 即 F_{N3} - F_4 = 0$$

解得

$$F_{N3} = F_4 = -30\mathrm{kN}$$

可见，F_{N3} 为负值，说明所设轴力与实际方向相反，因此 F_{N3} 为压力。

（3）绘制轴力图。如图 1-7-4（e）所示，绘图时必须将截面位置对齐。从图中可以看出，最大的轴力发生在 CD 段，即 $|F|_{max}=30\text{kN}$。

二、轴向拉伸和压缩的应力

（一）应力的概念

实例分析：材料相同，粗细不同的两根杆，在受到相同的拉力作用时，尽管两杆的内力相同，但细杆更容易被拉断。这说明杆件的强度不仅与轴力的大小有关，还取决于杆件的横截面尺寸。横截面内任一点上分布内力的集度称为应力。

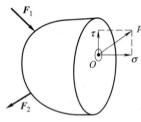

图 1-7-5 横截面的应力

如图 1-7-5 所示，p 表示该横截面上 O 点处的全应力。根据平行四边形定律可将其沿横截面的法线和切线方向分解，沿横截面法线方向的应力称为正应力，用 σ 表示。沿横截面切线方向的应力称为剪应力，用 τ 表示。

（二）轴向拉、压杆横截面上正应力的计算

实验表明：轴向拉（压）杆横截面上只有正应力没有剪应力且正应力是均匀分布的，因此，轴向拉（压）杆横截面上正应力的公式为：

$$\sigma = \pm \frac{F_N}{A} \tag{1-7-1}$$

式中，F_N 为所求截面的轴力，N，A 为杆的横截面积，mm^2；σ 为正应力，MPa。正应力的正负号与轴力的正负号规定相同，即拉应力为正，压应力为负。从式（1-7-1）可知：轴向拉压杆横截面上的正应力与轴力成正比，与横截面面积成反比。

正应力的基本单位是帕斯卡，简称帕，用符号 Pa 表示，常用单位为 MPa（兆帕），$1\text{MPa}=1\text{N/mm}^2$，应力单位的其他形式及换算关系如下：

$1\text{Pa}=1\text{N/m}^2$

$1\text{kPa}=10^3\text{Pa}$（kPa，千帕）

$1\text{MPa}=10^3\text{kPa}=10^6\text{Pa}$

$1\text{GPa}=10^3\text{MPa}=10^6\text{kPa}=10^9\text{Pa}$（GPa，吉帕）

【例 1-7-2】 阶梯轴受力如图 1-7-6（a）所示，已知 AD 段横截面积 $A_1=800\text{mm}^2$，DB 段横截面积 $A_2=300\text{mm}^2$，求：各截面上的应力。

解：（1）求出各段轴力，并画出轴力图。

轴力图如图 1-7-6（b）所示。从中可以看出，AD 段的轴力 $F_{N1}=-50\text{kN}$；DB 段的轴力 $F_{N2}=30\text{kN}$。

（2）求各截面上的应力。由于各段轴力和横截面积不同，所以要分段计算应力，根据公式（1-7-1）解得：

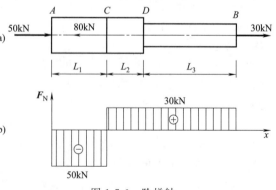

图 1-7-6 阶梯轴

$$\sigma_{AC}=\frac{F_{N1}}{A_1}=\frac{-50\times 10^3}{800}=-62.5\text{MPa}$$

$$\sigma_{CD} = \frac{F_{N2}}{A_1} = \frac{-30 \times 10^3}{800} = -37.5 \text{MPa}$$

$$\sigma_{DB} = \frac{F_{N2}}{A_2} = \frac{30 \times 10^3}{300} = 100 \text{MPa}$$

三、轴向拉伸和压缩的变形

（一）变形与应变

1. 纵向变形和纵向线应变

设杆件长为 L，直径为 d，受一对轴向拉力 F 作用后，纵向长度由 L 变为 L_1，横向直径由 d 变为 d_1，则纵向变形 $\Delta L = L_1 - L$；纵向线应变 $\varepsilon = \frac{\Delta L}{L}$，纵向线应变没有量纲。对于拉杆 ΔL、ε 为正值；对于压杆 ΔL、ε 为负值。如图 1-7-7 所示。

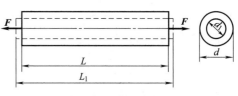

图 1-7-7 变形及表达

2. 横向变形和横向线应变

横向变形 $\Delta d = d_1 - d$，横向线应变 $\varepsilon' = \frac{\Delta d}{d}$。

对于拉杆 Δd、ε' 为负值；对于压杆 Δd、ε' 为正值。

（二）泊松比 μ

当材料的变形在弹性变形范围内，横向线应变与纵向线应变之比为常量，即

$$\mu = \left| \frac{\varepsilon'}{\varepsilon} \right| \tag{1-7-2a}$$

μ 称为横向变形系数，又称泊松比，材料不同则 μ 值不同。当应力不超过某一限度时，在拉压过程中横向相对变形 ε' 和纵向相对变形 ε 正负号相反，且比例关系为

$$\varepsilon' = -\mu \varepsilon \tag{1-7-2b}$$

（三）胡克定律

实验表明，当横截面上的应力不超过某一限度（比例极限 σ_p）时，杆件的变形量 ΔL 与轴力 F_N 及杆件原长 L 成正比，与杆的横截面积 A 成反比，即

$$\Delta L \propto \frac{F_N L}{A}。$$

引入比例常数 E，得

$$\Delta L = \frac{F_N L}{EA} \tag{1-7-3}$$

式（1-7-3）称为胡克定律，式中 E 称为材料的弹性模量，简称弹模，表示材料抵抗变形的能力，单位为 GPa。EA 称为抗拉（抗压）刚度，反映了杆件抵抗变形能力的大小。在其他条件不变的情况下，EA 值越大，杆件的变形越小；反之则相反。

公式（1-7-3）为拉伸与压缩胡克定律的第一种表达式。若把 $\sigma = \frac{F_N}{A}$，$\varepsilon = \frac{\Delta L}{L}$ 代入式（1-7-3），可得到胡克定律的第二种表达式，即

$$\sigma = E\varepsilon \tag{1-7-4}$$

式（1-7-4）表明只要横截面上的应力不超过比例极限 σ_p 时，应力与应变成正比。其比例系数为弹性模量 E。泊松比 μ 和弹性模量 E 是材料的两个弹性常数，均可由实验测定，可查机械手册根据材料选择。表 1-7-1 列出了几种常用材料的 E 和 μ 的值。

表 1-7-1　几种常用材料的 E、μ 值

材料名称	E/GPa	μ
碳钢	196～216	0.24～0.28
灰铸铁	80～150	0.23～0.27
球墨铸铁	160	0.25～0.29
合金钢	206～216	0.25～0.30
铝合金	70～72	0.26～0.33

【例 1-7-3】 若例题 1-7-2 中阶梯轴受力情况及截面尺寸均不变 [见图 1-7-6（a）所示]，并已知各轴段长度 $L_1=300\mathrm{mm}$、$L_2=200\mathrm{mm}$、$L_3=500\mathrm{mm}$，材料的弹性模量 $E=200\mathrm{GPa}$。求轴的总变形 ΔL_{AB}。

解：(1) 计算各段变形量。由于各段轴力和横截面面积不同，所以要分段计算变形，根据公式（1-7-3），各段变形量分别为

$$\Delta L_{AC}=\frac{F_{N1}L_1}{EA_1}=\frac{-50\times10^3\times300}{200\times10^3\times800}=-0.09375\mathrm{mm}$$

$$\Delta L_{CD}=\frac{F_{N2}L_2}{EA_1}=\frac{30\times10^3\times200}{200\times10^3\times800}=0.0375\mathrm{mm}$$

$$\Delta L_{DB}=\frac{F_{N2}L_3}{EA_2}=\frac{30\times10^3\times500}{200\times10^3\times300}=0.25\mathrm{mm}$$

变形量为正时轴段受拉，变形量为负时轴段受压。

(2) 计算轴的总变形 ΔL_{AB}。

$$\Delta L_{AB}=\Delta L_{AC}+\Delta L_{CD}+\Delta L_{DB}=-0.09375+0.0375+0.25=0.19375\mathrm{mm}$$

结果为正，说明轴的总变形为伸长。

模块八　典型材料在拉伸和压缩时的力学性能

材料的力学性能是指材料在外力作用下其强度和变形方面所表现出的性能。表示材料力学性能的指标包括：强度极限、弹性模量 E、泊松比 μ 等。

研究材料的力学性能，不仅为强度计算提供依据，同时也为选择材料，合理制定工艺流程等提供参考数据。下面以两种典型材料——低碳钢和铸铁为例，讨论它们在拉伸和压缩时的力学性能。

各种材料的力学性能通常由试验来测定，影响力学性能的因素很多，如载荷的作用方式、温度、冶炼、材料的化学成分、加工及热处理等。通常所说的力学性能是在常温（室温）静载条件下通过试验所得到材料的力学性能，即常温静载试验，它是测定材料力学性能的基本试验。

在进行材料的力学实验时，按国家标准规定将试件做成有一定形状尺寸和光洁度的标准试件。

金属材料拉伸标准试件如图 1-8-1（a）所示。在试件中间等直部分取一段长度为 L 的工作段，称标距。标距 L 和直径 d 取 $L=5d$ 或 $L=10d$。把试件装在试验机的卡头上，开动试验机，由零开始，逐渐加力 F，试件产生相应的变形 ΔL，在加力的过程中，试验机的自

动绘图仪将绘出拉力 F 与对应变形 ΔL 的曲线,即 F-ΔL 曲线,称为拉伸图。拉伸图与试件的几何尺寸有关。为了消除几何尺寸的影响,将载荷 F 除以试件的初始横截面面积 A,得到正应力 σ,将变形 ΔL 除以试件的初始标距,得到线应变 ε,这样的曲线称为应力-应变曲线,即 σ-ε 曲线。工程中常以 σ-ε 曲线反映材料拉伸和压缩时的力学性能。

金属材料压缩的标准试件如图 1-8-1(b)所示。一般做成高度略大于直径的圆柱体,高度 h 是直径 d 的 1.5~3 倍。

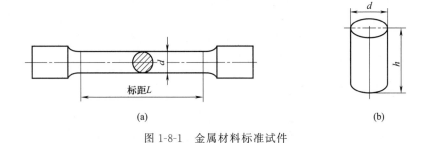

图 1-8-1 金属材料标准试件

一、低碳钢拉伸时的力学性能

在企业生产实际中,习惯上按含碳量的多少,把非合金钢分为低碳钢(含碳量小于 0.25%但大于 0.04%)、中碳钢(含碳量为 0.25%~0.60%)、高碳钢(含碳量大于 0.60%)三类。低碳钢中以 Q235 应用最广;中碳钢以 45 钢应用最广。

低碳钢拉伸时的拉伸图,如图 1-8-2(a)所示。

低碳钢的应力-应变曲线如图 1-8-2(b)所示,低碳钢拉伸的 σ-ε 曲线图可明显分为四个阶段。

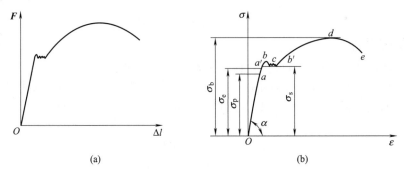

图 1-8-2 低碳钢的拉伸图和应力-应变曲线

(一)低碳钢拉伸的四个阶段

1. 弹性阶段

图中 Oa 为一斜直线,弹性变形很小。该段满足应力与应变成正比的关系。胡克定律 $\sigma = E\varepsilon$ 适用。斜直线 Oa 的最高点 a 所对应力的应力值,称为比例极限,用 σ_p 表示。Q235A 钢在该点的应力大小约为 200MPa。Oa 斜线的倾角为 α,其斜率为 $\tan\alpha = \dfrac{\sigma}{\varepsilon} = E$,即为材料的弹性模量 E。

当应力超过比例极限 σ_p 以后,aa' 段不再是直线,胡克定律不再适用。当卸去外载荷后,变形也随之全部消失,材料发生的是弹性变形。这一阶段的最高点 a' 所对应的应力值称为弹性极限,用 σ_e 表示。虽然它是弹性阶段的最高点,但由于 a、a' 两点相距很近,通常两者不做严格区分。工程上使用的构件只允许在弹性限度内工作。

2. 屈服阶段

若应力超过 σ_e 后继续增加到一定值，试件变形加快，图线上出现小锯齿形的波动阶段 bc。此时应力变化不大，但应变却急剧增加。工程上把这种应力变化不大，而变形显著增加的现象称为材料的屈服或流动。屈服阶段 bc 的最低点所对应的应力称为屈服点或屈服极限，用 σ_s 表示，Q235A 钢的屈服极限约为 235~240MPa。若达到屈服阶段时在表面很光洁的抛光试件上会发现许多与轴线成 45°的条纹线，这种现象是由于材料的抗剪切能力低于抗拉伸的能力，剪应力达到最大值，使晶格产生滑移而形成的。这些条纹线又称为 45°滑移线。此时试件主要发生塑性变形。工程上不允许发生较大的塑性变形，常把屈服极限定为塑性材料的危险应力，因此屈服极限是材料的强度指标之一。

3. 强化阶段

经过屈服阶段后，要使材料继续变形，必须加大应力，于是图中 $c'd$ 段又出现上凸的趋势。这是因为经过屈服阶段后，晶格重新排列组合，材料又恢复了抵抗变形的能力，这种现象称为材料的强化，曲线 $c'd$ 段称为强化阶段，曲线 $c'd$ 段的最高点 d 点所对应的应力值称为材料的强度极限，用 σ_b 表示。这一阶段材料所产生的变形是塑性变形。强度极限只是一个名义指标，因为达到了强度极限时，试件的面积已经发生了变化。强度极限是材料断裂前产生的最大应力，它是衡量材料性能的另一个强度指标。Q235A 钢的强度极限约为 400MPa。

4. 颈缩阶段

应力达到强度极限 σ_b 后，在试件比较薄弱处的横截面上产生急剧的局部收缩，即材料发生颈缩现象，如图 1-8-3 所示，最后导致试件在横截面上断裂。在断裂时弹性变形消失，试件表面呈现杯口形状。

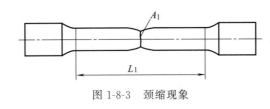

图 1-8-3 颈缩现象

（二）塑性指标

衡量材料塑性变形的指标有两个，伸长率 δ 和截面收缩率 ψ。

把断裂试件对接在一起，量其标距长为 L_1，初始标距为 L，试样初始横截面积为 A，断裂后断口处的最小横截面面积为 A_1，则伸长率 δ 和截面收缩率 ψ 分别为

$$\left.\begin{array}{l}\delta=\dfrac{L_1-L}{L}\times 100\%\\[2mm]\psi=\dfrac{A-A_1}{A}\times 100\%\end{array}\right\} \tag{1-8-1}$$

通常称 $\delta \geqslant 5\%$ 时的材料为塑性材料，如铜、铝、钢材等；称 $\delta < 5\%$ 的材料为脆性材料，如铸铁、砖石等。δ 和 ψ 越大说明材料的塑性越好。Q235A 钢的伸长率 δ 值为 20%~30%，截面收缩率 ψ 值为 60%~70%，是一种典型的塑性材料，具有优良的塑性和焊接性能，但强度较低，在机械制造中主要用于受力不大的普通零件，如螺钉、螺母、垫圈、法兰等。而要制造受力较大的机械零件，如机床齿轮、机床主轴、曲轴、连杆等，则以中碳钢中的 45 号钢应用最广。

二、铸铁拉伸时的力学性能

铸铁是工程上广泛使用的一种材料。如图 1-8-4 所示铸铁拉伸时的应力-应变曲线，在拉

伸时应力很小就被拉断。观察拉断前的规律，没有明显的直线部分，没有屈服阶段，也无颈缩现象，变形很小。实际计算时常近似地用直线代替曲线，近似认为铸铁拉伸时服从胡克定律。铸铁断裂后的伸长率<1%，是典型的脆性材料。强度极限 σ_b 是脆性材料唯一的强度指标。

三、低碳钢和铸铁压缩时的力学性能

图 1-8-5 中的实线为低碳钢压缩时的图线，虚线为低碳钢拉伸时的图线。比较拉伸与压缩的两种情况，发现在屈服阶段前，两种曲线是重合的。说明低碳钢在压缩时的比例极限 σ_p、弹性极限 σ_e、弹性模量 E 和屈服极限 σ_s 与拉伸完全相同。抗拉刚度 EA 与压缩时的抗压刚度完全相同，进入强化阶段后，拉、压两曲线逐渐分离，压缩曲线上升。试件愈压愈扁，可产生很大的塑性变形而不断裂，因而测不出材料的抗压强度极限。

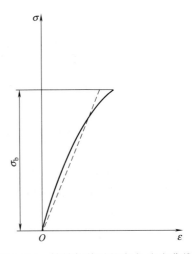

图 1-8-4　铸铁拉伸时的应力-应变曲线

铸铁拉伸与压缩的一对曲线如图 1-8-6 所示，实线为铸铁压缩曲线，虚线为铸铁拉伸的曲线，两种曲线变形部分很相似，它们的变形都很小，近似地服从胡克定律。铸铁压缩时的强度极限约为 $\sigma_{by}=600\text{MPa}$，是拉伸时强度极限 σ_{bl} 的 4～5 倍。拉伸时在横截面有断口，而断裂时试样略成鼓形，裂纹发生在 45°～55°的斜面上，说明铸铁的抗剪能力远远低于抗压能力。铸铁是典型的脆性材料，价格便宜，有良好的减振降噪作用，适宜做中等负载下的压缩部件，如各种机器的本体，机床的底座等。几种常见材料的力学性能见表 1-8-1。

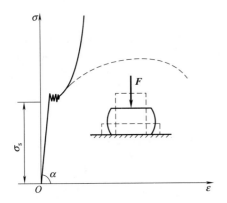

图 1-8-5　低碳钢压缩时的应力-应变曲线

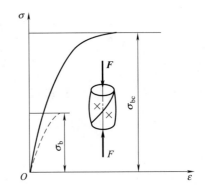

图 1-8-6　铸铁压缩时的应力-应变曲线

表 1-8-1　几种常用材料的力学性能表

材料名称	屈服极限 σ_s/MPa	抗拉强度 σ_d/MPa	伸长率 δ/%	断面收缩率 ψ/%
Q235A 钢	216～235	373～461	25～27	—
35 钢	216～314	432～530	15～20	28～45
45 钢	265～353	530～598	13～16	30～40
QT600-2	412	538	2	—
HT150	—	拉 98～275 压 637 弯 206～416	—	—

模块九　轴向拉(压)的强度条件及应用

一、许用应力

机械或工程结构中的每一个构件，所能承受的应力都是有一定限度的，为了保证构件可靠地工作，工程上不允许构件产生较大的塑性变形或发生断裂。通常称使材料丧失正常工作能力的应力为极限应力或危险应力，用符号 σ° 表示。一般认为，塑性材料的极限应力是屈服极限 σ_s，脆性材料的极限应力是强度极限 σ_b。

构件在实际工作时，由于材料质地的不均匀性、所承受载荷难以精确估算以及构件的磨损腐蚀等，要求材料具有一定的强度储备，因此，用许用应力来表示构件在正常工作时，材料所允许承受的最大应力，不论是塑性材料，还是脆性材料，其许用应力均应低于材料的极限应力。许用应力用 $[\sigma]$ 表示。计算公式为

$$[\sigma]=\frac{\sigma^\circ}{S} \quad (1\text{-}9\text{-}1)$$

式中，σ° 为材料的极限应力，塑性材料为 σ_s，脆性材料为 σ_b；S 为安全系数。

安全系数的选择要兼顾安全和经济两方面。合理选用安全系数，既可以保证构件的安全性，又可以节约材料，减轻重量，达到物尽其用。

在选取安全系数时，主要应考虑以下两点：

(1) 主观与客观的差异：对外载荷估计的准确程度；应力的计算方法，取值的精确性；材料的不均匀性；构件的重要性及工作条件等。

(2) 给构件必要的安全储备，防止意外事故的发生。在不同材料、不同工作条件下选取安全系数时，可从相关手册中查找。一般的机械，塑性材料取 $S=1.3\sim2.2$；脆性材料取 $S=2.0\sim5$。

二、轴向拉（压）杆的强度条件

为了保证拉（压）杆有足够的强度，构件横截面上的最大工作应力不得超过材料在拉或压时的许用应力，即：

$$\sigma_{\max}=\frac{F_{N\max}}{A}\leqslant[\sigma] \quad (1\text{-}9\text{-}2)$$

式 (1-9-2) 称为拉（压）杆的强度条件，式中 $F_{N\max}$ 和 A 分别为危险截面上的轴力与横截面积。应用此公式可以解决以下三方面的强度问题。

(1) 校核强度　根据构件的材料、截面尺寸及所受载荷（已知 $[\sigma]$、A 及 F_N），可用式 (1-9-2) 验算构件是否满足强度条件。若 $\sigma_{\max}\leqslant[\sigma]$，表明构件强度足够，可以正常工作。否则不满足强度要求，需要维修加固或更换构件。

(2) 设计截面　根据构件所用材料及所受载荷（已知 $[\sigma]$ 和 F_N），设计合理的截面尺寸。即

$$A\geqslant\frac{F_N}{[\sigma]} \quad (1\text{-}9\text{-}3)$$

(3) 确定许可载荷　根据构件的材料和截面尺寸（已知 $[\sigma]$ 及 A），确定许可载荷，即

$$[F_N]\leqslant A[\sigma] \quad (1\text{-}9\text{-}4)$$

三、强度条件的应用实例

【例 1-9-1】 图 1-9-1 所示为一根由 Q235 钢制成的圆形截面直杆,受轴向力 $F=40\text{kN}$ 作用,直径 $d=20\text{mm}$,材料的许用应力 $[\sigma]=160\text{MPa}$,试校核该构件的强度。

图 1-9-1 钢拉杆

解: 最大轴力 $F_{N\max}=F=40\text{kN}$

面积 $A=\dfrac{\pi d^2}{4}=\dfrac{3.14\times 20^2}{4}=314\text{mm}^2$

代入式(1-9-2)得

$$\sigma_{\max}=\frac{F_{N\max}}{A}=\frac{40\times 10^3}{314}=127\text{MPa}\leqslant[\sigma]=160\text{MPa}$$

满足强度要求。

【例 1-9-2】 如图 1-9-2(a)所示为一木结构支架,AB 和 AC 杆的横截面积均为 $A=600\text{mm}^2$,材料的许用应力 $[\sigma]=7\text{MPa}$,试求 A 处悬挂重物的最大许可载荷 W。

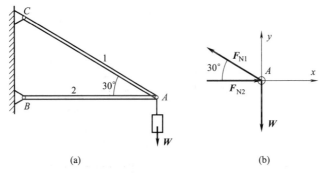

图 1-9-2 支架强度计算

解: (1)受力分析及计算。

以销钉 A 为研究对象,受力如图 1-9-2(b)所示,销钉 A 上作用一平面汇交力系,建立直角坐标系,列平衡方程,可求出 F_{N1}、F_{N2} 与载荷 W 的关系,即

由 $\sum F_y=0$,$F_{N1}\sin 30°-W=0$,得 $F_{N1}=2W$

由 $\sum F_x=0$,$F_{N2}-F_{N1}\cos 30°=0$,得 $F_{N2}=\sqrt{3}W$

(2)确定许可载荷。代入式(1-9-4)得

$$[F_N]\leqslant A[\sigma]=600\times 7=4200\text{N}=4.2\text{kN}$$

又因为 $F_{N1}=2W$,所以有 $\qquad W\leqslant\dfrac{4.2}{2}=2.1\text{kN}$

又因为 $F_{N2}=\sqrt{3}W$,所以有 $\qquad W\leqslant\dfrac{4.2}{\sqrt{3}}=2.4\text{kN}$

为保证构件的安全性,应选用所计算 W 值中的较小者,即最大许可载荷为 $W_{\max}=2.1\text{kN}$。

知识拓展

一、空间力系基础知识

在工程实际中,会遇到作用在工程结构和机械构件上的各力作用线在空间任意分布的情

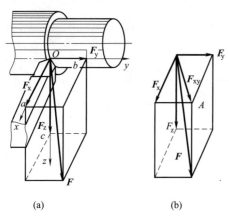

况，如机床主轴、高压输电线塔、起重设备和飞机起落架等。对它们进行静力分析时要应用空间力系的简化和平衡理论。这种各力作用线不在同一平面内分布的力系称为空间力系，如图 1-10-1 所示。在空间力系中，按照力作用线的相对分布位置，又可分为空间汇交力系、空间力偶系、空间平行力系和空间一般力系。

本部分主要介绍空间力系简化的两个主要工具：力在空间直角坐标轴上的投影和力对轴之矩以及空间力系的平衡方程。

图 1-10-1　车削时的空间力

（一）力在空间直角坐标轴上的投影

1. 直接投影法

如图 1-10-2（a）所示，若力 $F=\overrightarrow{OA}$ 与 x、y、z 轴的夹角分别为 α、β 和 γ，线段 $\overrightarrow{Aa}$、$\overrightarrow{Ab}$、$\overrightarrow{Ac}$ 分别垂直于 x、y、z 轴。以 $F_x=\overrightarrow{oa}$，$F_y=\overrightarrow{ob}$，$F_z=\overrightarrow{oc}$ 表示力 F 在 x、y 和 z 三轴上的投影，即

$$F_x=F\cos\alpha,\ F_y=F\cos\beta,\ F_z=F\cos\gamma \qquad (1\text{-}10\text{-}1)$$

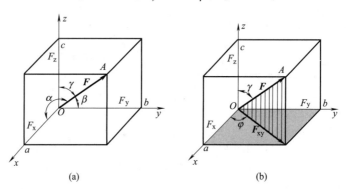

图 1-10-2　空间力系投影

力在轴上投影是代数量，公式中的 α、β 和 γ 为锐角时，投影为正，反之为负。

以上这种直接将力向坐标轴上投影的方法，称为"直接投影法"或"一次投影法"。

2. 二次投影法

若已知力 F 与轴 z 的夹角 γ 及力 F 与轴 z 所形成的平面与 x 轴的夹角 φ 时，可用二次投影法计算力 F 在三坐标轴上的投影。如图 1-10-2（b）所示。先将力向 z 轴以及 Oxy 平面投影，得

$$F_z=F\cos\gamma,\ F_{xy}=F\sin\gamma \qquad (1\text{-}10\text{-}2)$$

注意：力 F 在 Oxy 平面上投影 F_{xy} 是矢量，在空间直角坐标轴上的投影 F_x、F_y、F_z 是代数量。而 F_{xy} 在 x 和 y 轴上的投影就是力 F 在 x 和 y 轴上的投影。于是 F_{xy} 在 x 和 y 轴上的投影为

$$\begin{cases} F_x=F_{xy}\cos\varphi=F\sin\gamma\cos\varphi \\ F_y=F_{xy}\sin\varphi=F\sin\gamma\sin\varphi \end{cases} \qquad (1\text{-}10\text{-}3)$$

这种先将力投影到一个平面内，然后再将力投影到坐标轴上的方法，称为"二次投影法"。

（二）力对轴之矩

以开门为例，设门一边有固定轴 z，另一边有力 F 作用于 A 点，如图 1-10-3 所示。将

力 F 分解为两个相互垂直的分力 F_z 和 F_{xy}，分力 F_z 与转轴 z 平行，分力 F_{xy} 在垂直于转轴 z 的平面 Oxy 内。图中 d 为 O 点（轴与平面的交点）到分力 F_{xy} 作用线的垂直距离。分力 F_z 对 O 点无矩，不能使门绕 z 轴转动。分力 F_{xy} 有使门绕 z 轴转动的作用，它对转轴 z 之矩就是对 O 点之矩。记作

$$M_z(F) = M_O(F_{xy}) = \pm F_{xy} d \tag{1-10-4}$$

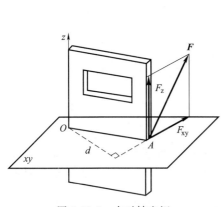

图 1-10-3　力对轴之矩

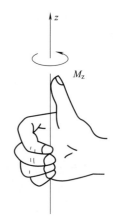

图 1-10-4　右手螺旋定则

式（1-10-4）表明，力对轴之矩的大小等于力在与该轴垂直的平面上的投影对该轴与该平面交点的矩。力对轴之矩是一个代数量，其国际单位是 N·m。式中的正负号表示为力 F 对 z 轴之矩的转向。判断方法有两种：①从 z 轴的正向看去，使物体逆时针转动的力矩为正，顺时针转动的力矩为负。②右手螺旋定则（图 1-10-4），用右手握住 z 轴，四指表示绕 z 轴的转向，如拇指的指向与 z 轴的正向一致，则力矩为正，反之为负。当力的作用线轴 z 平行或与轴 z 相交时，力对轴的矩等于零。

（三）空间力系的平衡方程

空间任意力系的平衡方程式为

$$\left. \begin{array}{l} \sum F_x = 0, \sum M_x(F) = 0 \\ \sum F_y = 0, \sum M_y(F) = 0 \\ \sum F_z = 0, \sum M_z(F) = 0 \end{array} \right\} \tag{1-10-5}$$

上式表明，空间任意力系使物体平衡的必要和充分条件是：力系中的各力在三个坐标轴上的投影的代数和以及各力对三轴之矩的代数和都等于零。

式（1-10-5）称为空间任意力系的平衡方程。利用该六个独立的方程式，可以求解不多于六个未知量的空间力系平衡问题。

（四）空间力系平衡方程式的其他形式

空间力系的特殊情况有三种，即空间汇交力系、空间平行力系和空间力偶系。

1. 空间汇交力系的平衡方程

若把一空间汇交力系的汇交点作为坐标原点，则力系中各力对于 x、y、z 三坐标轴之矩都等于零。因此空间汇交力系只有三个独立的平衡方程，即

$$\left. \begin{array}{l} \sum F_x = 0 \\ \sum F_y = 0 \\ \sum F_z = 0 \end{array} \right\} \tag{1-10-6}$$

2. 空间平行力系的平衡方程

空间力系中的各力作用线相互平行。若诸力的作用线与 z 轴平行，则力系中各力对于

坐标轴 z 的矩都等于零，同时各力在 x、y 轴上的投影也都等于零。因此空间平行力系也只有三个独立的平衡方程，即

$$\left.\begin{array}{l}\sum M_x(F)=0\\ \sum M_y(F)=0\\ \sum F_z=0\end{array}\right\} \quad (1\text{-}10\text{-}7)$$

3. 空间力偶系的平衡方程

空间力系中的主矢恒等于零。对于空间力偶系，由于力偶在任一坐标轴上的投影均恒等于零，因此其平衡方程式为三个，即

$$\left.\begin{array}{l}\sum M_x(F)=0\\ \sum M_y(F)=0\\ \sum M_z(F)=0\end{array}\right\} \quad (1\text{-}10\text{-}8)$$

二、机构运动简介

机构的运动形式是多种多样的，最常见的有以下三种运动：平行移动、定轴转动和平面运动。平行移动和定轴转动是机构的两种基本运动形式，而平面运动则较为复杂，但平面运动可以看作是两种基本运动的合成运动。

主要讨论刚体三种运动形式的运动特征、整体运动情况及基本计算。

（一）机构的平动

机构在运动过程中，若其内任一直线始终平行于它的初始位置，则称此种运动为机构的平行移动，简称机构的平动。机构平动时，若其上各点的轨迹是直线，则称为直线平动；若其上各点的轨迹是曲线，则称为曲线平动。如图 1-10-5 所示为在直线轨道上行驶的车辆的运动，其上的直线 AB 在运动过程中始终与它们的初始位置平行，且轨迹线是一条水平直线，因此是直线平动。如图 1-10-6 所示的摆式送料机料槽 AB 的运动，其上的直线 AB 在运动过程中始终与它们的初始位置平行，且轨迹线是曲线，因此是曲线平动。

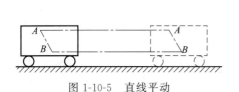

图 1-10-5　直线平动　　　　图 1-10-6　曲线平动

运动特征：机构平动时，其上各点的轨迹形状相同，且互相平行；在同一瞬时，机构内各点的速度、加速度也相同。

以上结论表明：机构上任一点的运动可以代表整个机构的运动，只要知道平动机构上任一点的运动情况，其上各点的运动情况就可以确定了，所以，机构的平动可以用点的运动描述。

（二）机构的定轴转动

在工程实际中，常见有些机构或构件在运动过程中，其上或其延伸部分上始终存在着一条固定不动的直线，刚体绕该直线旋转。刚体的这种运动称为定轴转动。固定不动的直线称为转轴。如机床的主轴、发动机的转子、齿轮、带轮、卷扬机的鼓轮等运动，都是定轴转动的实例。

机构在做定轴转动时，除了转轴上的各点不动外，其余各点都在垂直于转轴的平面内做

圆周运动,圆心就在转轴上。下面对定轴转动机构整体的运动情况进行分析。

1. 转动方程

为了确定转动机构任意瞬时的空间位置,取其转轴为 z 轴,如图 1-10-7 所示,先过 z 轴作一假想的固定平面Ⅰ,再过 z 轴在刚体上作一动平面Ⅱ并固结在转动刚体上,这两个平面间的夹角 φ 就是机构的转角。定轴转动时,转角 φ 随时间 t 而变化,是时间 t 的单值连续函数,其单位为 rad(弧度),可表示为

$$\varphi = f(t) \qquad (1\text{-}10\text{-}9)$$

上式称为机构的转动方程,它描述了机构定轴转动时的转动规律,可以确定定轴转动机构任意瞬时的空间位置,转角为代数量并规定:从 z 轴的正方向看去,从固定平面起逆时针转动的转角为正;顺时针转动的转角为负。

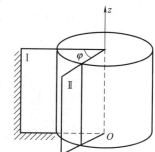

2. 角速度

角速度是描述机构转动快慢和方向的物理量。定轴转动机构的角速度等于其转角 φ 对时间的一阶导数,用字母 ω 表示

$$\omega = \frac{d\varphi}{dt} = f'(t) \qquad (1\text{-}10\text{-}10)$$

角速度是代数量,其正负表示机构的转动方向,ω 为正时,按逆时针方向转动;反之,按顺时针方向转动。其单位为 rad/s(弧度/秒)。工程上常用每分钟转过的圈数表示机构转动快慢,称为转速,用符号 n 表示,单位是 r/min(转/分)。转速 n 与角速度的关系为

图 1-10-7 转动方程

$$\omega = \frac{2\pi n}{60} = \frac{\pi n}{30} \qquad (1\text{-}10\text{-}11)$$

3. 角加速度

角加速度是表征角速度变化快慢和方向的物理量。定轴转动机构的角加速度等于其角速度 ω 对时间的一阶导数,或等于其转角 φ 对时间的二阶导数,用字母 ε 表示

$$\varepsilon = \frac{d\omega}{dt} = \frac{d^2\varphi}{dt^2} = f''(t) \qquad (1\text{-}10\text{-}12)$$

角加速度也是代数量,当 $\varepsilon > 0$ 时,机构逆时针转动,当 $\varepsilon < 0$ 时,机构顺时针转动。若 ω 和 ε 的符号相同,机构做加速转动;若 ω 和 ε 的符号相反,机构做减速转动。角加速度的单位为 rad/s²(弧度/秒²)。

(三)机构平面运动的概念

当机构运动时,如果其上任一点到某一固定平面的距离始终保持不变,这种运动称为平面运动。机构的平面运动是平动和定轴转动复杂的运动形式,而平动和定轴转动是平面运动

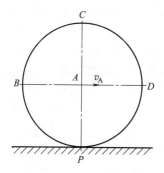

图 1-10-8 机构的平面运动

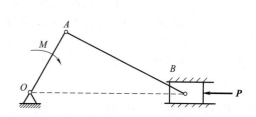

图 1-10-9 机构的平面运动

的两种特殊情形,在一般情况下,平面运动可以看作是平动和定轴转动着两种运动的合成。如图 1-10-8 所示,车轮沿直线轨道滚动。如图 1-10-9 所示,曲柄连杆机构中连杆 AB 的运动,都是这种运动的实例。

任务实施

以单缸内燃机为载体,根据工作任务单的要求,依次完成平面机构运动简图测绘、平面机构自由度计算与运动状态的判断、机构静力学分析与求解、杆件强度分析等任务。完成任务的过程巩固了任务中学习的知识,并运用所学知识解决实际问题,达到了本任务提出的要求。

一、单缸内燃机的结构、工作特性

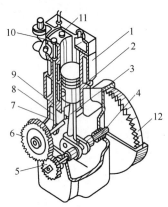

图 1-11-1 单缸内燃机
1—缸体;2—活塞;3—连杆;4—曲轴;
5,6—齿轮;7—凸轮轴;8—进气门顶杆;
9—排气门顶杆;10—进气门;
11—排气门;12—飞轮

如图 1-11-1 所示并观察单缸内燃机动图,单缸内燃机由曲柄滑块机构、凸轮机构和齿轮机构三部分组成。

(1) 由缸体(机架)1、活塞 2、连杆 3、曲轴 4 组成的曲柄滑块机构,将活塞的往复移动转变为曲柄的连续转动,是机器的主体部分;由于活塞是原动件,需要利用飞轮 12 的惯性克服死点位置。

(2) 由缸体(机架)1、齿轮 5 和齿轮 6 组成的齿轮机构,将曲轴的转动传递给凸轮轴并可以改变转速的大小和方向。

(3) 由缸体(机架)1、凸轮轴 7、顶杆 8、9 和进气门 10、排气门 11 组成的凸轮机构将凸轮轴的转动变换为顶杆的直线往复运动,从而保证进、排气阀有规律地启闭。

二、单缸内燃机运动简图的绘制

(1) 分析并确定构件类型。单缸内燃机由曲柄滑块机构、凸轮机构和齿轮机构三部分组成。缸体 1 为机架,活塞 2 为原动件,连杆 3、曲轴 4、齿轮 5、齿轮 6、凸轮轴 7、进气门顶杆 8、排气门顶杆 9 均为从动件。

(2) 由原动件开始,按照传递顺序确定构件的数目、运动副的种类和数目。曲柄滑块机构中活塞 2 与缸体 1 组成移动副,活塞 2 与连杆 3、连杆 3 与曲轴 4、曲轴 4 与缸体 1 分别组成转动副。齿轮机构中齿轮 5 与缸体 1、齿轮 6 与缸体 1 分别组成转动副,齿轮 5 与齿轮 6 组成高副。凸轮机构中凸轮轴 7 与缸体 1 组成转动副,顶杆 8 与缸体 1 组成移动副,凸轮轴 7 与顶杆 8 组成高副。

(3) 选择合适的比例尺和投影视图,定出各运动副位置,用构件和运动副的规定符号绘制机构运动简图。选择连杆运动平面为视图方向,选择比例尺并绘制简图。

(4) 先画出滑块导路中心线及曲轴中心位置,然后根据构件尺寸和运动副之间的尺寸,按选定的比例尺和规定符号绘出内燃机机构运动简图。如图 1-11-2 所示(序号注释同图 1-11-1)。

三、单缸内燃机自由度计算与运动状态的判断

计算图 1-11-2 所示单缸内燃机的自由度并判断机构的运动状态。

解：该机构有 5 个活动构件，4 个转动副，2 个移动副，2 个高副，$n=5$，$P_L=6$，$P_H=2$；机构自由度为：

$$F = 3n - 2P_L - P_H = 3 \times 5 - 2 \times 6 - 1 \times 2 = 1$$

由于 $F>0$ 且等于原动件的数目，该机构具有确定的运动状态。

四、单缸内燃机曲柄滑块机构受力分析与计算

单缸内燃机曲柄连杆机构由曲柄 OA、连杆 AB 及活塞 B 组成，在力 **F** 和力偶矩为 M 的力偶作用下在图 1-11-3（a）所示位置处于平衡状态，机构中各物体的自重忽略不计，设：$OA=100\text{mm}$，$F=433\text{N}$。求：连杆 AB 所受的力、活塞所受的侧压力、支座 O 处的约束反力以及曲柄 OA 上的力偶 M。

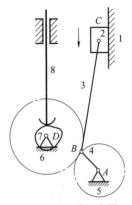

图 1-11-2 单缸内燃机运动简图

解：根据题意观察结构，连杆 AB 为二力构件，假设为一压杆，但无法求解未知量；如果以整体为研究对象，未知量（F_{Ox}、F_{Oy}、F_B 及 M）超出了所能写出的独立平衡方程数，因此，必须分别研究活塞和机构整体。

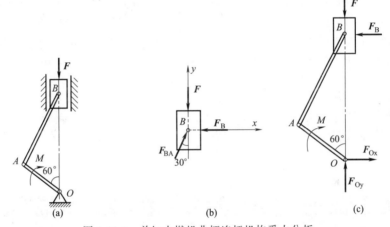

图 1-11-3 单缸内燃机曲柄连杆机构受力分析

1. 以活塞 B 为研究对象。画受力图，如图 1-11-3（b）所示。

以三力汇交点 B 为坐标原点，建立如图 1-11-3（b）所示的坐标系 Bxy。

活塞 B 上作用的是平面汇交力系，其平衡方程由公式（1-5-1）可得

$$\sum F_x = 0, \quad F_{BA}\sin 30° - F_B = 0$$
$$\sum F_y = 0, \quad -F + F_{BA}\cos 30° = 0$$

解得：
$$F_{BA} = \frac{F}{\cos 30°} = \frac{433}{0.866} = 500 \text{（N）}$$
$$F_B = F_{BA} \times \sin 30° = 250 \text{（N）}$$

2. 以机构整体为研究对象。画受力图，如图 1-11-3（c）所示。机构整体上作用的是平面任意力系，其平衡方程由公式（1-5-2）可得

$$\sum M_O(F) = 0 \quad F_B \times OB - M = 0$$

而 $OB = \dfrac{OA}{\cos 60°} = \dfrac{100}{0.5} = 200\text{mm}$，代入可得

$$M = 250 \times 200 = 50000(\text{N}\cdot\text{mm}) = 50 \text{（N}\cdot\text{m）}$$

$$\sum F_x = 0 \quad F_{Ox} - F_B = 0, \text{所以 } F_{Ox} = F_B = 250 \text{（N）}$$
$$\sum F_y = 0 \quad F_{Oy} - F = 0, \text{所以 } F_{Oy} = F = 433 \text{（N）}$$

五、单缸内燃机连杆的强度分析

单缸内燃机曲柄连杆机构,设连杆的许用应力 $[\sigma]=160\text{MPa}$,确定连杆的横截面积 A。

解：根据曲柄连杆机构的受力分析及连杆的受力计算,连杆所受的轴力为 $F_N = F_{BA} = 500\text{N}$。

代入式（1-9-3）得

$$A \geqslant \frac{F_N}{[\sigma]} = \frac{500}{160} = 3.125\text{mm}^2$$

任务总结

任务一由九个模块构成,涵盖了三部分内容：

第一部分内容包含模块1和模块2,在对平面机构的结构和运动特性进行分析的基础上,重点分析讨论了机构的组成及机构具有确定运动的条件、平面四杆机构的基本形式及其演化、平面四杆机构的基本特性等。并对凸轮机构、间歇机构的工作原理、类型及特点进行了介绍。

第二部分内容包含模块3、4和5,重点分析讨论了物体受力分析的方法、受力图的绘制、平面力系平衡方程及应用。

要想达到熟练应用力系的平衡方程求解约束反力,必须掌握三个重要工具：力在坐标轴上的投影、力矩和力偶。

第三部分内容包含模块6、7、8和9,重点分析讨论了构件承载能力的研究内容和方法,以轴向拉伸和压缩为例,从内力、应力、变形和强度条件四方面进行了分析计算,并分析了两种机械中常用的典型材料——低碳钢、铸铁在拉（压）时的力学性能,为后续内容的学习和掌握奠定了基础。

实践项目

项目名称：平面连杆机构运动简图测绘

实训目的：

(1) 理解与应用有关机构运动简图方面的知识；

(2) 掌握测量实际构件尺寸和绘制机构运动简图的技能；

(3) 验证机构自由度并判断属何机构。

实训要求：

(1) 了解各测绘模型的机械功用和可实现哪些运动转换；

(2) 找出机架、主从动件,根据接触情况确定运动副的类型和数目；

(3) 按照选定的比例尺和构件尺寸画出机构运动简图或示意图；

(4) 验算机构的自由度,判断属何种机构。

实验报告：

模型名称：　　实测尺寸：　　比例尺 μ_1：

机构运动简图：　　属何种机构：　　机构的自由度：

思考与练习

一、填空题

1. 机械是_____和_____的总称；机构只能完成_____和_____的传递。

2. 运动副包括_____和_____；两构件通过面接触组成的运动副称为_____，它包括_____和_____，引入一个低副将带入_____个约束。

3. 运动副是两构件_____并能产生一定_____的可动连接。

4. 在曲柄摇杆机构中，当_____为主动件时存在死点位置，_____为主动件时存在急回特性，两种情况都是曲柄与_____共线。

5. 铰链四杆机构的三种基本形式分别为_____、_____和_____，当不满足杆长和的条件时，均为_____机构。

6. 机构处于死点位置时，其传动角等于_____度，压力角等于_____度。

7. 凸轮机构按从动件的结构来分，可分为_____、_____、_____三种类型。

8. 力的三要素为_____、_____、_____。

9. 力偶的三要素为_____、_____、_____。

10. 铰链四杆机构的三种基本形式分别为_____、_____和_____。

11. 当不满足杆长和的条件时，均为_____机构。

12. 如题图 1-1-1 所示，链四杆机构中，若机构

以 AB 杆为机架时，为_____机构；

以 CD 杆为机架时，为_____机构；

以 AD 杆为机架时，为_____机构；

以 BC 杆为机架时，为_____机构。

13. 如题图 1-1-2 所示，链四杆机构中，若机构

以 15 杆为机架时，为_____机构；

以 25 杆为机架时，为_____机构；

以 35 杆为机架时，为_____机构；

以 30 杆为机架时，为_____机构。

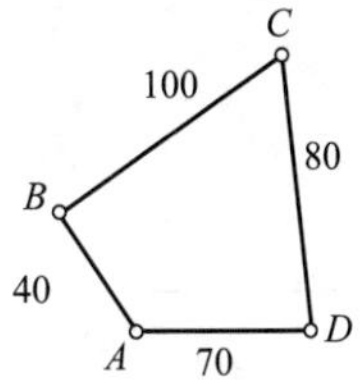

题图 1-1-1

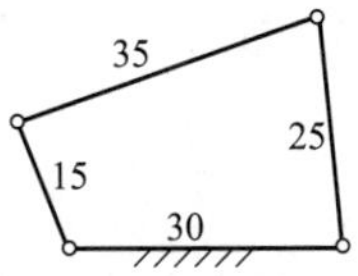

题图 1-1-2

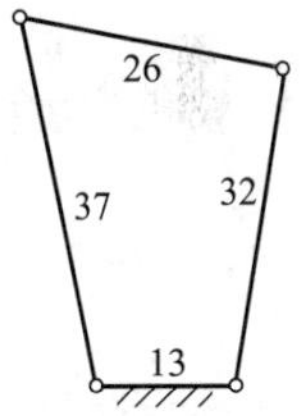

题图 1-1-3

14. 如题图 1-1-3 所示，链四杆机构中，若机构

以 13 杆为机架时，为_____机构；

以 26 杆为机架时，为_____机构；

以 37 杆为机架时，为_____机构；

以 32 杆为机架时，为_____机构。

15. 如题图 1-1-4 所示，链四杆机构中，若机构

以 18 杆为机架时，为_____机构；

以 32 杆为机架时，为_____机构；

以 38 杆为机架时，为_____机构；

以 30 杆为机架时，为_____机构。

16. 如题图 1-1-5 所示，链四杆机构中，若机构

以 15 杆为机架时，为_____机构；

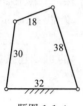
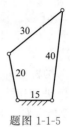

题图 1-1-4　　　　　　　　　　　　题图 1-1-5

以 30 杆为机架时，为_____机构；
以 40 杆为机架时，为_____机构；
以 20 杆为机架时，为_____机构。

17. 平面四杆机构中，若各杆长度分别为 $a=30$，$b=50$，$c=80$，$d=90$，当以 a 为机架，则该四杆机构为_____。

18. 平面四杆机构中，若各杆长度分别为 $a=40$，$b=50$，$c=80$，$d=100$，当以 a 为机架，则该四杆机构为_____。

19. 平面四杆机构中，若各杆长度分别为 $a=40$，$b=50$，$c=80$，$d=100$，当以 b 为机架，则该四杆机构为_____。

20. 平面四杆机构中，若各杆长度分别为 $a=40$，$b=50$，$c=80$，$d=100$，当以 c 为机架，则该四杆机构为_____。

21. 平面四杆机构中，若各杆长度分别为 $a=40$，$b=50$，$c=80$，$d=100$，当以 d 为机架，则该四杆机构为_____。

22. 铰链四杆机构中最长杆与最短杆之和大于_____时，则无论取哪一杆作为机架，均只能构成_____机构。

23. 棘轮机构可分为_____和_____。

24. 槽轮轮机构又称_____机构，主要由_____、_____和_____三个基本构件组成。

25. 凸轮机构主要由_____、_____和_____三个基本构件组成。

26. 凸轮机构按凸轮的形状分为_____、_____和_____。

27. 凸轮机构按从动件的结构来分，可分为_____、_____、_____三种类型。

二、选择题

1. 零件是（　　）的最小单元。
A. 机械制造　　　　B. 运动　　　　C. 装配　　　　D. 加工

2. 构件是（　　）的最小单元。
A. 机械制造　　　　B. 运动　　　　C. 装配　　　　D. 加工

3. 减速器是（　　）。
A. 零件　　　　　　B. 构件　　　　C. 部件　　　　D. 机械

4. 齿轮副属于（　　）。
A. 低副　　　　　　B. 高副　　　　C. 转动副　　　D. 移动副

5. 凸轮副属于（　　）。
A. 低副　　　　　　B. 高副　　　　C. 转动副　　　D. 移动副

6. 轴承是（　　）
A. 零件　　　　　　B. 构件　　　　C. 部件　　　　D. 机械

7. 联轴器是（　　）
   A. 零件　　　　　B. 构件　　　　　C. 部件　　　　　D. 机械
8. 离合器是（　　）
   A. 零件　　　　　B. 构件　　　　　C. 部件　　　　　D. 机械
9. 机构具有确定运动的条件是：机构的原动件数目必须（　　）机构的自由度数。
   A. 大于　　　　　B. 小于　　　　　C. 等于　　　　　D. 无关
10. 机器的特征中不包含以下哪种＿＿＿＿。
    A. 都是人为的实物组合体　　　　B. 3D动画
    C. 各部分有确定的相对运动　　　D. 能传递信息和能量
11. 电影放映机的卷片装置采用的是＿＿＿＿机构。
    A. 棘轮　　　　　B. 凸轮　　　　　C. 不完全齿轮　　　D. 槽轮
12. 用简单线条和规定的符号表示构件与运动副，能反映机构各构件相对运动的简单图形是＿＿＿＿。
    A. 机构运动草图　　B. 机构草图　　C. 机构简图　　D. 机构运动简图
13. 惯性筛是＿＿＿＿机构。
    A. 曲柄摇杆　　　B. 双曲柄　　　C. 双摇杆　　　D. 曲柄滑块
14. 鹤式起重机是＿＿＿＿机构。
    A. 曲柄摇杆　　　B. 双曲柄　　　C. 双摇杆　　　D. 曲柄滑块
15. 雷达天线是＿＿＿＿机构。
    A. 曲柄摇杆　　　B. 双曲柄　　　C. 双摇杆　　　D. 曲柄滑块
16. 强度是指结构或构件抵抗（　　）的能力。
    A. 变形　　　　　B. 破坏　　　　C. 过大变形　　D. 失稳
17. 刚度是指结构或构件抵抗（　　）的能力。
    A. 变形　　　　　B. 破坏　　　　C. 过大变形　　D. 失稳
18. 杆件变形的基本形式有（　　）。
    A. 轴向拉伸和压缩、扭转、弯曲　　　B. 轴向拉伸、剪切、扭转、弯曲
    C. 轴向压缩、剪切、扭转、弯曲　　　D. 轴向拉伸和压缩、剪切、扭转、弯曲
19. 如题图1-1-6所示圆轴扭转剪应力分布图，不正确的是（　　）。

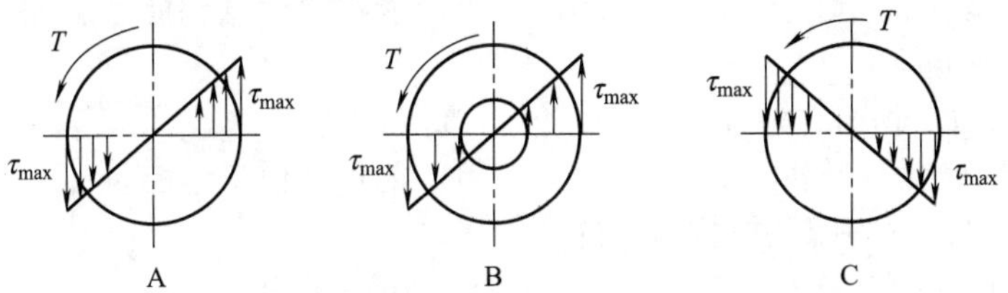

题图 1-1-6

三、判断题
1. 由于移动副是构成面接触的运动副，故移动副是平面高副。（　　）
2. 低副的约束数为2，高副的约束数为1。（　　）
3. 在铰链四杆机构中，通过取不同构件作为机架，则可以分别得到曲柄摇杆机构、双曲柄机构和双摇杆机构。（　　）
4. 死点位置常使机构从动件无法运动，所以死点位置都是有害的。（　　）
5. 导杆机构传力性能最好。（　　）

6. 偏置曲柄滑块机构没有急回特性。（ ）
7. 死点位置常使机构从动件无法运动，所以死点位置都是有害的。（ ）
8. 合力一定比分力大。（ ）
9. 作用力和反作用力是一组平衡力。（ ）
10. 在铰链四杆机构中，最长杆与最短杆的长度之和小于其余两杆长度和，则最短杆为曲柄。（ ）
11. 家用缝纫机踏板机构是曲柄摇杆机构，它是以摇杆为原动件。（ ）
12. 与机架相连可以转动整圈的是摇杆。（ ）
13. 通过离合器连接的两轴可在工作中随时分离。（ ）
14. 作平面运动的自由构件有 3 个自由度。（ ）
15. 构件是加工制造单元，零件是运动单元。（ ）
16. 与机架相连不可以转动整圈的是曲柄。（ ）
17. 在铰链四杆机构中的三种基本形式中，最长杆与最短杆的长度之和必定小于其余长度之和。（ ）
18. 家用缝纫机踏板机构是曲柄摇杆机构，它是以曲柄为主动件。（ ）
19. 与机架相连可以转动整圈的是曲柄。（ ）
20. 两个以上构件同时在一处用转动副连接的是复合铰链。（ ）
21. 急回特性和死点位置都发生在曲柄摇杆机构中。（ ）
22. 不完全齿轮机构属于齿轮传动。（ ）
23. 虚约束属于无用的约束。（ ）

四、多项选题

1. 铰链四杆机构的基本类型_____。
   A. 曲柄摇杆机构   B. 双摇杆机构   C. 凸轮机构   D. 双曲柄机构
2. 下面哪些机构属于间歇机构_____。
   A. 棘轮机构   B. 槽轮机构
   C. 不完全齿轮机构   D. 平面连杆机构
3. 机器的特征包含_____。
   A. 都是人为的实物组合体   B. 3D 动画
   C. 各部分有确定的相对运动   D. 能传递信息和能量
4. 机构的特征包含_____。
   A. 都是人为的实物组合体   B. 3D 动画
   C. 各部分有确定的相对运动   D. 能传递信息和能量
5. 单缸内燃机由下列哪些机构组成的_____。
   A. 棘轮机构   B. 齿轮机构
   C. 凸轮机构   D. 曲柄滑块机构

五、简答题

1. 什么是复合铰链和局部自由度？
2. 简述凸轮机构的组成、结构和运动特点。
3. 简述槽轮机构的组成、种类和特点。
4. 铰链四杆机构曲柄存在的条件是什么？
5. 简述平面连杆机构的特点。
6. 机构具有确定运动的条件是什么？
7. 根据低碳钢拉伸试验，应力-应变曲线分成哪四个阶段？

六、计算题

1. 如题图 1-1-7（a）～（d）所示，完成下列任务。
(1) 计算自由度。
(2) 判别该机构是否有确定的运动。
(3) 指出复合铰链、虚约束和局部自由度。

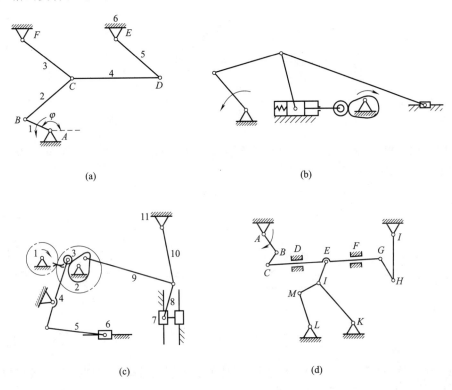

题图 1-1-7

2. 根据题图 1-1-8 中注明的尺寸，判断各铰链四杆机构的类型。

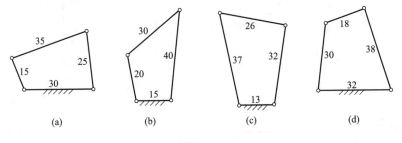

题图 1-1-8

3. 画出题图 1-1-9 所示杆件的内力图。

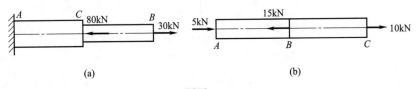

题图 1-1-9

4. 如题图 1-1-10 所示，重 $F=60 \mathrm{kN}$ 的物体，挂在支架 ABC 的 B 点，若 AB 和 BC 两杆材料都是铸铁，其许用拉应力 $[\sigma_l]=30 \mathrm{MPa}$，许用压应力 $[\sigma_y]=90 \mathrm{MPa}$，设计 AB 和 BC 两杆的横截面面积。

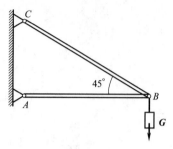

题图 1-1-10

5. 分别画出题图 1-1-11（a）～（d）中各物体的受力图。题中所有接触处均为光滑，除注明以外，物体的自重都不计。

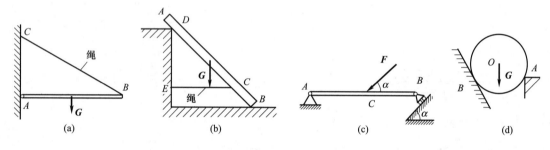

题图 1-1-11

6. 分别画出题图 1-1-12（a）～（f）中各物体的受力图及整体受力图。题中所有接触处均为光滑，除注明以外，物体的自重都不计。

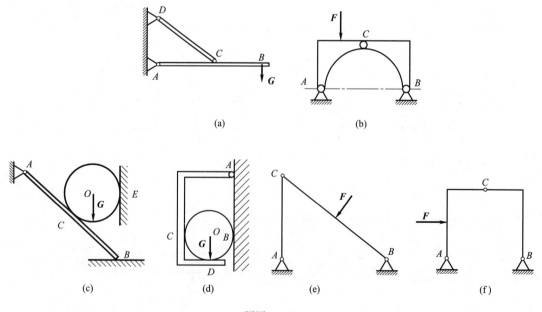

题图 1-1-12

7. 如题图 1-1-13 所示，重 20kN 的物体用两根绳索悬挂在墙壁上，不计绳索重量，试求各绳索所受的力。

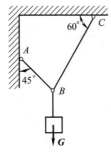

题图 1-1-13

8. 计算题图 1-1-14（a）～（d）中力 F 对 O 点之矩。

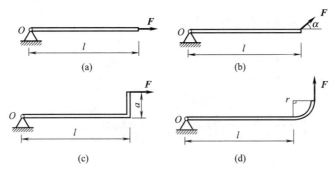

题图 1-1-14

9. 求题图 1-1-15（a）～（d）中各梁的支座反力。已知 $F=2$kN，$M=4$kN·m，$q=1$kN/m，不计梁的自重。

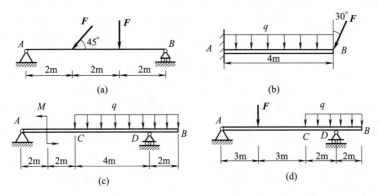

题图 1-1-15

10. 如题图 1-1-16 所示等截面直杆受力，其横截面面积为 200m^2，许用应力 $[\sigma]=120$MPa。绘制轴力图并进行强度校核。

题图 1-1-16

任务二
挠性传动的设计

▌教学目标

知识目标：
① 掌握带传动的基本知识；
② 了解带传动的张紧、安装和维护的方法；
③ 掌握带传动的设计方法和步骤；
④ 了解链传动的基本知识和设计方法。

能力目标：
① 会进行带传动的设计计算并绘制带轮零件工作图；
② 会进行链传动的设计计算。

▌任务导入

本任务以挠性传动中 V 带传动的设计为载体，通过对带传动的组成、工作原理、类型特点、工作能力等内容的分析，使学生掌握带传动的受力分析、带传动的弹性滑动和打滑现象、带传动的失效形式、设计准则等教学内容。通过工作任务单的形式提出问题，让学生带着问题去学习，在学习过程中逐一解决任务单中提出的问题，边学边问，边问边学，在解决问题的同时知识得到了掌握，能力得到了提升。通过对本任务的学习，学生可以学会带传动的受力分析方法、带传动的设计方法和步骤、带传动的张紧和维护、了解链传动的基本知识和设计方法等内容。规范学生的设计行为，强化学生的工程意识。本任务工作任务单见表 2-0-1。

表 2-0-1 学习性工作任务单

课程名称	机械设计应用
任务名称	V 带传动的设计

一、任务描述

设计一输送机上的 V 带传动。已知传递功率 $P=3.74\text{kW}$，普通异步电动机满载启动，小带轮转速 $n_1=960\text{r/min}$，传动比为 $i=3.14$，要求中心距 a 为 500mm 左右，单班制工作。

二、任务目的

1. 能够理解带传动的组成、工作原理、类型特点和应用；
2. 能够掌握普通 V 带传动的工作特性、设计计算；
3. 能够掌握一般带传动的设计方法并进行设计计算。

三、任务实施流程

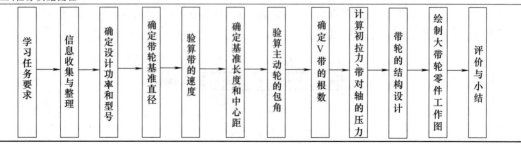

续表

四、提交成果

1. 从动带轮零件图；
2. 设计计算说明书；
3. 任务总结。

知识链接

模块一　带传动的工作原理、类型与工作情况分析

带传动属于挠性传动，是在主动带轮、从动带轮之间通过皮带来传递运动和动力的。与齿轮传动相比较，带传动具有结构简单、成本低廉、两轴间距大等优点，因此当主动轴与从动轴相距较远时，常采用带传动。

一、带传动的工作原理

带传动通常是由主动带轮、从动带轮和张紧在两轮上的环形传动带组成的，如图 2-1-1 所示。

带传动是利用张紧在带轮上的传动带与带轮的摩擦或啮合来传递运动和动力的。安装时，带被张紧在带轮上，产生的初拉力使得带与带轮之间产

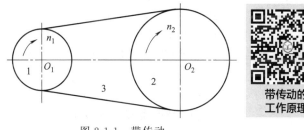

图 2-1-1　带传动
1—主动轮；2—从动轮；3—传动带

生压力。当主动轮转动时，依靠摩擦力或啮合拖动从动轮一起转动，并传递一定的转矩。

二、带传动的类型、特点和应用

（一）带传动的类型

按工作原理可分为摩擦式带传动和啮合式带传动，如图 2-1-2 所示。

本任务主要讲述摩擦式带传动。啮合式带传动也叫同步带传动，兼有带传动和齿轮传动的特点，传动时带和带轮间无相对滑动，能保证准确的传动比，传动功率能达数百千瓦，传动效率可高达 98%，传动比 $i<12\sim20$，允许带速高至 50m/s，而且初拉力较小，作用在轴和轴承上的压力小，但制造、安装要求高，价格较贵。

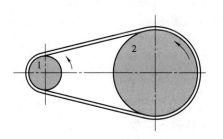
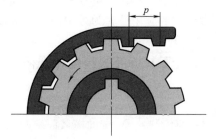

同步带传动

图 2-1-2　摩擦式带传动和啮合式带传动

摩擦式带传动根据挠性带截面形状不同,可分为图 2-1-3 所示类型:

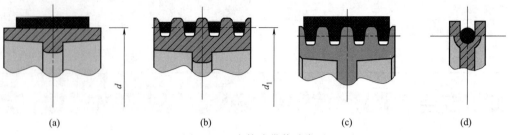

图 2-1-3　摩擦式带传动类型

(1) 平带传动［图 2-1-3 (a)］　平带传动中带的截面形状为矩形,工作时带的内表面是工作面,与圆柱形带轮工作面接触,属于平面摩擦传动。

(2) V 带传动［图 2-1-3 (b)］　V 带传动中带的截面形状为等腰梯形。工作时带的两侧面是工作面,与带轮的环槽侧面接触,属于楔面摩擦传动。在相同的带张紧程度下,V 带传动的摩擦力要比平带传动约大 70%,其承载能力因而比平带传动高。在一般的机械传动中,V 带传动现已取代了平带传动而成为常用的带传动装置。

(3) 多楔带传动［图 2-1-3 (c)］　多楔带传动中带的截面形状为多楔形,多楔带是以平带为基体、内表面具有若干等距纵向 V 形楔的环形传动带,其工作面为楔的侧面,它具有平带的柔软、V 带摩擦力大的特点。

(4) 圆带传动［图 2-1-3 (d)］　圆带传动中带的截面形状为圆形,圆形带有圆皮带、圆绳带、圆锦纶带等,其传动能力小,主要用于 $v<15\text{m/s}$,$i=0.5\sim3$ 的小功率传动,如仪器和家用器械中。

(二) 带传动的特点和应用

1. 带传动的优点

(1) 由于带是挠性件,能缓冲、吸震,所以带传动平稳,噪声小;

(2) 过载时带在小带轮上打滑,防止其他零件因过载而破坏,起到过载保护作用;

(3) 结构简单,制造、安装、维护方便,成本低廉,适合于两轴中心距较大的场合。

2. 带传动的缺点

(1) 由于带与带轮之间存在弹性滑动,故不能保证准确的传动比,传动精度和传动效率较低;

(2) 传动比不准确,外廓尺寸大,结构不紧凑,不适于高温和有腐蚀物质场合。

(3) 需要张紧装置,带的寿命较短,对轴和轴承的压力较大,传动效率较低。

由于带传动存在上述特点,一般情况下,带传动可传递的功率为 $50\sim100\text{kW}$,带速为 $5\sim25\text{m/s}$,平均传动比 $i\leqslant5$,传动效率约为 $92\%\sim97\%$。

通常,带传动用于中、小功率电动机与工作机械之间的动力传递。目前 V 带传动应用最广,近年来平带传动的应用已大为减少。但在多轴传动或高速情况下,平带传动仍然是很有效的。

(三) V 带的结构和规格

1. V 带的结构

V 带有普通 V 带、窄 V 带、宽 V 带、联组 V 带等。普通 V 带为无接头的环形带。V 带的横截面结构如图 2-1-4 所示,由包布、顶胶、抗拉体和底胶四部分组成。包布的材料是帆布,它是 V 带的保护层;顶胶和底胶的材料主要是橡胶,当带在带轮上弯曲时外侧受拉内侧受压;抗拉体主要承受带的拉力,其结构有帘布结构[图 2-1-4(a)]和绳芯结构[图 2-1-4(b)]两种。帘布结构 V 带是由几层胶帘布制成,抗拉能力强,价格低廉,应用比较广泛;绳芯结

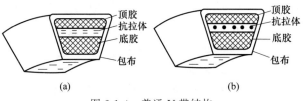

图 2-1-4 普通 V 带结构

构由一排胶线绳制成,柔韧性好,抗弯强度高,但承载能力较差,适用于载荷不大、带轮直径小和转速较高的场合。为了提高 V 带抗拉强度,近年来已开始使用合成纤维(锦纶、涤纶等)绳芯作为强力层。

2. V 带的规格

我国生产的普通 V 带尺寸采用基准宽度制,根据横截面积大小的不同,分为 Y、Z、A、B、C、D、E 七种型号(GB/T 11544—2012),其截面尺寸见表 2-1-1。当带绕过带轮弯曲时,顶胶会伸长,底胶会压缩,两层中间存在既不伸长也不缩短的中性层,沿中性层形成的面称为节面,节面的宽度称为节宽 b_p(见表 2-1-1)。V 带在规定的张紧力下,其中性层的周线长度称为带的基准长度 L_d,V 带的公称长度用基准长度 L_d 表示。各种型号 V 带的基准长度见表 2-1-2。

表 2-1-1 普通 V 带的横截面尺寸

V 带截面示意图	型号		节宽 b_P	顶宽 b	高度 h	质量 $q/(kg/m)$	楔角
	普通 V 带	Y	5.3	6.0	4.0	0.04	
		Z	8.5	10.0	6.0	0.06	
		A	11.0	13.0	8.0	0.10	
		B	14.0	17.0	11.0	0.17	$\alpha=40°$
		C	19.0	22.0	14.0	0.30	
		D	27.0	32.0	19.0	0.60	
		E	32.0	38.0	25.0	0.87	
	窄 V 带	SPZ	8.0	10.0	8.0	0.07	
		SPA	11.0	13.0	10.0	0.12	$\alpha=40°$
		SPB	14.0	17.0	14.0	0.20	
		SPC	19.0	22.0	18.0	0.37	

表 2-1-2 普通 V 带的基准长度(摘自 GB/T 11544—2012)

基准长度 L_d /mm	K_L				基准长度 L_d /mm	K_L					
	Y	Z	A	B		Z	A	B	C	D	E
200	0.81				1600	1.16	0.99	0.93	0.84		
224	0.82				1800	1.18	1.01	0.95	0.85		
250	0.84				2000		1.03	0.98	0.88		
280	0.87				2240		1.06	1.00	0.91		
315	0.89				2500		1.09	1.03	0.93		
355	0.92				2800		1.11	1.05	0.95	0.83	
400	0.96	0.87			3150		1.13	1.07	0.97	0.86	
450	1.00	0.89			3550		1.17	1.10	0.98	0.89	
500	1.02	0.91			4000		1.19	1.13	1.02	0.91	
560		0.94			4500			1.15	1.04	0.93	0.90
630		0.96	0.81		5000			1.18	1.07	0.96	0.92
710		0.99	0.82		5600				1.09	0.98	0.95
800		1.00	0.85		6300				1.12	1.00	0.97
900		1.03	0.87	0.81	7100				1.15	1.03	1.00
1000		1.06	0.89	0.84	8000				1.18	1.06	1.02
1120		1.08	0.91	0.86	9000				1.21	1.08	1.05
1250		1.11	0.95	0.88	10000				1.23	1.11	1.07
1400		1.14	0.96	0.90							

注:带的根数 Z 不应过多,否则会使各带受力不均匀,通常 Z<8 且为整数。

普通 V 带的标记：由型号、基准长度、标准编号三部分组成。

标记实例：A1600　GB/T 11544—2012（A 型 V 带，基准长度为 1600mm）

（四）V 带轮的结构和选择

1. V 带轮的结构

带轮一般由轮缘、轮辐和轮毂三部分组成。轮缘是带轮外圈环形部分，在其表面制有与带的根数、型号相对应的轮槽，轮槽尺寸均已标准化（GB/T 13575.1—2008），见表 2-1-3。V 带的楔角是 40°，而轮槽角有 32°、34°、36°和 38°等几种。这是因为带绕在带轮上弯曲时，顶胶受拉横向尺寸缩小，底胶受压横向尺寸增加，使带的楔角略减小。为保证带和带轮工作面的良好接触，故带轮的轮槽角小于 40°，带轮直径越小，弯曲越显著，所以轮槽角也越小。

表 2-1-3　普通 V 带轮的轮槽尺寸

槽型		Y	Z	A	B	C
基准宽度 b_d		5.3	8.5	11	14	19
基准线上槽深 h_{amin}		1.6	2.0	2.75	3.5	4.8
基准线下深 h_{fmin}		4.7	7.0	8.7	10.8	14.3
槽间距 e		8±0.3	12±0.3	15±0.3	19±0.4	25.5±0.5
槽边距 f_{min}		6	7	10	11.5	16
轮缘厚 δ_{min}		5	5.5	6	7.5	10
顶圆直径 d_e		$d_e = d_d + 2h_a$				
φ	32°	≤60				
	34°		≤80	≤118	≤190	≤315
	36°	>60				
	38°		>80	>118	>190	>315

V 带轮根据轮辐的不同可分为四种型号（图 2-1-5）。当带轮基准直径 d_d<100 mm 时采用 S 型——实心式带轮；当带轮基准直径 100≤d_d≤300mm 时采用 P 型——腹板式带轮；当带轮基准直径 300<d_d≤400mm 时采用 H 型——孔板式；当带轮基准直径 d_d>400 mm 时采用 E 型——轮辐式带轮。

2. V 带轮的选择

带轮的材料根据带速的不同常采用灰铸铁、铸钢或钢板冲压件、铸铝或塑料等，其中灰铸铁使用最为广泛。当 v≤30m/s 时，用 HT150 或 HT200；当 v≥25～45m/s 时，宜采用铸钢或钢板冲压焊接带轮；小功率传动时可铸铝或塑料，以减轻带轮重量。

三、带传动的工作能力分析

（一）带传动的受力分析

1. 外力分析

带呈环形，以一定的张紧力 F_0 套在带轮上，使带和带轮相互压紧。

静止时，带两边的拉力相等，均为 F_0 [如图 2-1-6（a）]；

传动时，由于带与轮面间摩擦力的作用，带两边的拉力不再相等 [如图 2-1-6（b）]：绕进主动轮的一边，拉力由 F_0 增加到 F_1，称为紧边拉力；而另一边带的拉力由 F_0 减为 F_2，称为松边拉力。

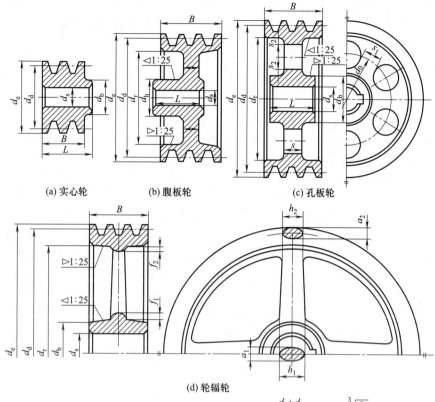

(a) 实心轮　　(b) 腹板轮　　(c) 孔板轮

(d) 轮辐轮

$d_b=(1.8\sim 2)d_s$；$d_r=d_d-2(h_f+\delta)$；δ见表2-1-3；$d_0=\dfrac{d_b+d_r}{2}$；$h_1=290\sqrt[3]{\dfrac{P}{nA}}$
(P为功率，kW；n为转速，r/min；A为辐条数)；$h_2=0.8h_1$；$a_1=0.4h_1$；$a_2=0.8a_1$；
$s=(0.2\sim 0.3)B$；$L=(1.5\sim 2)d_s$；$s_1\geqslant 1.5s$；$s_2\geqslant 0.5s$；$f_1=f_2=0.2h_1$

图 2-1-5　带轮的结构

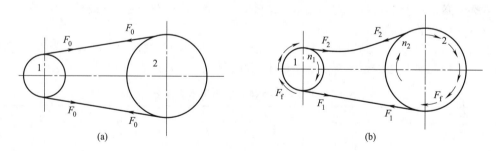

图 2-1-6　带的拉力

带传动传递的有效圆周力在数值上应等于带与带轮之间摩擦力的总和，亦为传动带两边拉力之差，即

$$F_e=F_1-F_2=F_f \tag{2-1-1}$$

在一定条件下，摩擦力有一极限值，如果工作阻力超过极限值，带就在轮面上打滑，带传动不能正常工作。

有效圆周力 F_e（N）、带速 v（m/s）和带所传递的功率 P（kW）之间的关系为

$$P=F_e v/1000 \tag{2-1-2}$$

由上式可知，当带速一定时，传递的功率越大，所需要的摩擦力也越大。

若假设带在工作前后总长度不变,则带工作时,其紧边的伸长增量等于松边的伸长减量。由于带工作在弹性变形范围,且忽略离心力的影响,则可近似认为紧边拉力的增量等于松边拉力的减量,即

$$\begin{cases} F_1 - F_0 = F_0 - F_2 \\ F_1 + F_2 = 2F_0 \end{cases} \tag{2-1-3}$$

2. 应力分析

带在工作过程中,带的横截面上将存在三种应力。

(1) 由离心力所产生的离心应力　带工作时,带绕过带轮作圆周运动而将产生离心力,离心力将使带受拉,在横截面上产生离心应力,大小为:

$$\sigma_c = F_c/A = \frac{qv^2}{A} \tag{2-1-4}$$

式中,q 为带单位长度的质量,kg/m;v 为带的线速度,m/s。

离心力引起的应力作用在带的全长上,且各处大小相等。离心应力 σ_c 与 q 及 v^2 成正比。故设计高速带传动时,应采用薄而轻质的传动带;设计一般带传动时,带速不宜过高。

(2) 由拉力所产生的拉应力　带工作时,由于紧边与松边的拉力不同,拉应力也不同,分别是:

$$\text{紧边拉应力} \quad \sigma_1 = F_1/A \quad \text{松边拉应力} \quad \sigma_2 = F_2/A \tag{2-1-5}$$

式中,A 为带的横截面积 mm²;σ_1 为紧边拉应力,MPa;σ_2 为松边拉应力,MPa。

力的分布:绕在主动轮上的拉应力沿转动方向由 σ_1 逐渐降低到 σ_2;绕在从动轮上的拉应力由 σ_2 逐渐增大到 σ_1。

(3) 由带弯曲所产生的弯曲应力　由于带绕过带轮时发生弯曲,产生弯曲应力(只发生绕在带轮的部分)。由于主动带轮和从动带轮基准直径不同,所以弯曲应力也不同。由材料力学可知,其弯曲应力分别为:

$$\sigma_{b1} = \frac{2Eh}{d_{d1}} \quad \sigma_{b2} = \frac{2Eh}{d_{d2}} \tag{2-1-6}$$

式中,E 为带材料的拉压弹性模量,MPa;h 为带高度(中性层到最外层距离),mm;d_{d1}、d_{d2} 为两带轮的基准直径,mm。

由公式可以看出,带越厚,带轮基准直径越小,则带的弯曲应力就越大。为避免弯曲应力过大,对应每种型号的带轮都规定了最小基准直径 d_{dmin},见表 2-1-4。

表 2-1-4　V 带轮基准直径 d_{dmin} 及基准直径 d_d 系列　　　　　　　　　mm

带型	Y	Z	A	B	C	D	E
d_{dmin}	20	50	75	125	200	355	500
基准直径系列	20　22.4　25　28　31.5　35.5　40　45　50　56　63　71　80　85　90　95　100　106　112　118　125　132　140　150　160　170　180　200　212　224　236　250　265　280　315　355　375　400　425　450　475　500　530　560　630　710　800　900　1000　1120　1250　1600　2000　2500							

上述三种应力沿带长的分布情况如图 2-1-7 所示。图中小带轮为主动轮,带在工作中所受的应力是变化的,最大应力发生在紧边进入小带轮处(图 2-1-7 中 A 处),其值为

$$\sigma_{max} = \sigma_1 + \sigma_{b1} + \sigma_c \tag{2-1-7}$$

(二) 带传动的弹性滑动和打滑

1. 弹性滑动

由于带是弹性体,受力后必然产生弹性变形,拉力大则变形也大。由

弹性滑动

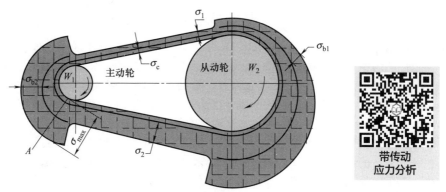

图 2-1-7　带传动的应力分布

于带传动存在紧边和松边,在紧边时带被弹性拉长,到松边时又产生收缩,带在带轮上产生微小局部滑动。这种由于带两边拉力不相等致使两边弹性变形不同,从而引起带与带轮间的滑动称为带传动的弹性滑动。如图 2-1-8 所示。

弹性滑动将引起下列后果:从动轮的圆周速度低于主动轮;降低传动效率;引起带的磨损;发热使带温度升高。但是在带传动中,由于摩擦力使带的两边发生不同程度的拉伸变形,摩擦力是这类传动所必需的,所以弹性滑动是不可避免的。

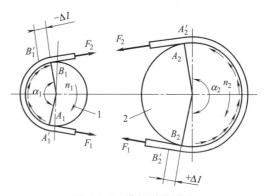

图 2-1-8　带的弹性滑动

弹性滑动造成带的线速度略低于带轮的圆周速度,导致从动轮的圆周速度 v_2 低于主动轮的圆周速度 v_1,其速度降低率用相对滑动率 ε 表示。

$$\varepsilon = \frac{v_1 - v_2}{v_1} = \frac{\pi d_{d1} n_1 - \pi d_{d2} n_2}{\pi d_{d1} n_1} = \frac{d_{d1} n_1 - d_{d2} n_2}{d_{d1} n_1} \tag{2-1-8}$$

考虑弹性滑动影响而得出的实际传动比:

$$i = \frac{n_1}{n_2} = \frac{d_{d2}}{d_{d1}(1-\varepsilon)} \tag{2-1-9}$$

式中,n_1、n_2 分别为主、从动轮转速,r/min;d_{d1}、d_{d2} 分别为主、从动轮的基准直径,mm。带在正常工作时其滑动率 $\varepsilon = 0.01 \sim 0.02$,其值不大,粗略计算时可忽略不计。

2. 打滑

在一定的初拉力 F_0 作用下,带与带轮接触面间摩擦力的总和有一个极限值。当带所传递的圆周力超过该极限值时,带就会沿主动带轮表面发生全面滑动,这种现象称为打滑。打滑将造成带的严重磨损,带的运动处于不稳定状态,致使传动失效。所以打滑是带传动的失效形式之一。

当带与带轮的摩擦处于即将打滑而尚未打滑的临界状态时,F_1 与 F_2 的关系可用著名的欧拉公式表示,即

$$\frac{F_1}{F_2} = e^{f\alpha} \Rightarrow F_1 = F_2 e^{f\alpha} \tag{2-1-10}$$

式中,f 为带与带轮之间的摩擦系数;α 为带在带轮上的包角,rad;e 为自然对数的底(e=2.718…)。

在不打滑的条件下 V 带所能传递的最大有效圆周力为

$$F_{\max}=F_1\left(1-\frac{1}{e^{f\alpha}}\right) \qquad (2\text{-}1\text{-}11)$$

带在正常传动情况下，必须使 $F_e < F_{\max}$。由式（2-1-11）可知，带传动不发生打滑时所能传动的最大有效圆周力 $F_{\max}$ 与摩擦系数 f、包角 α 和初拉力 F_0 有关。f、α 和 F_0 越大，带所能传递的有效圆周力也越大，带的承载能力越强。但 F_0 过大时将使带的磨损加剧，缩短带的工作寿命，且轴和轴承受力增加，故初拉力 F_0 的大小应适当。由于大带轮的包角 α_2 总大于小带轮包角 α_1，故带传动的最大有效拉力 $F_{e\max}$ 取决于小带轮包角 α_1。而且打滑总是先发生在小带轮上。为提高 V 带的传动能力，通常要求 $\alpha_1 \geqslant 120°$。

注意不能将弹性滑动和打滑混淆起来，打滑是由于过载所引起的带在带轮上的全面滑动，工作中是应该避免的。在传动突然超载时，打滑可以起到过载保护作用，避免其他零件发生损坏。而弹性滑动是由于拉力差引起的，是不可以避免的。

（三）带传动的失效形式和设计准则

根据带传动的工作能力分析可知，V 带传动的主要失效形式如下。

1. 过载打滑

当工作外载荷超过带传动的最大有效拉力时，带在小带轮上打滑。

2. 疲劳破坏

带的任一横截面上的应力将随着带的运转而循环变化。当应力循环达到一定次数，即运行一定时间后，V 带在局部出现疲劳裂纹脱层，随之出现疏松状态甚至断裂，从而发生疲劳损坏，丧失传动能力。

3. 磨损

V 带的工作面磨损。

因此，带传动的设计准则是在保证不打滑的前提下，使带具有一定的疲劳强度和使用寿命。

模块二　带传动的张紧、安装和维护

一、带传动的张紧

为了获得和控制带的初拉力，保证带传动正常工作，V 带传动工作一段时间后，必须对其重新张紧。否则会因塑性变形和磨损而使带产生松弛，张紧力减小，带的传动能力下降。常见的张紧装置如图 2-2-1 所示。

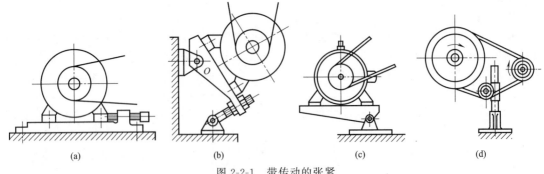

图 2-2-1　带传动的张紧

（一）调整中心距法

当中心距可调时，可加大中心距，使带张紧。调节中心距的张紧装置有以下两类。

1. 定期张紧装置

如图 2-2-1（a）所示，通常用调节螺钉来改变电动机在滑道上的位置，以增大中心距，从而达到使传动带张紧的目的。此方法常用于水平布置的 V 带传动。

如图 2-2-1（b）所示，通常用调节螺钉来改变摆动架的位置，以增大中心距，从而达到使传动带张紧的目的。此方法常用于近似垂直布置的 V 带传动。

摆架式张紧装置

2. 自动张紧装置

如图 2-2-1（c）所示，靠电动机和机座的自重，使带轮绕固定轴摆动，以自动调整中心距达到张紧传动带的目的。此方法常用于小功率近似垂直布置的 V 带传动。

张紧轮张紧装置

（二）张紧轮张紧法

如图 2-2-1（d）所示是利用张紧轮来张紧，张紧轮一般安装在松边内侧，尽量靠近大轮，以避免使带受双向弯曲应力作用以及小带轮包角 α_1 减小过多。此方法常用于中心距不可调节的 V 带传动场合。

二、传动的安装和维护

为了保证 V 带传动的正常工作，延长带的使用寿命，必须正确地掌握安装和维护的方法，一般应注意以下几点：

（一）带的安装

（1）安装时，首先将中心距缩小，将带套在带轮上后，然后慢慢地增大中心距直至张紧。严禁用其他工具强行撬入和撬出以免对带造成不必要的损坏。

（2）安装时，两带轮轴线应相互平行，各带轮相对应的轮槽的对称平面应重合，其偏角误差不得超过 20′，如图 2-2-2 所示。

（3）安装时，应按规定的初拉力张紧。对于中等中心距的带传动，也可凭经验安装，带的张紧程度以大拇指能将带按下 15mm 为宜。新带使用前，最好预先拉紧一段时间后再使用，如图 2-2-3 所示。

（4）对于多根 V 带传动，要选择公差值在同一档次的带配成一组使用，以免各带受力不均匀。

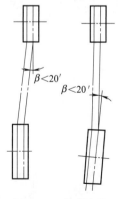

图 2-2-2 带的安装

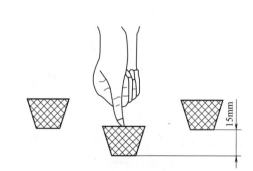

图 2-2-3 带的松紧度控制

（二）带传动的维护

（1）要采用安全防护罩，以保证操作者的安全。

（2）要防止油、酸、碱对带的腐蚀，工作温度不宜超过 60°，以免带过早老化。

（3）定期对带进行检查，观察有无松弛和断裂现象，如有一根松弛和断裂应更换新带。

模块三　带传动的设计

根据带传动的工作条件和用途，确定设计内容，拟定设计方案，选择适当的设计参数，进行设计计算，编写设计说明书，绘制带轮零件工作图，完成带传动的设计。

一、已知条件

V带传动设计的已知条件一般为：带传动的用途和工作条件、传递的功率 P、两带轮转速 n_1、n_2（或 n_1 和传动比 i）、原动机类型以及对传动的位置和外廓尺寸的要求等。

二、设计任务

设计任务主要包括：确定 V 带的型号、基准长度和根数；确定带轮的基准直径、结构尺寸和材料；确定传动的中心距；计算带的初拉力和作用在轴上的压力；V 带的张紧和防护等。

三、设计步骤

（一）确定设计功率 P_c

$$P_c = K_A P \tag{2-3-1}$$

式中，K_A 为工作情况系数，考虑载荷性质、原动机类型及每天工作时间等因素对传动的影响（见表 2-3-1）；P 为传递的名义功率，kW。

（二）选择 V 带型号

根据设计功率 P_c 和小轮转速 n_1，按图 2-3-1 选取普通 V 带的型号。若临近两种型号的交界线时，可按两种型号同时计算，通过分析比较决定取舍。

表 2-3-1　工作情况系数 K_A

载荷性质	适用范围	K_A					
		空、轻载启动			重载启动		
		每天工作时间/h					
		<10	10~16	>16	<10	10~16	>16
载荷平稳	液体搅拌机、通风机和鼓风机（$P \leqslant 7.5$kW）、离心机水泵和压缩机、轻型输送机	1.0	1.1	1.2	1.1	1.2	1.3
载荷变动小	带式输送机（不均匀载荷）、通风机（$P > 7.5$kW）、发电机、金属切削机床、印刷机、冲床、压力机、旋转筛、木工机械	1.1	1.2	1.3	1.2	1.3	1.4
载荷变动较大	制砖机、斗式提升机、往复式水泵和压缩机、起重机、摩擦机、冲剪机床、橡胶机械、振动筛、纺织机械、重型输送机、木材加工机械	1.2	1.3	1.4	1.4	1.5	1.6
载荷变动很大	破碎机、摩擦机、卷扬机、橡胶压延机等	1.3	1.4	1.5	1.5	1.6	1.8

注：1. 空、轻载启动——电动机（交流启动、△启动、直流并励）、四缸以上的内燃机、装有离心式离合器、液力联轴器的动力机。

2. 重载启动——电动机（联机交流启动、直流复励或串励）、四缸以下的内燃机。

3. 在反复启动、正反转频繁、工作条件恶劣等场合，K_A 应取为表值的 1.2 倍。

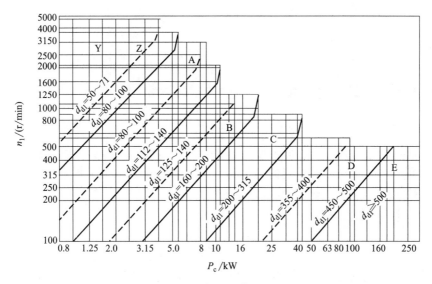

图 2-3-1 普通 V 带选型图

(三) 确定大小带轮的基准直径,并验算带速

(1) 小带轮基准直径 d_{d1} 应大于或等于表 2-1-4 所列的最小直径 d_{dmin}。d_{d1} 过小则弯曲应力较大,而 d_{d1} 过大又会使外廓尺寸增大。一般在工作位置允许的情况下,小带轮直径取得大一些可减小弯曲应力,提高承载能力和延长使用寿命。d_{d1} 和 d_{d2} 均应符合带轮基准直径系列尺寸,如表 2-1-4 所示。

根据 $d_{d2}=id_{d1}$ 计算大带轮的基准直径 d_{d2},计算出的 d_{d2} 值圆整为表 2-1-4 中的直径系列值。

(2) 验算带速 v

$$v = \frac{\pi d_{d1} n_1}{60 \times 10^2} \tag{2-3-2}$$

普通 V 带质量较大,带速较高,会因惯性离心力过大而降低带与带轮间的正压力,从而降低摩擦力和传动能力;带速过低,则在传递相同功率时所需有效拉力增大,使带的根数增加。普通 V 带一般带速取 5~25m/s 为宜。

(四) 确定中心距 a 和带的基准长度 L_d

1. 初选中心距 a_0

中心距过大,则传动结构尺寸过大,且 V 带容易颤动;中心距过小,小带轮包角 α_1 小,降低传动能力,且带的绕转次数增多,降低带的使用寿命。因此中心距 a_0 通常按下式选取

$$0.7(d_{d1}+d_{d2}) \leqslant a_0 \leqslant 2(d_{d1}+d_{d2}) \tag{2-3-3}$$

2. 根据初选的中心距 a_0,计算带长 L_{d0}

$$L_{d0} \approx 2a_0 + \frac{\pi}{2}(d_{d1}+d_{d2}) + \frac{(d_{d2}-d_{d1})^2}{4a_0} \tag{2-3-4}$$

根据 L_{d0} 和带型号,由表 2-1-2 选取接近的基准长度 L_d。

3. 按下式近似计算实际中心距

$$a \approx a_0 + \frac{L_d - L_{d0}}{2} \tag{2-3-5}$$

考虑到安装、调整和带松弛后张紧的需要，应留出一定的中心距调整余量，其变动范围为

$$a_{\min} = a - 0.015 L_d$$
$$a_{\max} = a + 0.03 L_d \tag{2-3-6}$$

（五）验算小带轮上的包角 α_1

$$\alpha_1 = 180° - (d_{d2} - d_{d1}) \frac{57.3°}{a} \tag{2-3-7}$$

包角是影响带传动工作能力的主要参数之一。包角大，带的承载能力高，反之带易打滑。在 V 带传动中，一般小带轮上的包角 α_1 不宜小于 120°，否则应增大中心距或减小传动比，或加张紧轮来增大中心距。

（六）确定 V 带的根数 Z

$$Z \geqslant \frac{P_c}{[P_0]} = \frac{P_c}{(P_0 + \Delta P_0) K_\alpha K_L} \tag{2-3-8}$$

计算出的 Z 值应圆整为整数，为了使每根 V 带所受的载荷比较均匀，V 带大的根数不宜过多，一般取 $Z=3\sim 6$ 根为宜，最多不超过 10 根，否则应改选型号并重新计算。

式中 P_0 为单根普通 V 带的基本额定功率（表 2-3-2）；ΔP_0 为传动比 $i=1$ 时的单根普通 V 带额定功率的增量（表 2-3-2）；K_α 为包角修正系数（表 2-3-3）；K_L 为带长修正系数（表 2-1-2）。

表 2-3-2 单根普通 V 带的基本额定功率 P_0 和功率增量 ΔP_0

型号	小带轮转速 n /(r/min)	小带轮基准直径 d_{d1}/mm 单根 V 带的额定功率 P_0/kW								传动比 i 额定功率增量 ΔP_0/kW					
										1.13~1.18	1.19~1.24	1.25~1.34	1.35~1.51	1.52~1.99	≥2.00
A		75	90	100	112	125	140	160	180						
	700	0.40	0.61	0.74	0.90	1.07	1.26	1.51	1.76	0.04	0.05	0.06	0.07	0.08	0.09
	800	0.45	0.68	0.83	1.00	1.19	1.41	1.69	1.97	0.04	0.05	0.06	0.08	0.09	0.10
	950	0.51	0.77	0.95	1.15	1.37	1.62	1.95	2.27	0.05	0.06	0.07	0.08	0.10	0.11
	1200	0.60	0.93	1.14	1.39	1.66	1.96	2.36	2.74	0.07	0.08	0.10	0.11	0.13	0.15
	1450	0.68	1.07	1.32	1.61	1.92	2.28	2.73	3.16	0.08	0.09	0.11	0.13	0.15	0.17
	1600	0.73	1.15	1.42	1.74	2.07	2.45	2.94	3.40	0.09	0.11	0.13	0.15	0.17	0.19
	2000	0.84	1.34	1.66	2.04	2.44	2.87	3.42	3.93	0.11	0.13	0.16	0.19	0.22	0.24
B		125	140	160	180	200	224	250	280						
	400	0.84	1.05	1.32	1.59	1.85	2.17	2.50	2.89	0.06	0.07	0.08	0.10	0.11	0.13
	700	1.30	1.64	2.09	2.53	2.96	3.47	4.00	4.61	0.10	0.12	0.15	0.17	0.20	0.22
	800	1.44	1.82	2.32	2.81	3.30	3.86	4.46	5.13	0.11	0.14	0.17	0.20	0.23	0.25
	950	1.64	2.08	2.66	3.22	3.77	4.42	5.10	5.85	0.13	0.17	0.20	0.23	0.26	0.30
	1200	1.93	2.47	3.17	3.85	4.50	5.26	6.14	6.90	0.17	0.21	0.25	0.30	0.34	0.38
	1450	2.19	2.82	3.62	4.39	5.13	5.97	6.82	7.76	0.20	0.25	0.31	0.36	0.40	0.46
	1600	2.33	3.00	3.86	4.68	5.46	6.33	7.20	8.13	0.23	0.28	0.34	0.39	0.45	0.51
C		200	224	250	280	315	355	400	450						
	500	2.87	3.58	4.33	5.19	6.17	7.27	8.52	9.81	0.20	0.24	0.29	0.34	0.39	0.44
	600	3.30	4.12	5.00	6.00	7.14	8.45	9.82	11.3	0.24	0.29	0.35	0.41	0.47	0.53
	700	3.69	4.64	5.64	6.76	8.09	9.50	11.0	12.6	0.27	0.34	0.41	0.48	0.55	0.62
	800	4.07	5.12	6.23	7.52	8.92	11.4	12.1	13.8	0.31	0.39	0.47	0.55	0.63	0.74
	950	4.58	5.78	7.04	8.49	10.0	11.7	13.4	15.2	0.37	0.47	0.56	0.65	0.74	0.83
	1200	5.29	6.71	8.21	9.81	11.5	13.3	15.0	16.6	0.47	0.59	0.70	0.82	0.94	1.06
	1450	5.84	7.45	9.04	10.7	12.4	14.1	15.3	16.7	0.58	0.71	0.85	0.99	1.14	1.27

表 2-3-3　包角修正系数

包角 $\alpha/(°)$	180	170	160	150	140	130	120	110	100	90
K_α	1.00	0.98	0.95	0.92	0.89	0.86	0.82	0.78	0.74	0.69

（七）计算带的初拉力 F_0

初拉力是保证带传动正常工作的重要参数。初拉力过小，产生的摩擦力小，传动容易打滑；初拉力过大，会增大带的拉应力，从而降低带的疲劳强度，缩短带的寿命，同时也会增大对轴的压力。考虑离心力的影响，单根 V 带的初拉力 F_0 可由下式计算

$$F_0 = \frac{500P_c}{Zv}\left(\frac{2.5}{K_\alpha}-1\right)+qv^2 \qquad (2\text{-}3\text{-}9)$$

（八）计算带对轴的压力 F_Q

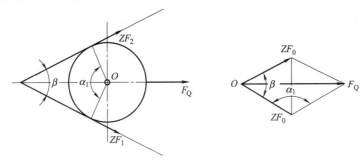

图 2-3-2　带作用在轴上的压力

带的张紧对支承带轮的轴和轴承来说，会影响其强度和寿命，因此必须确定带作用在轴上的径向压力 F_Q 的大小。为了简化计算，通常不考虑松边、紧边的拉力差，近似地按两倍带初拉力来进行计算。由图 2-3-2 可知

$$F_Q = 2ZF_0\sin\frac{\alpha_1}{2} \qquad (2\text{-}3\text{-}10)$$

（九）带轮的结构设计

带轮设计主要包括确定结构类型、结构尺寸、确定材料等。

（十）绘制带轮的零件工作图

略。

模块四　链　传　动

一、链传动的特点和应用

链传动是应用较广的一种机械传动，也属于挠性传动。它是由链条和主、从动链轮所组成的，是以链条作为中间挠性件，依靠链条与链轮的啮合来传递运动和动力的，如图 2-4-1 所示。

与带传动相比，链传动属于啮合传动，主要优点是：无弹性滑动和打滑现象，低速时可传递较大的载荷，传动效率较高（润滑良好的链传动的效率约为 97%～98%）；能保证准确的平均传动比；张紧力小，故对轴的压力小；结构紧凑，易于安装，成本低廉，在远距离传动时，结构更显轻便，在高温、潮湿和油污等恶劣环境下仍能正常工作。

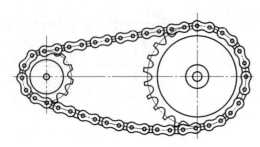

图 2-4-1 链传动装置

链传动的主要缺点是：在两根平行轴间只能用于同向回转的传动，运转时不能保持恒定的瞬时传动比，磨损后容易发生跳齿，工作时有噪声，不宜在载荷变化很大和急速反向的传动中应用。

由这些特点可知，链传动主要应用于两轴线平行、中心距较大、对瞬时传动比和传动平稳要求不严格，以及对工作条件要求不高的环境下使用。因此它被广泛运用于采矿、起重、金属切削机床、摩托车、自行车、农业机械、建筑机械、石油机械等。

链传动按工作用途不同，可分为传动链、起重链和牵引链三种。传动链主要用在一般机械中传递运动和动力；起重链主要用在起重机械中提升重物；牵引链主要用在运输机械中移动重物。按结构不同又将传动链分为滚子链、齿形链、弯板链和套筒链等几种类型。其中滚子链结构简单、成本低廉、应用最广泛。

链传动在一般情况下，可传递功率为 100kW 以下，传动比 $i \leqslant 8$，中心距 $a \leqslant 5 \sim 6$m，链条速度 $v \leqslant 15$m/s，传动效率 $= 0.95 \sim 0.98$。

二、滚子链和链轮

（一）滚子链

滚子链的组成

滚子链由内链板 1、外链板 2、销轴 3、套筒 4 和滚子 5 组成。结构如图 2-4-2 所示。

其中，内链板与套筒、外链板与销轴均为过盈配合，套筒与销轴、滚子与套筒之间分别采用间隙配合，因此，内、外链板在链节屈伸时可相对转动。当链与链轮啮合时，链轮齿面与滚子之间形成滚动摩擦，可减轻链条与链轮轮齿的磨损。内、外链板制成 "8" 字形，可使其剖面的抗拉强度大致相等，同时也可减小链条的自重和惯性力。

滚子链相邻两滚子中心的间距称为链节距，用 p 表示，它是链条的主要参数。节距 p 越大，链条各零件的尺寸越大，所能承受的载荷越大。

滚子链可制成单排和多排，如双排链（图 2-4-3）或三排链。多排链承载能力强，多用于较大功率传动。由于制造和装配精度误差，当排数较多时各排链受力不均匀，故排数不宜过多，使用时一般不超过 4 排。

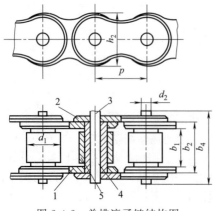

图 2-4-2 单排滚子链结构图

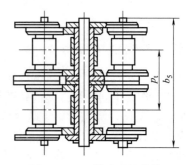

图 2-4-3 双排滚子链结构

滚子链的接头形式如图 2-4-4 所示,当链节数为偶数时,接头处可用开口销 [图 2-4-4 (a)] 或弹簧片 [图 2-4-4 (b)] 来固定,一般前者用于大节距,后者用于小节距;当链节数为奇数时,需采用 [图 2-4-4 (c)] 所示的过渡链节。由于过渡链节的链板要受附加弯矩的作用,所以在一般情况下最好不用奇数链节。

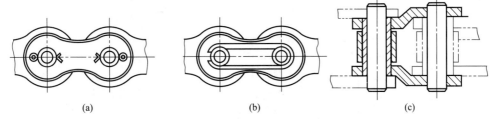

图 2-4-4 滚子链的接头形式

滚子链是标准件,它的结构、基本参数和尺寸都已标准化,见表 2-4-1 滚子链的基本参数和主要尺寸。表中链号数乘以 25.4/16 即为链的节距(mm)。链号中的后缀表示系列,滚子链分为 A、B 两个系列。A 系列是我国滚子链的主体,设计时根据载荷大小及工作条件等选用适当的链条型号;B 系列主要供维修使用。

表 2-4-1 滚子链的基本参数和主要尺寸

链号	节距 p/mm	滚子外径 d_{1max}/mm	内链节内宽 b_{1min}/mm	内链节外宽 b_{2max}/mm	销轴直径 d_{2max}/mm	外链节内宽 b_{3min}/mm	内链板高度 h_{2max}/mm	外链板高度 h_{3max}/mm	排距 p_t/mm	单排抗拉载荷 F_{Qmin}/kN
08A	12.70	7.95	7.85	11.18	3.96	11.23	12.07	10.41	14.38	13.8
10A	15.875	10.16	9.40	13.84	5.08	13.89	15.09	13.03	18.11	21.8
12A	19.05	11.91	12.57	17.75	5.94	17.81	18.08	15.62	22.78	31.1
16A	25.40	15.88	17.75	22.61	7.92	22.66	24.13	20.83	29.29	55.6
20A	31.75	19.05	18.90	27.46	9.53	27.51	30.18	26.04	35.76	86.7
24A	38.10	22.23	25.22	35.46	11.10	35.51	36.20	31.24	45.44	124.6
28A	44.45	25.40	25.22	37.19	12.70	37.24	42.24	36.45	48.87	169
32A	50.80	28.58	31.55	45.21	14.27	45.26	48.26	41.66	58.55	222.4

滚子链的标记规定为:链号-排数×链节数 国家标准代号。例如:链号为 16A、单排、链节数为 100 个的滚子链的标记为:16A-1×100 GB/T 1243—2006。

(二) 链轮

链轮是链传动的主要零件,由轮缘、轮辐、轮毂三部分组成。对链轮的基本要求是:链节能平稳而顺利地进入和退出啮合;与链条接触良好、受力均匀,不易发生脱链,且应该形状简单,便于加工。目前广泛应用的链轮端面齿形为国家标准 GB 1244 规定的三圆弧一直线齿形,如图 2-4-5 所示。由于链轮采用标准齿形,所以在链轮工作图上不必绘制其端面齿形,只需在图的右上角注明基本参数和"齿形按 GB/T 1243—2006 制造"字样即可。

链轮的结构如图 2-4-6 所示,通常小直径链轮采用实心式 [图(a)];中等尺寸链轮制成孔板式 [图(b)];大直径链轮可采用组合式结构

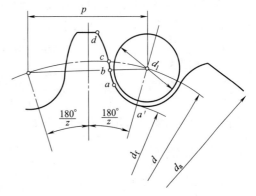

图 2-4-5 链轮端面齿形

[图 (c)]。

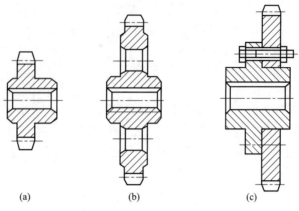

图 2-4-6 链轮的结构

链轮轮齿应具有足够的耐磨性、强度和抗冲击性能。由于单位时间内小链轮轮齿啮合次数多于大链轮轮齿啮合次数,冲击也较严重,故小链轮的材料应优于大齿轮。

链轮常用的材料和应用范围见表 2-4-2。

表 2-4-2 链轮常用的材料及齿面硬度

材料	热处理	热处理后的硬度	应用范围
15,20	渗碳、淬火、回火	50~60HRC	$z \leqslant 25$,有冲击载荷的主、从动链轮
35	正火	160~200HBS	在正常工作条件下,齿数较多($z>25$)的链轮
40、50、ZG310-570	淬火、回火	40~50HRC	无剧烈振动及冲击的链轮
15Cr、20Cr	渗碳、淬火、回火	50~60HRC	有动载荷及传递较大功率的重要链轮($z<25$)
35SiMn、40Cr、35CrMo	淬火、回火	40~50HRC	使用优质链条的重要链轮
Q235、Q275	焊接后退火	140HBS	中等速度、传递中等功率的较大链轮
普通灰铸铁	淬火、回火	260~280HBS	$z_2>25$ 的从动链轮
夹布胶木	—	—	功率小于 6kW、速度较高、要求传动平稳和噪声小的链轮

三、链传动的工作情况分析

(一)链传动的工作特性

由于链是由刚性链节通过销轴铰接而成的,当链条绕在链轮上时,链条以链节形成折线正多边形,所以可以将链传动可看是一对多边形轮子间的带传动。设 z_1、z_2 为分别为主、从动链轮的齿数,n_1、n_2 为主、从动链轮的转速(r/min);p 为链条的节距(mm),则链条的平均速度为

$$v = \frac{n_1 z_1 p}{60 \times 1000} = \frac{n_2 z_2 p}{60 \times 1000} \tag{2-4-1}$$

由式(2-4-1)可得链传动的平均传动比

$$i = \frac{n_1}{n_2} = \frac{z_2}{z_1} \tag{2-4-2}$$

由上式求出的是平均传动比。实际上,即使主动轮作等角速度转动,链条的瞬时速度和瞬时传动比也都是变化的。为了便于分析,设链传动工作时紧边始终处于水平位置(如图

2-4-7 所示），当主动轮以角速度 ω_1 转动时，其圆周速度 $v_A = r_1\omega_1$，v_A 分解为水平分速度 v_{x1} 和垂直分速度 v_{y1}。

$$v_{x1} = R_1\omega_1\cos\beta$$
$$v_{y1} = R_1\omega_1\sin\beta$$

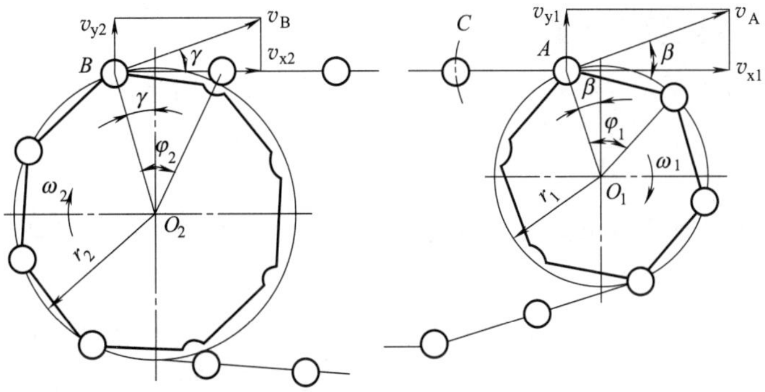

图 2-4-7 链传动的运动特性分析

式中，β 为销轴 A 的圆周速度 v_A 与水平方向间的夹角，其变化范围为 $\beta = \pm\dfrac{180°}{z_1}$。当 $\beta = 0$ 时，链速最大，当 $\beta = \pm\dfrac{180°}{z_1}$ 时，链速最小。由此可见，即使 ω_1 为常数，链条的瞬时速度也是呈周期性变化的。这种由于绕在链轮上的链条呈多边形而引起的速度不均匀性称为链传动的多边形效应。当链轮的齿数多，链节距小，多边形效应将减弱。同理，链在垂直方向上的分速度也作周期性变化，引起链条上下抖动，所以链传动时不可避免地要产生振动冲击和动载荷。因此链传动不宜在载荷变化大、高速和急速反转中应用。

（二）链传动的失效形式

链传动主要由链条和链轮组成，由于链条强度不如链轮高，所以一般链传动的失效主要是链条的失效，实践证明链轮的使用寿命一般是链条使用寿命的 2～3 倍以上。链传动常见的主要失效形式有以下五种。

1. 链条疲劳破坏

与带传动相似，链条两边所受的拉应力不相等，在交变应力作用下经过一定的循环次数后，链板会发生疲劳断裂，滚子表面可能出现疲劳点蚀和疲劳裂纹。这是链传动的主要失效形式。

2. 铰链磨损

铰链的销轴和套筒在工作过程中产生相对转动而发生磨损，若润滑密封不良，磨损会加剧。铰链磨损后使链节距增大而产生跳齿或脱链现象。铰链磨损一般发生在开式或润滑不良的链传动中。

3. 胶合

在润滑不当或链轮转速过高时，铰链处的销轴与套筒的工作表面可能会出现胶合。为避免胶合，必须限制链传动的极限转速。

4. 冲击破坏

由于经常反复启动、制动及反转引起重复冲击载荷，滚子、套筒和销轴可能在疲劳破坏之前发生断裂。

5. 静力拉断

在低速、重载或超载的传动中，如果载荷超过链条的静力强度，链条就会被拉断。

四、链传动的安装与布置、张紧、润滑和维护

（一）链传动的安装与布置

链传动的安装与布置是否合理直接影响传动的质量和使用寿命。应注意以下几点：

（1）两链轮的回转平面应在同一平面上，两轴线必须平行，否则会导致链条脱落或产生不正常磨损；

（2）当需倾斜布置时，倾角应小于 45°，避免垂直布置，因过大的下垂量会影响链轮与链条的正确啮合，降低传动能力；

（3）链传动最好紧边在上，松边在下，这样可以避免由于松边的下垂使链条与链轮发生干涉或卡死。

链传动的安装与布置方式见表 2-4-3

表 2-4-3　链传动的安装与布置

传动参数	正确布置	说　明
$i>2$ a 为 $(30\sim 50)p$	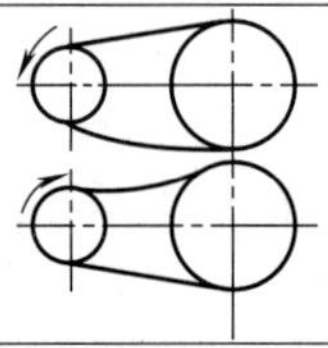	两轮轴线在同一水平面，紧边在上面较好，但必要时也允许紧边在下边
$i>2$	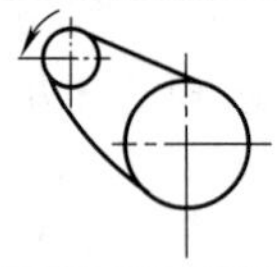	两轮轴线不在同一水平面，松边应在下面，否则松边下垂量增大后，链条易与链轮卡死
$i<1.5$ $a>60p$	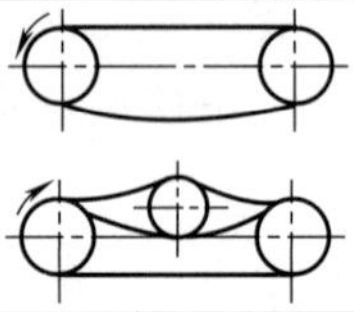	两轮轴线在同一水平面，松边应在下面，否则下垂量增大后，松边会与紧边相碰，需经常调整中心距
$i、a$ 为任意值	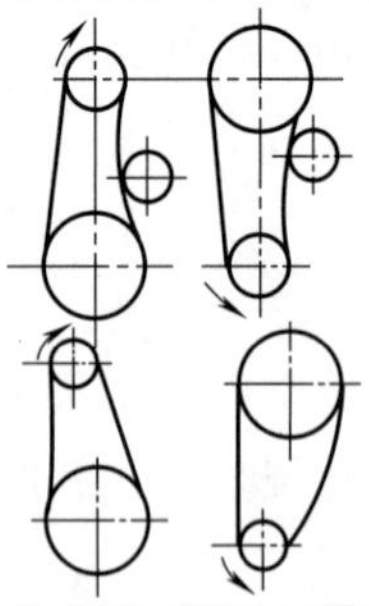	两轮轴线在同一铅垂面内，下垂量增大，会减少下链轮的有效啮合齿数，降低传动能力。为此应采用：①中心距可调；②张紧装置；③上下两轮错开，使其不在同一铅垂面内
反向传动 $\|i\|<8$	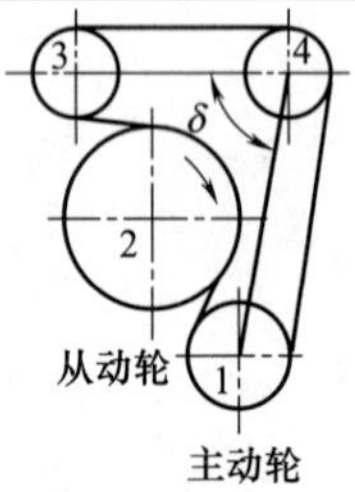	为使两轮转向相反，应加装 3 和 4 两个导向轮，且其至少有一个是可以调整张紧的。紧边应布置在 1 和 2 两轮之间，角 δ 的大小应使链轮的啮合包角满足传动要求

（二）链传动的张紧

链传动张紧的目的，主要是为了避免在链条垂度过大时产生啮合不良和链条的振动现象，同时也为了增加链条与链轮的啮合包角。

链传动常用的张紧方法有以下几种。

(1) 调整中心距张紧　当链传动的中心距可调整时，可通过调整中心距张紧。

(2) 采用张紧轮张紧　当中心距不可调时，可通过设置张紧轮张紧。张紧轮一般装设在松边靠近小链轮外侧。

(3) 去掉1～2个链节　如果没有上述调整或张紧装置，往往采用缩短链长的方张紧链条。

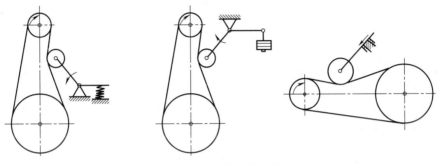

图 2-4-8　链传动的张紧

（三）链传动的润滑

链传动的润滑十分重要，对高速、重载的链传动更为重要。良好的润滑可缓和冲击、减轻磨损，延长链条使用寿命。如图 2-4-9 所示，推荐的润滑方式有四种：

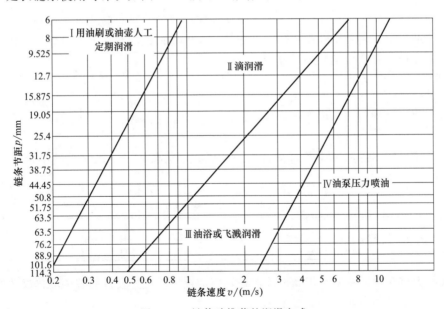

图 2-4-9　链传动推荐的润滑方式

(1) 人工定期润滑；

(2) 滴油润滑；

(3) 油浴或飞溅润滑；

(4)压力喷油润滑。

(四)链传动的维护

链传动的维护主要有两点:

(1)给链传动系统润滑;

(2)链传动运行一定时间后,因链条、链齿磨损,链节距变长而需调节张紧,以免运行过程中产生较强震动,跳齿脱链。

▍知识拓展

链传动的设计:链传动当链速为 $v<0.6\mathrm{m/s}$ 时,属于低速链传动,链的主要失效形式是过载拉断,应进行静强度计算;当链速为 $v=0.6\sim8\mathrm{m/s}$ 时,属于中速链传动,当链速为 $v>8\mathrm{m/s}$ 时,属于高速链传动,中高速链传动的主要失效形式是疲劳破坏,应按照下面方法进行设计计算。

一、设计滚子链传动的原始数据

传递的功率 P,转速 n_1、n_2(或 n_1、传动比 i),原动机种类、载荷性质、传动用途等。

二、设计计算的内容

链轮齿数、链节距、传动中心距、链节数、压轴力等。

三、设计步骤和方法

(一)选择链轮传动比和齿数

1. 传动比

链传动的传动比一般应小于 6,在低速和外廓尺寸不受限制的地方允许到 10,推荐 $i=2\sim3.5$。传动比过大将使链在小链轮上的包角过小,因而使同时啮合的齿数少,这将加速链条和轮齿的磨损,并使传动外廓尺寸增大。

2. 齿数

链轮齿数不宜过多或过少。齿数太少时会增加传动的不均匀性和磨损,还会增加动载荷;齿数太多,除增大传动尺寸和重量外,还会使发生跳齿或脱链现象的概率增加,从而缩短链的使用寿命。

从提高传动均匀性和减少动载荷考虑,建议在动力传动中,滚子链的小链轮齿数按表2-5-1选取。

表 2-5-1 小链轮齿数

传动比 i	1~2	3~4	5~6	>6
主动链轮齿数	31~27	25~23	21~17	17

从限制大链轮齿数和减小传动尺寸考虑,传动比大、链速较低的链传动建议选取较少的链轮齿数。滚子链小链轮最少齿数为 $z_{1\min}=9$。

大链轮齿数 $z_2=iz_1$,通常限定大链轮最大齿数 $z_{2\max}\leqslant120$。

(二)选择链节距 p 和排数

链节距 p 是链传动的主要参数。链条的承载能力、链条和链轮的尺寸主要由链节距的大小来决定。在一定条件下,链节距越大,承载能力越高,但传动不平稳性、动载荷和噪声越严重,传动尺寸也增大。因此设计时,在承载能力足够的条件下,尽量选取较小节距的单排链,高速重载时可采用小节距的多排链。一般载荷大、中心距小、传动比大时,选小节距多排链;中心距大、传动比小,而速度不太高时,选大节距单排链。

链节距 p 根据额定功率曲线来选择。链条传递的额定功率是在一定的试验条件下并经过修正得到的。如图 2-5-1 所示是 A 系列滚子链在标准试验条件(小链轮齿数 $z_1=19$,链节数 $L_p=120$,单排链,载荷平稳,两链轮安装在水平轴上,按照推荐的润滑方式润滑,如图 2-4-9 所示,工作寿命为 15000h,链条因磨损引起的相对伸长量不超过 $\pm 3 \%$)下得到的额定功率曲线图。

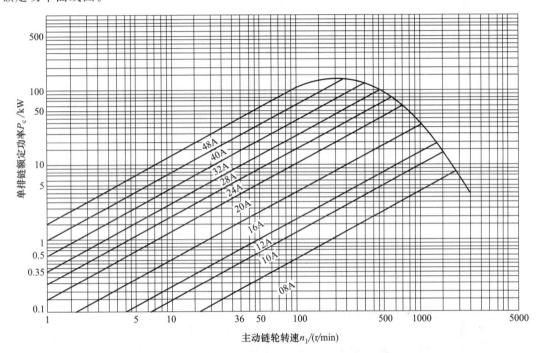

图 2-5-1　A 系列滚子链额定功率曲线

当实际情况与试验条件不符时,首先需用实际条件下所传递的额定功率 P_0 和小链轮的转速 n_1 查功率曲线图 2-5-1 确定链的型号,然后由表 2-4-1 确定相应的链节距。

计算功率 P_c 为

$$P_c = K_A P \leqslant P_0 K_Z K_P K_L \tag{2-5-1}$$

式中,K_A 为工作情况系数(见表 2-5-2);P 为链传动的理论功率,kW;K_Z 为小链轮齿数系数(见表 2-5-3);K_P 为多排链系数(见表 2-5-4);K_L 为链长系数(如图 2-5-2 所示,图中曲线 1 为链板疲劳所用,曲线 2 为滚子、套筒冲击疲劳破坏所用)。

表 2-5-2　工作情况系数 K_A

载荷类型	从动机械特性	主动机械特性		
		电动机、汽轮机、带有液力耦合器的内燃机	六缸及其以上带机械式联轴器的内燃机、经常启动的电动机(每天两次以上)	少于六缸带机械式联轴器的内燃机
平稳载荷	液体搅拌机和混料机、风机、离心式泵和压缩机、均匀加料输送机、印刷机、自动扶梯、均匀载荷的一般机械	1.0	1.1	1.3

续表

载荷类型	从动机械特性	主动机械特性		
		电动机、汽轮机、带有液力耦合器的内燃机	六缸及其以上带机械式联轴器的内燃机、经常启动的电动机（每天两次以上）	少于六缸带机械式联轴器的内燃机
中等冲击	混凝土搅拌机、三缸或三缸以上的泵和压缩机、不均匀负载输送机、固体搅拌机和混料机、大型风机、粉碎机	1.4	1.5	1.7
严重冲击	刨煤机、电铲、轧机、球磨机、橡胶加工机械、压力机、石油钻机、挖掘机、冲床、振动机械	1.8	1.9	2.1

表 2-5-3　小链轮齿数系数 K_Z

失效形式	链板疲劳（位于功率曲线顶端左侧）	滚子套筒冲击疲劳（位于功率曲线顶端右侧）
小链轮齿数系数 K_Z	$\left(\dfrac{z_1}{19}\right)^{1.08}$	$\left(\dfrac{z_1}{19}\right)^{1.5}$

表 2-5-4　多排链系数 K_P

排数	1	2	3	4	5	6
K_P	1.0	1.7	2.5	3.3	4.0	4.6

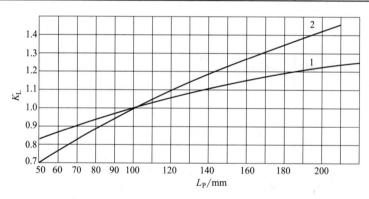

图 2-5-2　链长系数 K_L

（三）链节数 L_P 和链轮中心距 a

链条长度以链节数 L_P 表示，链节数即链节距的倍数。

链轮中心距 a 过小，则链在小链轮上的包角小，与小链轮啮合的链节数少。同时，因总的链节数减少，链速一定时，单位时间链节的应力变化次数增加，使链的寿命降低；中心距太大时，除结构不紧凑外，还会使链的松边颤动。

在不受机器结构的限制时，一般情况可初选中心距 $a=(30\sim50)p$，最大可取到 $80p$，当有张紧装置或托板时，a_0 可大于 $80p$。链传动装置的中心距常常做成可调整的，以便在链节伸长可以继续张紧。

链节数 L_P 与中心距 a 的关系为

$$L_{P0}=\frac{2a_0}{p}+\frac{z_1+z_2}{2}+\left(\frac{z_2-z_1}{2\pi}\right)^2\frac{p}{a_0} \tag{2-5-2}$$

$$a = \frac{p}{4}\left[\left(L_P - \frac{z_1+z_2}{2}\right) + \sqrt{\left(L_P - \frac{z_1+z_2}{2}\right)^2 - 8\left(\frac{z_2-z_1}{2\pi}\right)^2}\right] \quad (2\text{-}5\text{-}3)$$

首先初选中心距 a_0 的值，代入式（2-5-2）计算出 L_{P0}，将 L_{P0} 圆整并尽量取成偶数，以避免使用过渡链节，得出链节数 L_P；然后将 L_P 代入式（2-5-3）计算出中心距 a。

（四）验算带速 v

$$v = \frac{n_1 z_1 p}{60 \times 10^3} \leqslant 15\text{m/s} \quad (2\text{-}5\text{-}4)$$

（五）选择润滑方式

根据已确定的链节距和链速按图 2-4-9 选用适当的润滑方式。

（六）计算链条对轴的压力（简称为压轴力）F_Q

链传动和带传动相似，在安装时链条也有一定的张紧力，其目的是使链条工作时松边不致过松，防止跳齿和脱链现象。由于张紧力的存在，所以链条对轴也存在作用力。

链传动的压轴力（单位为 N）可近似取为

$$F_P \approx K_{FP} F_e \quad (2\text{-}5\text{-}5)$$

式中，F_e 为链传动的有效圆周力，N；K_{FP} 为压轴力系数，水平传动时 1.15，垂直传动时 1.05。

（七）链轮结构设计和工作图绘制（略）

任务实施

根据工作任务单要求，依托本任务所学知识，依次完成 V 带型号的选择、V 带根数的确定、带轮结构设计等任务，具体步骤如下：

解：(1) 确定设计功率

查表 2-3-1 得工作情况系数：$K_A = 1.1$

$$P_c = K_A P = 1.1 \times 3.74 = 4.114\text{kW}$$

(2) 选择 V 带的型号

根据设计功率 P_c 和小带轮转速 n_1，由图 2-3-1 选择 V 带的型号为 A 型。

(3) 确定带轮的基准直径 d_{d1} 和 d_{d2}，并验算带速

① 初选小带轮的基准直径 d_{d1}：

查表 2-1-4 得：$d_{d\min} = 75\text{mm}$

根据 $d_{d1} \geqslant d_{d\min}$ 和推荐的小带轮基准直径为 80~100mm

查表 2-1-4 取：$d_{d1} = 100\text{mm}$

② 计算大带轮的基准直径，$d_{d2} = d_{d1} i = 100 \times 3.14 = 314\text{mm}$

根据表 2-1-4 加以适当圆整取 $d_{d2} = 315\text{mm}$

③ 验算带速 v：根据式（2-3-2）得

$$v = \frac{\pi d_{d1} n_1}{60 \times 1000} = \frac{3.14 \times 100 \times 960}{60 \times 1000}\text{m/s} = 5.02\text{m/s}$$

带速在 5~25m/s 范围内，所以带速合适。

(4) 确定中心距 a 和带的基准长度 L_d

① 根据式（2-3-3）初定中心距 a_0：

$$0.7(d_{d1} + d_{d2}) \leqslant a_0 \leqslant 2(d_{d1} + d_{d2})$$

得 $290.5 \leqslant a_0 \leqslant 830$，按题意初定 $a_0 = 450\text{mm}$

② 计算相应的带长 L_{d0}：

根据式 $L_{d0} \approx 2a_0 + \dfrac{\pi}{2}(d_{d1}+d_{d2}) + \dfrac{(d_{d2}-d_{d1})^2}{4a_0}$

$$= 2\times 450 + \dfrac{3.14}{2}\times(100+315) + \dfrac{(315-100)^2}{4\times 450} = 1577.23\text{mm}$$

再根据表 2-1-2 选取：$L_d = 1600\text{mm}$

③ 按式（2-3-5）计算实际中心距 a：

$$a \approx a_0 + \dfrac{L_d - L_{d0}}{2} = 450 + \dfrac{1600-1577.23}{2} = 461.4\text{mm}，符合题意。$$

并根据公式 $\begin{cases} a_{\min} = a - 0.015 L_d \\ a_{\max} = a + 0.03 L_d \end{cases}$ 的中心距的变化范围为 $437.4 \sim 509.4\text{mm}$。

(5) 验算小带轮上的包角 α_1：

$$\alpha_1 = 180° - (d_{d2}-d_{d1})\dfrac{57.3°}{a} = 180° - (315-100)\times \dfrac{57.3°}{461.4} = 153.3° > 120°$$

包角合适。

(6) 计算带的根数 z

由 $d_{d1} = 100\text{mm}$ 和 $n_1 = 960\text{r/min}$，查表 2-3-2 取：$P_0 = 0.95\text{kW}$；

根据 $n_1 = 960\text{r/min}$，$i=3.14$ 和 A 型带，查表 2-3-2 取：$\Delta P_0 = 0.11\text{kW}$；

查表 2-3-3 取：$K_\alpha = 0.93$；查表 2-1-2 取：$K_L = 0.99$

所以：$z \geqslant \dfrac{P_c}{[P_0]} = \dfrac{P_c}{(P_0+\Delta P_0)K_\alpha K_L} = \dfrac{4.114}{(0.95+0.11)\times 0.93\times 0.99} = 4.22$

取 $z = 5$ 根。

(7) 计算单根 V 带的初拉力 F_0

查表 2-1-1 得 A 型带的单位长度质量 $q=0.10\text{kg/m}$，根据式（2-3-9）得：

$$F_0 = \dfrac{500 P_c}{Zv}\left(\dfrac{2.5}{K_\alpha} - 1\right) + qv^2$$

$$= \dfrac{500\times 4.114}{5\times 5.02}\left(\dfrac{2.5}{0.93} - 1\right) + 0.10\times 5.02^2 = 140.87\text{N}$$

(8) 计算带对轴的压力 F_Q

根据式（2-3-10）得

$$F_Q = 2zF_0\sin\dfrac{\alpha_1}{2} = 2\times 5\times 140.87\times\sin\dfrac{153.3°}{2} = 1370.63\text{N}$$

(9) V 带轮的结构设计

① 轮缘尺寸：

小带轮基准直径 $d_{d1} = 100\text{mm}$，做成实心式结构；

大带轮基准直径 $d_{d2} = 315\text{mm}$，做成孔板式结构。

带轮宽：

$$B = (Z-1)e + 2f = (5-1)\times 15 + 2\times 10 = 80\text{mm}$$

顶圆直径：

$$d_{e2} = d_{d2} + 2h_a = 315 + 2\times 2.75 = 320.5\text{mm}$$

轮槽深：

$$h = h_a + h_f = 2.75 + 8.7 = 11.45\text{mm}$$

轮槽角：$\varphi = 38°$

顶宽：$b_0=13.0\text{mm}$

轮缘直径：
$$d_{r2}=d_{d2}-2(h_f+\delta)=320.5-2(8.7+6)=291.1\text{mm}$$

② 轮毂尺寸：

轴径 d_s

$$d_s \geqslant A\sqrt[3]{\frac{P_1}{n_1}}$$

（P_1 为小齿轮轴传递的功率，kW；n_1 为小齿轮轴的转速，r/min；A 为由轴的材料和承载情况确定的常数。）

取 $d_s=28\text{mm}$

轮毂宽度：$L=(1.5\sim2)d_s=(1.5\sim2)\times28=42\sim56\text{mm}$，取 $L=50\text{mm}$

③ 轮辐尺寸：

凸缘直径：$d_b=(1.8\sim2)d_s=(1.8\sim2)\times28=50.4\sim56\text{mm}$，取 $d_b=53\text{mm}$

辐板厚：$S=(0.2\sim0.3)B=(0.2\sim0.3)\times80=16\sim24\text{mm}$，取 $S=20\text{mm}$

$d_0=(d_b+d_{r2})/2=(53+285.6)/2=169.3\text{mm}$，取 $d_0=170\text{mm}$

④ 其他尺寸（略）

（10）绘制带轮零件图

小带轮为实心式结构见图 2-1-5（a），大带轮为孔板式结构见图 2-1-5（c）。

任务总结

本任务主要学习了挠性传动，包括带传动和链传动。挠性传动是一种常见的机械传动，通过中间挠性件传递运动和动力的传动形式。应掌握挠性传动的概念、带传动的工作原理、类型及特点；理解带传动的受力分析和失效形式，注意小带轮打滑和弹性滑动现象的区别；掌握普通 V 带的设计方法和步骤，设计时注意设计步骤的先后顺序，不能随意颠倒；注意定期对带传动的张紧和维护；能够绘制出带轮零件工作图；链传动是具有中间挠性件的啮合传动，兼有带传动和齿轮传动的特点，应掌握链传动的基本知识和设计计算方法。

思考与练习

一、填空题

1. 带传动按传动原理分为_____和_____。按带的截面形状分为_____、_____、_____和_____。平带的工作面为_____，V 带的工作面为_____、多楔带的工作面为楔的_____。

2. 摩擦带传动的失效形式有_____和_____。

3. 链传动按用途不同可分为_____、_____和_____三大类。

4. 带传动的传动比不能严格保持不变是因为带的_____。链传动的平均传动比准确，而_____传动比不固定。

5. 带传动的紧边宜放在_____（上边还是下面），水平安装的链传动中，紧边放在_____。

二、选择题

1. （　　）是带传动中所固有的物理现象，是不可避免的。
   A. 弹性滑动   B. 打滑   C. 松弛   D. 疲劳破坏

2. 带在工作时产生弹性滑动，是由于（　　）。
   A. 带是弹性体   B. 带与带轮间的摩擦系数偏低

C. 带的紧边与松边拉力不等　　　　D. 带绕过带轮产生离心力

3. 一般来说，带传动的打滑多发生在（　　）。

A. 大带轮　　　　　B. 小带轮　　　　C. 不确定

4. 内张紧轮应靠近（　　）。

A. 大带轮　　　　　B. 小带轮　　　　C. 二轮均可

5. 带传动采用张紧轮的目的是（　　）。

A. 减轻带的弹性滑动　　　　　　　B. 提高带的寿命
C. 改变带的运动方向　　　　　　　D. 调节带的初拉力

三、判断题

1. 链传动由于是啮合传动，因此工作可靠，没有打滑和弹性滑动现象，平均传动比准确，传动效率高。（　　）
2. 在多级传动中，常将带传动放在低速级。（　　）
3. 中心距一定，带轮直径越小，包角越大。（　　）
4. 链传动中，节距 p 增大则传动能力也增大，所以在设计中应尽量取较大的 p 值。（　　）
5. 小带轮包角 α_1 应满足大于或等于 120°。（　　）

四、简答题

1. 带传动中，打滑和弹性滑动有何不同？
2. V 带传动的设计准则是什么？
3. V 带设计计算步骤是什么？

任务三
齿轮传动的设计

教学目标

知识目标：
① 掌握齿轮传动基本知识；
② 掌握范成法切制渐开线齿廓的原理，了解齿廓曲线形成过程；
③ 掌握变位齿轮的概念，了解齿轮根切的原因和避免根切的方法；
④ 了解齿轮材料和热处理方法及典型机构的选材；
⑤ 掌握齿轮的结构设计、齿轮的受力分析并进行强度计算；
⑥ 掌握轮系传动比的计算。

能力目标：
① 会利用范成法原理切制渐开线齿廓；
② 会进行齿轮传动的设计计算并绘制齿轮零件工作图；
③ 具有独立思考能力、分析判断与决策能力、获得与利用信息的能力。

任务导入

本任务以一级直齿圆柱齿轮减速器中的齿轮传动为载体，通过对齿轮传动工作原理、参数计算、受力特点等内容的分析，使学生掌握直齿圆柱齿轮的参数计算、材料选择、热处理方式及强度校核等教学内容。通过工作任务单的形式提出问题，让学生带着问题去学习，在学习过程中逐一解决问题，完成任务的学习。本任务工作任务单见表 3-0-1。

表 3-0-1　工作任务单

课程名称	机械设计应用
任务名称	齿轮传动的设计

一、任务描述

试设计一单级直齿圆柱齿轮减速器中的齿轮传动。此减速器由电动机驱动，工作时载荷无冲击，传递功率为 $P_I = 3.59 \text{kW}$，小齿轮转速 $n_1 = 305.73 \text{r/min}$，传动比 $i = 4$，单向转动。

二、任务目的

1. 会选择齿轮的材料与热处理方法；
2. 会进行齿轮的结构设计；
3. 会分析齿轮的受力并进行强度计算。

续表

三、任务实施流程

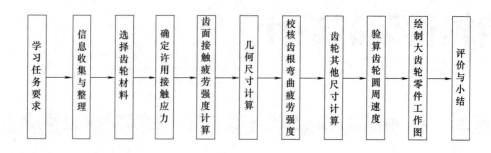

四、提交成果

1. 从动轮零件图；
2. 设计计算说明书；
3. 任务总结。

知识链接

模块一　标准齿轮的结构认知

齿轮传动是利用一对带有轮齿的盘形零件相互啮合来实现两轴间运动和动力的传递。传动功率可高达数万千瓦，圆周速度可达150m/s（最高可达300m/s），直径能做到10m，单级传动比可达8或更大，广泛地应用于机床、汽车、冶金、轻工业及精密仪器等行业中，是机械传动中最重要的、使用范围最广的一种传动形式。

一、齿轮传动的特点

（1）齿轮传动的主要优点是：
① 工作可靠、寿命较长；
② 传动比稳定、传动效率高；
③ 可实现平行轴、相交轴、交错轴之间的传动；
④ 适用的功率和速度范围广。
（2）齿轮传动的主要缺点是：
① 加工和安装精度要求较高，制造成本也较高；
② 不适宜于远距离两轴之间的传动。

二、齿轮传动的类型

齿轮传动的类型很多，主要有以下四类。
（1）按照一对齿轮轴线的相互位置、轮齿沿轴向的形状及啮合情况进行分类，分类情况如图3-1-1所示。

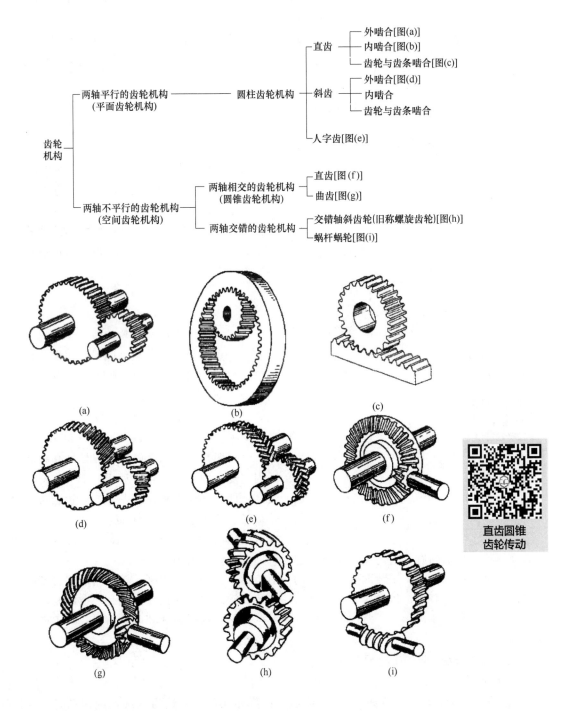

图 3-1-1 齿轮传动的主要类型

（2）按照齿廓表面硬度的不同，齿轮传动可分为软齿面（硬度≤350HBS）齿轮传动和硬齿面（硬度＞350HBS）齿轮传动两种。

（3）按照工作条件的不同，齿轮传动又可分为开式齿轮传动和闭式齿轮传动两种。在闭式传动中，齿轮安装在刚性很大，并有良好润滑条件的密封箱体内，闭式传动多用于重要传动。在开式传动中，齿轮是外露的，粉尘容易落入啮合区，且不能保证良好的润滑，因此轮齿易于磨损，开式传动多用于低速传动和不重要的场合。

（4）按照轮齿齿廓曲线的不同，齿轮传动可分为渐开线齿轮传动、圆弧齿轮传动、摆线齿轮传动等，由于渐开线齿轮制造、安装方便，所以应用最广。本任务仅讨论渐开线齿轮传动。

三、渐开线齿轮的齿廓与啮合特性

（一）齿廓啮合基本定律

图 3-1-2 表示两相互啮合的齿廓 E_1 和 E_2 在 K 点接触，两轮的角速度分别为 ω_1 和 ω_2。过 K 点作两齿廓的公法线 N_1N_2 与连心线 O_1O_2 交于 C 点，点 C 称为节点。以 O_1、O_2 为圆心，以 O_1C、O_2C 为半径所作的圆称为节圆，其半径分别以 r'_1 和 r'_2 表示。可以证明两轮的传动比

$$i_{12}=\frac{\omega_1}{\omega_2}=\frac{\overline{O_2C}}{\overline{O_1C}}=\frac{r'_2}{r'_1} \qquad (3\text{-}1\text{-}1)$$

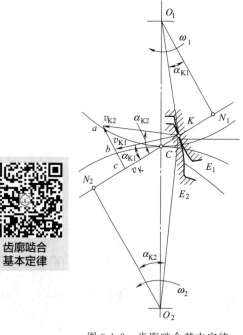

图 3-1-2　齿廓啮合基本定律

上式表明，欲使两齿轮的瞬时传动比恒定不变，C 点必须是一定点，即无论两齿廓在任何位置接触，过接触点 K 所作的两齿廓的公法线都必须与两轮的连心线 O_1O_2 交于一定点，这就是齿廓啮合的基本定律。

由上式可得　　$\omega_1 \cdot O_1C = \omega_2 \cdot O_2C$

这说明两齿轮啮合时在节点处具有相同的圆周速度，即一对齿轮传动相当于两节圆作纯滚动，而渐开线齿廓在节点外各处啮合时，两轮接触点的线速度是不同的，如图3-1-2所示，在 K 点啮合时 $v_{K1} \neq v_{K2}$，齿廓公切线方向的分速度不等，齿廓间有相对滑动，从而引起齿廓间的摩擦和磨损。

凡满足齿廓啮合基本定律而互相啮合的一对齿廓，称为共轭齿廓。符合齿廓啮合基本定律的齿廓曲线有无穷多，传动齿轮的齿廓曲线除要求满足定传动比外，还必须考虑制造、安装和强度等要求。在机械中，常用的齿廓有渐开线齿廓、摆线齿廓和圆弧齿廓，其中以渐开线齿廓应用最广。

（二）渐开线的形成及其性质

1. 渐开线的形成

如图 3-1-3 所示，一动直线 L 与半径为 r_b 的圆相切，当直线沿该圆作纯滚动时，直线上任一点 K 的轨迹称为该圆的渐开线。这个圆称为渐开线的基圆，而作纯滚动的直线 L 称为渐开线的发生线。

2. 渐开线的性质

根据渐开线的形成过程，它有以下性质。

（1）发生线在基圆上滚过的一段长度等于基圆上相应被滚过的一段弧长，即 $\overline{NK}=\overset{\frown}{NA}$。

(2) 因 N 点是发生线沿基圆滚动时的速度瞬心,故发生线 NK 是渐开线 K 点的法线。又因发生线始终与基圆相切,所以渐开线上任一点的法线必与基圆相切。K 点的轨迹（渐开线）是以 N 点为圆心,$\overline{NK}$ 为半径的极短圆弧,所以发生线与基圆的切点 N 即为渐开线上 K 点的曲率中心,线段 NK 为 K 点的曲率半径。随着 K 点离基圆愈远,相应的曲率半径愈大;而 K 点离基圆愈近,相应的曲率半径愈小。

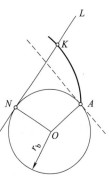

图 3-1-3　渐开线的形成图

(3) 渐开线的形状取决于基圆的大小。如图3-1-4所示,基圆半径愈小,渐开线愈弯曲;基圆半径愈大,渐开线愈趋平直。当基圆半径趋于无穷大时,渐开线便成为直线。所以渐开线齿条（直径为无穷大的齿轮）具有直线齿廓。

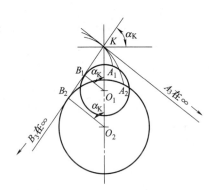

图 3-1-4　基圆大小与渐开线形状的关系

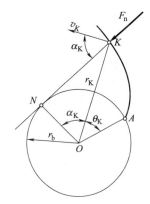

图 3-1-5　渐开线齿廓的压力角

(4) 渐开线上各点的压力角不等。

在一对齿廓的啮合过程中,齿廓接触点的法向压力和该点的速度方向所夹的锐角,称为齿廓在这一点的压力角。如图3-1-5所示,齿廓上 K 点的法向压力 F_n 与该点的速度 v_K 之间的夹角 α_K 称为齿廓上 K 点的压力角。由图可知

$$\cos\alpha_K = \frac{\overline{ON}}{\overline{OK}} = \frac{r_b}{r_K} \tag{3-1-2}$$

上式说明渐开线齿廓上各点压力角不等,向径 r_K 越大,其压力角越大。在基圆上压力角等于零。

(5) 渐开线是从基圆开始向外逐渐展开的,故基圆以内无渐开线。

（三）渐开线齿廓的啮合特性

1. 渐开线齿廓满足定传动比条件

以渐开线为齿廓曲线的齿轮称为渐开线齿轮。由齿廓啮合基本定律可知,只要两齿廓接触点的公法线与连心线交于一固定点 C,则齿轮的传动比恒定不变。

如图3-1-6所示,两渐开线齿轮的基圆分别为 r_{b1}、r_{b2},过两轮齿廓啮合点 K 作两齿廓的公法线 N_1N_2,根据渐开线的性质,该公法线必与两基圆相切,即为两基圆的内公切线。又因两轮的基圆为定圆,在其同一方向的内公切线只有一条,所以无论两齿廓在任何位置接触（如图中虚线位置接触）,过接触点所作两齿廓的公法线（即两基圆的内公切线）为一固定直线,它与连心线 O_1O_2 的交点 C 必是一定点。因此渐开线齿廓满足定传动比要求。

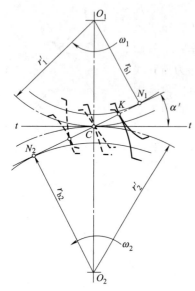

图 3-1-6 渐开线齿廓满足定
角速比证明

由图 3-1-6 知，两轮的传动比为

$$i_{12}=\frac{\omega_1}{\omega_2}=\frac{\overline{O_2C}}{\overline{O_1C}}=\frac{r'_2}{r'_1}=\frac{r_{b2}}{r_{b1}}=常数 \quad (3\text{-}1\text{-}3)$$

上式表明两轮的传动比为一定值，并与两轮的基圆半径成反比。

2. 啮合线、啮合角、齿廓间的压力作用线

一对齿轮啮合传动时，齿廓啮合点（接触点）的轨迹称为啮合线，即 $\overline{N_1N_2}$，N_1、N_2 为理论啮合极限点，$\overline{N_1N_2}$ 为理论啮合线段。对于渐开线齿轮，无论在哪一点接触，接触齿廓的公法线总是两基圆的内公切线 N_1N_2（图 3-1-6）。

过节点 C 作两节圆的公切线 tt，它与啮合线 N_1N_2 间的夹角称为啮合角 α'。啮合角等于齿廓在节圆上的压力角，由于渐开线齿廓的啮合线是一条定直线 $\overline{N_1N_2}$，故啮合角的大小始终保持不变。啮合角不变表示齿廓间压力方向不变，若齿轮传递的力矩恒定，则轮齿之间、轴与轴承之间压力的大小和方向始终沿着 N_1N_2 方向，故渐开线齿轮传动平稳，这也是渐开线齿轮传动的一大优点。

3. 中心距的可分性

当一对渐开线齿轮制成之后，其基圆半径是不能改变的，因此从式（3-1-3）可知，即使两轮的中心距稍有改变，其传动比仍保持原值不变，这种性质称为渐开线齿轮传动中心距的可分性。这是渐开线齿轮传动的另一重要优点，这一优点给齿轮的制造、安装带来了很大方便。

四、渐开线直齿圆柱齿轮的参数计算

（一）渐开线齿轮的主要参数

图 3-1-7 所示为直齿圆柱齿轮的一部分。为了使齿轮在两个方向都能传动，轮齿两侧齿廓由形状相同、方向相反的渐开线曲面组成。

齿轮各参数名称如下：

1. 齿顶圆、齿根圆

齿顶端所确定的圆称为齿顶圆，其直径用 d_a 表示；齿槽底部所确定的圆称为齿根圆，其直径用 d_f 表示。

2. 齿槽、齿厚和齿距

相邻两齿之间的空间称为齿槽。在任意直径 d_K 的圆周上，齿槽两侧齿廓之间的弧长称为该圆上的齿槽宽，用 e_K 表示；轮齿两侧齿廓之间的弧长称为该圆上的齿厚，用 s_K 表示。相邻两齿同侧齿廓之间的弧长称为该圆上的齿距，用 p_K 表示。显然

$$p_K = s_K + e_K \quad (3\text{-}1\text{-}4)$$

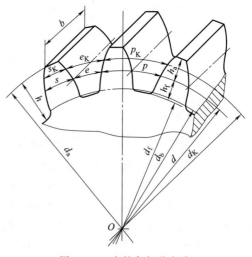

图 3-1-7 齿轮各部分名称

以及
$$p_K = \frac{\pi d_K}{z} \tag{3-1-5}$$

式中，z 为齿轮的齿数；d_K 为任意圆的直径。

3. 模数

在式（3-1-5）中含有无理数"π"，这对齿轮的计算和测量都不方便。因此，规定比值 p/π 等于整数或简单的有理数，并作为计算齿轮几何尺寸的一个基本参数。这个比值称为模数，以 m 表示，单位为 mm，即 $m = p/\pi$，齿轮的主要几何尺寸都与 m 成正比。

为了便于齿轮的互换使用和简化刀具，齿轮的模数已经标准化。我国规定的模数系列见表 3-1-1。

表 3-1-1　标准模数系列　　　　　　　　　　　　　　　　　　　　mm

第一系列	1	1.25	1.5	2	2.5	3	4	5	6	8	10
	12	16	20	25	32	40	50				
第二系列	1.75	2.25	2.75	(3.25)	3.5	(3.75)	4.5				
	5.5	(6.5)	7	9	(11)	14	18	22	28	36	45

注：1. 本表适用于渐开线圆柱齿轮，对斜齿轮是指法面模数；
2. 优先采用第一系列，括号内的模数尽可能不用。

4. 分度圆

标准齿轮上齿厚和齿槽宽相等的圆称为齿轮的分度圆，用 d 表示其直径。分度圆上的齿厚用 s 表示；齿槽宽用 e 表示；齿距用 p 表示。分度圆压力角通常称为齿轮的压力角，用 α 表示。分度圆压力角已经标准化，常用的为 20°、15°等，我国规定标准齿轮 $\alpha = 20°$。

由于齿轮分度圆上的模数和压力角均规定为标准值，因此，齿轮的分度圆可定义为：齿轮上具有标准模数和标准压力角的圆。齿轮分度圆直径 d 则可表示为：

$$d = \frac{p}{\pi}z = mz \tag{3-1-6}$$

5. 顶隙

顶隙是指一对齿轮啮合时，一个齿轮的齿顶圆到另一个齿轮的齿根圆的径向距离。为保证两啮合齿轮传动时不至于卡死，并储存润滑油，留有此间隙，用 c 表示。顶隙按下式计算：

$$c = c^* m \tag{3-1-7}$$

6. 齿顶高、齿根高和全齿高

在轮齿上介于齿顶圆和分度圆之间的部分称为齿顶，其径向高度称为齿顶高，用 h_a 表示。介于齿根圆和分度圆之间的部分称为齿根，其径向高度称为齿根高，用 h_f 表示。齿轮的齿顶高和齿根高可用模数表示为：

$$h_a = h_a^* m \tag{3-1-8}$$

$$h_f = m(h_a^* + c^*) \tag{3-1-9}$$

式中，h_a^* 和 c^* 分别称为齿顶高系数和顶隙系数，对于圆柱齿轮，其标准值按正常齿制和短齿制规定为：

正常齿 $h_a^* = 1$，$c^* = 0.25$

短齿 $h_a^* = 0.8$，$c^* = 0.3$

齿顶圆与齿根圆之间轮齿的径向高度称为全齿高，用 h 表示，故

$$h = (2h_a^* + c^*)m \tag{3-1-10}$$

(二)标准直齿圆柱齿轮几何尺寸

若一齿轮的模数、分度圆压力角、齿顶高系数、齿根高系数均为标准值,且其分度圆上齿厚与齿槽宽相等,则称为标准齿轮。因此,对于标准齿轮

$$s=e=\frac{\pi m}{2} \tag{3-1-11}$$

标准直齿圆柱外啮合齿轮传动的参数和几何尺寸计算公式列于表 3-1-2。

表 3-1-2 渐开线标准直齿圆柱外齿轮尺寸计算公式

名称	代号	公式与说明
齿数	z	根据工作要求确定
模数	m	由轮齿的承载能力确定,并按表 3-1-1 取标准值
压力角	α	$\alpha=20°$
分度圆直径	d	$d_1=mz_1;d_2=mz_2$
齿顶高	h_a	$h_a=h_a^* m$
齿根高	h_f	$h_f=(h_a^*+c^*)m$
齿全高	h	$h=h_a+h_f$
齿顶圆直径	d_a	$d_{a1}=d_1+2h_a=m(z_1+2h_a^*)$ $d_{a2}=m(z_2+2h_a^*)$
齿根圆直径	d_f	$d_{f1}=d_1-2h_f=m(z_1-2h_a^*-2c^*)$ $d_{f2}=m(z_2-2h_a^*-2c^*)$
分度圆齿距	p	$p=\pi m$
分度圆齿厚	s	$s=\frac{1}{2}\pi m$
分度圆齿槽宽	e	$e=\frac{1}{2}\pi m$
基圆直径	d_b	$d_{b1}=d_1\cos\alpha=mz_1\cos\alpha$ $d_{b2}=mz_2\cos\alpha$

(三)齿条

齿条相当于直径无穷大的齿轮,因此各圆变为相互平行的直线。与齿轮相比,齿条有以下两个重要特点。

(1) 在任一平行线上的齿距 ($p=\pi m$) 均相等。

(2) 各平行线上的压力角均相等 ($\alpha=20°$),且与齿条的齿形角相等。

【例 3-1-1】 已知一对外啮合标准直齿圆柱齿轮传动的参数为:$z_1=24$、$z_2=120$、$m=5\text{mm}$,试求两齿轮的分度圆直径 d_1 和 d_2、齿顶圆直径 d_{a1} 和 d_{a2}、全齿高 h、标准中心距 a 及分度圆上的齿厚 s 和齿槽宽 e。

解:
$$d_1=mz_1=5\times24=120\text{mm}$$
$$d_2=mz_2=5\times120=600\text{mm}$$
$$d_{a1}=m(z_1+2h_a^*)=5(24+2\times1)=130\text{mm}$$
$$d_{a2}=m(z_2+2h_a^*)=5(120+2\times1)=610\text{mm}$$
$$h=m(2h_a^*+c^*)=5(2+0.25)=11.25\text{mm}$$
$$a=\frac{m(z_2+z_1)}{2}=\frac{5(120+24)}{2}=360\text{mm}$$
$$s=e=\frac{p}{2}=\pi\times\frac{5}{2}=7.85\text{mm}$$

五、渐开线齿轮的啮合传动

（一）正确啮合条件

一对渐开线齿轮不仅要保证定传动比传动，还应使两个齿轮正确啮合。

齿轮传动时，它的每一对齿仅啮合一段时间便要分离，而由后一对齿接替。由渐开线齿廓的啮合特性可知，一对渐开线齿轮传动时，其齿廓啮合点都应在啮合线 N_1N_2 上，如图 3-1-8 所示，当前一对齿在啮合线上的 K 点接触时，其后一对齿应在啮合线上另一点 K' 接触。

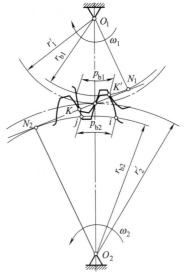

这样，当前一对齿分离时，后一对齿才能不中断地接替传动。令 K_1 和 K_1' 表示轮 1 齿廓上的啮合点，K_2 和 K_2' 表示轮 2 齿廓上的啮合点。为了保证前后两对齿同时在啮合线上接触，轮 1 相邻两齿同侧齿廓沿法线的距离 K_1K_1' 应与轮 2 相邻两齿同侧齿廓沿法线的距离 K_2K_2' 相等（沿法线方向的齿距称为法线齿距）。即

$$\overline{K_1K_1'}=\overline{K_2K_2'}$$

图 3-1-8 渐开线齿轮正确啮合的条件

根据渐开线的性质，对轮 2 有

$$\overline{K_2K_2'}=\overline{N_2K'}-\overline{N_2K}=\widehat{N_2i}-\widehat{N_2j}=\widehat{ij}=p_{b2}=p_2\cos\alpha_2=\pi m_2\cos\alpha_2$$

同理，对轮 1 可得

$$\overline{K_1K_1'}=p_1\cos\alpha_1=\pi m_1\cos\alpha_1$$

由此可得

$$m_1\cos\alpha_1=m_2\cos\alpha_2$$

由于模数和压力角已经标准化，为满足上式，应使

$$\begin{cases}m_1=m_2=m\\ \alpha_1=\alpha_2=\alpha\end{cases} \tag{3-1-12}$$

上式表明，渐开线外齿轮的正确啮合条件是两轮的模数和压力角必须分别相等。

齿轮的传动比可写成

$$i=\frac{\omega_1}{\omega_2}=\frac{d_2'}{d_1'}=\frac{d_{b2}}{d_{b1}}=\frac{d_2}{d_1}=\frac{z_2}{z_1} \tag{3-1-13}$$

（二）连续传动条件及重合度

图 3-1-9 所示为一对相互啮合的齿轮，设轮 1 为主动轮，轮 2 为从动轮。齿廓的啮合是由主动轮 1 的齿根部推动从动轮 2 的齿顶开始，因此，从动轮齿顶圆与啮合线的交点 B_2 即为一对齿廓进入啮合的开始。随着轮 1 推动轮 2 转动，两齿廓的啮合点沿着啮合线移动。当啮合点移动到主动轮的齿顶圆与啮合线的交点 B_1 时（图中虚线位置），这对齿廓终止啮合，两齿廓即将分离。故啮合线 $\overline{N_1N_2}$ 上的线段 $\overline{B_1B_2}$ 为齿廓啮合点的实际轨迹，

称为实际啮合线段。

当一对轮齿在 B_2 点开始啮合时，前一对轮齿仍在 K 点啮合，则传动就能连续进行。由图可见，这时实际啮合线段 B_1B_2 的长度大于齿轮的法线齿距。如果前一对轮齿已于 B_1 点脱离啮合，而后一对轮齿仍未进入啮合，则这时传动发生中断，将引起冲击。所以，保证连续传动的条件是使实际啮合线长度大于或至少等于齿轮的法线齿距（即基圆齿距 p_b）。

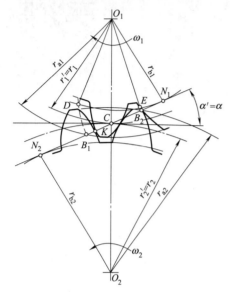

图 3-1-9　渐开线齿轮连续传动的条件

通常将实际啮合线长度与基圆齿距之比称为齿轮的重合度，用 ε 表示，即：

$$\varepsilon = \frac{\overline{B_1B_2}}{p_b} \geqslant 1 \qquad (3\text{-}1\text{-}14)$$

理论上当 ε＝1 时，就能保证一对齿轮连续传动，但考虑齿轮的制造、安装误差和啮合传动中轮齿的变形，实际上应使 ε＞1。一般机械制造中，常使 ε≥1.1～1.4。重合度越大，表示同时啮合的齿的对数越多。例如：ε＝1.3 表示有 30% 的时间有两对轮齿啮合，70% 的时间有一对轮齿啮合，ε 越大，同时啮合的齿数越多，多齿啮合所占时间越长，传动越平稳，承载能力越大。

（三）渐开线齿轮的标准安装

1. 无侧隙啮合

一对齿轮传动时，齿轮节圆上的齿槽宽与另一齿轮节圆上的齿厚之差称为齿侧间隙，简称侧隙。在齿轮加工时，刀具轮齿与工件轮齿之间是没有齿侧间隙的；在齿轮传动中，为了消除反向传动空程和减少撞击，也要求齿侧间隙等于零。即 $s_1=e_2$，$s_2=e_1$，制造时用公差来保证，一般 $s<e$。

2. 中心距

当分度圆和节圆重合时，便可满足无侧隙啮合条件。安装时使分度圆与节圆重合的一对标准齿轮的中心距称为标准中心距，用 a 表示。

$$a = r'_1 + r'_2 = r_1 + r_2 = \frac{m}{2}(z_1 + z_2) \qquad (3\text{-}1\text{-}15)$$

显然，此时的啮合角就等于分度圆上的压力角。应当指出，分度圆和压力角是单个齿轮本身所具有的，而节圆和啮合角是两个齿轮相互啮合时才出现。标准齿轮传动只有在分度圆与节圆重合时，压力角和啮合角才相等。

【例 3-1-2】　一对标准直齿圆柱齿轮传动，其大齿轮已损坏。已知小齿轮齿数 $z_1=24$，齿顶圆直径 $d_{a1}=130\text{mm}$，标准中心距 $a=225\text{mm}$。试计算这对齿轮的传动比和大齿轮的主要几何尺寸。

解：模数 $m = \dfrac{d_{a1}}{z_1+2h_a^*} = \dfrac{130}{24+2} = 5\text{mm}$

大齿轮齿数 $z_2 = \dfrac{2a}{m} - Z_1 = \dfrac{2\times225}{5} - 24 = 66$

传动比 $i = \dfrac{z_2}{z_1} = \dfrac{66}{24} = 2.75$

分度圆直径 $d_2 = mz_2 = 5\times66\text{mm} = 330\text{mm}$

齿顶圆直径 $d_{a2} = m(z_2+2h_a^*) = 5(66+2) = 340\text{mm}$

齿根圆直径 $d_{f2}=m(z_2-2h_a^*-2c^*)=5\times(66-2\times1-2\times0.25)mm=317.5$mm

齿顶高 $h_a=h_a^*m=1\times5$mm$=5$mm

齿根高 $h_f=(h_a^*+c^*)m=(1+0.25)\times5mm=6.25$mm

全齿高 $h=h_a+h_f=(5+6.25)$mm$=11.25$mm

齿距 $p=\pi m=3.14\times5$mm$=15.70$mm

齿厚、齿槽宽 $s=e=\dfrac{p}{2}=\dfrac{15.70}{2}mm=7.85$mm

模块二　渐开线齿轮加工

一、加工方法

(一) 仿形法

仿形法是用与齿轮齿槽形状相同的圆盘铣刀或指状铣刀在铣床上进行加工，如图 3-2-1 所示。加工时铣刀绕本身的轴线旋转，同时轮坯转过 $2\pi/z$，再铣第二个齿槽。其余依此类推。这种加工方法简单，不需要专用机床，但精度差，而且是逐个齿切削，切削不连续，故生产率低，仅适用于单件生产及精度要求不高的齿轮加工。

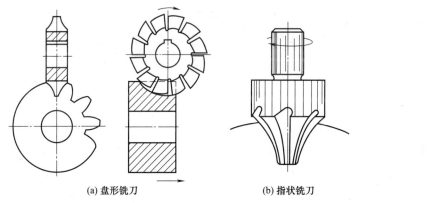

(a) 盘形铣刀　　　　(b) 指状铣刀

图 3-2-1　仿形法加工齿轮

指状铣刀加工齿轮

(二) 范成法

范成法是利用一对齿轮（或齿轮与齿条）互相啮合时，两共轭齿廓互为包络线的原理来加工齿轮的（图 3-2-2）。如果把其中一个齿轮（或齿条）做成刀具，就可以切出与它共轭的渐开线齿廓。

范成法切齿常用的刀具有齿轮插刀、齿条插刀、齿轮滚刀。

1. 插齿刀

图 3-2-3 所示为用齿轮插刀加工齿轮时的情形。齿轮插刀的形状和齿轮相似，其模数和压力角与被加工齿轮相同。加工时，插齿刀沿轮坯轴线方向作上下往复的切削运动；同时，机床的传动系统严格地保证插齿刀与轮坯之间的范成运动。齿轮插刀刀具顶部比正常齿高出 c^*m，以便切出顶隙部分。

当齿轮插刀的齿数增加到无穷多时，其基圆半径变为无穷大，插刀的齿廓变成直线齿廓，齿轮插刀就变成齿条插刀，图 3-2-4 为齿条插刀加工轮齿的情形。

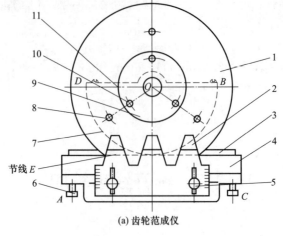
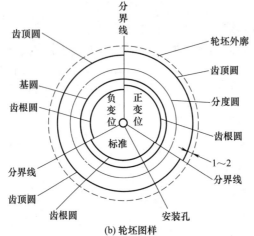
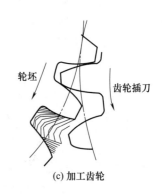

图 3-2-2 范成法加工齿轮

1—图纸托盘；2—齿条刀具；3—机架；4—溜板；5—锁紧螺母；6—调节螺钉；
7—钢丝；8—定位销；9—压板；10—锁紧螺母；11—半圆盘

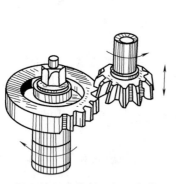

图 3-2-3 齿轮插刀加工齿轮

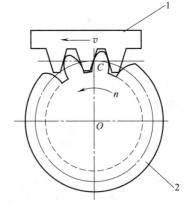

图 3-2-4 齿条插刀加工齿轮

1—齿轮坯；2—齿条插刀

2. 滚齿刀

齿轮插刀和齿条插刀都只能间断地切削，生产率低。目前广泛采用齿轮滚刀在滚齿机上进行轮齿的加工。

滚齿加工方法基于齿轮与齿条相啮合的原理。图 3-2-5 所示为滚刀加工轮齿的情形。滚刀 1 的外形类似沿纵向开了沟槽的螺旋，其轴向剖面齿形与齿条相同。当滚刀转动时，相当于这个假想的齿条连续地向一个方向移动，轮坯又相当于与齿条相啮合的齿轮，从而滚刀能按照范成原理在轮坯上加工渐开线齿廓。滚刀除旋转外，还沿轮坯的轴向逐渐移动，以便切出整个齿宽。

3. 渐开线齿轮的根切与最少齿数

用范成法加工齿数较少的齿轮时，常会将轮齿根部的渐开线齿廓切去一部分，如图 3-2-6 所示。这种现象称为根切。产生根切的齿轮，由于部分渐开线被切去，一方面不能保证平稳传动，另一方面削弱轮齿的抗弯强度，对传动十分不利，故应设法避免。

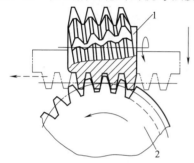

图 3-2-5　滚刀加工齿轮
1—滚刀；2—齿轮坯

图 3-2-6　轮齿的根切现象

对于标准齿轮，是用限制最少齿数的方法来避免根切的。用滚刀加工压力角为 20°的正常齿制标准直齿圆柱齿轮时，根据计算，可得出不发生根切的最少齿数 $z_{min}=17$。某些情况下，为了尽量减少齿数以获得比较紧凑的结构，在满足轮齿弯曲强度条件下，允许齿根部有轻微根切时，$z_{min}=14$。

滚刀加工齿轮

二、变位齿轮

（一）标准齿轮的局限性

（1）标准齿轮齿数不能少于 z_{min}，否则会发生根切。

（2）标准齿轮不适用于实际中心距 a' 不等于标准中心距的场合。当 $a'>a$ 时，采用标准齿轮虽仍然保持定角速比，但会出现过大的齿侧间隙，重合度也减小；当 $a'<a$ 时，因较大的齿厚不能嵌入较小的齿槽宽，致使标准齿轮无法安装。

（3）一对标准齿轮弯曲强度相差较大：大齿轮齿数多，齿根较厚，而小齿轮齿根薄，弯曲强度低，且工作次数多，易损坏。

为了弥补上述不足，在机械中出现了变位齿轮，即作变位修正的齿轮。它可以制成齿数少于 z_{min} 而无根切的齿轮；可以实现非标准中心距的无侧隙传动；可以使大小齿轮的抗弯能力比较接近。

（二）变位齿轮的概念

变位齿轮是一种非标准齿轮，其加工原理与标准齿轮相同，切制工具也相同。

图 3-2-7 所示为齿条刀具。齿条刀具上与刀具顶线平行而其齿厚等于齿槽宽的直线 nn，称为刀具的中线。中线以及与中线平行的任一直线，称为分度线。除中线外，其他分度线上的齿厚与齿槽宽不相等。

由于刀具中线上的齿厚与齿槽宽相等，因此加工齿轮时，若齿条刀具的中线与轮坯的分度圆相切并作纯滚动，则被加工齿轮分度圆上的齿厚与齿槽距相等，其值为 $\pi m/2$，因此被加工出来的齿轮为标准齿轮 [图 3-2-8（a）]。

若刀具与轮坯的相对运动关系不变，但刀具相对轮坯中心离开或靠近一段距离 xm [图 3-2-8（b）、（c）]，则轮坯的分度圆不再与刀具中线相切，而是与中线以上或以下的某一分度线相切。这时与轮坯分度圆相切并作纯滚动的刀具分度线上的齿厚与齿槽宽不相等，因此被加工的齿轮在分度圆上的齿厚与齿槽宽也不相等。

当刀具远离轮坯中心移动时，被加工齿轮的分度圆齿厚增大。当刀具向轮坯中心靠近时，被加工齿轮的分度圆齿厚减小。这种由于刀具相对于轮坯位置发生变化而加工的齿轮，称为变位齿轮。齿条刀具中线相对于被加工齿轮分度圆所移动的距离，称为变位量，用 xm 表示，m 为模数，x 为变位系数。刀具中线远离轮坯中心称为正变位，这时的变位系数为正数，所切出的齿轮称为正变位齿轮。刀具靠近轮坯中心称为负变位，这时的变位系数为负数，所加工的齿轮称为负变位齿轮。

在切削变位齿轮时，由于齿条刀具不变，所以切出的变位齿轮的值 m、z、α 保持不变，即齿轮的分度圆（mz）、基圆（$mz\cos\alpha$）都不变，齿廓的渐开线也不变，只是随 x 的取值不同，用同一渐开线的不同区段作齿廓（见图 3-2-9）。另外，由于基圆不变，用范成法切制的一对变位齿轮，其瞬时传动比仍为常数。

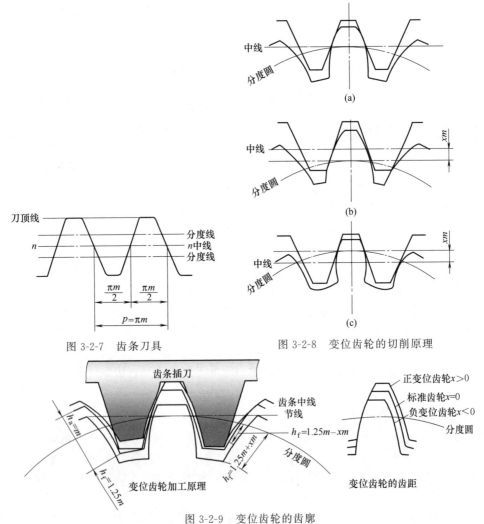

图 3-2-7　齿条刀具

图 3-2-8　变位齿轮的切削原理

图 3-2-9　变位齿轮的齿廓

模块三　材料的选择与热加工基础

一、金属材料的力学性能

金属材料的性能包括使用性能和工艺性能。使用性能是指金属材料在正常使用条件下应具备的性能，包括力学性能和物理化学性能；工艺性能是指金属材料对各种冷热加工过程的适应能力，包括铸造、锻造、焊接、热处理和切削加工等性能。优良的使用性能和良好的工艺性能是选材的基本出发点。

金属材料的力学性能是指金属材料在外力作用下所表现出来的抵抗变形和破坏的能力，也称为机械性能。金属在常温时的力学性能指标有强度、塑性、硬度、冲击韧性、伸长率、疲劳强度和断裂韧性。这些性能指标均是通过一定的试验方法测定出来的。

（一）强度与塑性

力学性能是最重要的使用性能，是选材和设计的主要依据。通常，采用拉伸试验来测定材料的强度与塑性的各种力学性能指标。

1. 强度的主要指标

材料的强度是材料最重要的力学性能指标之一。指材料在静载荷作用下抵抗塑性变形和断裂的能力，用单位面积上所受的力的大小表示。强度指标主要有屈服极限根 σ_s 和强度极限 σ_b。塑性材料以 σ_s 作为极限应力，脆性材料以 σ_b 作为极限应力。据所加载形式的不同，强度可分为抗拉强度、抗压强度、抗弯强度、抗剪强度等。

2. 塑性的主要指标

塑性是指材料在断裂前产生永久变形而不被破坏的能力。材料的塑性通常采用伸长率 δ 和断面收缩率 ψ 两个指标来表征。

通常称 $\delta \geqslant 5\%$ 的材料为塑性材料，称 $\delta < 5\%$ 的材料为脆性材料。δ 和 ψ 越大，则表示材料的塑性越好。塑性好的材料如铝、铜、低碳钢等，容易进行压力加工，而塑性差的材料如铸铁等，只能用铸造方法成形。大多数零件除要求具有较高的强度外，还必须有一定的塑性，这样才能提高安全系数。

（二）硬度

硬度是衡量材料软硬程度的指标，表示材料抵抗局部变形和破坏的能力，是重要的力学性能指标之一。硬度通过硬度试验测得。生产和科研中应用最广泛的硬度试验方法有：布氏硬度试验和洛氏硬度试验。

1. 布氏硬度及布氏硬度试验

布氏硬度在布氏硬度试验机上进行，其试验原理如图 3-3-1 所示。

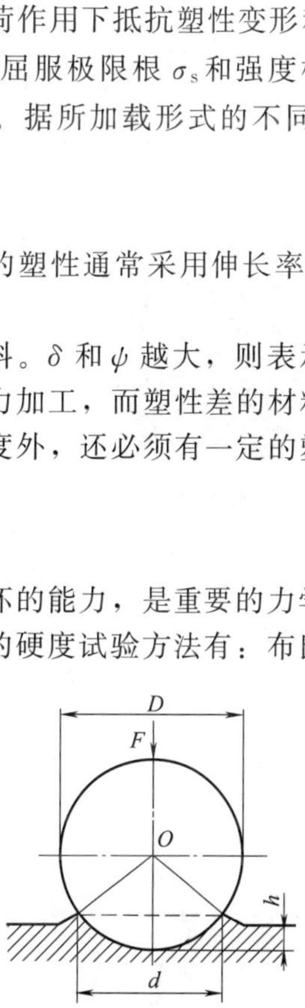

用直径为 D 的淬火钢球或硬质合金球为压头，在相应的试验力 F 的作用下压入被测金属的表面，保持规定时间后卸除试验力，金属表面留下一压痕，用读数显微镜测量其压痕直径 d，求出压痕表面积，则球面压痕单位表面积上所承受的平均压力即为布氏硬度值，用符号 HBS（淬火钢球压头）或 HBW（硬质合金球压头）表示。在实际应用中，可根据压痕直径的大小直接查布氏硬

图 3-3-1　布式硬度的试验原理示意图

度表而无须计算即可得出硬度值。

在布氏硬度试验中，载荷 F 的单位取 kgf（载荷的法定计量单位应为 N，但硬度试验机上所加载荷的单位为 kgf，为便于应用硬度数据，此单位仍沿用，1kgf≈10N）。钢球直径 D 与压痕直径 d 的单位为 mm，因此布氏硬度的单位为 kgf/mm^2，但习惯上只写明硬度的数值而不标出单位。D 越大，则 HBS（HBW）值越小；反之，D 越小，HBS（HBW）值越大。

在进行布氏硬度试验时，钢球直径 D、施加的载荷 F 和载荷保持时间，应根据被测试金属的种类和试样厚度，布氏硬度试验规范见表 3-3-1。

表 3-3-1 布氏硬度试验规范

材料	硬度范围	球径 D/mm	F/D^2	保持时间/s
钢、铸铁	<140	10,5,2.5	10	10~15
	≥140	10,5,2.5	30	10
非铁金属	35~130	10,5,2.5	10	30
	≥130	10,5,2.5	30	30
	<35	10,5,2.5	2~5	60

硬度值在 450HBS 以下的材料，宜用钢球压头；硬度值在 450HBW 以上的材料，宜用硬质合金球。标注时，硬度值写在符号前面，符号后面按顺序用数值表示试验条件，如：120HBS10/1000/30，表示 10mm 钢球，1000kgf 试验力，保持时间 30s 后测得的布氏硬度值为 120。

金属材料的硬软不同，厚薄不同，因此在进行布氏硬度试验时，就要求使用不同的试验力和不同的直径压头。

布氏硬度试验压痕面积较大，损伤零件表面，且试验过程较麻烦，但试验结果较准确。因此布氏硬度试验只宜测试原材料、半成品、铸铁、有色金属及退火、正火、调质钢件，不适于检测成品件，不易测定太薄小件，不宜测试过硬件。

2. 洛氏硬度及洛氏硬度试验

洛氏硬度在洛氏硬度机上测定。其试验原理如图 3-3-2 所示。

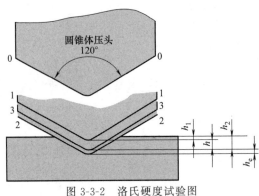

图 3-3-2 洛氏硬度试验图
1—1 加上初载荷后压头的位置；2—2 加上初载荷+主载荷后压头的位置；3—3 卸去主载荷后压头的位置；h_e：卸去主载的弹性恢复

用顶角为 120°的金刚石圆锥体或直径为 1.588mm 的淬火钢球作压头，先加初始试验力 F_0，压入金属表面，深度为 h_1，再加主试验力 F_1，在总试验力（$F = F_0 + F_1$）作用下，压入深度为 h_2，保持一段时间后卸除主试验力 F_1 并保留初始试验力 F_0 后，由于金属弹性变形的恢复而使压头略有回升，则残余压痕深度增量（$e = h_2 - h_1$）值越小，材料硬度越高；e 值越大，材料硬度越低。用每 0.002mm 的压痕深度为一个硬度单位，同时为适应人们习惯上数值越大、硬度越高的概念，采用一常数 K 减去 $\dfrac{e}{0.002}$ 来表示硬度值的大小，用符号 HR 表示，即

$$HR = K - \frac{e}{0.002}$$

式中，K 是常数（金刚石压头的 K 为 100；淬火钢球压头的 K 为 130）。

为了在硬度机上测定不同硬度的材料，需用不同的压头和试验力组成不同的硬度标尺，并用字母在 HR 后面加以注明。常用的洛氏硬度标尺有 A、B、C 三种：HRA、HRC 和 HRB。洛氏硬度标注时，硬度值写在硬度符号前面，如 50HRC。常用洛氏硬度试验规范及应用举例见表 3-3-2。

洛氏硬度试验操作简便，可直接从表盘上读出硬度值。其压痕小，基本不损坏零件表面，可直接测量成品和较薄零件的硬度，但测得的数据不太准确和稳定，故需在不同部位测定 3 点取其算术平均值。

表 3-3-2　常用洛氏硬度试验规范及应用举例

硬度符号	测量范围	压头类型	初始试验力 F_0	主试验力 F_1	应用举例
HRA	20～88	金刚石圆锥体	98.07	490.3	硬质合金、表面淬火层、渗碳层等
HRB	20～100	钢球 1.588mm	98.07	882.6	有色金属、退火、正火钢件等
HRC	20～70	金刚石圆锥体	98.07	1373	淬火钢、调质钢件等

3. 硬度在生产上的实用意义

硬度实际上是强度的局部反映（抵抗局部塑性变形的能力），强度高，其硬度必然高。而硬度试验相对拉伸试验来说，更为简便迅速，经济实用，且可直接用于零件的测试而无需专制试样，故在生产科研中取得了广泛的应用。同时，对于磨损失效而言，钢的耐磨性随其硬度提高而增加，所以常把硬度判据作为技术要求标注在零件图上。

（三）韧性与疲劳

强度、塑性、硬度等都是在静试验力（静载荷）作用下的力学性能。实际上，许多零件常在冲击载荷或交变载荷作用下工作，如锤杆、冲头、齿轮、弹簧、连杆和主轴等。对于这些承受冲击载荷的零件，其性能不能用静载荷作用下的指标来衡量，因为即便是采用强度较高的材料，在冲击载荷作用下也会发生断裂。所以用于这类零件的材料，还必须考虑其抵抗冲击载荷的能力。韧性和疲劳就是在动载荷作用下测定的金属力学性能。

1. 韧性

金属材料抵抗冲击载荷破坏的能力称为韧性，用冲击韧度表征。冲击韧度的测定在摆锤式冲击试验机上进行。用摆锤一次冲断试样所消耗的能量即冲击吸收功的大小来表示金属材料冲击韧度的优劣。用符号 A_{kU} 或 A_{kV} 表示，单位为 J（焦耳），A_{kU} 大，表明材料韧性好。

实际上，许多零件在工作时往往承受小能量多次冲击后才断裂。实践表明，抵抗这种小能量多次冲击破坏的能力主要取决于材料的强度，因此，可通过改变热处理工艺规范（降低回火温度）来提高强度，从而达到提高零件使用寿命的目的。韧性实际上是材料强度和塑性的综合反映。韧性与脆性是对立的，且能互相转化，因为冲击韧度值与试验时的温度有关，随试验温度下降而降低。有些材料在低于某一温度时，冲击韧度值显著下降呈脆性，导致发生断裂，这一转变温度称为韧脆转变温度。韧脆转变温度低者，表示其低温冲击韧度好，否则将不宜在高寒地区使用，以免在冬季低寒气温条件下金属构件发生脆断现象。

2. 疲劳

疲劳是指零件在交变应力作用下，过早发生破坏的现象。所谓交变应力，是指应力的大小、方向呈周期性变化的应力。疲劳破坏事先没有明显的征兆，具有很大的突发性和危险性，往往会造成严重事故，如汽车的轴颈、缸盖、齿轮、弹簧等零件的损坏失效，大部分属于疲劳破坏。

一般认为疲劳断裂的原因是由于零件应力集中严重或材料本身强度较低的部位（裂纹、夹杂、刀痕等缺陷处）在交变应力的作用下产生了疲劳裂纹，随着应力循环次数的增加，裂纹缓慢扩展，有效承载面积不断减小，当剩余面积不能承受所加载荷时，发生突然断裂现象。

疲劳强度是指材料经受无数次应力循环而不被破坏的最大应力值。钢铁材料应力循环次数为 10^7 次，有色金属应力循环次数为 10^8 次。任何材料发生脆断，都是材料中微小裂纹突然失稳扩展的结果。材料抵抗裂纹扩展即脆断的能力称为材料的断裂韧度。由于材料中微小裂纹难以避免，故断裂韧度是安全设计中重要的力学性能指标。

二、材料的晶体结构与结晶

原子（离子或分子）在三维空间呈有规则的周期性重复排列的材料为晶体材料，如氯化钠、天然金刚石、水晶等；原子（离子或分子）在三维空间无规则排列的材料则为非晶体材料，如石蜡、松香等。所以晶体具有下列特点：

① 原子在三维空间呈有规律的周期性重复排列。

② 固定的熔点。熔点是物质的结晶状态与非结晶状态互相转换的临界温度。

③ 有各向异性。所谓各向异性，就是晶体的性能随着原子的排列方位而改变，即单晶体具有各向异性。

非晶体内部粒子无规则地堆积在一起，因此没有晶体的上述特点。非晶体的粒子呈不规律排列，其结构无异于液体结构，故视为被冻结的液体。非晶体没有固定的熔点，随着温度的升高将逐渐变软，最终变为有明显流动性的液体；当冷却时，液体又逐渐稠化，最终变为固体。此外，非晶体在各个方向上的原子聚集密度大致相同，即具有各向同性。

（一）金属的晶体结构与结晶

1. 金属的晶体结构

原子呈周期性规则排列的固态物质称为晶体。金属材料都是晶体物质。

（1）晶格、晶胞与晶格常数　晶体中原子（离子或分子）在空间的排列方式称为晶体结构，如图 3-3-3（a）所示。为了便于描述晶体结构，通常将每一个原子抽象为一个点，再把这些点用假想的直线连接起来，构成空间格架，称为晶格，如图 3-3-3（b）所示。晶格中由一系列原子所构成的平面称为晶面，而任意两个原子间的连线所指的方向，称为晶向，如图 3-3-3（c）所示。

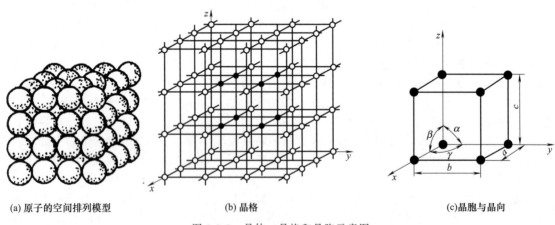

(a) 原子的空间排列模型　　　　(b) 晶格　　　　(c) 晶胞与晶向

图 3-3-3　晶体、晶格和晶胞示意图

组成晶格的最小的几何单元称为晶胞，如图 3-3-3（c）所示。晶胞的基本特征可以反映出晶体结构的特点。晶胞的大小和形状可用晶胞的棱边长度 a、b、c 和三条棱边之间的夹角 α、β、γ 六个参数来描述，称为晶格常数，单位是纳米（$1nm = 10^{-9}m$）。

（2）常见晶格类型　不同的金属具有不同的晶体结构，常见的有以下三种，如图 3-3-4

所示。

① 体心立方晶格　晶胞为立方体，在立方体的八个角上和立方体的中心各有一个原子。具有体心立方晶格的金属有铬（Cr）、钨（W）、钼（Mo）、钒（V）、α-铁（Fe）等，其塑性较好。

② 面心立方晶格　晶胞为立方体，在立方体的八个角和立方体的六个面的中心各有一个原子。具有面心立方晶格的金属有铝（Al）、铜（Cu）、镍（Ni）、金（Au）、银（Ag）、γ-铁（Fe）等，其塑性优于体心立方晶格。

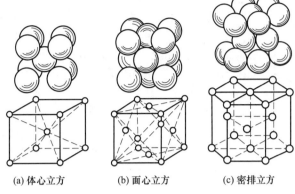

(a) 体心立方　　(b) 面心立方　　(c) 密排立方

图 3-3-4　常见晶格类型

③ 密排六方晶格　晶胞为正六方柱体，在正六方柱体的十二个顶角以及上、下底面中心各有一个原子，另外在晶胞中间还有三个原子。具有密排六方晶格的金属有镁（Mg）、锌（Zn）、铍（Be）等，其性能较脆。

除上述三种最常见的晶格以外，在黑色金属中还存在有正方晶格（淬火马氏体）、斜方晶格（渗碳体）等一些较复杂的晶格。当金属的晶格类型改变时，其晶体结构就不同，金属的各种性能也会发生相应的变化。

(3) 金属的实际晶体结构　金属的实际晶体结构往往与上述的理想状态的晶体结构有所不同。在理想状态下，金属的晶体结构完全可以看作由晶胞在三维空间重复堆砌而成，这种晶体称为单晶体，如图 3-3-5（a）所示。可以看出，单晶体的原子排列的位向或方式都是一致的。实际上，由于多种因素的影响，工程上所用的金属材料绝大多数是多晶体，如图 3-3-5（b）所示。

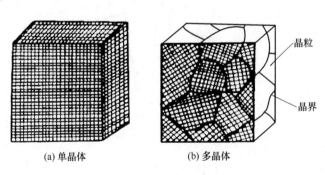

(a) 单晶体　　　　　(b) 多晶体

图 3-3-5　单晶体与多晶体

多晶体是由许多微小的单晶体构成的，这些单晶体称为晶粒。在同一个晶粒中，晶格的位向基本上是一致的，而不同的晶粒，其晶格位向则不同。晶粒与晶粒之间的交界区称为晶界，厚度约为 2~3 个原子厚度。由于晶界上原子的排列是不同位向的晶粒的过渡状态，因而排列较不规则。

在实际晶体中，由于原子的热振动、杂质原子的掺入以及其他外界因素的影响，原子排列并非完整无缺，而是存在着各种各样的晶体缺陷。晶体缺陷对金属的性能会产生很大的影响。按照晶体缺陷的几何特征，可将其分为点缺陷、线缺陷和面缺陷三类。

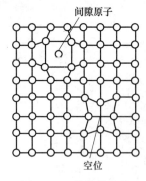

图 3-3-6 晶体的点缺陷示意图

① 点缺陷　点缺陷是指在晶体所有方向上尺寸都很小的一种晶体缺陷，属于这类缺陷的有晶格空位和间隙原子。结晶时晶格上应被原子占据的结点未被占据，形成空位；也可能有的原子占据了原子之间的空隙，形成间隙原子。如图 3-3-6 所示。

② 线缺陷　线缺陷是指在三维空间的两个方向上尺寸都很小的晶体缺陷。如图 3-3-7 所示。常见的线缺陷有各种类型的位错。所谓位错就是在晶体中某处有一列或若干列原子发生了某种有规律的错排现象。

③ 面缺陷　面缺陷是指由晶界、亚晶界引起的，在三维空间中一个方向上尺寸很小，另外两个方向尺寸较大的缺陷，如图 3-3-8 所示。

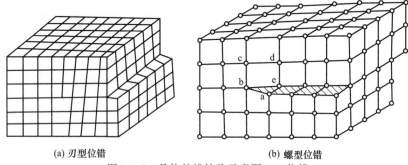

(a) 刃型位错　　　　(b) 螺型位错

图 3-3-7 晶体的线缺陷示意图——位错

晶界是不同位向的晶粒之间的过渡区，由于晶界上的原子排列较杂乱，晶界上的原子相对晶粒内部的原子而言有更强的活动能力，因而置于腐蚀介质中时，晶界最容易被腐蚀，而且，在加热时，晶界也会首先熔化。同时，晶界也是位错和低熔点夹杂物聚集的地方，它对金属的塑性变形起着阻碍的作用。

实验证明，每一个晶粒内的晶格位向也并非完全一致，但这些位向相差很小，形成亚晶界。亚晶界实质上是由一系列的位错构成的，其特性与晶界相类似。

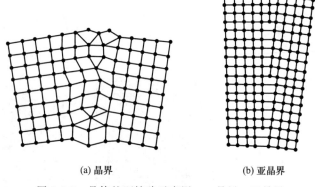

(a) 晶界　　　　(b) 亚晶界

图 3-3-8 晶体的面缺陷示意图——晶界、亚晶界

2. 金属的结晶

物质由液态转变为固态的过程，称为凝固。晶体材料的凝固过程也称为结晶。通常，把金属从液态转变为固态的过程称为一次结晶，液态金属结晶后得到的组织称为铸态组织。而金属从一种固体晶态转变为另一种固体晶态的过程称为二次结晶或重结晶。

晶体材料的凝固过程中，温度是保持不变的，这个温度称为结晶温度。纯金属的冷却曲线示意图，如图 3-3-9 所示。

由纯金属的冷却曲线可看到，当液态金属缓冷到温度 T_0 时，纯金属开始发生结晶，T_0 为纯金属的凝（熔）点，又称为理论结晶温度。曲线中 ab 段表示液态金属逐渐冷却，至 bcd 段时开始形成晶核，该段温度略低于理论结晶温度。在 de 段金属正在结晶，此时金属液体和金属晶体共存，到 e 点结晶完成。在 ef 段，全部转变为固态晶体后的金属逐渐冷却。

液态金属在冷却到理论结晶温度以下还未结晶的现象，称为过冷现象。理论结晶温度 T_n 与开始结晶温度 T_0 之差叫做过冷度，用 ΔT 表示，即 $\Delta T = T_0 - T_n$，过冷度 ΔT 与冷却速度是密切相关的，冷却速度越大，ΔT 越大，冷却速度越小，ΔT 越小。在冷却速度非常缓慢的平衡条件下，过冷度 ΔT 则很小。

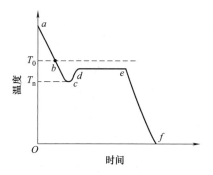

图 3-3-9 纯金属的冷却曲线示意图

（1）结晶过程　金属的结晶过程是不断形成晶核和晶核不断长大的过程。金属结晶时，首先在液态金属中形成一些极微小的晶体，称为晶核。在晶核长大的同时，在液体中又会产生新的晶核并长大，直到液态金属全部消失，晶体彼此接触为止。每个晶核长成一个晶粒，结晶后金属便是由许多晶粒组成的多晶体。

（2）晶粒大小对力学性能的影响　金属结晶时，冷却速度越大即过冷度越大，则晶粒越细小，金属的强度和硬度越高，塑性和韧性也越好。因此，细化晶粒是使金属材料强韧化的有效途径。金属结晶时，一个晶核长成一个晶粒，显然在一定体积内形成的晶核数目越多，则结晶后的晶粒就越细小。

（二）合金的晶体结构与结晶

纯金属一般都具有良好的导电性、导热性和塑性，但价格较贵，同时强度和硬度也较低，种类有限，多数不能满足工业生产中对金属材料多品种、高性能的要求。因此，大量使用的金属材料都是各种不同成分的合金，如碳钢、合金钢、铝合金、铜合金等。

合金是指由两种或两种以上的金属或金属元素与非金属元素，经熔炼、烧结或其他方法组合而成，并具有金属特征的物质。组成合金的独立的、最基本的单元称为组元。组元可以是金属、非金属，也可以是稳定的化合物。由两个组元组成的合金称为二元合金。例如生产中应用最普遍的钢铁材料，就是主要由铁、碳两种组元组成的二元铁碳合金（Fe_3C 合金）；由多个组元组成的合金则称为多元合金。

由两个或两个以上的组元按不同的比例配制而成的一系列不同成分的合金称为合金系，如铁碳合金系（Fe_3C 系）、铅锡合金系（Pb-Sn 系）等。

1. 合金的晶体结构

在合金中，凡是具有相同化学成分、相同晶体结构，并与其他部分有明显界面分开的均匀组成部分称为相。按照相的形态划分，可分为液相和固相；对于固态合金，由一个相组成的合金为单相合金，由两个或两个以上的相组成的合金为两相或多相合金。

讨论合金的晶体结构，实质上就是讨论合金的相结构。固态合金中的相结构，分为两类基本相：固溶体和金属化合物。

（1）固溶体　固溶体是指组成合金的组元在液态和固态下均能相互溶解，形成均匀一致的、且晶体结构与组元之一相同的固态合金。组成固溶体的组元分溶剂与溶质。通常把形成固溶体后，其晶格保持不变的组元称为溶剂，而溶入溶剂中、其晶格消失的组元称为溶质。例如铁碳合金组织中的铁素体相，就是碳原子溶入 α-Fe 形成的固溶体，其溶剂为 Fe，保持体心立方晶格，碳原子则溶入 α-Fe 的晶格之中，其原有的晶格则消失殆尽。

固溶体有一定的强度、硬度，塑性、韧性良好。形成固溶体时由于溶质原子的溶入，引起溶质晶格畸变，使固溶体的强度、硬度提高的现象称为固溶强化。固溶强化是提高金属材料力学性能的重要途径之一。因此，实际使用的金属材料大多都是单相固体合金或以固溶体为基体的多相合金。

（2）金属化合物　金属化合物是指由合金组元之间相互化合而成的、其晶格类型和特性完全不同于原来任一组元的固态物质，亦称为中间相。金属化合物一般可用分子式来表示，如钢中的渗碳体用分子式 Fe_3C 表示。

金属化合物一般具有复杂的晶体结构，熔点高，硬而脆。一般起着强化相的作用，是合金中重要的组成相。

此外，合金中还存在有不同的相组成的混合物，性能介于组成相之间，通常称为机械混合物或复相混合物。

2. 合金的结晶

合金的结晶过程同样包括形成晶核和晶核长大，但是合金的结晶绝大多数是在一个温度范围内进行，即结晶的开始温度和结晶的终了温度是不相同的。而且，合金的结晶过程中经常会发生固相转变，即由一种固相转变为另一种固相。因此，合金的结晶过程有两个相变点（所谓相变点，是指金属或合金在加热或冷却过程中，发生相变的温度）。在大多数情况下，合金结晶时往往形成两种不同的固相组成的多相组织。

合金的结晶过程，是合金的组织结构随温度、成分的变化而变化的过程，常用合金相图来反映。合金相图又称为合金状态图，它表明了在平衡状态下（即在极缓慢的加热或冷却的条件下），合金的相结构随温度、成分发生变化的情况，故亦称为平衡图。

三、铁碳合金相图

（一）碳合金的基本相和组织

铁碳合金的基本相和组织有液相、铁素体、奥氏体、渗碳体、珠光体以及莱氏体。

1. 铁素体

碳溶入 α-Fe 中形成的间隙固溶体称为铁素体，用符号 F 表示。铁素体的性能与纯铁相近，强度、硬度低，而塑性韧性好。

2. 奥氏体

碳溶入 γ-Fe 中形成的间隙固溶体称为奥氏体，用符号 A 表示。

奥氏体在 727℃ 以上高温才存在，是铁碳合金中主要的高温相结构，强度、硬度不高，塑性、韧性较好，易锻压成形，且无磁性。

3. 渗碳体

渗碳体是铁和碳相互作用形成的金属化合物，用符号 Fe_3C 表示。渗碳体熔点为 1227℃，碳的质量分数 6.69%，硬度很高，而塑性、韧性极差，很脆。

渗碳体是铁碳合金的主要强化相，常以片状、粒状、网状等分布在铁素体基体上，它的数量、大小、形状及分布对铁碳合金的性能影响很大。合金钢铁材料中，若渗碳体中的铁原子部分地被锰、铬等原子所代替，或碳原子部分被氮、硼等原子代替，则会形成 $(Fe、Mn)_3C$、$(Fe、Cr)_3C$ 或 $Fe_3(C、N)$ 等合金渗碳体。另外，渗碳体是亚稳定化合物，在一定条件下会分解成铁和石墨状的自由碳，这一点对铸铁有重要的意义，在铸铁中碳就是以石墨的形式存在的。

4. 珠光体

珠光体是由铁素体和渗碳体组成的复相混合物，用符号 P 表示。碳的质量分数 0.77%，性能介于铁素体和渗碳体之间，具有较高的强度和硬度，良好的塑性和韧性。

5. 莱氏体

莱氏体是由奥氏体和渗碳体组成，存在于 1148～727℃ 高温区间，称为高温莱氏体，用符号 Ld 表示。在 727℃ 以下莱氏体由珠光体和渗碳体组成，称为低温莱氏体，用符号 Ld′ 表示。莱氏体组织可看成是在渗碳体的基体上分布着粒状的奥氏体（或珠光体），力学性能与渗碳体相近，硬度很高，塑性、韧性很差。

（二）Fe-Fe₃C 相图

在极其缓慢的加热或冷却的条件下（称之为平衡态），铁碳合金的成分与组织状态、温度三者之间的关系及其变化规律的图解称为铁碳合金相图。相图通过实验测绘形成，不同的合金具有不同的相图。由于碳的质量分数高于 6.69% 的铁碳合金脆性很大，已无实用价值，仅仅研究 Fe-Fe₃C 部分，故又称 Fe-Fe₃C 相图。

简化后的 Fe-Fe₃C 相图如图 3-3-10 所示。这实际上是一个平面坐标图。左边的纵坐标表示温度，又代表组元纯铁；右边的纵坐标代表另一组元 Fe_3C；横坐标表示碳的质量分数。

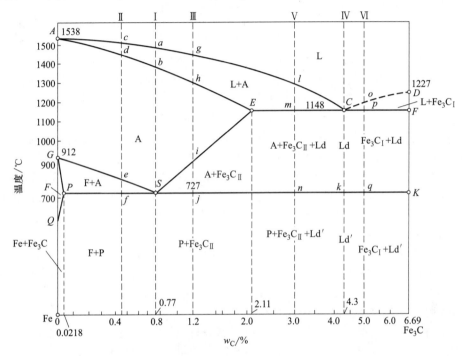

图 3-3-10 简化的 $Fe-Fe_3C$ 相图

1. 铁碳相图中的主要特性点、线、区

（1）主要特性点（见表 3-3-3）

表 3-3-3 铁碳相图中的主要特性点

特性点	温度/℃	C/%	含义
A	1538	0	纯铁的熔点
C	1148	4.3	共晶点，有共晶转变发生
D	1227	6.69	渗碳体的熔点
E	1148	2.11	碳在 γ-Fe 中的最大溶解度，钢与铁的分界点
G	912	0	纯铁的同素异构转变点（α-Fe⇌γ-Fe）
P	727	0.0218	碳在 α-Fe 中的最大溶解度
S	727	0.77	共析点，有共析转变发生
Q	600	0.0008	碳在 α-Fe 中的溶解度

（2）主要特性线

① ACD 线为液相线。在此线以上铁碳合金处于液体状态（L），冷却到此线时，碳的质量分数小于 4.3% 的铁碳合金在 AC 线下开始结晶出奥氏体（A）；碳的质量分数大于 4.3%

的铁碳合金在 CD 线下开始结晶出渗碳体（Fe_3C），称为一次渗碳体，用 Fe_3C_I 表示。

② $AECF$ 线为固相线。在此线以下铁碳合金均呈固体状态。

③ ECF 线是一条水平线（对应的温度为 1148℃），称为共晶线。在此线上，液态合金将发生共晶转变，形成奥氏体和渗碳体组成的机械混合物，称为莱氏体。所谓共晶转变是指在恒温下，从液态合金中同时结晶出两种晶体的转变过程，碳的质量分数在 2.11%～6.69% 之间的铁碳合金均会发生共晶转变。

④ PSK 线是一条水平线（对应的温度为 727℃），称为共析转变线，也称 A_1 线。在此线上，固态奥氏体将发生共析转变，形成铁素体和渗碳体组成的机械混合物，称为珠光体（P）。所谓共析转变是指在恒温下，从固相中同时析出两种不同成分晶体的转变过程，碳的质量分数大于 0.0218% 的铁碳合金在 PSK 线上都会发生共析转变。

⑤ ES 线为固溶线，通常称为 A_{cm} 线。它是碳在奥氏体中的溶解度随温度变化的曲线。随着温度的降低，奥氏体中碳的质量分数沿着此线逐渐减少。当温度从 1148℃ 降到 727℃ 时，凡碳的质量分数大于 0.77% 的铁碳合金均会由奥氏体中沿晶界析出渗碳体，这种渗碳体称为二次渗碳体，用 Fe_3C_{II} 表示，以区别于从液体中直接结晶出来的一次渗碳体 Fe_3C_I。

⑥ GS 线是奥氏体和铁素体相互转变线。在冷却过程中，表示奥氏体转变成铁素体的开始线；在加热过程中，表示铁素体转变成奥氏体的结束线，又称为 A_3 线。

⑦ GP 线是奥氏体和铁素体相互转变线。在冷却过程中，表示奥氏体转变成铁素体的结束线；在加热过程中，表示铁素体转变成奥氏体的开始线。

⑧ PQ 线是碳在铁素体中的溶解度随温度变化的曲线，它表示随着温度的降低，铁素体中的含碳量沿着此线逐渐减少，多余的碳以渗碳体的形式析出，称为三次渗碳体，用 Fe_3C_{III} 表示。由于其数量极少，在一般钢中影响不大，故 Fe_3C_{III} 忽略不计。

铁碳相图中的一次、二次、三次渗碳体的含碳量、晶体结构和本身的性质相同，没有本质的区别，只是其来源、分布和形态有所不同，对铁碳合金性能的影响有所不同。

(3) 主要相区　在铁碳合金相图中有四个基本相，对应着四个单相区，ACD 以上为液相区，$AESG$ 为奥氏体区，GPQ 为铁素体区，DFK 为渗碳体区。

2. Fe-Fe_3C 合金组织、成分和温度的变化规律

按照相图，可将铁碳合金分为工业纯铁、碳钢和白口铸铁（生铁）三大类，其碳的质量分数分别是：工业纯铁含碳量 ≤0.0218%，碳钢含碳量为 0.0218%～2.11%，白口铸铁含碳量为 2.11%～6.69%。通过相图分析，我们可以把铁碳合金的平衡组织归纳为表 3-3-4。当然，仅仅有平衡组织在生产中是远远不够的，通常会采用各种热处理、合金化和石墨化等手段对铁碳合金进行处理，以满足生产上的需要。

表 3-3-4　按照相图分类的铁碳合金及室平衡组织

种　类		C/%	室温平衡组织	符号表示
工业纯铁		≤0.0218	铁素体	F
碳钢	亚共析钢	0.0218～0.77	铁素体＋珠光体	F＋P
	共析钢	0.77	珠光体	P
	过共析钢	0.77～2.11	珠光体＋二次渗碳体	P＋Fe_3C_{II}
白口铸铁（生铁）	亚共晶白口铸铁	2.11～4.3	珠光体＋二次渗碳体＋莱氏体	P＋Fe_3C_{II}＋Ld'
	共晶白口铸铁	4.3	莱氏体	Ld'
	过共晶白口铸铁	4.3～6.69	莱氏体＋一次渗碳体	Ld'＋Fe_3C_I

(1) 铁碳合金分类　相图中 P 点左侧成分的合金，称为工业纯铁；P、E 点之间成分的合金称为钢；E 点右侧成分的合金称为白口铸铁。

S 点成分的钢，称为共析钢；S 点左侧成分的钢称为亚共析钢；S 点右侧成分的钢称为过共析钢。C 点成分的白口铸铁，称为共晶白口铸铁；C 点左侧成分的白口铸铁，称为亚共

晶白口铸铁；C 点右侧成分的白口铸铁称为过共晶白口铸铁。

（2）工业纯铁的组织状态变化规律　工业纯铁从液态开始冷却结晶的过程中，首先转变成奥氏体（A）；降温至 GS 线和 GP 线之间区域时，成为两相组织 A+F；降温至 PQ 线以下时，转变成 $F+Fe_3C_{III}$ 组织。由于 Fe_3C_{III} 数量极少且细小，一般不考虑其影响存在，故工业纯铁的室温组织可看成为 F。

（3）钢的组织状态变化规律　钢液冷却过程中，冷至 E 线以下时，全部转变为单相的组织。亚共析钢经 GS 线转变为 A+F 两相组织；经 PSK 线时，转变为 P，到室温时转变为 F+P 组织。共析钢在 E 线以下时为单相 A，S 点时转变为 P，至室温不变。过共析钢在 E 线以下时为单相 A，至 ES 线时，开始析出 Fe_3C_{II}，经 PSK 线时，A 转变为 P，到室温时其组织为 Fe_3C_{II}+P。由于冷却缓慢，Fe_3C_{II} 将以网状形式析出，称为网状渗碳体，它将增加材料的脆性。

（4）白口铸铁的组织状态变化规律　白口铸铁的结晶过程分析可参照钢，不再列举说明。由相图中可看出，亚共晶、共晶、过共晶白口铸铁的室温组织分别为 P+ Fe_3C_{II} + Ld′、Ld、Fe_3C_I + Ld′。

（5）铁碳合金的室温组织和性能随成分变化的规律　不同成分的铁碳合金在室温时的组织都是由铁素体和渗碳体两个基本相组成。随着碳的质量分数的增加，铁素体量减少，渗碳体量增加，且渗碳体的形态和分布也发生变化，所以，不同成分铁碳合金具有不同的室温组织和性能，如图 3-3-11 所示。

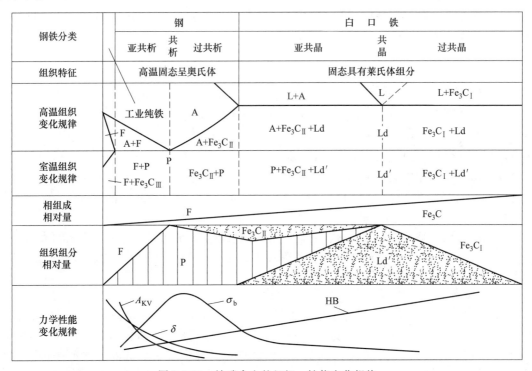

图 3-3-11　铁碳合金的组织、性能变化规律

① 铁碳合金室温组织变化。如下式所示：
　　F→F+P→P→P+ Fe_3C_{II} →P+Fe_3C_{II} +Ld′→Ld→Ld′+Fe_3C_I

② 铁碳合金力学性能变化。随着含碳量的增加，硬度直线上升，即含碳量越高，合金的硬度也越高，而塑性、韧性则不断下降；当含碳量＜0.9%时，随着含碳量的增加，强度基本呈直线上升，当含碳量＞0.9%时，由于出现大量的网状渗碳体沿晶界分布，使脆性增

加，特别是在白口铸铁中出现大量的渗碳体组织，故强度将随含碳量增加而明显下降。为了保证工业用钢具有足够的强度、一定的塑性和韧性，钢中碳的质量分数一般不超过1.4%。

3. Fe-Fe$_3$C 相图的应用

Fe-Fe$_3$C 相图反映了铁碳合金成分、组织和温度三者的变化规律，即不同的成分的合金在不同的温度具有不同的组织状态，因此，相图将作为制订热加工工艺的重要依据，如确定铸造的熔化温度、浇注温度、确定锻造加热温度及始锻、终锻温度范围、确定热处理的加热温度范围等。

根据组织（常指室温组织）、性能和成分的变化规律，相图将作为合理选材的重要依据。例如：建筑工程用钢、冷冲压件、焊接件等需塑性、韧性良好的材料，应选用低碳范围的钢；受力较复杂的机械结构零件，如轴类零件等，要求强度、塑性和韧性都较好，即具有综合力学性能的材料，应选用中碳范围的钢；而需要高强度、高耐磨性好的各种工具，则应选用高碳范围的钢等。

对于齿轮类零件的选材，由于齿轮受力较大，受冲击频繁，要求表硬内韧的力学性能，因而根据铁碳相图，应采用低碳钢（如 20Cr、20CrMnTi 等），再采取表面处理等工艺，使其具有较好的冲击韧度；对于综合力学性能要求较高的轴类零件，则采用中碳钢；对于汽车上承受载荷及振动的螺旋弹簧，则需选用含碳量 0.65%～0.85% 的弹簧钢，可以获得高弹性、高韧性的力学性能。

可以说，只有掌握 Fe-Fe$_3$C 相图，才能掌握钢铁材料及其热加工工艺。必须指出的是，相图只能作为选材和制订热加工工艺的重要工具和参考，不能死搬硬套。因为在实际生产中，还必须考虑合金中的其他元素的影响，还必须考虑实际的加热或冷却速度不可能做到极其缓慢等诸多因素。

四、碳钢

碳钢的价格低廉，性能良好，是工业中应用最普遍、用量最大的金属材料。钢铁在冶炼过程中，由于原料及燃料因素的影响，必然含有少量的锰、硅、硫、磷等常存杂质元素。它们的存在对钢的力学性能有很大的影响。

（一）常存杂质元素对钢性能的影响

在实际生产中使用的碳钢，不单纯是铁和碳组成的合金，还包含有一些杂质元素，其中常规的杂质元素主要有硅、锰、硫、磷四种，它们对碳钢的性能有一定的影响。

1. 锰和硅

锰和硅在钢中是一种有益元素。它们能溶入铁素体中形成固溶体，称为合金铁素体，产生固溶强化，从而在不降或略降塑性和韧性的基础上，提高钢的强度和硬度。同时锰还能与硫形成 MnS 以减少硫对钢的有害作用。

2. 硫和磷

硫与铁形成的化合物 FeS 与铁形成低熔点（985℃）的共晶体，分布在奥氏体的晶界上。当钢材在 1000～1200℃ 进行变形加工时，由于共晶体熔化，晶粒间结合被破坏，钢材变脆，出现脆裂现象，称为热脆。磷溶入铁素体中使其强度特别是低温下的塑性和韧性下降，使钢变脆，称之为冷脆。故将硫、磷称为有害杂质元素，钢中应严格控制其含量。一般硫含量不应超过 0.05%，磷含量不应超过 0.045%，但在易切削钢中，为使切屑易断，改善其可加工性能，反而在钢中适当提高硫、磷的含量。

（二）常用碳钢的分类

（1）按碳的质量分数分类分为：

低碳钢，含碳量≤0.25%；

中碳钢,含碳量在 0.25%~0.60%;

高碳钢,含碳量>0.60%;

(2) 按有害杂质硫和磷的含量分为:

普通钢,含硫量≤0.055%,含磷量≤0.045%;

优质钢,含硫量≤0.040%,含磷量≤0.040%;

高级优质钢,含硫量≤0.03%,含磷量≤0.035%。

(3) 按用途分为:碳素结构钢、碳素工具钢和铸造碳钢。

(4) 按成形方法分为:加工用钢、铸造用钢。

(5) 按脱氧程度分为:沸腾钢、镇静钢、半镇静钢等。

(三) 常用碳钢的牌号和用途

1. 碳素结构钢

(1) 普通碳素结构钢　这类钢通常不经过热处理而直接使用,因此只考虑其力学性能和有害杂质含量,不考虑碳的质量分数,故其牌号由屈服点字母、屈服点数值、质量等级符号、脱氧方法符号等内容按顺序组成。其中屈服点字母以"屈"字汉语拼音字 Q 表示;屈服点数值为 σ_s 值;质量等级分 A、B、C、D 四级,A 级质量最低,D 级质量最高;脱氧方法符号用汉语拼音字首表示,"F"表示沸腾钢,"Z"表示镇静钢,但可省略。例如 Q235A·F,表示 σ_s=235MP 的 A 级质量的碳素结构钢,属于沸腾钢。

碳素结构钢一般属于低碳钢,有良好的可塑性和可焊性,并具有一定的强度,通常以型材、板材、管材等形式用于桥梁、建筑等工程构件及一般机械零件。在汽车零部件中,可用碳素结构钢制造的有螺钉、螺母、垫圈、法兰轴、后桥后盖、制动器底板、车箱板件、备胎托架、发电机支架、曲轴前挡油盘、拉杆、销、键等。

(2) 优质碳素结构钢　这类钢属亚共析钢,牌号用两位数字表示,代表钢中平均碳的质量分数的万倍,例如 45 表示平均碳的质量分数为 0.45% 的优质碳素结构钢。若钢中锰的含量较高 (0.7%~1.2%),则在两位数字后加符号"Mn"。若为沸腾钢,则在两位数字后加符号"F",如 65Mn、08F 等。

优质碳素结构钢,一般需经过热处理后使用,有较高的力学性能和工艺性能,广泛应用于制造较重要的机械零件。

常用优质碳素结构钢性能和用途见表 3-3-5。

表 3-3-5　常用优质碳素结构钢性能和用途

牌号	种类	主要性能	主要用途
08F、10F、15F	低碳沸腾钢	强度、硬度很低,塑性很好	主要用于冷冲压件,如水箱壳、油箱、车身、离合器盖、机油盘、制动阀座等
10、15、20、25	低碳钢	强度、硬度低,塑性、韧性好,冷冲压性能和焊接性能良好	主要用于制造冷压件和焊接构件及受力不大、韧性要求高的机械零件,如螺栓、车轮螺母、纵横拉杆、变速叉、变速操作杆、轴套、法兰盘、焊接容器等,还可用作一般渗碳件,如销子等
30、35、40、45、50、55	中碳钢(经调质处理又称碳素调质钢)	综合力学性能良好	主要用于齿轮、连杆、连杆螺母、飞轮齿环、制动盘、转向主销、前轴等,其中以 40、45 钢应用最为广泛
60、65、70	高碳钢(60、65、65Mn 又称为碳素弹簧钢)	经热处理后,有较高的强度、硬度和弹性	主要用于离合器压板弹簧、活塞销卡簧、弹簧垫片、气阀弹簧等弹性构件和轧辊等机械零件

2. 碳素工具钢

碳素工具钢的牌号冠以"碳"字的汉语拼音字首"T",后面加数字表示钢中平均含碳量的千分数;若是高级优质碳素工具钢,则在数字后加"A"。例如 T8 表示平均碳的质量分数为 0.8% 的优质碳素工具钢;T8A 表示平均碳的质量分数为 0.8% 的高级优质碳素工具钢。这类钢属共析、过共析钢,强度高,硬度高,耐磨性好,塑性、韧性差。适于制造各种低速切削工具,经热处理后使用。

常用优质碳素工具钢性能和用途见表 3-3-6。

表 3-3-6 常用优质碳素工具钢性能和用途

牌号	主要性能	主要用途
T7、T8	能承受冲击、振动,韧性较高	用于制造大锤、冲头、木工工具、剪刀等
T9、T10	硬度、耐磨性较高,耐冲击性较差	用于制造丝锥、板牙、小钻头、手工锯条、冲模、冲头等
T12、T13	高硬度、高耐磨性,耐冲击振动性能差	用于制造锉刀、刮刀、剃刀、铰刀、量具、丝锥、板牙等工具

3. 铸造碳钢

简称"铸钢",这类钢属中、低碳钢,即亚共析钢,适于制作形状复杂的钢件。牌号以"铸钢"两字的汉语拼音字首"ZG",后面加两位数字表示。第一组表示屈服点,第二组表示抗拉强度。例如 ZG200—400,表示该牌号钢的屈服点 $\sigma_s = 200$ MPa,抗拉强度 $\sigma_b = 400$ MPa。常用铸造钢性能和用途见表 3-3-7。

表 3-3-7 常用铸造钢性能和用途

牌号	主要性能	主要用途
ZG200—400	良好的塑性、韧性和焊接性能	用于受力不大,要求韧性好的机械零件,如机座、变速箱壳体、减速器壳体等
ZG230—450	有一定的强度和较好的塑性、韧性,焊接性能良好	用于受力不大,要求韧性好的机械零件,如砧座、外壳、轴承盖、底板、阀体、箱体等
ZG270—500	有较高的强度和较好的塑性,铸造性能好,焊接性能尚好,切削性好	用途广泛。用作轧钢机机架、轴承座、连杆、箱体、曲轴、缸体、飞轮等

五、钢的热处理

热处理是将固态金属或合金通过加热、保温和冷却以获得所需组织结构与性能的工艺。其目的在于改变或改善金属材料的使用性能和工艺性能,挖掘金属材料的性能潜力,提高产品的质量,延长其使用寿命。

热处理一般分为普通热处理和表面热处理。

普通热处理又称整体热处理,主要包括退火、正火、淬火和回火等。

表面热处理包括表面淬火和化学热处理等。

热处理的主要对象是钢制零件,所以常有"钢的热处理"一说。实际上,所有金属都可以进行热处理。任何热处理方法,其工艺过程都由加热、保温、冷却三个阶段组成,其主要工艺参数是加热温度、保温时间和冷却速度。因此,热处理工艺可用以温度-时间为坐标的图形来表示,称为热处理工艺曲线,如图 3-3-12 所示。

(一) 钢的热处理原理

1. 钢在加热时的组织变化

在 Fe-Fe$_3$C 相图中,A_1、A_3、A_{cm} 是钢在加热或冷却时的相变临界线。实际生产中加热速度和冷却速度不可能极其缓慢,都存在一定的过热度和过冷度,使实际的相变临界线偏离平衡态时的相变临界线,过热度和过冷度越大,偏离程度也越大,用 A_{c1}、A_{c3}、A_{ccm} 代表加热时实际的相变临界线;用 A_{r1}、A_{r3}、A_{rcm} 代表冷却时实际的相变临界线,如图 3-3-13 所示。

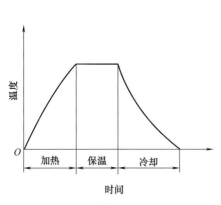

图 3-3-12 热处理工艺曲线

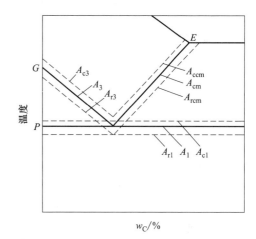

图 3-3-13 钢在加热和冷却时的相变

(1) 奥氏体的形成　由 $Fe\text{-}Fe_3C$ 相图可知,钢加热到 A_{c1} 以上时,将发生珠光体向奥氏体转变。亚共析钢加热到 A_{c3} 以上时,铁素体将完成向奥氏体的转变。过共析钢加热到 A_{ccm} 以上时,二次渗碳体完成向奥氏体的溶解。形成奥氏体的过程称为奥氏体化。其目的就是为了获得均匀细小的奥氏体组织,为随后冷却时的组织转变作组织准备。这也是钢的热处理的加热目的。

对于亚共析钢或过共析钢,加热温度在 A_{c1} 以上时,其加热组织为铁素体加奥氏体或奥氏体加二次渗碳体,此时为部分奥氏体化。要得到单相奥氏体即完全奥氏体化,必须将钢加热到 A_{c3} 或 A_{ccm} 以上。

(2) 奥氏体晶粒的长大　奥氏体形成后的晶粒细小,随着加热温度的升高和保温时间的延长,奥氏体晶粒将继续长大粗化。

加热时获得的奥氏体晶粒越细小,则冷却时转变产物的晶粒也越细小;晶粒越细小,其综合力学性能也越好。所以,加热温度和保温时间必须合理选择。

加热速度、原始组织和成分,也将影响奥氏体的晶粒大小。加热速度越快,奥氏体的晶粒越细小;原始组织越细小,相的界面则越多,奥氏体晶核数目也越多,从而有利于获得细晶组织;奥氏体中碳含量增加,有利于奥氏体晶粒长大,但当奥氏体晶界上存在未溶碳化物时,将阻碍晶粒的长大,故奥氏体的实际晶粒仍较细小。除锰、磷少数元素外,大多数合金元素都阻碍奥氏体晶粒的长大,即合金钢在同样的加热条件下,易获细晶组织。

2. 钢在冷却时的组织转变

冷却是热处理的关键工序。不同的冷却方式和冷却速度,将使钢获得不同的组织。常用冷却方式有等温冷却和连续冷却,如图 3-3-14 所示。

(1) 过冷奥氏体的等温冷却转变　在一定的冷速条件下,在 A_1 温度以下仍暂时存在的、不稳定的奥氏体称为过冷奥氏体,以 A' 表示。

① 过冷奥氏体等温转变图　过冷奥氏体等温转变图是表示过冷奥氏体在不同过冷度下的等温过程中,转变温度、转变时间与转变产物量的关系线图。曲线的形状与字母 C 相似,故又称 C 曲线。它是通过金相硬度法测绘而成。不同成分的钢具有不同的 C 曲线。现以共

析碳钢为例,其过冷奥氏体等温转变图如图 3-3-15 所示。

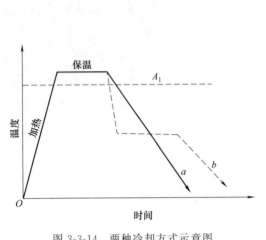

图 3-3-14　两种冷却方式示意图
a—连续冷却;b—等温冷却

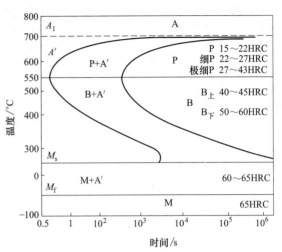

图 3-3-15　共析钢奥氏体等温转变图

图 3-3-15 所示的两条 C 曲线,左边的一条为过冷奥氏体转变开始线;右边的一条为转变终了线,其右侧为转变产物区;两条 C 曲线之间为过冷奥氏体部分转变区。M_s 线为马氏体转变开始线。

过冷奥氏体转变前的一段时间称为孕育期,它以转变开始线与纵坐标之间的距离表示其大小。对共析钢而言,在 550℃ 左右时孕育期最短,说明过冷奥氏体最不稳定,最易分解转变。高于或低于此温度,孕育期均由短变长,转变开始线在此出现一个拐弯,称之为 C 曲线的鼻部。

② 过冷奥氏体等温转变产物的组织与性能　根据转变产物的不同,过冷奥氏体的等温转变可分为珠光体型转变、贝氏体型转变和马氏体型转变。

a. 珠光体型转变。在从 A_{r1} 到鼻部的温度范围内等温冷却时,转变产物为铁素体与渗碳体片层状复相组织,即珠光体型组织。随转变温度的降低即过冷度的增大,珠光体晶粒细化即层片间距变小,硬度增高。通常分为以下几种:在 A_{r1}~650℃ 之间形成的较粗大的珠光体,仍称为珠光体,用符号 P 表示,硬度约 15~22HRC;在 650~600℃ 之间形成的细珠光体称为索氏体,用符号 S 表示,硬度约 22~27HRC;在 600~550℃ 之间形成的极细珠光体,称为屈氏体,用符号 T 表示,硬度约 27~43HRC。

b. 贝氏体型转变。550℃~M_s 之间的温度范围内等温冷却时,转变产物为贝氏体型组织。在 550~350℃ 之间,形成的贝氏体为上贝氏体。其形态为在平行排列的条状铁素体之间不均匀分布着细小的短杆状渗碳体,用符号 $B_上$ 表示,硬度约 40~45HRC,塑性较差,脆性大,无实用价值。在 350℃~M_s 之间,形成的贝氏体为下贝氏体。其形态为极细小的渗碳体均匀分布在针状的铁素体基体上,用符号 $B_下$ 表示,硬度约 50~60HRC,韧性良好,综合力学性能较高。生产中,常用等温淬火方法获得下贝氏体组织,以改善其力学性能。

c. 马氏体型转变。在 M_s 以下温度范围内冷却,转变产物主要为马氏体。马氏体是碳在 γ-Fe 中所形成的过饱和固溶体,用符号 M 表示。硬度取决于碳的过饱和程度,即随碳的质量分数增加,硬度明显增高,硬度高达 60~65HRC。硬度提高的同时,强度也随之提高,即马氏体具有显著的强化效果。

由于马氏体的转变终了线基本上都在零下几十摄氏度,如为连续冷却,马氏体转变也连续进行；如冷却终止，这转变也立即终止。一般情况下，冷却往往进行到室温为止，马氏体转变存在不完全性，这会导致钢中残留未转变的奥氏体存在，称为残余奥氏体。残余奥氏体的存在及其数量，将影响钢的性能。

如图 3-3-16（a）所示，低碳马氏体为板条状组织，具有良好的综合力学性能；而高碳马氏体则呈针状，塑性、韧性较差，是获得其他优良组织的基础，其形态如图 3-3-16（b）所示。

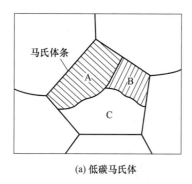
(a) 低碳马氏体

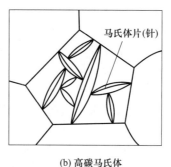
(b) 高碳马氏体

图 3-3-16　马氏体组织示意图

（2）过冷奥氏体的连续冷却转变　连续冷却是生产中最经济、最方便、最得以广泛使用的冷却方式。但由于连续冷却转变曲线测绘困难，可利用等温转变的 C 曲线来分析连续冷却转变的产物。即将连续冷却曲线与 C 曲线相交，根据相交的大致位置来判断连续冷却后的组织和性能，如图 3-3-17 所示。这对制订热处理工艺有着重要的现实意义。

冷却曲线 v_1、v_2、v_3、v_4 分别代表实际生产过程中的炉冷、空冷、油冷、水冷等冷却方式下的冷却速度。由此可估计出其相应的转变产物分别为 P、S、T＋M、M＋A′，相应的硬度分别为 170～220HBS、25～35HRC、45～55HRC、55～65HRC。图中与鼻部相切的冷却速度曲线 v_c 称为临界冷却速度，它表示过冷奥氏体转变成马氏体的最小冷却速度。v_c 的大小反映了钢的淬透性（即获得马氏体组织淬硬层的能力）的高低。

（二）退火与正火

在钢的普通热处理中，一般将退火与正火称为预先热处理，而将淬火与回火称为最终热处理。预先热处理的目的是消除工件的某些缺陷，为后续工序和最终热处理作组织准备。最终热处理的目的是使零件获得所要求的使用性能。

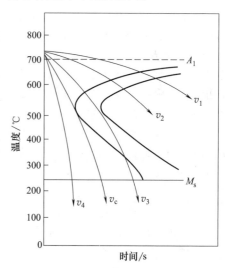

图 3-3-17　连续冷却的冷却速度线在等温转变曲线上的应用

1. 退火

将金属材料加热到一定温度，保温后缓冷的热处理工艺，称为退火，又称焖火。退火的主要目的是：细化晶粒、均匀组织、降低硬度、消除内应力等。常用退火方法有完全退火、球化退火、去应力退火。

（1）完全退火　将钢件加热到 A_{c3} 以上 30～50℃，保温后缓慢冷却（一般为随炉冷却）的热处理工艺称为完全退火。其目的是细化晶粒、消除内应力、降低硬度（软化）、改善切削加工性能等。

完全退火主要用于亚共析钢结构件，一般件作最终热处理，重要件作预先热处理。

（2）球化退火　指共析、过共析钢加热到 A_{c1} 以上 20～30℃，保温后随炉冷却的热处理工艺。退火组织为球状珠光体。退火的目的是降低硬度，改善切削加工性能，为淬火作组织准备。

（3）去应力退火　去应力退火是把零件加热到 A_{c1} 以下 500～650℃ 温度范围，保温后缓冷的热处理工艺。主要目的是消除零件因加工产生的内应力，稳定尺寸，减少变形。如铸件、锻件、焊接件、精加工件等需经去应力退火后才转入下一道工序。

2. 正火

正火是将零件加热到 A_{c3}（亚共析钢）或 A_{ccm}（过共析钢）以上 30～50℃，保温（完全奥氏体化）后在空气中冷却的热处理工艺。

正火的目的是细化晶粒、调整硬度、消除网状的二次渗碳体组织等，基本与退火相同，只是冷速稍快，过冷度较大，故同一钢件，正火后组织较细，强度硬度较高。

低碳钢常用正火提高硬度，以改善其可加工性；过共析钢常采用正火消除网状二次渗碳体，为球化退火作组织准备。

普通结构钢、大型复杂件，以正火为最终热处理，以提高其力学性能，避免淬火开裂危险。

正火采用空冷，生产周期短、生产效率较高、成本较低、操作简便。在技术条件许可的情况下，应优先采用正火。

（三）淬火

淬火是将零件加热到 A_{c3}（亚共析钢）或 A_{c1}（过共析钢）以上 30～50℃，保温后以不小于临界冷却速度冷却，获得马氏体或下贝氏体组织的热处理工艺。

1. 淬火的目的

提高硬度和耐磨性，为回火作组织准备，从而提高结构件或工具的力学性能，也可改善某些特殊钢的力学性能或化学性能，如不锈钢、高锰钢的固溶处理等。

2. 淬火加热温度与保温时间

碳钢的加热温度是以 Fe-Fe$_3$C 相图为依据的。合金钢在碳钢的基础上还要考虑合金元素的影响。除锰元素外，绝大多数合金钢的加热温度都高于同等碳质量分数的碳钢。合金元素的含量越高，影响越显著。

淬火加热保温时间则要综合考虑诸多因素，如零件成分、结构形状、尺寸大小、性能要求，以及加热速度、加热炉功率、装炉量等。原则上以钢件"烧透"，即零件内外均达到同一加热温度为准。

3. 淬火介质

常用淬火介质是水、油和盐。

淬火用水应为较干净的清水，冷却能力大，但容易造成零件的变形和开裂。随着水温的升高，其冷却能力将下降，生产中一般不允许超过 40℃。此外，盐水的冷却能力高于普通清水。淬火用油为各种矿物油，油温一般控制在 40～80℃ 为宜。油的冷却能力小于水，有利于减少变形。

为了减少零件淬火时的变形，也可用盐浴做淬火介质。常用碱、硝盐、中性盐。

淬火介质的选择，主要考虑零件的尺寸形状和钢的淬透性等因素。一般原则是碳钢水淬，合金钢油淬；大件水淬，小件油淬；复杂件油淬，简单件水淬等。对于一些低淬透性的简单零件，可采用盐水淬火。

理想的淬火冷却应是 C 曲线鼻部温度附近快冷，其他温度区间慢冷，既保证得到淬火组织马氏体，又降低应力以减少变形，避免开裂。实际上，这样的淬火介质是没有的。所以，生产中常采用不同的淬火方法来尽量接近理想淬火效果。

4. 常用淬火方法

(1) 单液淬火　将零件加热到淬火温度，保温后在一种介质中冷却的方法称为单液淬火，如图 3-3-18 中的 a 所示。这种方法操作简单，易于实现机械化、自动化，应用广泛。一般仅适于形状简单、性能要求不太高的零件。

(2) 双液（双介质）淬火　将零件加热到淬火温度，保温后先淬入一种冷却能力较强的介质中，待零件冷至 C 曲线鼻部以下、M_s 以上的温度区间时（约 300~400℃），再将零件马上淬入另一种冷却能力较弱的介质中冷却，如先水后油、先水后空气等，如图 3-3-18 中的 b 所示。双液淬火的目的是在低温区让过冷奥氏体在缓慢冷却的条件下转变成马氏体，以减少热应力和组织应力，从而减少变形，防止开裂。但操作方法较难掌握，关键在于控制零件在水中的冷却时间。

(3) 分级淬火　将零件加热到淬火温度，保温后淬入稍高于 M_s 温度的盐浴中冷却，经短时间停留（内外均达介质温度）后取出空冷，以获得马氏体组织，如图 3-3-18 中的 c 所示。

由于分级冷却，减少了零件内外温差，减少了淬火内应力，从而减少变形，防止开裂。显然，这种方法比双液淬火易控制，但因介质冷速较慢，所以它只适用淬透性好的合金钢或尺寸较小而形状复杂的高碳钢零件。

(4) 等温淬火　将零件加热到淬火温度，保温后冷却至下贝氏体转变的温度区间（约300℃）等温冷却，待过冷奥氏体完全转变成下贝氏体组织后再空冷的方法称为等温淬火，如图 3-3-18 中的 d 所示。下贝氏体组织硬度较高，综合力学性能良好，淬火应力与变形很小，基本上避免了开裂。等温淬火适合小型复杂零件的淬火工艺，如小齿轮、丝锥、螺栓等。

5. 淬透性和淬硬性

(1) 淬透性　指钢在一定的淬火条件下，获得淬硬层深度的能力。它反映了钢接受淬火的性能。

淬透性主要由钢的临界冷却速度决定。临界冷却速度越小，则钢的淬透性就越好，就越容易淬火。碳和合金元素的含量是影响淬透性的主要因素之一。在亚共析钢中，随着含碳量的增加，钢的临界冷却速度降低，淬透性提高；过共析钢中，只要钢中含碳量≤1.2%，变化也基本如此。除铝和钴外，合金元素溶入奥氏体，均使 C 曲线右移，降低临界冷却速度，提高钢的淬透性。

淬透性是钢重要的热处理工艺性能。淬透性好的钢，经淬火回火后，组织均匀一致，具有良好的综合力学性能，有利于钢材潜力的发挥。同时，淬透性好的钢淬火时可采用低的冷速缓冷，以减少变形与开裂。所以，受力复杂及截面尺寸较大的重要零件都必须采用淬透性好的合金钢制造；这也是工具钢属于高碳钢的主要原因之一。

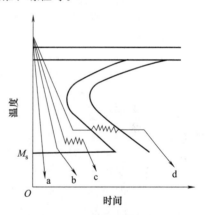

图 3-3-18　常用的淬火方法
a—单液淬火；b—双液淬火；
c—分级淬火；d—等温淬火

(2) 淬硬性　指钢在理想条件下淬火所能达到的最高硬度的能力。它取决于马氏体中碳的百分含量，即取决于钢中碳质量分数，碳质量分数越高，淬硬性越好。这是工具钢属于高碳钢的另一主要原因之一。应当明确，淬透性好的钢，其淬硬性不一定高。两者的概念是不同的，不可混为一谈。

（四）回火

将淬火零件重新加热 A_{c1} 以下某一温度，保温后以一定的冷速冷至室温的工艺称为回火。回火通常是热处理最后一道工序。淬火后必须立即回火，其间隔时间最长也不宜超过 1h。

1. 回火的目的

消除或减少淬火应力,降低脆性,防止零件变形开裂;稳定组织,从而稳定零件尺寸;调整力学性能,满足零件的性能要求。

2. 常用回火方法

(1) 低温回火　回火温度在 150～250℃ 之间。回火组织为回火马氏体,基本保持马氏体的高硬度、高耐磨性,同时韧性提高,内应力明显降低。低温回火常用于刀具、模具、量具、滚动轴承、渗碳件、表面淬火件等。在 100～150℃ 下长时间的低温回火,又称为人工时效,以消除内应力,稳定尺寸。

(2) 中温回火　回火温度在 350～500℃ 之间。回火组织为回火托氏体,具有高的弹性极限和屈服强度,一定的韧性,且内应力基本消除,硬度约 35～50HRC。中温回火常用于弹性零件及热锻模等。

(3) 高温回火　回火温度在 500～650℃ 之间。淬火加高温回火的复合热处理又称为调质处理,简称调质。回火组织为回火索氏体,具有良好的综合力学性能,硬度约为 25～40HRC。高温回火常用于受力复杂的重要结构件,如曲轴、连杆、半轴、齿轮、螺栓等。所以典型的中碳范围的结构钢又称调质钢。

(五) 表面热处理

许多零件如传动齿轮、活塞销、花键轴等,要求零件表面具有高的硬度和耐磨性,心部具有足够的强韧性。这种使用性能要求,直接采用原材料和一般的热处理方法很难满足,生产中常采用表面热处理,以达到强化零件表面的目的。

常用表面热处理方法为表面淬火和化学热处理两类。前者只改变表面组织而不改变表面成分;后者同时改变表面成分和组织。

1. 表面淬火

仅对零件表层进行淬火的工艺称为表面淬火。一般包括感应加热表面淬火和火焰加热表面淬火等。

(1) 感应加热表面淬火　利用感应电流通过零件时产生的热效应,使零件表面迅速达到淬火温度,随即快速冷却的淬火工艺称为感应加热表面淬火。

感应加热淬火因其加热速度快、加热时间短、晶粒细小、淬火质量好、生产率高、易于机械化、自动化而适于大批生产等特点,广泛应用于齿轮、凸轮轴、曲轴轴颈、小轴等零件的表面淬火。但大件、太复杂件难以处理,淬火后仍需进行低温回火。

(2) 火焰加热表面淬火　主要应用氧-乙炔火焰对零件表面进行加热,使其快速达到淬火温度,然后迅速喷水冷却,使表层获得所需硬度和淬硬层深度,这种工艺称为火焰加热表面淬火。

火焰加热表面淬火,操作简单、方便,主要用于中碳范围的单件和大型零件的局部表面淬火。但因其淬火质量不高且不易控制,使应用受到了限制。

2. 化学热处理

化学热处理是指将零件放入一定温度的活性介质中,使一种或几种元素渗入零件表面,以改变表层的化学成分、组织和性能的一种表面热处理工艺。

按渗入元素的不同,化学热处理可分为渗碳、渗氮等。

(1) 渗碳　钢的表面渗入碳原子的过程称为渗碳。显然,渗碳钢只能是低碳钢或低碳合金钢。

渗碳主要用于强烈磨损并承受较大冲击载荷的零件。如汽车传动齿轮、轴颈、活塞销、十字轴等。

(2) 渗氮　零件在渗氮介质中(氨气等)加热并保温,使活性氮原子渗入零件表面的化学热处理工艺称为渗氮。渗氮前零件进行调质处理,以保证心部的力学性能。渗氮后不必淬火回火。

渗氮比渗碳具有更高的硬度、耐磨性、疲劳强度及更好的耐蚀性,且变形小,要用于精密齿轮、精密丝杠、排气阀、精密机床主轴等零件。

六、合金钢

合金钢是在碳钢的基础上加入一种或数种合金元素后形成的新钢件。所谓合金元素，就是炼钢时特意加入的元素。不管是金属元素还是非金属元素，也不管量多量少，只要是特意加入的元素统称为合金元素。常见合金元素有硅、锰、铬、镍、铝、钨、钒、钛、铌、铅、硼、稀土元素等。即使像碳钢中的有害杂质元素硫、磷，为了某种目的而特意加入时，也当合金元素看待。

由于合金元素的加入，钢的组织和性能将发生改变或改善，使合金钢具有优良的综合力学性能及特殊的物理、化学、力学性能，热处理工艺性能，从而扩大了钢的应用范围，提高了钢在工程材料中的地位和重要性。因而，绝大多数大型的或复杂的重要零件常选用或必须选用合金钢制造；某些在特殊恶劣的环境条件下使用的零件必须选用合金钢。

(一) 合金元素在钢中的作用

合金元素与钢的基本组元铁、碳的相互作用，是钢的组织和性能变化的基础。合金元素在钢中的作用是十分复杂的，主要可简单概括为以下几个方面。

1. 合金元素与铁的作用

大多数合金元素都能固溶于铁素体中而形成合金铁素体，产生固溶强化。随着合金元素含量的增加，其强化效果将呈直线上升趋势。其中硅、锰的强化作用最显著。

合金元素对铁素体韧性的影响。一般来说，随合金元素含量的增加，韧性将呈下降趋势。但铬、镍、硅、锰等合金元素，在其含量不高时，韧性甚至还略有提高，特别是镍，既可提高铁素体的强度、硬度，又使韧性保持在较高水平。所以铬、镍、硅、锰等就成为合金钢中最常用的合金元素。

2. 合金元素与碳的作用

(1) 非碳化物形成元素　如镍、硅、钴、铜、氮、硫、磷等，属非碳化物形成元素，或固溶于铁中，或形成化合物。

(2) 碳化物形成元素　如锰、铬、钼、钨、钒、铌、钛等 (与碳的亲和力由弱到强排列)。其中钒、钛等将与碳形成特殊碳化物，如 VC、TiC、NbC 等。铬、钨、钼等将形成特殊合金碳化物或合金渗碳体，如 Cr_7C_3、WC、MoC、$(Fe,Me)_3C$ 等。锰主要形成合金固溶体。

合金碳化物的共同特点是熔点高、硬度高、稳定性好，对钢的组织和性能将产生很大的影响。

3. 合金元素对 $Fe-Fe_3C$ 相图的影响

(1) 扩大奥氏体相区　镍、锰等合金元素，使 A_3 线下降，奥氏体相区扩大。含量越高，影响越大，导致钢在室温下仍保持奥氏体组织，称为奥氏体钢。如 Cr18Ni9 型奥氏体不锈钢。

(2) 缩小奥氏体相区　硅、铬、钨、钼、钛、钒等合金元素，使 A_3 线上升，奥氏体相区缩小。含量越高，影响越大，直至奥氏体相区缩小封闭或消失，使钢在室温下具有单相的铁素体组织，称为铁素体钢，如铁素体不锈钢。

(3) 影响共析点温度　除镍、锰外均使 S 点上升。这意味着绝大多数合金钢的热处理加热温度比相同含碳量的碳钢要高。

(4) 影响相图中 S、E 点的成分　所有合金元素均使 S、E 点左移，使得亚共析成分的钢出现共析组织，从而改善钢的力学性能；使得共析钢、过共析钢中出现共晶组织，称为莱氏体钢，如高速钢。

4. 合金元素对热处理的影响

(1) 对加热时组织转变的影响　除镍和钴外，碳化物形成元素将显著减慢碳在奥氏体中的扩散速度,从而减慢奥氏体形成速度。特殊碳化物,由于其在高温下的稳定性而不易溶入奥氏体,加上合金元素自然扩散缓慢等因素的影响,故合金钢必须采用较高的加热温度和较长的加热时间。合金钢在加热过程中不易过热,并保持细晶粒,从而有利于获得细小的淬火组织。

(2) 对冷却时组织转变的影响　除钴、铝外,大多数合金元素将不同程度地延缓过冷奥氏体的分解,使 C 曲线向右下移动,降低钢的临界冷速,提高钢的淬透性。特别是碳化物、强碳化物形成元素的影响尤为显著,多种合金元素比单一合金元素的影响又更为有效。这是大型或复杂零件采用合金钢的主要原因。

(3) 对回火时组织转变的影响

① 提高回火稳定性。回火稳定性指淬火零件在回火时抵抗软化的能力。由于合金元素的溶入,使原子扩散速度减慢,因而在回火过程中,将延缓马氏体、残余奥氏体的分解及碳化物析出聚集长大的速度,将转变过程推向更高的温度。因此,在相同的回火温度下,合金钢的回火温度要高,内应力的消除也就更彻底,塑性和韧性也就比碳钢要好。高的回火稳定性使合金工具钢表现出良好的热硬性,即钢在高温下仍保持高硬度的能力。

② 产生二次硬化。含有铬、钼、钨、钒等合金元素的合金钢,淬火后在 500～600℃ 回火时硬度升高的现象,称为二次硬化。这一现象与特殊碳化物的析出有关,加上残余奥氏体转变为马氏体,双重作用导致钢硬度回升。高的回火稳定性和二次硬化能力,是高速钢及热锻模钢极为重要的性能特点。

③ 出现回火脆性。某些合金钢在高温回火后缓冷,则产生回火脆性称为第二类回火脆性。如铬、锰等合金钢。为防止第二类回火脆性,可在钢中加入钨、钼合金元素,如冷作模具钢 Cr12MoV、热作模具钢 5CrMnMo 等;对于中小零件,可采用回火后快冷(油冷)的方法加以防止。

应该说,只有真正了解合金元素对钢的影响,才可能了解合金钢的性能和应用。

(二) 合金结构钢

合金钢品种繁多,为便于生产和管理,必须对合金钢进行分类与编号。

一般地,按合金元素含量可分为低合金钢,合金元素总含量≤5%;中合金钢,合金元素总含量 5%～10%;高合金钢,合金元素总含量≥10%。

按用途可分为:合金结构钢、合金工具钢、特殊性能钢等;

按正火后的组织可分为:珠光体钢、马氏体钢、奥氏体钢等;

按合金元素的种类可分为铬钢、锰钢、铬镍钢、硅锰钢等。

合金结构钢是在碳素结构钢的基础上加入一种或几种合金元素的钢。主要用来制造各种重要工程构件和各种重要机械零件。主要包括低合金结构钢、合金渗碳钢、合金调质钢、合金弹簧钢、滚动轴承钢及其他结构钢等。

典型的合金结构钢有以下几种。

1. 低合金结构钢

(1) 成分特点　低碳(含碳量<0.20%),以保证具有良好的塑性、韧性和焊接性能。

低合金(合金元素总含量<5%),锰为主加元素,辅加钒、铌、钛、硅、磷、铜等,以提高强度。

(2) 性能特点　良好的塑变能力,良好的焊接性能,良好的加工工艺性能,高的强度和低的冷脆临界温度,较好的耐蚀性能等。

(3) 用途范围　广泛应用于船舶、桥梁、汽车纵横梁、车辆、压力容器、管道、井架等。

(4) 牌号　由代表屈服点的汉语拼音字首"Q"、屈服点值、质量等级符号(A、B、C、D、E)按顺序排列组成。如 Q345B 表示其最低屈服点为 345MPa 的 B 级低合金结构钢。

(5) 热处理　在供应状态下使用,一般不再进行热处理。

2. 合金渗碳钢

(1) **成分特点** 低碳(含碳量<0.25%),以保证渗碳件心部具有良好的塑性和韧性。主加元素为铬、锰、镍、硼等以提高淬透性,保证心部强度;辅加元素为钼、钨、钒、钛等。合金元素含量一般属于低合金,以细化晶粒,改善渗碳工艺,提高渗层的耐磨性。

(2) **性能特点** 渗碳层有高的硬度、优良的耐磨性及抗疲劳性,心部具有足够的强韧性、良好的淬透性和渗碳工艺性。

(3) **用途范围** 适用于承受冲击载荷及磨损条件下工作的重要渗碳零件,如汽车后桥齿轮和变速箱齿轮等。

(4) **牌号** 由两位数字+元素符号+数字表示。前两位数字表示钢中平均碳含量的万倍,元素符号为合金元素,其后面的数字为该合金元素的百分含量,当合金元素含量小于1.5%时不标数字,大于1.5%时,按整数标出。如20Mn2表示其平均碳的质量分数为0.20%,平均锰的质量分数为2%的合金渗碳钢。

(5) **热处理** 渗碳前正火处理,渗碳后淬火并低温回火。

(6) **常用合金渗碳钢**

① 低淬透性合金渗碳钢,如20Cr、20CrV、20MnV等,用于制造承受载荷不大的小型耐磨零件,如齿轮、活塞销、凸轮、气阀挺杆、齿轮轴、滑块等。

② 中淬透性合金渗碳钢,如20CrNi3、20CrTi、20MnVB等,常用于制造承受中等载荷的耐磨零件,如汽车用齿轮、转向轴、调整螺栓、汽车后桥主动齿轮、花键轴套、万向节、十字轴、行星齿轮等。

③ 高淬透性渗碳钢,如20Cr2Ni4、18Cr2NiWA等,可用于制造承受重载荷及强烈磨损的重要大型零件,如大截面的齿轮、曲轴、凸轮轴、连杆螺栓等。

3. 合金调质钢

(1) **成分特点** 中碳的含量0.25%~0.50%,过低则强度、硬度不够;过高则塑性、韧性差。主加元素为铬、镍、钨、钒、钛、铝等,以防止第二类回火脆性,细化晶粒,增加回火稳定性等。

(2) **性能特点** 具有良好的综合力学性能。

(3) **用途范围** 主要用来制造在多种载荷下工作的重要零件,如机床主轴、连杆、连杆螺栓、曲轴、凸轮轴等。

(4) **牌号** 表示方法与合金渗碳钢相同。

(5) **热处理** 淬火加高温回火即调质处理,如表层或局部有耐磨要求,则调质后进行表面淬火加低温回火,甚至进行渗氮处理。

(6) **常用合金调质钢**

① 低淬透性合金调质钢,如40Cr、40Mn2、40MnB、40MnVB等,主要用于中等截面的重要零件,如进气门、前轴、曲轴、曲轴齿轮、缸盖螺栓、齿轮、半轴、转向轴、活塞杆、连杆、螺栓等。

② 中淬透性合金调质钢,如30CrMo、40CrMo、30CrMnSi、40CrNi等,主要用于截面大、承受较重载荷的重要零件,如主轴、曲轴、齿轮轴、锤杆、减速器主动齿轮、从动齿轮等。

③ 高淬透性合金调质钢,如40CrNiMo、40CrMnMo、30CrNi3、25Cr2Ni4W等,主要用于大截面、重载荷的重要零件,如汽轮机叶片、齿轮、齿轮轴、连杆、后桥半轴等。

4. 合金弹簧钢

(1) **成分特点** 中碳偏高(含碳量0.50%~0.70%),过高则塑性、韧性差,疲劳极限下降。主加元素以硅、锰为主,辅加元素有铬、钨、钒等。

(2) **性能特点** 具有高的抗拉强度、高的屈强比(σ_s/σ_b)、高的疲劳强度,足够的塑性和韧性，良好的表面质量，高的淬透性和低的脱碳敏感性，易成形等。

（3）用途范围　主要用于制造各种弹性零件，如减振板簧、螺旋弹簧、缓冲弹簧等。

（4）牌号　表示方法与合金渗碳钢、合金调质钢相同。

（5）常用热处理　不同的钢中有不同的热处理工艺，一般可分为两大类：

① 热成形弹簧钢。大截面弹簧加热成形，随后淬火加中温回火，以获得回火托氏体组织。

② 冷成形弹簧钢。小截面弹簧，常用冷拉钢丝冷卷成形，因冷拉钢丝已经铅浴处理，不再淬火，冷卷成弹簧后，只需经低温去应力退火即可（200～250℃油槽中加热）。

（6）常用合金弹簧钢　有以下几个常见品种：

① 55Si2Mn、60Si2Mn、55SiVB 等，广泛用于制造汽车、拖拉机、机车车辆用螺旋弹簧和板弹簧及其他重要弹簧等。

② 50CrV、30W4Cr2VA 等，用于制造如气门弹簧、阀门弹簧等重要弹性零件。

5. 滚动轴承钢

（1）成分特点　高碳（含碳量为 0.95%～1.10%），属过共析钢，以保证高的强度、硬度和足够的碳化物以提高耐磨性。主加元素以铬为主，辅加硅、锰等，以提高淬透性、疲劳强度和耐磨性等。

（2）性能特点　具有高的硬度和耐磨性，高的接触疲劳强度和抗压强度，高的弹性极限和一定的冲击韧度及抗蚀性等。

（3）用途范围　基本上是一种专用钢，主要用来制造滚动轴承中的滚动体（滚珠、滚柱、滚针）、内外套圈等。也可用于形状复杂的工具，如精密量具等。

（4）牌号　用"G+符号+数字"表示，其中，G 字为滚字的汉语拼音字首，符号为合金元素铬，数字为铬质量分数的千倍，其他合金元素的表示与合金结构钢相同，如 GCr15 表示平均铬的质量分数为 1.5% 的滚动轴承钢。

（5）热处理　预先热处理为球化退火，最终热处理为淬火加低温回火。对于精密轴承，还需进行冷处理，经回火和磨削后，再经低温时效处理。

（6）常用滚动轴承钢　GCr9、GCr9SiMn、GCr15、GCr15SiMn 等，广泛用于汽车、拖拉机、内燃机等专用轴承。

合金结构钢，除滚动轴承钢外，一般都属亚共析钢的碳的含量和低合金钢的合金元素含量范围，根据碳和合金元素在钢中的影响与作用，基本上就可以根据钢号判断其组织性能，根据性能也就可以基本上确定其应用范围，所以掌握碳钢的关键在于掌握碳对碳钢组织性能的影响，掌握合金钢的关键在于掌握合金元素对碳钢的影响。同一类别的合金钢性能的优劣，可根据所谓的"合金化原则"（多元少量）大致判定，即同等碳的含量的合金钢，在合金元素总含量大致相等的情况下，合金元素的种类越多，钢的综合力学性能就越好。

（三）合金工具钢

合金工具钢基本上是在碳素工具钢的基础上，再加入适量的合金元素的钢。它比碳素工具钢具有更高的硬度、耐磨性，更好的淬透性、热硬性和回火稳定性等，因此用于制造截面大、形状复杂、性能要求高的各种工具。

合金工具钢基本上属于共析、过共析钢，即高碳钢，而且都是优质或高级优质钢。其牌号表示方法与合金结构钢基本相同，只是数字以碳的质量分数的千倍来表示，当含碳量<1.0%时，以一位数字表示，当含碳量>1.0%时，通常不标含碳量的数值。

合金工具钢按用途一般分为刃具钢、量具钢和模具钢三大类。

1. 合金刃具钢

合金刃具钢主要用来制造金属切削刀具，如车刀、铣刀、钻头、丝锥、板牙等。根据切削对象和切削条件，又分为低合金刃具钢和高速钢两类。所有合金刃具钢都必须具有高的硬度和耐磨性，高的热硬性，足够的韧性。

(1) 低合金刃具钢

① 成分特点　高碳（含碳量0.80%～1.50%），以保证淬硬性和形成合金碳化物。主加元素有铬、锰、硅、钒等，以提高淬透性和硬度，提高耐磨性、热硬性及回火稳定性。属低合金钢。

② 热处理特点　成形前进行球化退火，成形后采用淬火加低温回火，以获得回火马氏体、碳化物及少量残余奥氏体等复相组织。

③ 常用低合金刃具钢　9SiCr、9Mn2V、CrWMn等，常用于低速切削刃具，如丝锥、板牙、钻头、冷冲模等。

(2) 高速钢　高速钢为高速工具钢的简称。主要用于制造各种用途和类型的高速切削刃具。因硬度高且能长时间保持切削刃口的锋利，高速钢又名锋钢。因其高的淬透性，淬火时空冷也能淬硬，高速钢也称为风钢；因成品高速钢刃具表面光洁，高速钢又有白钢之说，在许多企业，白钢一词几乎取代了高速钢而广为流传。这些称呼，实际上反映了高速钢的高硬度、高的强度、耐磨性、淬透性及热硬性等特点。

① 成分特点　高碳（含碳量0.70%～1.6%），以形成足够的碳化物数量，保证钢的高硬度、高耐磨性。主加元素以钨为主，还有铬、钒、钼、钛等，以提高钢的淬透性、热硬性、耐磨性、回火稳定性、抗蚀性、二次硬化效应等。

② 热处理特点　高速钢毛坯必须是锻件，锻造比不小于10，以打碎粗大的莱氏体和碳化物，改善组织从而改善性能。

预先热处理常采用等温退火，最终热处理为淬火加高温回火。

③ 常用高速钢　所有高速钢钢号，前面一律不标含碳量数字。常用钢号有W18Cr4V、W6Mo5Cr4V2、W6Mo5Cr4V2Al等，主要用于制造车刀、刨刀、钻头、铣刀、拉刀等高速切削机用刃具。

2. 量具钢

量具是机械加工过程中的测量工具，如游标卡尺、千分尺、塞尺、量块等。为保证量具在使用过程中的测量精度，量具钢必须具备高硬度、高耐磨性、高的尺寸稳定性、足够的韧性等性能。

量具钢的选用，取决于量具本身的要求。普通量具如样板、卡板等，选用低碳钢经渗碳热处理即可；对要求高精度和形状复杂的量具，则必须选用合金工具钢或滚动轴承钢。

量具钢的热处理为淬火加低温回火，对于高精度的量具，淬火后立即进行冷处理，然后低温回火，回火后精磨前进行一次稳定化处理，即在100～150℃长时间回火。

常用合金量具钢有CrMn、CrWMn、GCr15等。原则上所有的碳钢和合金钢都可以作为量具用钢，因此量具钢前面是否加上合金二字也就无所谓了。

3. 合金模具钢

(1) 冷作模具钢　用于在冷态下使金属变形的模具，包括冷冲模、冷挤压模等。

① 性能要求　冷作模具因在工作过程中受到很大压力、摩擦或冲击，主要因过度磨损而失效，有时也因脆断、崩刃而报废。因此，要求冷作模具钢具有高的硬度和耐磨性、足够的强度和韧性，以及较高的淬透性。

② 成分特点　为满足高硬度和耐磨性要求，多数冷作模具钢碳的质量分数大于1%，加入的合金元素有Cr、Mo、W、V等，以提高钢的强度、硬度、回火稳定性和淬透性。

典型的冷作模具钢为Cr12型钢，其成分特点是高碳高铬，使钢在淬火回火后存在大量高硬度的特殊碳化物，提高了钢的耐磨性。同时，由于有大量的铬存在，使Cr12型钢具有很好的淬透性。

③ 热处理特点　冷作模具钢的最终热处理通常采用淬火+低温回火，以保证获得高的

硬度和耐磨性。

④ 常用冷作模具钢 由于冷作模具对钢的性能要求与刃具钢基本相似，因此，碳素工具钢和低合金刃具钢也常用于制造冷作模具，如 T10、9SiCr、CrWMn 等，但碳素工具钢只适合于制造形状简单的小型模具，低合金刃具钢常用于制造尺寸较大的轻载模具。对于截面尺寸较大的重载模具或形状复杂的高精度模具，则一般采用 Cr12 型钢。

(2) 热作模具钢 热作模具是用来制造使加热金属（或液态金属）获得所需形状的模具，通常又分为热锻模、热挤压模和压铸模等。

① 性能要求 热作模具工作时，以很大的冲击力作用于被加热的坯件，使坯件发生塑性变形。因此，要求热作模具钢有足够的高温强度和冲击韧度，一定的硬度和耐磨性，良好的耐热疲劳性和淬透性。

② 成分特点 热作模具钢属中碳范围，含碳量 0.30%～0.60%，以保证具有足够的强度、韧性和一定的硬度。常加入的合金元素有 Cr、Ni、Mn、Mo、W、V 等，主要用以提高钢的强度、硬度、淬透性和回火稳定性。

③ 热处理特点 热作模具钢的最终热处理为淬火＋回火处理。由于不同尺寸的模具对硬度的要求不同，模具的不同部位也有不同的硬度要求，因此，回火温度应根据硬度要求而定，通常为中温回火。

④ 常用热作模具钢 典型热作模具钢有 5Cr12MnMo、5CrNiMo、3Cr2W8V 等。其中 5Cr12MnMo 适于制造中小型热锻模；5CrNiMo 因其淬透性和韧性较好，适于制造大型热锻模；3Cr2W8V 适于制造工作中承受的冲击力较小、主要用于要求高温强度和热硬性的热挤压模和压铸模。

七、铸铁

碳质量分数为 2.11%～6.69% 的铁碳合金称为铸铁。工业铸铁中，锰、硅、硫、磷等的质量分数一般都高于碳钢，碳的质量分数常为 2.5%～4.0%。有时为了进一步提高铸铁的力学性能或得到某些特殊性能，常加入铬、钼、铜、钒、铝等合金元素或提高硅、锰、磷等元素的质量分数，这种铸铁称为合金铸铁。

铸铁具有良好的铸造性能、切削加工性能、耐磨性、减振性，且价格低廉。因此，铸铁广泛应用于汽车制造业。虽然铸铁的强度、塑性比钢差，但仍然是工业生产中最重要的金属材料之一，特别是经过球化和孕育处理后，铸铁力学性能已不亚于结构钢，可取代碳钢、合金钢制造一些重要的结构零件，如曲轴、连杆、齿轮等。一些力学性能要求不高、形状复杂、锻制困难的零件如缸体、缸盖、活塞环、飞轮、后桥壳等则全部由铸铁制造。

（一）铸铁的分类

根据碳在铸铁中的存在形式和形态的不同，铸铁一般分为以下三类。

1. 灰铸铁

碳全部或大部分以石墨的形式存在，没有莱氏体组织，其断口呈暗灰色，工业上使用的铸铁大部分都是这种铸铁。

2. 白口铸铁

这类铸铁的石墨化过程全部被抑制，碳除微量溶于铁素体以外，全部以 Fe_3C 的形式存在，其断口呈银白色，硬而脆，难以切削加工，所以工业中很少直接使用。目前，白口铸铁主要作炼钢原料和生产科锻炼的毛坯。

3. 麻口铸铁

这类铸铁的石墨化过程全部只得到部分实现，碳部分以石墨的形式存在，另一部分以

Fe_3C 的形式存在，其断口呈灰白相间的麻点状，也很硬脆，难以切削加工，所以工业中很少用。

（二）灰铸铁的分类

灰铸铁中，碳以石墨的形式存在。根据石墨的形态不同，灰铸铁又分为普通灰铸铁、球墨铸铁、可锻铸铁和蠕墨铸铁。石墨及石墨的形态对铸铁的性能起着决定性的作用。

1. 普通灰铸铁

灰铸铁中碳全部或大部分以片状石墨形态存在，其断口呈暗灰色，故称灰铸铁。灰铸铁是应用最广泛的铸铁。

（1）灰铸铁的组织和性能　灰铸铁的片状石墨是在正常的铸造条件下形成的。在室温下，灰铸铁的组织为铁素体与石墨，或铁素体、珠光体与石墨，或珠光体与石墨，分别称之为铁素体灰铸铁、铁素体-珠光体灰铸铁、珠光体灰铸铁。

由于石墨的力学性能几乎为零，所以灰铸铁的力学性能主要取决于基体的性能和石墨的形态、数量、大小与分布。灰铸铁的基体就是亚共析钢、共析钢。石墨分布在基体上就相当于孔洞和裂纹。换言之，灰铸铁可以看成是充满了孔洞和裂纹的钢。这些孔洞和裂纹，破坏了基体组织的连续性，减少了承载的有效面积，且在石墨片的尖角处产生应力集中，使灰铸铁容易脆断，抗拉强度、塑性与韧性比同样基体的钢低得多。石墨数量愈多，尺寸愈大，分布愈不均匀，对基体的破坏作用愈严重，铸铁的力学性能也就愈低。由此可知，珠光体灰铸铁的强度、硬度比铁素体灰铸铁要高，铁素体-珠光体灰铸铁介于二者之间。但在压应力作用下，石墨对基体的性能影响不大。所以灰铸铁的抗压强度和硬度与相同基体的钢差不多。也正由于石墨的存在及其性能特点，在切削时，石墨起到减摩和润滑断屑的作用，刀具磨损少，因而可加工性能好；石墨组织松软，能吸收振动能，因而铸铁有良好的消振性；石墨本身就相当于孔洞，阻止了裂纹的延伸扩展而使铸铁具有低的缺口敏感性；石墨本身是良好的润滑剂，石墨剥落后留下孔洞能起到储油作用，使铸铁具有良好的减摩耐磨性；石墨密度较小，铸铁凝固时部分补偿了基体的收缩，从而有利于铸造成形，即铸铁有良好的铸造性能等。

（2）灰铸铁的牌号和应用　灰铸铁的牌号以灰铁二字的汉语拼音字首"HT"与一组数字表示，数字表示最小抗拉强度。如HT150表示最小抗拉强度为150MPa的灰铸铁。

灰铸铁广泛应用于承受压应力及有减振要求的零件，如床身、机架、立柱等；也适于制造形状复杂但力学性能要求不高的箱体、壳体类零件，如缸盖、缸体、变速器壳等。

HT100用于制造端盖、油盘、支架、手轮、重锤、外罩、小手柄等。

HT150用于制造机座、床身、曲轴、带轮、轴承座、飞轮、进排气歧管、缸盖、变速器壳、制动盘、法兰等。

HT200、HT250用于制造缸体、缸盖、液压缸、齿轮、阀体、联轴器、飞轮、齿轮箱、床身、机座等。

HT300、HT350用于制造大型发动机曲轴、缸体、缸盖、缸套、阀体、凸轮、齿轮、高压液压缸、机座、机架等。

（3）灰铸铁的孕育处理　为了进一步提高灰铸铁的力学性能，生产中常对灰铸铁进行孕育处理。铁液浇注前，把作为孕育剂的硅铁或硅钙合金（加入量一般约为铁液重量的0.4%）加入铁液中，搅拌后再进行浇注，以获得大量非自发晶核，从而得到细晶粒珠光体和细石墨片组织的铸铁。经孕育处理的灰铸铁称为孕育铸铁，如HT300、HT350即是孕育铸铁的代表。

孕育铸铁由于基体组织和石墨组织的细化，与普通灰铸铁相比，不仅强度、塑性与韧性较高，而且因晶核数目增多，结晶过程几乎同时进行，使得铸铁内部组织和性能均匀一致，从而使铸件具有断面敏感性小的特点，这对于力学性能要求较高且截面尺寸变化较大的大型铸件是非常重要的，也是常采用孕育铸铁来制造的原因。

(4) 灰铸铁的热处理　影响灰铸铁力学性能的主要因素是片状石墨对基体的破坏程度，而热处理只能改变基体组织，不能改变石墨的形态、大小和分布，所以通过热处理来提高灰铸铁力学性能的效果不大。灰铸铁热处理的主要目的是消除铸造内应力和白口组织。常用热处理方法有去应力退火、石墨化退火、表面淬火等。

2. 球墨铸铁

铸件在浇注前往铁液中加入球化剂（如镁或稀土镁合金）和孕育剂（硅铁或硅钙合金），使片状石墨呈球状石墨分布，这种铸铁称为球墨铸铁，简称球铁。

(1) 球墨铸铁的组织和性能　球墨铸铁的室温组织可看成是由碳钢的基体和球状石墨组成。基体有铁素体、铁素体—珠光体、珠光体等。

由于球状石墨对基体的破坏作用更弱小，因而能较充分地发挥基体组织的作用，基体强度的利用率可达 70%～90%，故球墨铸铁的抗拉强度、塑性和韧性大大超过灰铸铁，接近中碳钢。同时球墨铸铁又基本具有灰铸铁的一系列优良性能，使得"以铸代锻，以铁代钢"成为现实。

(2) 球墨铸铁的牌号和应用

球墨铸铁的牌号由"球铁"两字的汉语拼音字首"QT"加两组数字表示，两组数字分别表示最低抗拉强度和最小伸长率。如 QT400-18 表示最低抗拉强度为 400MPa 和最小伸长率为 18% 的球墨铸铁。

QT400-18 常用于制造汽车轮毂、驱动桥壳、差速器壳、离合器壳、拨叉、辅助钢板弹簧支架、齿轮箱等零件。

Q500-07，可制造机油泵齿轮、飞轮、传动轴、铁路车辆轴瓦等零件。

Q600-03 常用于制造柴油机曲轴、连杆、缸套、凸轮轴、缸体、进排气阀座、摇臂、后牵引支承座等工件。

Q900-02 可制造汽车后桥弧齿锥齿轮、转向节、传动轴、曲轴、凸轮轴等零件。

(3) 球墨铸铁的热处理　常用热处理方法有退火、正火、调质淬火、等温淬火等。

3. 可锻铸铁

可锻铸铁是将白口铸铁件在高温下经长时间的石墨化退火后得到的，其组织为团絮状石墨，基体为铁素体或珠光体。铁素体可锻铸铁又称为黑心可锻铸铁，牌号用"可铁黑"三字的汉语拼音字首"KTH"与两组数字表示。两组数字分别表示抗拉强度和伸长率的最小值，如 KTH300-06；珠光体可锻铸铁又有白心可锻铸铁之称，牌号用"可铁珠"三字的汉语拼音字首"KTZ"表示，其后两组数字的含义与铁素体可锻铸铁相同，如 KTZ550-04。

由于团絮状石墨对基体的破坏作用大大减弱，使可锻铸铁相对灰铸铁而言，具有较高的强度和塑性。事实上，可锻铸铁并不可锻。

可锻铸铁由于生产周期长，成本较高，使其应用受到一定的限制，已逐渐被球墨铸铁取代。可锻铸铁常用于制造汽车后桥壳、轮毂、变速器拨叉、制动踏板及管接头、低压阀门、扳手等零件。

4. 蠕墨铸铁

蠕墨铸铁是灰铸铁浇注时，向铁液中加入蠕化剂（镁钛合金、稀土镁合金等），获得介于片状石墨和球状石墨之间，形似蠕虫状石墨的铸铁。蠕墨铸铁的性能介于灰铸铁和球墨铸铁之间，强度接近于球墨铸铁，具有一定的韧性，较高的耐磨性，同时又具有灰铸铁所具有的良好性能。

蠕墨铸铁的牌号用"RuT"代表"蠕铁"两字，后面的数字代表最低抗拉强度，如 RuT380 表示最低抗拉强度为 380MPa 的蠕墨铸铁。

蠕墨铸铁已开始在生产中广泛应用，目前主要用于制造缸盖、进排气管、制动盘、变速器箱体、阀体、制动鼓、机床工作台等零件。

5. 合金铸铁

在铸铁中加入一定量的合金元素，以获得某些特殊性能的铸铁称为合金铸铁。常见的有以下几种：

（1）耐磨铸铁 常加入铬、钼、铜、磷等合金元素以提高耐磨性。如高磷合金铸铁，形成硬而脆的磷化物共晶体，同时加入铬、钼、铜、钛等合金元素，细化组织，提高强度和耐磨性。它主要应用在汽车、拖拉机、精密机床方面，如发动机的缸套、活塞环等零件。

（2）耐热铸铁 耐热铸铁是指在高温条件下，具有抗氧化和抗热生长能力，并能承受一定载荷的铸铁。主加合金元素为铬、铝、硅等。使其表面形成一层致密的氧化膜，如 SiO_2、Cr_2O_3 等，保护内层不被继续氧化，从而提高铸件的耐热性。同时，合金元素还可提高铸铁的相变点，使铸铁在工作温度范围内不发生相变，并促使铸铁获得单相铁素体组织，以免铸铁在高温下因渗碳体分解而析出石墨。

耐热铸铁的种类较多，一般分为铬系、硅系、铝系、铝硅系等。铬系耐热铸铁价格较贵，铝系耐热铸铁力学性能较低，故硅系、铝硅系耐热铸铁发展较快，应用较广。

耐热铸铁主要用于制造高温下工作的排气阀、进气阀座及加热炉炉底板、烟道挡板、钢锭模等零件。

（3）耐蚀铸铁 在腐蚀介质中工作时具有抗蚀能力，且具有一定的力学性能的铸铁称为耐蚀铸铁。主加合金元素有铬、镍、硅、铝、铜等，以提高铸铁基体组织的电极电位，并使铸铁表面形成一层致密的保护性氧化膜，硅还能促使形成单相基体，从而提高了铸铁的耐腐蚀性能。耐蚀铸铁广泛应用于化工部门，制作管道阀门、泵类、盛贮器等。

八、典型零件的材料选择

材料的选择与应用是机械设计、制造工作中重要的基础环节，自始至终地影响了整个设计过程。选材的核心问题是在技术和经济合理的前提下，保证材料的使用性能和零件（产品）的设计功能相适应。

（一）机械零件的失效及形式

机械零件在使用过程中如果发生了以下三种情况中的任何一种，即认为该零件已失效：①完全破坏，丧失使用价值；②虽然能工作但不能保证工作精度或达不到预定的工效；③损伤不严重但继续工作不安全。例如，齿轮在工作过程中磨损而不能正常啮合及传递动力；主轴在工作过程中变形而失去精度；弹簧因疲劳或受力过大失去弹性等，均属失效。

一般零件或工模具的失效主要有以下三种基本形式。

1. 过量变形失效

过量变形失效是指零件变形量超过允许范围而造成的失效。过量变形包括过量弹性变形、塑性变形和蠕变等。除了弹簧之类的零件之外，大多数零件必须限制过量弹性变形，要求有足够的刚度。如镗床的镗杆，弹性变形大就不能保证精度。

过量的塑性变形是机械零件失效的重要形式，轻则使机器工作情况变坏，重则使它不能继续运行，甚至破坏。如齿轮的塑性变形会使啮合不良，甚至卡死、断齿。在恒定载荷和高温下，蠕变一般是不可避免的，通常是以金属在一定温度和应力下经过一定时间所引起的变形量来衡量。如高温下工作的螺栓，经过一定时间发生松弛的现象。

2. 断裂失效

断裂失效是指零件完全断裂而无法工作的失效。断裂包括塑性断裂、疲劳断裂、蠕变断裂、低应力脆断以及应力腐蚀断裂等。断裂是金属材料最严重的失效形式，特别是在没有明显塑性变形的情况下突然发生的脆性断裂，往往会造成灾难性事故。

防止零件脆断的方法是准确分析零件所受的应力、应力集中的情况，选择满足强度要求并具有一定塑性和韧性的材料。

  3. 表面损伤失效

  表面损伤失效是指零件在工作中，因机械和化学作用，使其表面损伤而造成的失效。表面损伤包括过量磨损、腐蚀破坏、疲劳麻坑等。如齿轮经长期工作轮齿表面被磨损，而使精度降低的现象，即属表面损伤失效。

（二）失效原因

  引起零件失效的因素很多，主要应从零件的结构设计、材料的选择与使用、加工制造、安装使用、保养等方面来考虑。

  1. 结构设计

  零件的结构设计与失效之间关系密切，如结构形状、尺寸等设计不合理，对零件工作条件（如受力性质和大小、温度及环境）估计不足，安全系数选择过小均可使零件的性能满足不了工作性能要求而失效。

  2. 材料选择

  合理选择材料是零件安全工作的基础，若所选材料质量差，如含有过量的夹杂物、杂质元素及成分不合格等，都容易使零件造成失效。

  3. 加工工艺

  零件在加工和成形过程中，若工艺方法、工艺参数不正确等，则会出现各种冷、热加工缺陷而导致零件早期失效。如各种裂纹缺陷（铸、锻、焊、热处理与切削裂纹等）、组织不均匀缺陷（粗大组织、带状组织等）、表面质量缺陷（刀痕等）与有害残余应力分布等。

  4. 安装使用

  零件在装配和安装过程中，不符合技术要求，使用中不按工艺规程操作和维修，保养不善等，均可导致零件在使用中失效。

  应该说明的是：零件失效的原因可能是单一的，也有可能是多种因素共同作用的结果，但每一失效事件均应有导致失效的主要原因，据此可提出防止失效的主要措施。尽管机械零件失效的原因涉及零件的结构设计、材料的选用、加工制造、装配、使用维护等各个方面，而合理选用材料是从材料应用上去防止或延缓失效的发生。

（三）选材的原则

  随着科学技术的发展，对机械设计中的选材方面的要求越来越高，目前选材工作已由过去的经验化向科学化和定量化发展。选材的一般原则首先是在满足使用性能的前提下，再考虑工艺性能和经济性；并根据我国资源情况，优先选择国产材料。

  1. 使用性原则

  使用性原则是指所选用的材料制成零件后在正常工作情况下所应具备的性能要求，它是保证零件的设计功能实现、安全耐用的必要条件，是选材的最主要原则。材料的使用性能包括力学性能、物理和化学性能等。

  不同用途的零件要求的使用性能是不同的，对结构零件而言，其使用性能要求是以力性能为主，物理性能和化学性能要求为辅；对功能元件而言，其使用性能则以各种功能特性为主，以力学性能、化学性能为辅。因此选材时首要任务是准确判断零件所要求的某个（或某几个）使用性能，然后进行具体的选材工作。

  如汽轮机叶片，不仅要求具有高温的强度、韧性等力学性能，而且还要求耐热、耐蚀、减振等特殊性能，一般选用马氏体不锈钢（如 2Cr13）或马氏体耐热钢（如 15Cr12WMoV）制造；当其工作温度较高时，应选耐热、耐蚀性能更好的奥氏体耐热钢（如 1Cr17Ni13W）甚至耐热合金制造（如铁基耐热合金 Fe-Cr14Ni40MoWTiAl，镍基耐热合金 Ni80Cr20）。再如某些重要仪表弹簧，既要求弹性性能，又要求抗磁性和耐蚀性，此时便不应选择普通弹簧钢（如 65Mn、60Si2Mn），而应选择铍青铜制造（如 QBe2）。

2. 工艺性原则

工艺性原则是指所选用的材料经济地适应各种加工工艺而获得规定的使用性能和外形的能力。材料工艺性的好坏，对零件加工的难易程度、生产率、生产成本等都有很大影响。因此在满足使用性原则的前提下，必须兼顾材料的工艺性。

金属材料能适应的加工工艺方法最多，且工艺性能良好，这也是金属材料广泛应用的原因之一。金属材料按加工方法不同，有以下几种。

(1) 铸造性能　常用流动性、收缩性等指标来综合评定。不同金属材料铸造性能不同，如铸铁的铸造性能优于铸钢；在铸铁中，灰铸铁的铸造性能最好；而铸造铝合金与铸造铜合金的铸造性能优于铸铁和铸钢。

(2) 锻压性能　常用塑性和变形抗力来综合评定。塑性好，变形抗力小，则金属材料容易成形，且加工质量好，不易产生缺陷。一般碳钢比合金钢的锻压性能好；低碳钢比高碳钢的锻压性能好。

(3) 焊接性能　常用碳当量来评定。当金属材料的碳当量小于 0.4% 时，焊缝质量好，且焊接工艺简便，不易产生裂纹、气孔等缺陷。低碳钢与低合金钢的焊接性良好，钢中碳与合金元素的含量越高，焊接性能越差。

(4) 切削加工性能　常用允许的最高切削速度、切削力大小、加工表面的粗糙度、断屑的难易程度和刀具磨损来综合评定。一般金属材料的硬度在 170～230HBS 范围内，切削加工性好。

(5) 热处理性能　对于可热处理强化的金属材料常用淬透性、淬硬性、变形开裂倾向、回火稳定性和氧化脱碳倾向来综合评定。一般低碳钢的淬透性差，加热时易过热，淬火时易变形开裂，而合金钢的淬透性优于碳钢。

应指出的是，在大多数情况下，工艺性原则是一个辅助原则，处于次要的从属地位。但在某些情况下，如大批量生产、使用性能要求不高、工艺方法高度自动化等条件下，工艺性原则将成为决定因素，处于主导地位。如受力不大但用量极大的普通标准紧固件（螺栓、螺钉、螺母等），采用自动机床大量生产，此时应选用易切削钢制造，再如发动机箱体，其使用性能要求不高，很多金属材料均能满足要求，但因其内腔结构形状复杂，宜用铸件，故应采用铸造工艺性能良好的材料制造，如铸铁或铸造铝合金。

3. 经济性原则

经济性原则是指所选用材料加工成零件后应能做到价格便宜、成本低廉和最佳的技术经济效益。质优、价廉、寿命高，是保证产品具有竞争力的重要条件，这就要求工程师正确处理产品的技术性与经济性（或者说功能与成本）两者间的关系。在选择材料和制定相应的加工工艺时，应考虑选材的经济性原则，这对适应经济全球化的形势，对量大面广的民用产品的开发与应用，显得尤为重要。

(四) 典型零件的选材实例分析

金属材料具有极优良的综合力学性能和某些物理、化学性能，因此广泛用于制造各种重要的机械零件和工程结构，目前仍是机械工程中最主要的结构材料。从应用情况来看，机械零件的用材主要是钢铁材料。下面介绍两种典型钢制零件的选材实例。

1. 齿轮类零件的选材

(1) 齿轮的工作条件、失效形式及性能要求　齿轮是应用极广的重要机械零件，其主要作用有传递扭矩，改变运动速度或方向。不同种类的齿轮，其工作条件、失效形式和性能要求有所差异，但也有如下的共同特点。

① 工作条件　齿轮工作时通过齿面的接触传递动力，在啮合表面承受既有滚动又有滑

动的接触压应力与强烈摩擦；齿轮传递动力时，其轮齿类似一根受力的悬臂梁，接触作用力在齿根处产生很大的力矩，使齿根部承受较高的弯曲应力；换挡、启动或啮合不均匀时，将承受冲击载荷作用，也可能因短时超载而发生断裂。

② 失效形式 根据齿轮工作条件、失效形式及性能要求的工作条件，在通常情况下其主要失效形式是轮齿折断（疲劳断裂、冲击过载断裂）、齿面损伤（齿面磨损、齿面疲劳剥落）和过量塑性变形。

③ 主要性能要求 根据齿轮的工作条件和主要失效形式分析，对齿轮材料提出的主要性能如下。

a. 齿轮材料应有足够高的接触疲劳强度和硬度，使齿面在受到接触应力后不致发生齿面损伤。

b. 齿轮材料应具有高的弯曲疲劳强度，特别是齿根处要有足够的强度，使运行时所产生的弯曲应力不致造成疲劳断裂。

c. 齿轮材料的齿心部应具有足够的强度和韧性，以防冲击过载断裂。

(2) 常用齿轮材料及热处理 常用齿轮材料主要有以下几种。

① 锻钢 锻钢是齿轮的主要材料，通常重要用途的齿轮大多采用锻钢制造。对于低、中速和受力不大的中、小型传动齿轮，常采用的钢有 Q275、40、40Cr、45、40MnB 等调质钢。这些钢制成的齿轮，经调质或正火处理后再精加工，然后进行表面淬火、低温回火。热处理后这类齿轮的心部韧性较好，但表面硬度、心部强度不高，故不能承受大的冲击力；对于高速、耐强烈冲击的重载齿轮，常采用的钢有 20、20Cr、20CrMnTi、20MnVB、18Cr2Ni4W 等渗碳钢。

这些钢制成的齿轮，经渗碳、淬火与低温回处理后，齿面具有很高的硬度和耐磨性，心部具有足够的韧性和强度，其齿面接触疲劳强度，齿根抗弯强度和心部抗冲击能力均比表面淬火的齿轮高。

② 铸钢 铸钢齿轮的力学性能比锻钢差，故较少使用。但对某些尺寸较大（$\phi > 400 \sim 600$mm）、形状复杂的齿轮，可采用铸钢制造。常用铸钢牌号有 ZG270-500、ZG310-570、ZG40Cr 等。铸钢齿轮在机械加工前应进行正火处理，以消除铸造应力、晶粒粗大等缺陷，改善切削加工性能；机械加工后一般进行表面淬火和低温回火处理，但对性能要求不高、转速较低速的铸钢齿轮，也可在调质状态、甚至正火状态下使用。

③ 铸铁 灰铸铁齿轮具有优良的减摩性、减振性，工艺性能好且成本低，其主要缺点是强韧性差。故多用于制造一些低速、轻载、不受冲击的非重要齿轮，常采用铸铁牌号有 HT200、HT250、HT350 等。铸铁齿轮一般在铸造后进行去应力退火、正火或机械加工后表面淬火。灰铸铁齿轮多用于开式传动。近年来在闭式传动中，由于球墨铸铁的强韧较好，故采用 QT600-3、QT500-7 代替部分铸钢制造齿轮的趋势越来越大。

④ 有色金属 在仪器仪表及某些腐蚀性介质中工作的轻载齿轮，常采用耐蚀、耐磨的有色金属材料制造，其中最主要的是铜合金，如黄铜（H62）、铝青铜（QA19-4）、硅青铜（QSi3-1）等。

⑤ 非金属材料 非金属材料中的尼龙、ABS、聚甲醛等，具有减摩耐磨（尤其是在无润滑或润滑不良的条件下）、耐蚀、质量轻、噪声小、生产率高等优点，故适合于制造轻载、低速、无润滑条件下工作的小齿轮，如仪表齿轮、玩具齿轮等。

综上所述，对开式传动齿轮，或低速、轻载、不受冲击或冲击较小的齿轮宜选用相对廉价的材料，如铸铁、碳钢等；对闭式传动齿轮，或中高速、中重载、承受一定甚至较大冲击的齿轮，则宜选用相对较好的材料，如优质碳素结构钢或合金结构钢，还必须进行表面强化处理；在齿轮副选材时，为使两齿轮寿命相近并防止咬合现象，大、小齿轮宜选不同的材料，且两者硬度要求也应有所差异。通常小齿轮应选相对好的材料,其硬度要求也较高一些。

(3) 齿轮选材的具体实例

① 机床齿轮的选材 一般来说,机床齿轮运行平稳无强烈冲击、承受的载荷不大、转速中等,其工作条件和矿山机械、动力机械中的齿轮相比,运动较平稳、承受载荷较小,属于工作条件好的齿轮。对表面耐磨性和心部韧性要求不太高的齿轮,如床头箱齿轮、溜板箱齿轮等,通常选用40、45钢制造,经正火或调质处理后再进行表面淬火、低温回火,其齿面硬度可达50HRC,齿心硬度为220～250HBS,完全可满足性能要求;对部分性能要求较高的齿轮,如铣床工作台变速箱齿轮等,也可选用40Cr、40MnB、40MnVB等中碳合金钢制造,经热处理后其齿面硬度可提高到55HRC左右,心部强韧性也有所改善;对少数高速、高精度、重载齿轮,如精密机床主轴的传动齿轮,高速箱的高速齿轮等,还可选用20Cr、20CrMnTi、20Mn2B等低碳合金钢,进行渗碳、淬火及低温回火处理。

对中碳钢或中碳合金结构钢齿轮常采用的加工工艺路线为:

下料→锻造→正火→机械粗加工→调质→机械精加工→感应加热表面淬火及低温回火(或渗氮)、精磨。

② 汽车、拖拉机齿轮的选材 汽车、拖拉机等动力车辆的齿轮主要分装在变速箱和差速器中。在变速箱中,通过它来改变发动机、曲轴和主轴齿轮的转速;在差速器中,通过齿轮来增加扭转力矩,且调节左右两车轮的转速,并将发动机动力传给主动轮,推动汽车、拖拉机运行,所以汽车、拖拉机齿轮的传递功率、冲击力及摩擦力都很大,工作条件比机床齿轮恶劣繁重得多。因此,耐磨性、疲劳性能、心部强度和韧性等方面的要求均比机床齿轮高。通常选用合金渗碳钢(20Cr、20MnVB、20CrMnTi、20CrMnMo)制造,经渗碳、淬火及低温回火处理后使用,其齿面硬度可达58～62HRC,心部硬度30～45HRC,可满足性能要求。

图3-3-19是解放牌载重汽车变速箱一级齿轮。该齿轮担负将发动机动力传递到后轮及倒车的作用,它工作时承载、磨损、冲击均较大。因此要求齿轮表面有较高的耐磨性与疲劳强度;心部则要求较高的强度与韧性。根据计算与试验,心部要求强度 $\sigma_b > 1000$ MPa,$A_k > 48$ J。为满足上述要求,可选用渗碳钢。在渗碳钢中,15、20Cr钢的淬透性较低,心部强度达不到要求;而20CrMnTi钢的淬透性较好,经渗碳、淬火与低温回火处理后,心部强度 σ_b 达1100MPa,$A_k > 48$ J,其热处理工艺性也好,不易过热,可直接淬火,变形小,锻压性能良好,锻后的正火硬度为180～207HBS,切削加工性能也较好。

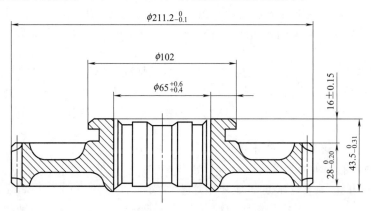

图 3-3-19 解放牌汽车变速箱一级齿轮

渗碳的技术条件为:表层 $w_C = 0.8\% \sim 1.05\%$,渗碳层深度0.8～1.3mm,齿面硬度为56～62HRC,心部硬度为38～45HRC。该齿轮的加工工艺路线为:

下料→锻造→正火→机械粗加工→半精加工→渗碳→淬火及低温回火→喷丸→校正花键

孔→甬（或磨）齿中。

在加工工艺路线中，正火的目的是为了均匀和细化晶粒，消除锻造应力，改善切削加工性能。渗碳、淬火及低温回火是使齿面具有高的硬度（56～62HRC）和耐磨性，心部硬度可达 35～45HRC，并有足够的强度和韧性。喷丸处理可增大渗碳层的压应力，提高疲劳强度，并可清除氧化皮。

2. 轴类零件的选材

（1）轴的工作条件、失效形式及性能要求　轴是最基本且重要的机械零件之一，如机床的主轴与丝杠、发动机曲轴、汽车后桥半轴、汽轮机转子轴及仪器仪表的轴等。其主要作用是支承传动零件并传递运动和动力。轴类零件工作时主要承受弯曲应力、扭转应力或拉压应力，有相对运动的表面其摩擦和磨损较大，多数轴还承受一定的冲击力，若刚度不足会产生弯曲和扭曲变形，由此可见轴的受力情况相当复杂。轴类零件的失效形式主要有疲劳断裂、过量变形和过度磨损等。

① 工作条件　轴类零件承受交变的弯曲应力、扭转应力或拉压应力；轴与轴上相对运动表面（如轴颈、花键部位）发生摩擦；因机器开、停及瞬时过载等，多数轴还要承受一定的冲击力。

② 失效形式　轴的主要失效形式有：断裂，这是轴的最主要失效形式，其中以疲劳断裂为多数、冲击过载断裂为少数；磨损，轴的相对运动表面因摩擦而过度磨损；过量变形，在极少数情况下会发生因强度不足的过量塑性变形失效和刚度不足的过量弹性变形失效。

③ 性能要求　根据对轴类零件的工作条件与失效形式分析，轴类零件材料应具备以下性能要求：高的疲劳极限；优良的综合力学性能，即强度、塑性、韧性的合理配合；对应力集中敏感性小，淬透性较好，淬火变形小；良好的切削加工性能等。

（2）常用轴类零件的材料　轴类零件（尤其是重要的轴）几乎都选用金属材料，其中钢铁材料最为常见。根据轴的种类、工作条件、精度要求及轴的类型等不同，可选择的轴类材料主要有以下几种。

① 锻钢　锻造成形的优质中碳钢或中碳合金调质钢是轴类材料的主体，如 35、40、45、50（其中以 45 钢最常见）等，碳钢具有较高的综合力学性能且价格低廉，故应用广泛。对受力不大或不重要的轴，为进一步降低成本，也可采用 Q235、Q255、Q275 普通碳素结构钢制造；对受力较大、尺寸较大、形状复杂的重要轴，可选综合力学性能更好的合金调质钢来制造，如 40Cr、40MnVB 等，对其中精度要求极高的轴要采用专用氮化钢（如 38CrMoAlA）制造。中碳钢轴的热处理特点一般采用正火或调质，以保证轴的综合力学性能（强韧性），然后对易磨损的相对运动部位进行表面强化处理（表面淬火、渗氮或表面滚压、形变强化等）。

考虑到轴的具体工作条件和性能要求不同，少数情况下轴还可选用低碳钢或高碳钢来制造。如当轴受到强烈冲击载荷作用时，宜用低碳钢（如 20Cr、20CrMnTi）渗碳制造；而当轴所受冲击作用较小而相对运动部位要求更高的耐磨性时，则宜用高碳钢制造（如 GCr15、9Mn2V 等）。

② 铸钢　对形状极复杂、尺寸较大的轴，可采用铸钢来制造，如 ZG230-450。应该注意的是，铸钢轴比锻钢轴的综合力学性能（主要是韧性）要低一些。

③ 铸铁　近几十年来越来越多地采用球墨铸铁（如 QT 700-2）和高强度灰铸铁（如 HT350、KTZ550-06 等）来代替钢作为轴（尤其是曲轴）的材料。与钢轴相比，铸铁轴的刚度和耐磨性不低，且具有缺口敏感性低、减振减摩、切削加工性好及生产成本低等优点，选材时应值得重视。

（3）机床主轴的选材实例　图 3-3-20 所示为 C6132 卧式车床的主轴，该主轴工作时受弯曲和扭转应力的作用，但承受的应力和冲击力不大，转速不高且运转较平稳，工作条件较好。轴的锥孔、外圆锥面，工作时与顶尖、卡盘有相对摩擦；花键部位与齿轮有相对滑动，故要求这些部位应有较高的硬度和耐磨性。该主轴在滚动轴承中运转，轴颈处硬度要求220～250HBS。

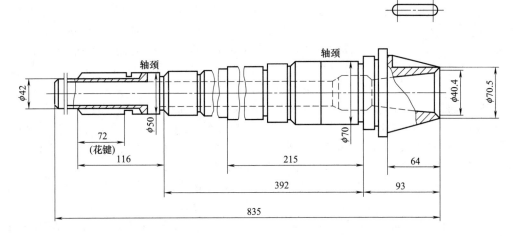

图 3-3-20 C6132 卧式车床主轴简图

根据以上工作条件分析，机床主轴选用 45 钢制造，整体调质，硬度为 220～250HBS；锥孔、外圆锥面局部淬火，硬度为 45～50HRC；花键部位高频感应加热表面淬火，硬度 48～53HRC。45 钢虽属淬透性较差的钢种，但由于主轴工作时最大应力分布在表层，同时主轴在设计时，往往因刚度与结构的需要已加大轴颈，提高了安全系数，且轴的形状较简单，在调质淬火时一般不会有开裂的危险，因此不必选择合金调质钢。C6132 车床主轴的加工工艺路线为：

下料→锻造→正火→机械粗加工→调质→半精加工（花键除外）→局部淬火→低温回火（锥孔、外圆锥面）→粗磨（外圆、外圆锥面、锥孔）→铣花键→花键处高频感应加热表面淬火→低温回火→精磨（外圆、外圆锥面、锥孔）。

模块四　齿轮的受力分析

一、齿轮的失效形式

齿轮的失效主要是轮齿的失效。常见的主要形式有以下 5 种。

（一）轮齿折断

齿轮工作时，若轮齿危险剖面的应力超过材料所允许的极限值，轮齿将发生折断。

轮齿的折断有两种情况，一种是因短时意外的严重过载或受到冲击载荷时突然折断，称为过载折断；另一种是由于循环变化的弯曲应力的反复作用而引起的折断，称为疲劳折断。轮齿折断一般发生在轮齿根部（图 3-4-1）。

防止轮齿折断的措施较多，通常有：采用合适的材料和热处理方法；提高齿轮的加工和安装精度；提高轴的刚度；选择合适的模数；适当增大齿根的圆角

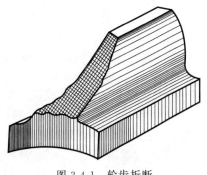

图 3-4-1　轮齿折断

半径；采用变位齿轮等。

（二）齿面点蚀

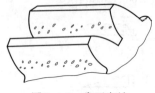

图 3-4-2　齿面点蚀

在润滑良好的闭式齿轮传动中，当齿轮工作一定时间后，在轮齿工作表面上会产生一些细小的凹坑，称为点蚀（图 3-4-2）。点蚀主要是由于轮齿啮合时，齿面的接触应力按脉动循环变化，在这种脉动循环变化接触应力的多次重复作用下，金属材料出现疲劳时在轮齿表面层会产生疲劳裂纹，裂纹的扩展使金属微粒剥落下来而形成疲劳点蚀。通常疲劳点蚀首先发生在节线附近的齿根表面处。点蚀使齿面有效承载面积减小，点蚀的扩展将会严重损坏齿廓表面，引起冲击和噪声，造成传动的不平稳。齿面抗点蚀能力主要与齿面硬度有关，齿面硬度越高，抗点蚀能力越强。点蚀是闭式软齿面（HBS≤350）齿轮传动的主要失效形式。

而对于开式齿轮传动，由于齿面磨损速度较快，即使轮齿表层产生疲劳裂纹，但还未扩展到金属剥落时，表面层就已被磨掉，因而一般看不到点蚀现象。

提高齿面硬度、降低齿面的粗糙度、选择合适的润滑油，是提高齿面抗点蚀能力的主要措施。

（三）齿面胶合

在高速重载传动中，由于齿面啮合区的压力很大，润滑油膜因温度升高容易破裂，造成齿面金属直接接触，其接触区产生瞬时高温，致使两轮齿表面焊粘在一起，当两齿面相对运动时，较软的齿面金属被撕下，在轮齿工作表面形成与滑动方向一致的沟痕（图 3-4-3），这种现象称为齿面胶合。

提高齿面硬度或降低齿面的粗糙度，都能增加抗胶合能力。此外，低速传动时采用黏度较大的润滑油，高速传动时采用有抗胶合添加剂的润滑油，对提高齿面抗胶合能力也很有效。

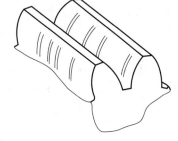

图 3-4-3　齿面胶合

（四）齿面磨损

互相啮合的两齿廓表面间有相对滑动，在载荷作用下会引起齿面的磨损。尤其在开式传动中，由于灰尘、砂粒等硬颗粒容易进入齿面间而发生磨损。齿面严重磨损后，轮齿将失去正确的齿形，会导致严重噪声和振动，影响轮齿正常工作，最终使传动失效。

在开式传动中，齿面磨损是轮齿失效的主要形式，难于避免。采用闭式传动，减小齿面粗糙度值和保持良好的润滑可以减少齿面磨损。

（五）齿面塑性变形

在重载的条件下，较软的齿面上表层金属可能沿滑动方向滑移，出现局部金属流动现象，使齿面产生塑性变形，齿廓失去正确的齿形。在启动和过载频繁的传动中较易产生这种失效形式。

防止塑性变形的措施有：选择黏度较大的润滑油，提高齿面硬度，避免频繁启动或过载。

二、齿轮材料

对齿轮材料的要求：轮齿必须具有一定的抗弯强度；齿面有足够的硬度和耐磨性；轮齿芯部有较强韧性，以承受冲击载荷和变载荷，容易加工，热处理变形小。常用的齿轮材料是各种牌号的优质碳素钢、合金结构钢、铸钢和铸铁等，一般多采用锻件或轧制钢材。当齿轮直径在 400～600mm 范围内时，可采用铸钢；低速齿轮可采用灰铸铁。表 3-4-1 列出了常用齿轮材料及其热处理后的硬度。

表 3-4-1 常用的齿轮材料和热处理方法

材料	力学性能/MPa		热处理方法	硬度	
	σ_b	σ_s		HBS	HRC
45	580	290	正火	160~217	
	640	350	调质	217~255	
			表面淬火		40~50
40Cr	700	500	调质	240~286	
			表面淬火		48~55
35SiMn	750	450	调质	217~269	
42SiMn	785	510	调质	229~286	
20Cr	637	392	渗碳、淬火、回火		56~62
20CrMnTi	1100	850	渗碳、淬火、回火		56~62
40MnB	735	490	调质	241~286	
ZG45	569	314	正火	163~197	
ZG35SiMn	569	343	正火、回火	163~217	
	637	412	调质	197~248	
HT200	200			170~230	
HT300	300			187~255	
QT500-5	500			147~241	
QT600-2	600			229~302	

经热处理后齿面硬度 HBS≤350 的齿轮称为软齿面齿轮，多用于中、低速机械。当大小齿轮都是软齿面时，考虑到小齿轮齿根较薄，弯曲强度较低，且受载次数较多，因此应使小齿轮齿面硬度比大齿轮高 20~50HBS。

齿面硬度 HBS＞350 的齿轮称为硬齿面齿轮，其最终热处理在轮齿精切后进行。因热处理后轮齿会产生变形，故对于精度要求高的齿轮，需进行磨齿。当大小齿轮都是硬齿面时，小齿轮的硬度应略高，也可和大齿轮相等。

三、圆柱齿轮的结构与精度

（一）齿轮结构

齿轮强度计算和几何尺寸计算，主要是确定齿轮的模数、分度圆直径、齿顶圆直径、齿根圆直径、齿宽等；而轮缘、轮辐和轮毂等结构尺寸和结构形式，则需通过结构设计来确定。齿轮的结构有锻造、铸造、装配式及焊接齿轮等结构形式，具体的结构应根据工艺要求及经验公式确定。圆柱齿轮的结构形式与齿轮的大小、材料、毛坯类型、制造方法和生产批量有关。圆柱齿轮的结构形式有以下几种。

1. 齿轮轴

当齿顶圆直径与轴径接近时，应将齿轮与轴做成一体，称为齿轮轴（图 3-4-4）。

2. 实心齿轮

当齿顶圆直径 150mm≤d_a≤200mm 时，可以采用轧制圆钢或锻钢制成实心结构的齿轮（图 3-4-5）。

3. 腹板式齿轮

当齿顶圆直径 200mm＜d_a≤500mm 时，常用锻钢制成腹板式结构（图 3-4-6）。

4. 轮辐式齿轮

当 d_a＞500mm 时，由于锻造加工困难，常用铸钢或铸铁制成轮辐式结构（图 3-4-7）。

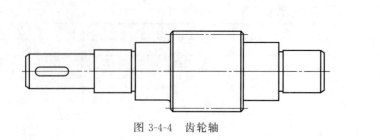

图 3-4-4 齿轮轴

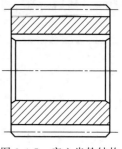

图 3-4-5 实心齿轮结构

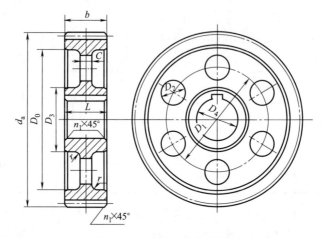

图 3-4-6 腹板式齿轮结构

$d_a \leqslant 500 \text{mm}$,$D_1 = 0.5(D_3 + D_0)$,$D_2 = (0.25 \sim 0.35)(D_0 - D_3)$,$D_0 \approx d_a - 10 m_n$,$D_3 = 1.6 D_4$,$C = (0.2 \sim 0.3) b$,$L = (1.2 \sim 1.5) D_4 \geqslant b$,$n = 0.5 m_n$

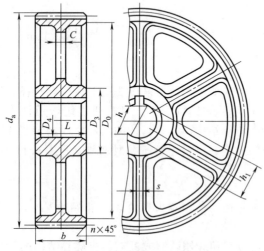

图 3-4-7 轮辐式齿轮结构

$d_a = 400 \sim 1000 \text{mm}$,$D_3 = (1.6 \sim 1.8) D_4$,

$D_0 = \left(\dfrac{2i}{i+1} - 0.14\right) a$,

$h = 0.8 D_3$;$h_1 = 0.8 h$;$C = 0.2 h$;$n = 0.5 m_n$;

$s = h/6$(不小于 10mm),$L = (1.2 \sim 1.5) D_4 \geqslant b$

（二）齿轮精度

引起误差的原因：轮坯、刀具在机床上的安装误差、机床和刀具的制造误差以及加工时所引起的振动等原因。

1. 影响

加工误差、精度低，影响齿轮的传动质量和承载能力；如果精度要求过高，将给加工带来困难，提高制造成本。

2. 精度等级

1～12 级，1 级精度最高，12 级最低。

3. 选择

根据传动的使用条件、传递的功率、圆周速度及其他经济、技术要求决定，在一般传动中可以选择 6～9 级，用得最多的是 7、8 级，见表 3-4-2。

4. 精度等级组成

运动准确性、传动平稳性和载荷分布均匀性。

表 3-4-2 齿轮传动常用精度等级及其应用

精度等级	圆周速度 v/(m/s)			应用举例
	直齿圆柱	斜齿圆柱	直齿圆锥齿轮	
6	≤15	≤30	≤9	要求运转精确或在高速重载下工作的齿轮传动；精密仪器和飞机、汽车、机床中重要齿轮
7	≤10	≤20	≤6	一般机械中的重要齿轮；标准系列减速器齿轮；飞机、汽车和机床中的齿轮
8	≤5	≤9	≤3	一般机械中的重要齿轮；飞机、汽车和机床中的不重要齿轮；纺织机械中的齿轮；农业机械中的重要齿轮
9	≤3	≤6	≤2.5	工作要求不高的齿轮；农业机械中的齿轮

5. 分三个公差组

第Ⅰ公差组、第Ⅱ公差组、第Ⅲ公差组。三个公差组可以选同一等级，也可以选不同等级，但第Ⅲ公差组一般不低于第Ⅱ公差组。

6. 齿轮传动的侧隙

侧隙是一对齿轮在啮合传动中，工作齿廓相互接触时，在两基圆圆柱的公切面上，两个非工作齿廓间的最小距离。规定侧隙可避免因制造、安装误差以及热膨胀或承载变形等原因而导致齿轮卡住。合理侧隙可通过齿厚极限偏差和中心距极限偏差来保证。

7. 齿厚偏差

C、D、E、F、G、H、J、K、L、M、N、P、R、S 共 14 种，每种代号所规定的齿厚偏差值均是 f_{PT}（齿距极限偏差）的数倍。如图 3-4-8 所示。

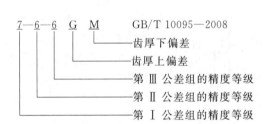

图 3-4-8 齿厚偏差的表示方法

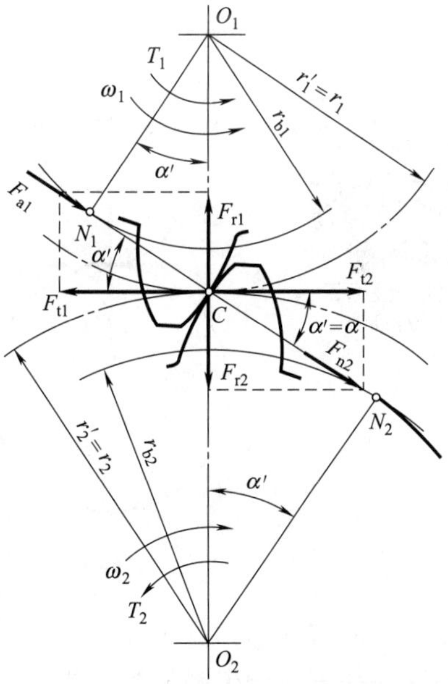

图 3-4-9 直齿圆柱齿轮传动的作用力

四、渐开线直齿圆柱齿轮的传动设计

（一）轮齿的受力分析

为了计算轮齿的强度以及设计轴和轴承装置等，需确定作用在轮齿上的力。

图 3-4-9 所示为一对直齿圆柱齿轮啮合传动时的受力情况。若忽略齿面间的摩擦力，则轮齿之间的总作用力 F_n 将沿着轮齿啮合点的公法线 N_1N_2 方向，故也称法向力。法向力 F_n

可分解为两个分力：圆周力 F_t 和径向力 F_r。

$$\begin{cases} 圆周力 \quad F_t = \dfrac{2T_1}{d_1}(\text{N}) \\ 径向力 \quad F_r = F_t \tan\alpha (\text{N}) \\ 法向力 \quad F_n = \dfrac{F_t}{\cos\alpha}(\text{N}) \end{cases} \quad (3\text{-}4\text{-}1)$$

式中，T_1 为小齿轮上的转矩，$T_1 = 9.55 \times 10^6 P_1/n_1$，N·mm；$P_1$ 为小齿轮传递的功率，kW；d_1 为小齿轮的分度圆直径，mm；α 为分度圆压力角，度。

圆周力 F_t 的方向，在主动轮上与圆周速度方向相反，在从动轮上与圆周速度方向相同。径向力 F_r 的方向对两轮都是由作用点指向轮心。

从动轮与主动轮各力大小的关系：

$$\begin{cases} F_{r1} = -F_{r2} \\ F_{t1} = -F_{t2} \\ F_{n1} = -F_{n2} \end{cases} \quad (3\text{-}4\text{-}2)$$

从动轮与主动轮各力方向的关系：

$$\begin{cases} 圆周力 \ F_t \begin{cases} F_{t1} 与 \omega_1 \text{ 反向（阻力）} \\ F_{t2} 与 \omega_2 \text{ 同向（动力）} \end{cases} \\ 径向力 \ F_r：外齿轮指向各自轮心 \end{cases}$$

齿轮的受力分析如图 3-4-10 所示。

直齿圆柱齿轮受力分析

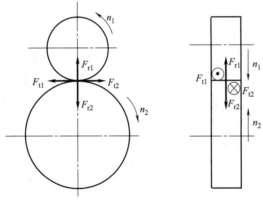

图 3-4-10 轮齿的受力分析

（二）计算载荷

上述受力分析是在载荷沿齿宽均匀分布的理想条件下进行的。但实际运转时，由于齿轮、轴、支承等存在制造、安装误差，以及受载时产生变形等，使载荷沿齿宽不是均匀分布，造成载荷局部集中。轴和轴承的刚度越小、齿宽 b 越宽，载荷集中越严重。此外，由于各种原动机和工作机的特性不同（例如机械的启动和制动、工作机构速度的突然变化和过载等），导致在齿轮传动中还将引起附加动载荷。因此在齿轮强度计算时，通常用计算载荷 F_nK 代替名义载荷 F_n。K 为载荷系数，其值由表 3-4-3 查取。

表 3-4-3 载荷系数 K

原动机	工作机特性		
	工作平稳	中等冲击	较大冲击
电动机	1~1.2	1.2~1.5	1.5~1.8
多缸内燃机	1.2~1.5	1.5~1.8	1.8~2.1
单缸内燃机	1.6~1.8	1.8~2.0	2.1~2.4

注：斜齿圆柱齿轮、圆周速度低、精度高、齿宽系数小时取小值；直齿圆柱齿轮、圆周速度高、精度低、齿宽系数大时取大值。齿轮在两轴承之间对称布置时取小值，不对称布置及悬臂布置时取较大值。

(三) 齿根弯曲疲劳强度计算

为了防止齿轮在工作时发生轮齿折断,应限制在轮齿根部的弯曲应力。

进行轮齿弯曲应力计算时,假定全部载荷由一对轮齿承受且作用于齿顶处,这时齿根所受的弯曲力矩最大计算轮齿弯曲应力时,将轮齿看作宽度为 b 的悬臂梁(图 3-4-11)。

危险截面可用 30°切线法确定,即作与轮齿对称中心线成 30°夹角并与齿根圆相切的斜线,两切点的连线是危险截面位置。设法向力 F_n 移至轮齿中线并分解成相互垂直的两个分力,$F_1 = F_n\cos\alpha$,$F_2 = F_n\sin\alpha$,其中 F_1 使齿根产生弯曲应力,F_2 则产生压缩应力。因压应力数值较小,为简化计算,在计算轮齿弯曲强度时只考虑弯曲应力。危险截面的弯曲应力为

$$\sigma_F = \frac{2KT_1}{b_2 m^2 z_1} Y_F \leqslant [\sigma_F] \quad (3\text{-}4\text{-}3)$$

式中,b_2 为大齿轮齿宽,mm;m 为模数;mm;T_1 为小轮传递转矩,N·mm;K 为载荷系数;z_1 为小齿轮齿数;Y_F 为齿形系数。

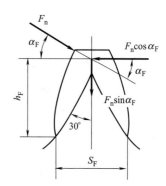

图 3-4-11 受力分析

对标准齿轮,Y_F 只与齿数有关。正常齿制标准齿轮的 Y_F 值,可参考表 3-4-4。

表 3-4-4 齿形系数 Y_F

$z(z_V)$	12	14	16	17	18	19	20	22	25	28	30
Y_F	3.47	3.20	3.02	2.95	2.89	2.86	2.80	2.72	2.63	2.57	2.53
$z(z_V)$	35	40	45	50	60	80	100	150	200	400	∞
Y_F	2.46	2.40	2.36	2.33	2.28	2.23	2.19	2.15	2.13	2.10	2.06

注:z_V 为斜齿轮的当量齿数。

对于 $i \neq 1$ 的齿轮传动,由于 $z_1 \neq z_2$,因此 $Y_{F1} \neq Y_{F2}$,而且两轮的材料和热处理方法、硬度也不相同,则 $[\sigma_F]_1 \neq [\sigma_F]_2$,因此,应分别验算两个齿轮的弯曲强度。

在式(3-4-3)中,令 $b_2 = \psi_d \cdot d_1$,则得轮齿弯曲强度设计方式为:

$$m \geqslant \sqrt[3]{\frac{2KT_1 Y_F}{\psi_d z_1^2 [\sigma_F]}} \quad (\text{mm}) \quad (3\text{-}4\text{-}4)$$

式(3-4-4)中的 $\dfrac{Y_F}{[\sigma_F]}$ 应代入 $\dfrac{Y_{F1}}{[\sigma_F]_1}$ 和 $\dfrac{Y_{F2}}{[\sigma_F]_2}$ 中的较大者,算得的模数圆整为标准值。

许用弯曲应力 $[\sigma_F]$ 按下式计算

$$[\sigma_F] = \frac{\sigma_{F\lim}}{S_{F\min}} \quad (3\text{-}4\text{-}5)$$

式中,$S_{F\min}$ 为轮齿弯曲疲劳最小安全系数,按表 3-4-5 查取;$\sigma_{F\lim}$ 为试验齿轮的齿根弯曲疲劳极限,单位为 MPa,按表 3-4-6 查取。

表 3-4-5 最小安全系数 S_F 和 S_H

安全系数	软齿面	硬齿面	重要的传动、渗碳淬火齿轮或铸造齿轮
S_F	1.3~1.4	1.4~1.6	1.6~2.2
S_H	1.0~1.1	1.1~1.2	1.3

表 3-4-6　齿轮的接触疲劳极限 σ_{Hlim} 和齿根弯曲疲劳极限 σ_{Flim}

材料种类	热处理方法	齿面硬度	σ_{Hlim}/MPa	σ_{Flim}/MPa
碳素钢	正火或调质	HBS=135~300	480+0.93(HBS-135)	190+0.2(HBS-135)
碳素铸钢			420+0.93(HBS-135)	160+0.2(HBS-135)
合金钢	调质	HBS=200~360	615+1.4(HBS-200)	240+0.4(HBS-200)
合金铸铁			535+1.4(HBS-200)	200+0.4(HBS-200)
碳素钢 合金钢	调质钢、氮化	HRC=36~45	890+12.2(HRC-36)	280+4.4(HRC-36)
		HRC=45~56	1000	320
	氮化钢,气体氮化	HRC=54~59	1225+12(HRC-54)	335+7(HRC-54)
		HRC=59~65	1285	370
	表面淬火	HRC=49~58	1142+12(HRC-49)	300+6(HRC-49)
合金钢	渗碳淬火	HRC=56~58	1350+62.5(HRC-56)	335+300(HRC-56)
		HRC=58~67	1475	415
球墨铸铁		HBS=140~300	400+1.4(HBS-140)	160+0.34(HBS-140)
灰铸铁		HBS=140~300	300+1.1(HBS-140)	55+0.23(HBS-140)

注：1. 表中所列 σ_{Flim} 数值为试验齿轮轮齿单侧工作（脉动循环），若轮齿为双侧工作（对称循环）时，所得数值再乘以 0.7。

2. 表面淬火或渗碳淬火的硬齿面齿轮，其齿根圆角经磨削或剃削时，所得的 σ_{Flim} 再乘以 0.75。

3. 正火或调质的软齿面齿轮，其齿根圆角经喷丸、辊压等冷作强化处理时，所得的 σ_{Flim} 再乘以 1.5。

4. 正火或调质的齿轮，若齿面硬度超出表中荐用的范围，表中的计算公式仍有效。

（四）齿面接触疲劳强度计算

为避免齿面发生点蚀，应限制齿面的接触应力。实践证明，点蚀通常首先发生在齿根部分靠近节线处，故取节点处的接触应力为计算依据。对于一对钢制齿轮，标准齿轮压力角 $\alpha=20°$，可得钢制标准齿轮传动的齿面接触强度校核方式：

$$\sigma_H = 671\sqrt{\frac{KT_1}{b_2 d_1^2} \times \frac{i\pm 1}{i}} \leqslant [\sigma_H] \tag{3-4-6}$$

将 $b_2 = \psi_d \cdot d_1$ 代入上式，可得齿面接触强度设计方式

$$d_1 \geqslant \sqrt[3]{\left(\frac{671}{[\sigma_H]}\right)^2 \frac{KT_1}{\psi_d} \times \frac{i\pm 1}{i}} \tag{3-4-7}$$

式中，"+"号用于外啮合，"-"号用于内啮合；σ_H 为齿面接触应力，MPa；$[\sigma_H]$ 为齿轮材料的许用接触应力，MPa；其他参数意义同前面公式所述。

式（3-4-6）仅适用于一对钢制齿轮，若配对齿轮材料为钢对铸铁或铸铁对铸铁，则应将公式中的系数 671 分别改为 585 和 506。

许用接触应力 $[\sigma_H]$ 按下式计算

$$[\sigma_H] = \frac{\sigma_{Hlim}}{S_{Hmin}} \tag{3-4-8}$$

式中，S_{Hmin} 为齿面接触疲劳最小安全系数，其值由表 3-4-5 查出；σ_{Hlim} 为试验齿轮的接触疲劳极限，MPa，其值可由表 3-4-6 查出。

（五）齿轮参数的选择与设计步骤

1. 参数选择

（1）小齿轮齿数 z_1 和模数 m　当齿轮分度圆直径确定后，增加齿数、减小模数，可以增大重合度，提高齿轮传动的平稳性，减小切齿量，节省材料，并使结构紧凑。

对于闭式传动软齿面齿轮，可取 $z_1 = 20\sim 40$，$m=(0.01\sim 0.02)a$。为防止意外断齿，

传力齿轮 m 必须大于 2mm。对于开式传动和硬齿面齿轮，为保证足够的齿根弯曲强度，应适当增大模数，减少齿数，常取 $z_1=17\sim 20$。

(2) 齿宽系数 ψ_d　$\psi_d=b_2/d_1$，增大齿宽系数可减小齿轮的直径和中心距，降低圆周速度。ψ_d 过大时，齿轮过宽，载荷沿齿宽分布不均匀。当齿轮制造精度高、轴和支承的刚度大、齿轮对称布置时，ψ_d 可取较大值，反之取较小值。开式传动通常取 $\psi_d=0.1\sim 0.3$；闭式传动软齿面取 $\psi_d=0.6\sim 1.2$；闭式传动硬齿面 $\psi_d=0.3\sim 0.8$；一般用途的减速器可取 $\psi_d=0.4$。

为了装配方便，保证一对齿轮的啮合强度，通常小齿轮比大齿轮宽 5～10mm，强度计算时仍按 b_2 进行。

2. 传动设计步骤

(1) 选择齿轮材料和热处理方法。

(2) 强度计算：

闭式传动软齿面，通常主要失效形式为齿面点蚀，故先按齿面接触强度设计，求出小齿轮分度圆直径后，再校核齿根弯曲强度。

闭式传动硬齿面，先按齿根弯曲强度设计，求出模数，再校核齿面接触强度。

开式传动或铸铁齿轮，则按弯曲强度设计出齿轮模数，考虑磨损的影响，将模数 m 增大 10%～20%。

(3) 计算齿轮几何尺寸，选择齿轮精度。

(4) 确定齿轮结构尺寸，绘制齿轮工作图。

五、斜齿圆柱齿轮传动

(一) 齿廓形成

由前述可知，当发生线在基圆上作纯滚动时，发生线上任一点的轨迹为该圆的渐开线。而对于具有一定宽度的直齿圆柱齿轮，其齿廓侧面是发生面 S 在基圆柱上作纯滚动时，平面 S 上任一与基圆柱母线 NN 平行的直线 KK 所形成的渐开线曲面，如图 3-4-12 所示，直齿圆柱齿轮啮合时，其接触线是与轴线平行的直线，因而一对齿廓沿齿宽同时进入啮合或退出啮合，容易引起冲击和噪声，传动平稳性差，不适宜用于高速齿轮传动。

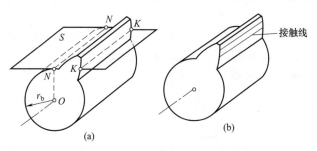 

图 3-4-12　直齿轮齿廓曲面的形成

斜齿圆柱齿轮是发生面在基圆柱上作纯滚动时，平面 S 上直线 KK 不与基圆柱母线 NN 平行，而是与 NN 成一角度 β_b，当 S 平面在基圆柱上作纯滚动时，斜直线 KK 的轨迹形成斜齿轮的齿廓曲面，KK 与基圆柱母线的夹角 β_b 称为基圆柱上的螺旋角。如图 3-4-13 所示，斜齿圆柱齿轮啮合时，其接触线都是平行于斜直线 KK 的直线，因齿高有一定限制，故在两齿廓啮合过程中，接触线长度由零逐渐增长，从某一位置以后又逐渐缩短，直至脱离啮合，即斜齿轮进入和脱离接触都是逐渐进行的，故传动平稳，噪声小，此外，由于斜齿轮的轮齿是倾斜的，同时啮合的轮齿对数比直齿轮多，故重合度比直齿轮大。

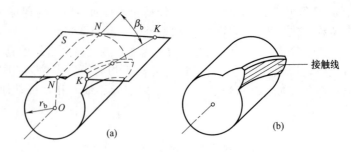

图 3-4-13　斜齿轮齿廓曲面的形成

（二）斜齿圆柱齿轮的几何参数

垂直于斜齿轮轴线的平面称为端面，与分度圆柱螺旋线垂直的平面称为法面，在进行斜齿圆柱齿轮几何尺寸计算时，应当注意端面参数与法面参数之间的关系。

1. 螺旋角

一般用分度圆柱面上的螺旋角 β 表示斜齿圆柱齿轮轮齿的倾斜程度。通常所说斜齿轮的螺旋角是指分度圆柱上的螺旋角。β 越大，重合度越大，承载能力越大，但轴向力越大。斜齿轮的螺旋角一般为 $8°\sim 20°$。

2. 模数和压力角

图 3-4-14 为斜齿圆柱齿轮分度圆柱面的展开图。

从图上可知，端面齿距 p_t 与法面齿距 p_n 的关系为

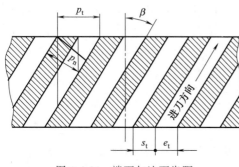

图 3-4-14　端面与法面齿距

$$p_t = \frac{p_n}{\cos\beta} \tag{3-4-9}$$

因 $p=\pi m$，故法面模数 m_n 和端面模数 m_t 之间的关系为

$$m_n = m_t \cos\beta \tag{3-4-10}$$

$$\tan\alpha_n = \tan\alpha_t \cos\beta \tag{3-4-11}$$

用铣刀或滚刀加工斜齿轮时，刀具沿着螺旋齿槽方向进行切削，刀刃位于法面上，故一般规定斜齿圆柱齿轮的法面模数和法面压力角为标准值。

（三）斜齿圆柱齿轮正确啮合条件

一对斜齿圆柱齿轮的正确啮合条件是两轮的法面压力角相等，法面模数相等，两轮螺旋角大小相等而方向相反，即

$$\begin{cases} m_{n1} = m_{n2} = m_n \\ \alpha_{n1} = \alpha_{n2} = \alpha_n \\ \beta_1 = -\beta_2 \end{cases} \tag{3-4-12}$$

（四）斜齿圆柱齿轮的受力分析

如图 3-4-15（a）所示，作用在斜齿圆柱齿轮轮齿上的法向力 F_n 可以分解为三个互相垂直的分力，即圆周力 F_t、径向力 F_r 和轴向力 F_a。由图 3-4-15（b）可得三个分力的计算方式。

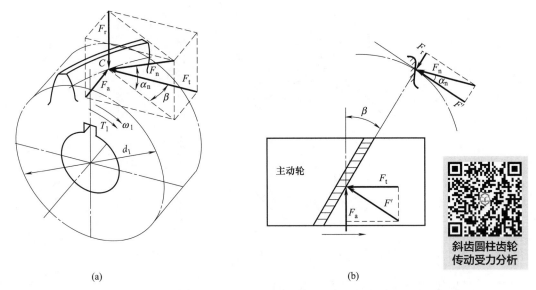

图 3-4-15 斜齿圆柱齿轮传动的作用力

$$\begin{cases} 圆周力 \quad F_t = \dfrac{2T_1}{d_1}(\text{N}) \\ 径向力 \quad F_r = \dfrac{F_t \tan\alpha_n}{\cos\beta}(\text{N}) \\ 轴向力 \quad F_a = F_t \tan\beta (\text{N}) \end{cases} \qquad (3\text{-}4\text{-}13)$$

即：

$$\begin{cases} F_{r1} = -F_{r2}（指向轮心） \\ F_{t1} = -F_{t2}（主反从同） \\ F_{a1} = -F_{a2}（主动轮左右手定则） \end{cases} \qquad (3\text{-}4\text{-}14)$$

圆周力 F_t、径向力 F_r 的方向与直齿圆柱齿轮相同；轴向力 F_a 的方向取决于轮齿螺旋线的方向和齿轮的转动方向。确定主动轮的轴向力方向可利用左、右手定则，例如对于主动右旋齿轮，以右手四指弯曲方向表示它的旋转方向，则大拇指伸直的指向表示它所受轴向力的方向。从动轮上所受各力的方向与主动轮相反，但大小相等。如图 3-4-16 所示。

六、直齿圆锥齿轮传动

圆锥齿轮机构是用来传递空间两相交轴之间运动和动力的一种齿轮机构，其轮齿分布在截圆锥体上，齿形从大端到小端逐渐变小。圆柱齿轮中的有关圆柱均变成了圆锥。

（一）直齿圆锥齿轮传动的特点和应用

1. 特点

圆锥齿轮的轮齿分布在一个圆锥体上。取圆锥齿轮大端的参数为标准值。一对圆锥齿轮两轴线间的夹角Σ称为轴角。其值可根据传动需要任意选取，在一般机械中，多取$\Sigma=90°$。

2. 应用

圆锥齿轮传动是用来传递两相交轴之间的运动和动力的。

直齿圆锥齿轮：由于设计、制造、安装方便，应用最广。

斜齿圆锥齿轮：介于两者之间，传动较平稳，设计较简单。

曲齿圆锥齿轮：传动平稳、承载能力强，用于高速，重载传动。

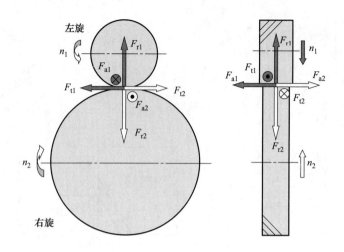

图 3-4-16 轮齿上的受力分析

（二）直齿圆锥齿轮的背锥及当量齿数

1. 齿廓曲面的形成

直齿锥齿轮齿廓曲面的形成与圆柱齿轮类似。如图 3-4-17（a）所示，发生平面 1 与基锥 2 相切并作纯滚动，该平面上过锥顶点 O 的任一直线 OK 的轨迹即为渐开锥面。渐开锥面与以 O 为球心，以锥长 R 为半径的球面的交线 AK 为球面渐开线，它应是锥齿轮的大端齿廓曲线。但球面无法展开成平面，这就给锥齿轮的设计制造带来很多困难。为此产生一种代替球面渐开线的近似方法。为了便于设计和加工，需要用平面曲线来近似球面曲线，如图 3-4-17（b）所示。

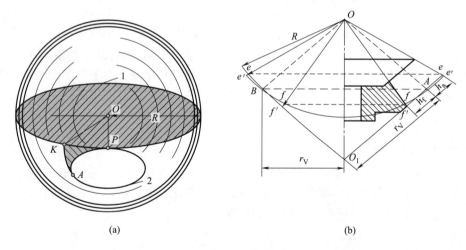

图 3-4-17 直齿锥齿轮齿廓曲面的形成

2. 背锥和当量齿轮

OAB 为分度圆锥，$\widehat{eA}$ 和 $\widehat{fA}$ 为轮齿在球面上的齿顶高和齿根高，过点 A 作直线 $AO_1 \perp AO$，与圆锥齿轮轴线交于点 O_1，设想以 OO_1 为轴线，O_1A 为母线作一圆锥 O_1AB，称为直齿圆锥齿轮的背锥。由图（b）可见 A、B 附近背锥面与球面非常接近。因此，可以用背锥上的齿形近似地代替直齿圆锥齿轮大端球面上的齿形，从而实现了平面近似球面。

将背锥展成扇形齿轮，如图 3-4-18 所示。它的参数等于圆锥齿轮大端的参数，齿数就是圆锥齿轮的实际齿数 z。将扇形齿轮补足，则齿数增加为 z_V。这个补足后的直齿圆柱齿轮称为当量齿轮，齿数称为当量齿数。其中

$$z_V = \frac{z}{\cos\delta} \tag{3-4-15}$$

当量齿数的用途：
（1）仿形法加工直齿圆锥齿轮时，选择铣刀的号码。
（2）计算圆锥齿轮的齿根弯曲疲劳强度时查取齿形系数。
标准直齿圆锥齿轮不发生根切的最少齿数 z_{min} 与当量齿轮不发生根切的最少齿数 z_{Vmin} 的关系：

$$z_{min} = z_{Vmin} \cos\delta \tag{3-4-16}$$

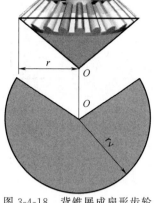

图 3-4-18 背锥展成扇形齿轮

（三）直齿圆锥齿轮传动的参数

（1）模数 m 以锥齿轮大端模数为标准值，按国标选取，见表 3-4-7。

表 3-4-7 锥齿轮模数

…	1	1.125	1.25	1.375	1.5	1.75	2	2.25	2.5	2.75	3
3.25	3.5	3.75	4	4.5	5	5.5	6	6.5	7	8	…

（2）压力角 α $\alpha = 20°$。
（3）齿顶高系数和顶隙系数
正常齿：当 $m < 1$ 时，$h_a^* = 1$，$c^* = 0.25$；
当 $m \geq 1$ 时，$h_a^* = 1$，$c^* = 0.2$。
短齿：$h_a^* = 0.8$，$c^* = 0.3$。
（4）小齿轮和大齿轮的分度圆锥角 分别为 δ_1 和 δ_2。

（四）直齿圆锥齿轮的几何尺寸

标准直齿圆锥齿轮机构的参数和几何尺寸列于表 3-4-8。

表 3-4-8 标准直齿圆锥齿轮机构的几何尺寸计算公式

名称	代号	计算公式	
		小齿轮	大齿轮
分度圆锥角	δ	$\delta_1 = \operatorname{arccot}\dfrac{z_2}{z_1}$	$\delta_2 = 90° - \delta_1$
齿顶高	h_a	$h_{a1} = h_{a2} = h_a^* m$	
齿根高	h_f	$h_{f1} = h_{f2} = (h_a^* + c^*)m$	
分度圆直径	d	$d_1 = mz_1$	$d_2 = mz_2$
齿顶圆直径	d_a	$d_{a1} = d_1 + 2h_a\cos\delta_1$	$d_{a2} = d_2 + 2h_a\cos\delta_2$
齿根圆直径	d_f	$d_{f1} = d_1 - 2h_f\cos\delta_1$	$d_{f2} = d_2 - 2h_f\cos\delta_2$
锥距	R	$R = \dfrac{mz}{2\sin\delta} = \dfrac{m}{2}\sqrt{z_1^2 + z_2^2}$	
齿顶角	θ_a	（收缩顶隙传动）$\tan\theta_{a2} = \tan\theta_{a1} = h_a/R$	
齿根角	θ_f	$\tan\theta_{f1} = \tan\theta_{f2} = h_f/R$	
分度圆齿厚	s	$s = \dfrac{\pi m}{2}$	

续表

名称	代号	计算公式 小齿轮	计算公式 大齿轮
顶隙	c	$c=c^* m$	
当量齿数	z_V	$z_{V1}=z_1/\cos\delta_1$	$z_{V2}=z_2/\cos\delta_2$
顶锥角	δ_a	收缩顶隙传动 $\delta_{a1}=\delta_1+\theta_{a1}$	$\delta_{a2}=\delta_2+\theta_{a2}$
	δ_a	等顶隙传动 $\delta_{a1}=\delta_1+\theta_{f1}$	$\delta_{a2}=\delta_2+\theta_{f2}$
根锥角	δ_f	$\delta_{f1}=\delta_1-\theta_{f1}$	$\delta_{f2}=\delta_2-\theta_{f2}$
当量齿轮分度圆半径	r_V	$r_{V1}=\dfrac{d_1}{2\cos\delta_1}$	$r_{V2}=\dfrac{d_2}{2\cos\delta_2}$
当量齿轮齿顶圆半径	r_{Va}	$r_{Va1}=r_{V1}+h_{a1}$	$r_{Va2}=r_{V2}+h_{a2}$
当量齿轮齿顶压力角	r_{Va}	$r_{Va1}=\arccos\left[\dfrac{r_{V1}\cos\alpha}{r_{Va1}}\right]$	$r_{Va2}=\arccos\left[\dfrac{r_{V2}\cos\alpha}{r_{Va2}}\right]$
重合度	ε_a	$\varepsilon_a=\dfrac{1}{2\pi}[z_{V1}(\tan\alpha_{Va1}-\tan\alpha)+z_{V2}(\tan\alpha_{Va2}-\tan\alpha)]$	
齿宽	b	$b\leqslant\dfrac{R}{3}$ (取整数)	

(五) 正确啮合条件

圆锥齿轮大端的模数和压力角分别相等,且锥距相等,锥顶重合。

$$\begin{cases} m_1=m_2=m \\ \alpha_1=\alpha_2=\alpha \\ \delta_1+\delta_2=90° \end{cases} \tag{3-4-17}$$

(六) 直齿圆锥齿轮传动的受力分析

图 3-4-19 所示为直齿圆锥齿轮轮齿受力情况。由于圆锥齿轮的轮齿厚度和高度向锥顶方向逐渐减小,故轮齿各剖面上的弯曲强度都不相同,为简化起见,通常假定载荷集中作用在齿宽中部的节点上。法向力 F_n 可分解为三个分力:

$$\begin{cases} 圆周力 \quad F_t=2T_1/d_{m1} \\ 径向力 \quad F_r=F_t\tan\alpha\cos\delta \\ 轴向力 \quad F_a=F_t\tan\alpha\sin\delta \end{cases} \tag{3-4-18}$$

式中,d_{m1} 为小齿轮齿宽中点的分度圆直径。

圆周力 F_t 和径向力 F_r 的方向判断与直齿圆柱齿轮相同。轴向力 F 的方向对两个齿轮都是由小端指向大端。

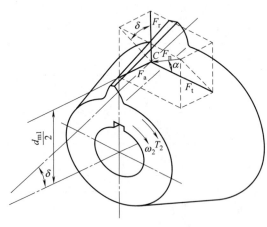

图 3-4-19 直齿圆锥齿轮传动的作用力

$$\begin{cases} F_{t1}=-F_{t2} \\ F_{r1}=-F_{a2} \\ F_{a1}=-F_{r2} \end{cases} \tag{3-4-19}$$

直齿圆锥齿轮受力分析如图 3-4-20 所示。

七、蜗杆传动

蜗杆传动是在空间交错的两轴间传递运动和动力的一种传动，两轴线间的夹角可为任意值，常用的为 90°。蜗杆传动用于在交错轴间传递运动和动力。一般蜗杆是主动件。蜗杆传动主要是做减速传动，广泛应用于各种机械设备和仪表中。

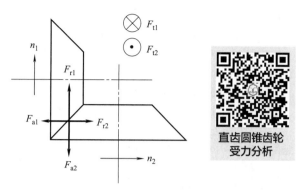

图 3-4-20　轮齿上的受力分析

（一）蜗杆传动的类型和特点

1. 蜗杆传动的类型

如图 3-4-21 所示，按蜗杆的形状不同，蜗杆传动可分为圆柱蜗杆传动、环面蜗杆传动、圆锥面蜗杆传动等类型。

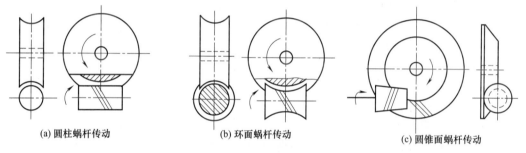

(a) 圆柱蜗杆传动　　　(b) 环面蜗杆传动　　　(c) 圆锥面蜗杆传动

图 3-4-21　蜗杆传动的类型

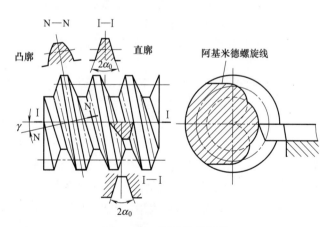

图 3-4-22　阿基米德蜗杆

普通圆柱蜗杆传动的蜗杆按刀具同又分为阿基米德蜗杆（ZA）、法向直齿廓蜗杆（ZN）、渐开线蜗杆（ZI）等，其中阿基米德蜗杆由于加工方便，其应用最广泛，如图 3-4-22 所示。

阿基米德蜗杆螺旋面的形成与螺纹的形成相同。车削阿基米德蜗杆时，刀具切削刃的平面应通过蜗杆轴线，两切削刃的夹角 $2\alpha = 40°$，切得的轴面齿廓两侧边为直线。在垂直于蜗杆轴线的截面上，齿廓为阿基米德螺线，故称阿基米德蜗杆。这里主要介绍阿基米德蜗杆蜗轮机构。

（1）圆柱蜗杆传动　蜗杆有左、右旋之分。螺杆的常用齿数（头数）$z_1 = 1 \sim 4$，头数越多，传动效率越高。蜗杆加工由于安装位置不同，产生的螺旋面在相对剖面内的齿廓曲线形状不同。

① 阿基米德蜗杆（ZA 蜗杆）　阿基米德蜗杆是齿面为阿基米德螺旋面的圆柱蜗杆。通

常是在车床上用刃角 $\alpha=20°$ 的车刀车制而成，切削刃平面通过蜗杆曲线，端面齿廓为阿基米德螺旋线。其齿面为阿基米德螺旋面。

优、缺点：蜗杆车制简单，精度和表面质量不高，传动精度和传动效率低。头数不宜过多。

应用：头数较少，载荷较小，低速或不太重要的场合。

② 法向直廓蜗杆（ZN 蜗杆） 法向直廓蜗杆加工时，常将车刀的切削刃置于齿槽中线（或齿厚中线）处螺旋线的法向剖面内，端面齿廓为延伸渐开线。

优、缺点：常用端铣刀或小直径盘铣刀切制，加工简便，利于加工多头蜗杆，可以用砂轮磨齿，加工精度和表面质量较高。

应用：用于机场的多头精密蜗杆传动。

③ 渐开线蜗杆（ZI 蜗杆） 渐开线蜗杆是齿面为渐开线螺旋面的圆柱蜗杆。用车刀加工时，刀具切削刃平面与基圆相切，端面齿廓为渐开线。

优、缺点：可以用单面砂轮磨齿，制造精度、表面质量、传动精度及传动效率较高。

应用：用于成批生产和大功率、高速、精密传动，故最常用。

（2）环面蜗杆传动特点

① 齿轮表面有较好的油膜形成条件，抗胶合的承载能力和效率都较高；

② 同时接触的齿数较多，承载能力为圆柱蜗杆传动的 1.5～4 倍；

③ 制造和安装较复杂，对精度要求高；

④ 需要考虑冷却的方式。

（3）锥面蜗杆传动特点

① 啮合齿数多，重合度大，传动平稳，承载能力强；

② 蜗轮用淬火钢制造，节约有色金属。

2. 蜗杆传动的特点

（1）可以得到很大的传动比，比交错轴斜齿轮机构紧凑。

（2）两轮啮合齿面间为线接触，其承载能力大大高于交错轴斜齿轮机构。

（3）蜗杆传动相当于螺旋传动，为多齿啮合传动，故传动平稳、噪声很小。

（4）具有自锁性。即只能由蜗杆带动蜗轮，而不能由蜗轮带动蜗杆。

（5）传动效率较低，磨损较严重。蜗轮蜗杆啮合传动时，啮合轮齿间的相对滑动速度大，故摩擦损耗大、效率低。另一方面，相对滑动速度大使齿面磨损严重、发热严重，为了散热和减小磨损，常采用价格较为昂贵的减摩性与抗磨性较好的材料及良好的润滑装置，因而成本较高。

（6）蜗杆轴向力较大。

（二）蜗杆传动的基本参数

模数 m、压力角 α、蜗杆直径系数 q、导程角 γ、蜗杆头数 z_1、蜗轮齿数 z_2、齿顶高系数（取 1）及顶隙系数（取 0.2）。其中，模数 m 和压力角 α 是指蜗杆轴面的模数和压力角，亦即蜗轮端面的模数和压力角，且均为标准值；蜗杆直径系数 q 为蜗杆分度圆直径与其模数 m 的比值。

1. 模数 m 和压力角 α

蜗杆传动的设计计算都是以中间平面内的参数和几何尺寸为标准。在中间平面上，蜗轮与蜗杆的啮合相当于渐开线齿轮与齿条的啮合。正确啮合条件为：

$$\begin{cases} m_{x1}=m_{t2}=m \\ \alpha_{x1}=\alpha_{t2}=\alpha=20° \\ \gamma=\beta \end{cases} \tag{3-4-20}$$

2. 蜗杆分度圆直径 d_1 及蜗杆直径系数 q、螺旋导程角 γ

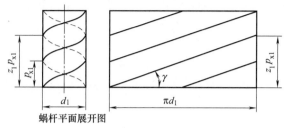

蜗杆平面展开图

$$\tan\gamma = \frac{z_1 p_{x1}}{\pi d_1} \qquad m = \frac{p_{x1}}{\pi}$$

$$\tan\gamma = \frac{m z_1}{d_1} \longrightarrow d_1 = \frac{z_1}{\tan\gamma} \cdot m$$

$$q = \frac{z_1}{\tan\gamma} \qquad d_1 = mq \tag{3-4-21}$$

$$\gamma = \arctan\frac{z_1}{q}$$

3. 蜗杆的头数 z_1 和蜗轮的齿数 z_2

4. 蜗杆传动传动比 i

$$i = \frac{n_1}{n_2} = \frac{z_2}{z_1} \tag{3-4-22}$$

5. 蜗杆传动的中心距 a

$$a = \frac{d_1 + d_2}{2} = m\frac{q + z_2}{2} \tag{3-4-23}$$

（三）蜗杆传动何尺寸

蜗杆传动参数和几何尺寸计算公式列于表 3-4-9。

表 3-4-9　蜗杆传动几何尺寸计算公式

名称	符号	计算公式 蜗杆	计算公式 蜗轮
分度圆直径	d	$d_1 = mz_1/\tan\gamma$	$d_1 = mz_1$
齿顶高	h_a	$h_a = m$	
齿根高	h_f	$h_f = 1.2m$	
齿顶圆直径	d_a	$d_{a1} = d_1 + 2h_{a1} = d_1 + 2m$	$d_{a2} = d_2 + 2m$
齿根圆直径	d_f	$d_{f1} = d_1 - 2.4m$	$d_{f2} = d_2 - 2.4m$
蜗杆导程角	γ	$\gamma = \dfrac{mz_1}{d_1}$	
蜗轮螺旋角	β		$\beta = \gamma$
径向间隙	c	$c = 0.2m$	
	a	$a = 0.5(d_1 + d_2)$	

（四）蜗杆传动的失效形式、材料和精度

1. 失效形式

主要失效形式有：齿面疲劳点蚀、胶合、磨损及轮齿折断。
齿面间相对滑动速度 v_s

$$v_s = \frac{v_1}{\cos\gamma} = \frac{\pi d_1 n_1}{\cos\gamma} \tag{3-4-24}$$

在润滑及散热不良时，闭式传动易出现胶合，但由于蜗轮的材料通常比蜗杆材料软，发生胶合时，蜗轮表面金属粘到蜗杆的螺旋面上，使蜗轮工作齿面形成沟痕。蜗轮轮齿的磨损严重，尤其在开式传动和润滑油不清洁的闭式传动中。

2. 计算准则

对于闭式蜗轮传动，通常按齿面接触疲劳强度来设计，并校核齿根弯曲疲劳强度。

对于开式蜗轮传动，或传动时载荷变动较大，或蜗轮齿数 z_2 大于 90 时，通常只需按齿根弯曲疲劳强度进行设计。

由于蜗杆传动时摩擦严重、发热大、效率低，对闭式蜗杆传动还必须作热平衡计算，以免发生胶合失效。

3. 蜗杆蜗轮常用材料及热处理

蜗轮和蜗杆材料要有一定的强度，还要有良好的减摩性、耐磨性和抗胶合能力。蜗杆传动常用青铜（低速时用铸铁）做蜗轮齿圈，与淬硬并磨制的钢制蜗杆相匹配。

(1) 蜗杆材料及热处理（见表 3-4-10）

一般不重要的蜗杆用 45 钢调质处理；

高速、重载但载荷平稳时用碳钢、合金钢，表面淬火处理；

高速、重载且载荷变化大时，可采用合金钢渗碳淬火处理。

表 3-4-10 蜗杆材料及热处理

材料	热处理	硬度	齿面粗糙度 $Ra/\mu m$	使用条件
15CrMn,20Cr 20CrMnTi 20MnVB	渗碳淬火	58~63HRC	1.6~0.4	高速重载，载荷变化大
45,40Cr 42SiMn,40CrNi	表面淬火	45~55HRC	1.6~0.4	高速重载，载荷稳定
45,40	调质	≤270HBS	6.3~1.6	一般用途

(2) 蜗轮材料及许用应力

锡青铜：减摩性、耐磨性好，抗胶合能力强，但价格高，用于相对滑动速度 $v_s \leq 25 \text{m/s}$ 的高速重要蜗杆传动中（见表 3-4-11）。

表 3-4-11 锡青铜蜗轮的许用应力

蜗轮材料	铸造方法	滑动速度 /(m/s)	$[\sigma]_H$/MPa 蜗杆齿面硬度		$[\sigma]_F$/MPa 受载状况	
			≤350HBS	>45HRC	单侧	双侧
ZCuSn10P1 （铸锡磷青铜）	砂模	≤12	180	200	51	32
	金属模	≤25	200	220	70	40
ZCuSn5Pb5Zn5 （铸锡铅锌青铜）	砂模	≤10	110	125	33	24
	金属模	≤12	135	150	40	29

铸铝青铜：强度好、耐冲击而且价格便宜，但抗胶合能力和耐磨性不如锡青铜，一般用于 $v_s \leq 10 \text{m/s}$ 的蜗杆传动中。

灰铸铁：用于 $v_s \leq 2 \text{m/s}$ 的低速、轻载、不重要的蜗杆传动中（见表 3-4-12）。

4. 蜗杆传动的精度等级

GB/T 10089—2018 对普通圆柱蜗杆传动规定了 1~12 个精度等级。1 级精度最高，其余等级依次降低，12 级为最低，6~9 级精度应用最多，6 级精度传动一般用于中等精度的机床传动机构，蜗轮圆周速度 $v_2 > 5 \text{m/s}$；7 级精度用于中等精度的运输机或高速传递动力场合，

蜗轮圆周速度 $v_2 < 7.5\text{m/s}$；8级精度一般用于一般的动力传动中，蜗轮圆周速度 $v_2 < 3\text{m/s}$；9级精度一般用于不重要的低速传动机构或手动机构，蜗轮圆周速度 $v_2 < 1.5\text{m/s}$。

表 3-4-12　铝铁青铜及铸铁蜗轮的许用应力

蜗轮材料	蜗杆材料	$[\sigma]_H$/MPa						铸造方法	$[\sigma]_F$/MPa	
		滑动速度 v_s/(m/s)							受载状况	
		0.5	1	2	3	4	6	8	单侧	双侧
ZCuAl10Fe3（铝铁青铜）	淬火钢	250	230	210	180	160	120	90	砂模	82	64
HT150 HT200	渗碳钢	130	115	90						40~48	25~30
HT150	调质钢	110	90	70						40~48	35

（五）蜗杆传动的受力分析

蜗杆传动的受力分析与斜齿圆柱齿轮相似。齿面上的法向力 F_n 可分解为三个相互垂直的分力：圆周力 F_t、径向力 F_r 和轴向力 F_a（图 3-4-23）。

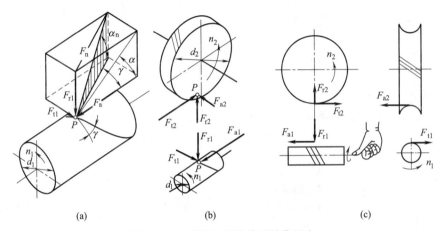

图 3-4-23　蜗杆与蜗轮传动的作用力

由于蜗杆轴与蜗轮轴交错成 90°角，所以蜗杆圆周力 F_{t1} 等于蜗轮轴向力 F_{a2}，蜗杆轴向力 F_{a1} 等于蜗轮圆周力 F_{t2}，蜗杆径向力 F_{r1} 等于蜗轮径向力 F_{r2}，即

$$\begin{cases} F_{r1} = -F_{r2} \\ F_{t1} = -F_{a2} \\ F_{a1} = -F_{t2} \end{cases} \quad (3\text{-}4\text{-}25)$$

蜗杆和蜗轮轮齿上的作用力（圆周力、径向力、轴向力）方向的决定方法，与斜齿圆柱

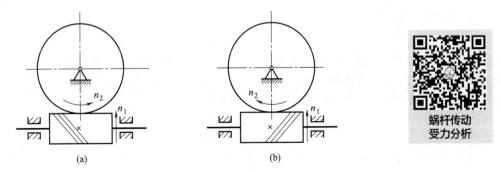

图 3-4-24　蜗轮转向的判定

齿轮相同。若为右旋蜗杆，则用右手握蜗杆，四指弯曲方向代表其转向，大拇指伸直方向的反方向为蜗轮在啮合点的圆周速度方向，然后再判定其转向（图3-4-24）。

（六）蜗杆和蜗轮的结构

1. 蜗杆的结构

蜗杆螺旋部分的直径不大，所以常和轴做成一个整体。当蜗杆螺旋部分的直径较大时，可以将轴与蜗杆分开制作。无退刀槽，加工螺旋部分时只能用铣制的办法，如图3-4-25所示；有退刀槽，螺旋部分可用车制，也可用铣制加工，但该结构的刚度较前一种差，如图3-4-26所示。

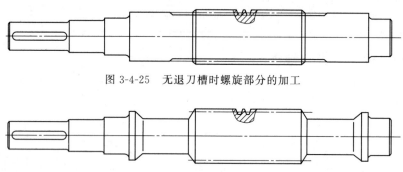

图3-4-25 无退刀槽时螺旋部分的加工

图3-4-26 有退刀槽时螺旋部分的加工

2. 蜗轮的结构

为了减摩的需要，蜗轮通常要用青铜制作。为了节省铜材，当蜗轮直径较大时，采用组合式蜗轮结构，齿圈用青铜，轮芯用铸铁或碳素钢。常用蜗轮的结构形式如图3-4-27所示。

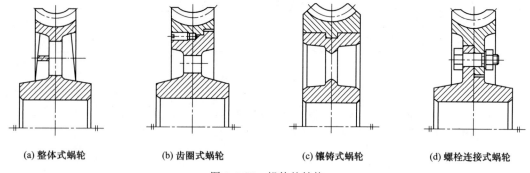

(a) 整体式蜗轮　　(b) 齿圈式蜗轮　　(c) 镶铸式蜗轮　　(d) 螺栓连接式蜗轮

图3-4-27 蜗轮的结构

（七）蜗杆传动的效率、润滑和热平衡计算

1. 蜗杆传动的效率

$$\eta = \eta_1 \eta_2 \eta_3 \tag{3-4-26}$$

式中，η_1 为轮齿啮合齿面间摩擦损失的效率；η_2 为考虑油的搅动和飞溅损耗时的效率；η_3 为考虑轴承摩擦损失时的效率。

η_1 是对总效率影响最大的因素，可由下式确定：

$$\eta_1 = \frac{\tan\lambda}{\tan(\gamma + \varphi_v)} \tag{3-4-27}$$

式中，λ 为蜗杆的导程角；φ_v 为当量摩擦角。

$$\eta_2 \eta_3 = 0.95 \sim 0.97 \tag{3-4-28}$$

2. 蜗杆传动的润滑

润滑的主要目的在于减摩与散热。具体润滑方法与齿轮传动的润滑相近。润滑油的种类很多，需根据蜗杆、蜗轮配对材料和运转条件选用。润滑油黏度及给油方式，一般根据相对滑动速度及载荷类型进行选择。给油方法包括油池润滑、喷油润滑等，若采用喷油润滑，喷油嘴要对准蜗杆啮入端，而且要控制一定的油压。

润滑油量：润滑油量的选择既要考虑充分的润滑，又不致产生过大的搅油损耗。对于下置蜗杆或侧置蜗杆传动，浸油深度应为蜗杆的一个齿高；当蜗杆上置时，浸油深度约为蜗轮外径的 1/3。

3. 蜗杆传动的热平衡计算

由于传动效率较低，对于长期运转的蜗杆传动，会产生较大的热量。如果产生的热量不能及时散去，则系统的热平衡温度将过高，就会破坏润滑状态，从而导致系统进一步恶化。

系统因摩擦功耗产生的热量为：

$$Q_1 = P_1(1-\eta) \times 1000 \tag{3-4-29}$$

自然冷却从箱壁散去的热量为：

$$Q_2 = KA(t_1 - t_2) \tag{3-4-30}$$

K 为箱体表面的散热系数；自然通风良好时，$K=(14\sim17.5)\text{W}/(\text{m}^2\cdot\text{℃})$；在没有循环空气流动的场所，$K=(8.7\sim10.5)\text{W}/(\text{m}^2\cdot\text{℃})$；

A 为箱体的可散热面积，m^2；$A=A_1+0.5A_2$，A_1 指箱体外壁与空气接触而内壁能被油飞溅到的箱壳面积，A_2 指箱体的散热片面积。

t_1 为润滑油的工作温度，℃；t_2 为环境温度，℃，一般取 20℃。

在热平衡条件下可得：

$$t_1 = t_2 + \frac{1000P_1(1-\eta)}{KA} \leqslant [t_1] \tag{3-4-31}$$

可用于系统热平衡验算，一般 $t_1 \leqslant 90℃$。

散热措施：如果工作温度 t_1 超过了 $[t_1]$，则首先考虑在不增大箱体尺寸的前提下，设法增加散热面积。如不能满足要求可用下列强制措施解决：

① 在蜗杆轴端装设风扇；

② 采用循环压力喷油冷却；

③ 在箱体油池内装蛇形管。

模块五　轮　　系

一、轮系的类型及其应用

在齿轮传动中，由一对相互啮合的齿轮组成的齿轮机构是齿轮传动的最简单形式，可以用来传递运动和动力，实现减速、增速和改变转动方向的目的。但是在实际生产中，为了获得更大的传动比，或者将输入轴的一种转速变换为输出轴的多种转速时，一对齿轮的传动往往不能满足工作要求，必须采用多对齿轮来传递运动和动力。这种由一系列齿轮组成的传动系统称为轮系。

（一）轮系的类型

轮系可由各种类型的齿轮或蜗轮蜗杆组成，根据轮系传动时各齿轮轴线间的空间位置关系，可以分为平面轮系和空间轮系。根据传动时各齿轮的几何轴线相对于机架的位置是否固定，又可分为定轴轮系和周转轮系两种基本类型，有时还用到两种轮系的组合，即混合轮系。

1. 定轴轮系

轮系传动时，所有齿轮的几何轴线位置都是固定的，这种轮系称为定轴轮系，如图 3-5-1 所示。

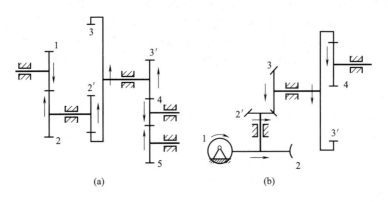

图 3-5-1　定轴轮系

2. 周转轮系

轮系传动时，至少有一个齿轮的几何轴线是绕另一个齿轮的几何轴线转动的，这种轮系称为周转轮系，如图 3-5-2 所示。其中小齿轮 2 既可以绕自身的轴线 O_2 转动（自转），又可以绕固定轴线 O_1 转动（公转），称为行星轮。构件 H 用来支持行星轮转动，称为行星架，也称系杆。齿轮 1 和 3 的轴线位置固定不动，并同时与行星轮 2 啮合，这样的齿轮称为太阳轮或中心轮。

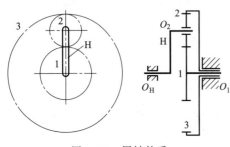

图 3-5-2　周转轮系

周转轮系中，一般都以太阳轮和行星架作为运动的输入和输出构件，故称它们为周转轮系的基本构件。根据机构自由度数目的不同，周转轮系可进一步分为以下两类：

（1）简单行星轮系　在图 3-5-2 所示的周转轮系中，若将太阳轮 3 固定，则整个轮系的自由度为 1，这种自由度为 1 的周转轮系，称为简单行星轮系。只要将轮系中一个构件作为原动件，整个轮系的运动规律即可确定。

（2）差动轮系　在图 3-5-2 所示的周转轮系中，若太阳轮 1 和 3 均不固定，则整个轮系的自由度为 2，这种自由度为 2 的周转轮系称为差动轮系。为使其具有确定的运动，需要有 2 个原动件。

3. 混合轮系

由定轴轮系和周转轮系组合而成的轮系称为混合轮系，也称组合轮系。如图 3-5-3 所示，双点画线框内部分为周转轮系，外部为定轴轮系。

（二）轮系的应用

轮系广泛应用于各种机械中，主要有以下几个方面的用途：

1. 实现较远距离的两轴之间的传动

当两轴之间的中心距较大时，如果只用一对齿轮传动，则齿轮机构的总体尺寸必然很大，并且浪费材料。如果改用轮系，便可使其结构紧凑，既节省空间，又方便制造、安装，如图 3-5-4 所示。如车床输入轴和主轴之间的轮系传动就是这种情况。

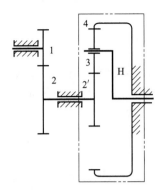

图 3-5-3　混合轮系

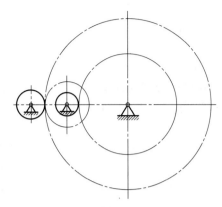

图 3-5-4　相距较远的两轴传动

2．可获得较大的传动比

对于一对齿轮传动，由于受结构、外形尺寸等因素的制约，其传动比一般不大于 8。当需要传动比较大时，如果只采用一对齿轮传动，两个齿轮直径相差较大，外廓尺寸大；小齿轮易于磨损和发生齿切干涉，使两轮寿命悬殊，而且制造和安装都不方便。而采用轮系则可获得很大的传动比，且不致产生上述缺点。

3．可实现变速和换向要求

在输入轴转速和转向不变的情况下，利用具有变速、变向机构的轮系，可使输出轴获得不同的转速和转向。如图 3-5-5 所示普通车床主轴箱，通过定轴轮系的传动，可使主轴获得多级转速，并可实现正转和反转，以满足各种不同零件的加工要求。

4．可实现分路传动

利用轮系可以由一个输入轴上的若干个齿轮分别把运动传递多个工作部位。如图 3-5-6 所示，滚齿机用展成法加工齿轮时，要求滚刀与齿坯之间保持确定的相对运动关系，可通过轮系中主动轴上的两个齿轮，分两路将动力传递给滚刀和齿坯，以保证所需的相对运动关系。

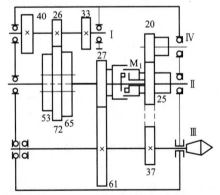

图 3-5-5　普通车床主轴箱传动系统图

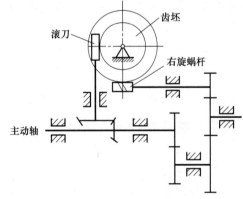

图 3-5-6　滚齿机加工原理图

二、定轴轮系的传动比计算

（一）传动比的大小

轮系中，首轮 1 和末轮 K 的转速之比称为轮系的传动比，用 i_{1K} 来表示。在计算轮系传动比时，既要确定其大小，又要确定首末两轮间的转向关系。

当只有一对齿轮啮合传动时，设主动轮的转速为 n_1，齿数为 z_1；从动轮的转速为 n_2，齿数为 z_2，则传动比

$$i_{12} = \frac{n_1}{n_2} = \pm \frac{z_2}{z_1} \tag{3-5-1}$$

式中的齿数比表示传动比的大小，正负号用来反映首末两轮的转向关系。对于外啮合的圆柱齿轮传动，转向相同时取正，相反时取负。而对于两轴不平行的空间齿轮传动，如圆锥齿轮传动等，其传动比不存在正负号，两轴的转向应用画箭头的方法来确定。

图 3-5-1 所示定轴轮系，各齿轮的齿数分别为 z_1、z_2、z'_2、z_3、z'_3、z_4、z_5，各齿轮的转速为 n_1、n_2、n_3、n'_3、n_4、n_5，求该轮系的传动比。

由于轮系是多对齿轮啮合的机构，可先求得轮系中各对啮合齿轮的传动比为

$$i_{12} = \frac{n_1}{n_2} = -\frac{z_2}{z_1}$$

$$i'_{23} = \frac{n'_2}{n_3} = \frac{z_3}{z'_2}$$

$$i'_{34} = \frac{n'_3}{n_4} = -\frac{z_4}{z'_3}$$

$$i_{45} = \frac{n_4}{n_5} = -\frac{z_5}{z_4}$$

将以上各式两边分别连乘得

$$i_{12} i'_{23} i'_{34} i_{45} = \frac{n_1}{n_2} \cdot \frac{n'_2}{n_3} \cdot \frac{n'_3}{n_4} \cdot \frac{n_4}{n_5} = (-1)^3 \frac{z_2 z_3 z_4 z_5}{z_1 z'_2 z'_3 z_4}$$

由于同一轴上的齿轮转速相同，故有 $n_2 = n'_2$，$n_3 = n'_3$。代入上式化简得

$$i_{15} = \frac{n_1}{n_5} = i_{12} i'_{23} i'_{34} i_{45} = (-1)^3 \frac{z_2 z_3 z_5}{z_1 z'_2 z'_3}$$

由上式可知，定轴轮系的传动比等于该轮系中各对啮合齿轮传动比的连乘积，也等于从首轮 1 到末轮 5 所有从动轮齿数的乘积与所有主动轮齿数的乘积之比，其正负号取决于外啮合齿轮的对数。轮系中齿轮 4 的齿数不影响传动比的大小，只起到改变从动轮转向的作用，称为惰轮。

以上结论可以推广到定轴轮系的一般情况。设 1 为首轮，K 为末轮，m 为外啮合对数，则定轴轮系传动比计算的一般公式为

$$i_{1K} = \frac{n_1}{n_K} = (-1)^m \frac{\text{轮 1 至轮 K 间所有从动轮齿数的连乘积}}{\text{轮 1 至轮 K 间所有主动轮齿数的连乘积}} \tag{3-5-2}$$

（二）首末轮转向的确定

（1）在确定定轴轮系首末两轮的转向时，上述公式中的 $(-1)^m$ 只能用来判断轴线平行的定轴轮系的转向。

（2）若定轴轮系中包含了轴线不平行的锥齿轮、蜗杆蜗轮等空间齿轮传动，则不能用 $(-1)^m$ 判断转向，而只能用在图上画箭头的方法确定；对于圆柱齿轮传动，外啮合时箭头相反，内啮合时箭头相同；圆锥齿轮传动箭头相向或相离；蜗轮蜗杆传动则需先判断圆周力方向再判断其转向。

【例 3-5-1】 在图 3-5-1（a）所示轮系中，已知 $z_1 = 20$，$z_2 = 50$，$z'_2 = 25$，$z_3 = 60$，$z'_3 = 45$，$z_4 = 24$，$z_5 = 30$。若 $n_1 = 1440 \text{r/min}$，试求齿轮 5 的转速。

解： 由图可知，该轮系为轴线平行的定轴轮系，根据公式（3-5-2）计算首轮 1 与末轮 5 之间的传动比为

$$i_{15}=\frac{n_1}{n_5}=(-1)^3\frac{z_2z_3z_5}{z_1z_2'z_3'}=\frac{50\times60\times30}{20\times25\times45}=-4$$

齿轮 5 的转速

$$n_5=\frac{n_1}{i_{15}}=\frac{1440}{-4}=-380\text{r/min}$$

符号为负，说明齿轮 5 的转向与齿轮 1 的相反。

【例 3-5-2】 在图 3-5-7 所示轮系中，已知各轮的齿数分别为 $z_1=15$，$z_2=25$，$z_2'=z_3'=15$，$z_3=z_4=30$，$z_4'=2$（右旋），$z_5=60$，$z_5'=20$（$m=2\text{mm}$）。若 $n_1=1000\text{r/min}$，求齿条 6 移动速度 v_6 的大小及方向。

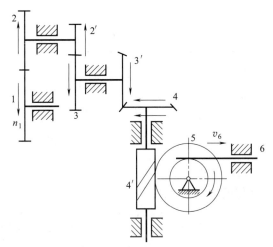

图 3-5-7 轮系

解：由图 3-5-7 可知，该轮系中各齿轮轴线之间的相对位置固定，并包含有圆锥齿轮和蜗轮传动，是一空间定轴轮系。故其传动比大小可由式（3-5-2）计算，而各轮的转向需在图上用箭头标出。

首先，计算传动比大小

$$i_{15}=\frac{n_1}{n_5}=\frac{z_2z_3z_4z_5}{z_1z_2'z_3'z_4'}=\frac{25\times30\times30\times60}{15\times15\times15\times2}=200$$

蜗轮 5 的转速

$$n_5=\frac{n_1}{i_{15}}=\frac{1000}{200}=5\text{r/min}$$

齿轮 5' 与蜗轮 5 同轴，转速相同，即

$$n_5'=n_5$$

而齿条 6 与齿轮 5' 啮合，其线速度与齿轮 5' 在节圆处的线速度相同，所以

$$v_6=v_5'=\frac{\pi d_5'n_5'}{60000}=\frac{\pi mz_5'n_5'}{60000}=\frac{3.14\times2\times20\times5}{60000}=0.0105(\text{m/s})$$

用画箭头的方法在图上标出各轮的转向，如图所示。确定齿轮 5 的转向为顺时针方向，故齿条 6 的线速度方向水平向右。

三、周转轮系传动比计算

由于周转轮系的轴线相对位置不固定，故其传动比不能直接用定轴轮系的传动比公式来计算。但若将周转轮系中行星轮的轴线加以固定，使之成为定轴轮系，便可用定轴轮系的传动比公式来计算了。

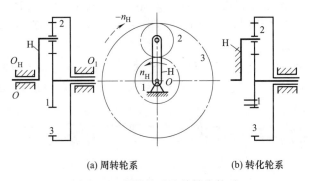

(a) 周转轮系　　(b) 转化轮系

图 3-5-8 周转轮系及其转化轮系

如图 3-5-8（a）所示周转轮系，根据相对运动原理动原理，假想地给整个轮系加上一个与行星架 H 速速大小相等、方向相反的公共转速度"$-n_H$"后，各构件间的相对运动关系依然保持不变。但此

时行星架的转速变为 $n_1-n_H=0$，即相对静止不动，而原来的周转轮系也就转化为了定轴轮系，如图 3-5-8（b）所示。这个假想的定轴轮系称为周转星轮系的转化轮系，转化方法称为相对速度法，也叫转化机构法。转化前后轮系中各构件转速见表 3-5-1。

表 3-5-1 周转轮系转化前后各构件转速

构件	周转轮系中的转速	转化轮系中的转速
太阳轮 1	n_1	$n_1^H=n_1-n_H$
行星轮 2	n_2	$n_2^H=n_2-n_H$
太阳轮 3	n_3	$n_3^H=n_3-n_H$
行星架 H	n_H	$n_H^H=n_H-n_H=0$

表中 n_1^H、n_2^H、n_3^H 和 n_H^H 的右上角都标有 H，它表示这些转速都是各个构件相对行星架的转速。

对于转化轮系，其传动比可按定轴轮系的传动比公式（3-5-2）计算，即

$$i_{13}^H=\frac{n_1-n_H}{n_3-n_H}=(-1)^1\frac{z_2 z_3}{z_1 z_2}=-\frac{z_3}{z_1}$$

上述结果也可以推广到一般的周转轮系中，则有周转轮系中任意两轮 G 和 K 以及行星架 H 转速之间的一般公式

$$i_{GK}^H=\frac{n_G-n_H}{n_K-n_H}=(-1)^m\frac{\text{从 G 到 K 间所有从动齿轮齿数的连乘积}}{\text{从 G 到 K 间所有主动齿轮齿数的连乘积}} \quad (3-5-3)$$

式中 m 为齿轮 G 和 K 间外啮合齿轮的对数。

应用公式（3-5-3）计算时，应注意以下几点：

① 计算时将 n_G、n_H 数值代入公式的同时，必须连同转速的正负号代入。可先假设某一已知构件转向为正，则另一构件转向与之相同取正，反之取负。

② 传动比 i_{GK}^H 的符号为正（或负），表示转化轮系中的相对转速 n_G^H 和 n_K^H 的方相同（或相反），而与绝对转速 n_G 和 n_K 的转向无关。

③ 只有两轴平行时，两轴的转速才能代数相加减。故式（3-5-3）不仅适于齿轮 G、K 和行星架 H 轴线相平行的场合，也适用于由锥齿轮、蜗杆蜗轮等空间齿轮组成的周转轮系，不过两个太阳轮和行星架的轴线必须平行，且转化机构的传动比 i_{GK}^H 的正负号必须用画箭头的方法确定。

④ $i_{GK}\neq i_{GK}^H$，$i_{GK}=\dfrac{n_G}{n_K}$ 是周转轮系中的传动比；$i_{GK}^H=\dfrac{n_G^H}{n_K^H}$ 是转化轮系中的传动比。

混合轮系传动比的计算，是建立在定轴轮系和周转轮系传动比的计算基础上的。计算时，首先把整个轮系划分为各周转轮系和定轴轮系，然后分别列出它们传动比的计算公式，最后联立求解，即可得到整个轮系的传动比。

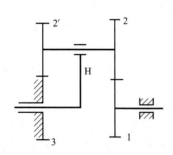

图 3-5-9 简单周转轮系

【例 3-5-3】 如图 3-5-9 所示为一简单周转轮系。已知各轮齿数为 $z_1=100$，$z_2=101$，$z_2'=100$，$z_3=99$。求传动比 i_{1H}。

解：由式（3-5-3）可得

$$i_{13}^H=\frac{n_1-n_H}{n_3-n_H}=(-1)^2\frac{z_2 z_3}{z_1 z_2'}=\frac{z_2 z_3}{z_1 z_2'}$$

由题意可知：$n_3=0$。将 n_1、n_3 及已知各齿轮齿数代入上式有

$$\frac{n_1-n_H}{0-n_H}=\frac{101\times 99}{100\times 100}$$

解之得

$$i_{1H}=\frac{n_1}{n_H}=1-\frac{9999}{10000}=\frac{1}{10000}$$

故传动比

$$i_{1H}=\frac{1}{10000}$$

【例 3-5-4】 如图 3-5-10 所示圆锥齿轮组成的周转轮系中，已知 $z_1=60$，$z_2=40$，$z'_2=z_3=20$，若 n_1 和 n_3 均为 120r/min，但转向相反（如图中实线箭头所示），求 n_H 的大小和方向。

解：将 H 固定，画出转化轮系各轮的转向，如图 3-5-10 中虚线箭头所示。在转化轮系中，齿轮 1 和 3 的转向相同，故齿数比前取正号，代入式（3-5-3）得

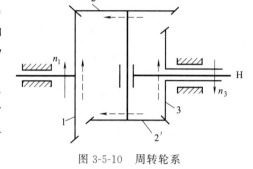

图 3-5-10 周转轮系

$$i_{13}^H=\frac{n_1-n_H}{n_3-n_H}=+\frac{z_2 z_3}{z_1 z'_2}=+\frac{z_2}{z_1}$$

该轮系为轴线不平行的周转轮系。用画箭头的方法确定各齿轮的转向，如图 3-5-10 所示，可见轮 1 和轮 3 的转向相反。设轮 1 的转向为正，则 $n_1=120$r/min 和 $n_3=-120$r/min，带入上式得

$$\frac{120-n_H}{-120-n_H}=\frac{40}{60}=\frac{2}{3}$$

解之得

$$n_H=600\text{r/min}$$

知识拓展

标准斜齿圆柱齿轮传动的强度计算同标准直齿圆柱齿轮强度计算相似。

一、计算载荷

齿轮上的计算载荷与啮合轮齿齿面上接触线长度有关。对于斜齿轮，如图 3-6-1 所示，啮合区中的实线为实际接触线，每一条全齿宽的接触线长为 $\frac{b}{\cos\beta_b}$，接触线总长为所有啮合齿上接触线长度之和。在啮合过程中，啮合线总长一般是变动的，据研究，可用 $\frac{b\varepsilon_\alpha}{\cos\beta_b}$ 作为总长度的代表值。因此

$$p_{ca}=\frac{KF_n}{L}=\frac{KF_t}{\dfrac{b\varepsilon_\alpha}{\cos\beta_b}\cos\alpha_t\cos\beta_b}=\frac{KF_t}{b\varepsilon_\alpha\cos\alpha_t}$$

式中 ε_α 为斜齿轮传动的端面重合度，可按《机械设计手册》所述公式计算。
斜齿轮的纵向重合度 ε_β 可按以下公式计算：

$$\varepsilon_\beta=b\sin\beta/(\pi m_n)=0.318\phi_d z_1\tan\beta \tag{3-6-1}$$

斜齿轮计算中的载荷系数 $K=K_A K_V K_\alpha K_\beta$，其中使用系数 K_A 与齿向载荷分布系数

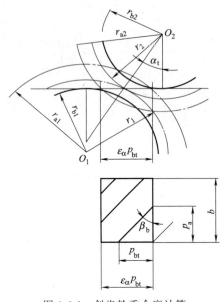

图 3-6-1 斜齿轮重合度计算

K_β 的查取与直齿轮相同;动载系数 K_V 可由《机械设计手册》查取;齿间载荷分配系数 $K_{H\alpha}$ 与 $K_{F\alpha}$ 可根据斜齿轮的精度等级、齿面硬化情况和载荷大小由《机械设计手册》查取。

二、齿根弯曲疲劳强度计算

由于斜齿轮齿面上的接触线为一斜线。受载时,齿轮的失效形式为局部折断。斜齿轮的弯曲强度,若按轮齿局部折断分析则较繁。现对比直齿轮的弯曲强度计算,仅就其计算特点作必要的说明。

首先,斜齿轮的计算载荷要比直齿轮的多计入一个参数 ε_α,其次还应计入反映螺旋角 β 对轮齿弯曲强度影响的因素,即计入螺旋角影响系数 Y_β。由上述特点,可得斜齿轮轮齿的弯曲疲劳强度公式为

$$\sigma_F = \frac{KF_t Y_{Fa} Y_{Sa} Y_\beta}{b m_n \varepsilon_\alpha} \leqslant [\sigma_F] \qquad (3\text{-}6\text{-}2)$$

$$m_n \geqslant \sqrt[3]{\frac{2KT_1 Y_\beta \cos^2\beta}{\phi_d z_1^2 \varepsilon_\alpha} \times \frac{Y_{Fa} Y_{Sa}}{[\sigma_F]}} \qquad (3\text{-}6\text{-}3)$$

上式分别为校核计算公式和设计计算公式。

式中,Y_{Fa} 为斜齿轮的齿形系数,可近似地按当量齿数 $z_V \approx \dfrac{z}{\cos^3\beta}$,由表 3-6-1 查取;$Y_{Sa}$ 为斜齿轮的应力校正系数,可近似地按当量齿数 z_V 由表 3-6-1 查取;Y_β 为螺旋角影响系数,数值查图螺旋角影响系数。

表 3-6-1 斜齿轮齿形系数及应力校正系

齿形系数 Y_{Fa} 及应力校正系数												
$z(z_V)$	17	18	19	20	21	22	23	24	25	26	27	28	29
Y_{Fa}	2.97	2.91	2.85	2.80	2.76	2.72	2.69	2.65	2.62	2.60	2.57	2.55	2.53
Y_{Sa}	1.52	1.53	1.54	1.55	1.56	1.57	1.575	1.58	1.59	1.595	1.60	1.61	1.62
$z(z_V)$	30	35	40	45	50	60	70	80	90	100	150	200	∞
Y_{Fa}	2.52	2.45	2.40	2.35	2.32	2.28	2.24	2.22	2.20	2.18	2.14	2.12	2.06
Y_{Sa}	1.625	1.65	1.67	1.68	1.70	1.73	1.75	1.77	1.78	1.79	1.83	1.865	1.97

注:1. 基准齿形的参数为 $\alpha=20°$,$h_a^*=1$,$c^*=0.25$,$\rho=0.38m$(m 为齿轮模数)。

2. 对内齿轮:当 $\alpha=20°$,$h_a^*=1$,$c^*=0.25$,$\rho=0.15m$ 时,齿形系数 $Y_{Fa}=2.65$,$Y_{Sa}=2.65$。

三、齿面接触疲劳强度计算

斜齿轮的齿面接触疲劳强度仍按赫兹公式计算,节点的综合曲率 $\dfrac{1}{\rho_\Sigma} = \dfrac{1}{\rho_{n1}} + \dfrac{1}{\rho_{n2}}$。如图 3-6-2 所示,对于渐开线斜齿圆柱齿轮,在啮合平面内,节点 P 处的法面曲率 ρ_n 与端面曲率半径 ρ_t 的关系由几何关系得:

$$\rho_n = \frac{\rho_t}{\cos\beta_b}$$

斜齿轮端面上节点的曲率半径为

$$\rho_t = \frac{d \sin\alpha_t}{2}$$

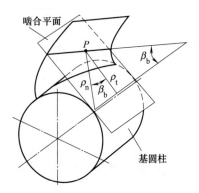

图 3-6-2 斜齿圆柱齿轮法面曲率半径

因而

$$\frac{1}{\rho_\Sigma}=\frac{1}{\rho_{n1}}\pm\frac{1}{\rho_{n2}}=\frac{2\cos\beta_b}{d\sin\alpha_t}\pm\frac{2\cos\beta_b}{ud\sin\alpha_t}=\frac{2\cos\beta_b}{d\sin\alpha_t}\left(\frac{i\pm1}{i}\right)$$

于是得：

$$\sigma_H=\sqrt{\frac{p_{ca}}{\rho_\Sigma}}\times Z_E=\sqrt{\frac{KF_t}{b\varepsilon_\alpha\cos\alpha_t}}\times\sqrt{\frac{2\cos\beta_b}{d_1\sin\alpha_t}\left(\frac{i\pm1}{i}\right)}\times Z_E=\sqrt{\frac{KF_t}{bd_1\varepsilon_\alpha}\times\frac{i\pm1}{i}}\times\sqrt{\frac{2\cos\beta_b}{\sin\alpha_t\cos\alpha_t}}\times Z_E\leqslant[\sigma_H]$$

令

$$Z_H=\sqrt{\frac{2\cos\beta_b}{\sin\alpha_t\cos\alpha_t}}$$

Z_H 称为区域系数。图 3-6-3 为法面压力角 $\alpha_n=20°$ 的标准齿轮的 Z_H 值。

于是得
$$\sigma_H=\sqrt{\frac{KF_t}{bd_1\varepsilon_\alpha}\times\frac{i\pm1}{i}}\times Z_H Z_E\leqslant[\sigma_H] \tag{3-6-4}$$

同前理，由上式可得
$$d_1\geqslant\sqrt[3]{\frac{2KT_1}{\phi_d\varepsilon_\alpha}\times\frac{i\pm1}{i}\left(\frac{Z_H Z_E}{[\sigma_F]}\right)^2} \tag{3-6-5}$$

应该注意，对于斜齿圆柱齿轮传动，因齿面上的接触线是倾斜的（如图 3-6-4），所以在同一齿面上就会有齿顶面（其上接触线段为 e_1P）与齿根面（其上接触线段为 e_2P）同时参与啮合的情况（直齿轮传动，齿面上的接触线与轴线平行，就没有这种现象）。

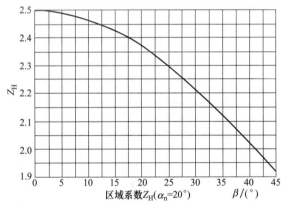

图 3-6-3 区域系数

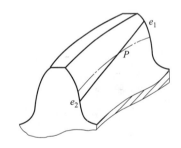

图 3-6-4 斜齿轮接触线

如前所述，齿轮齿顶面比齿根面具有较高的接触疲劳强度。设小齿轮的齿面接触疲劳强度比大齿轮的高（即小齿轮的材料较好，齿面硬度较高），那么，当大齿轮的齿根面产生点蚀，e_2P 一段接触线已不能承受原来所分担的载荷，而要部分地由齿顶面上的 e_1P 一段接触线来承担时，因同一齿面上，齿顶面的接触疲劳强度较高，所以即使承担的载荷有所增大，只要还未超过其承载能力时，大齿轮的齿顶面仍然不会出现点蚀；同时，因小齿轮齿面的接触疲劳强度较高，与大齿轮齿顶面相啮合的小齿轮的齿根面，也未因载荷增大而出现点蚀。这就是说，在斜齿轮传动中，当大齿轮的齿根面产生点蚀时，仅实际承载区由大齿轮的齿根面向齿顶面有所转移而已，并不导致斜齿轮传动的失效（直齿轮传动齿面上的接触线为一平行于轴线的直线，大齿轮齿根面点蚀时，纵然小齿轮不坏，这对齿轮也不能再继续工作了）。因此，斜齿轮传动齿面的接触疲劳强度应同时取决于大、小齿轮。实际应用中斜齿轮传动的许用接触应力约可取为 $[\sigma_H]=([\sigma_{H1}]+[\sigma_{H2}])/2$，当 $[\sigma_H]>1.23[\sigma_{H2}]$ 应取 $[\sigma_H]=1.23[\sigma_{H2}]$。$[\sigma_{H2}]$ 为较软齿面的许用接触应力。

任务实施

根据工作任务单要求，依次完成齿轮材料选择、齿轮结构设计、齿轮参数计算等任务，具体步骤如下：

(1) 选择齿轮材料、热处理方式

根据工作条件，一般用途的减速器采用闭式传动软齿面。由表3-4-1得小齿轮选用45钢调质，齿面硬度为220HBS。大齿轮选用45钢，正火，齿面硬度180HBS。

(2) 确定许用接触应力

由于属闭式传动软齿面，故按齿面接触强度设计，用齿根弯曲强度校核。查表3-4-6，计算齿轮的接触疲劳极限为：

$$\sigma_{Hlim1} = 559\text{MPa} \qquad \sigma_{Hlim2} = 522\text{MPa}$$

由表3-4-5，接触疲劳强度的最小安全系数 $S_{Hmin} = 1.0$，则两齿轮的许用接触应力为：

$$[\sigma_H]_1 = 559\text{MPa} \qquad [\sigma_H]_2 = 522\text{MPa}$$

(3) 齿面接触疲劳强度设计

$$d_1 \geqslant \sqrt[3]{\left(\frac{671}{[\sigma_H]}\right)^2 \times \frac{KT_1}{\psi_d} \times \frac{i \pm 1}{i}}$$

小齿轮的转矩 $T_1 = \dfrac{9.55 \times 10^6 P_1}{n_1} = \dfrac{9.55 \times 10^6 \times 3.59}{305.73} = 112139$（N·mm），载荷系数 K 查表3-4-3，取 $K = 1$；齿宽系数 ψ_d 取1（闭式传动软齿面），$[\sigma_H]$ 代入较小值。

得 $d_1 = 61.3$mm

取 $d_1 = 64$mm

(4) 几何尺寸计算

中心距：$a = \dfrac{d_1(1+i)}{2} = \dfrac{64(1+4)}{2} = 160$mm

模数：$m = (0.01 \sim 0.02)a = (0.01 \sim 0.02) 160 = 1.6 \sim 3.2$(mm)

取标准模数 $m = 2$mm（无冲击）

齿数 $z_1 = \dfrac{d_1}{m} = \dfrac{64}{2} = 32$

$z_2 = iz_1 = 4 \times 32 = 128$

齿宽 $b_2 = \psi_d d_1 = 1 \times 64 = 64$mm

$b_1 = b_2 + (5 \sim 10) = 64 + (5 \sim 10) = 69 \sim 74$mm

(5) 校核齿根弯曲疲劳强度

由表3-4-4查得齿形系数 $z_1 = 32$，$Y_{F1} = 2.50$ $z_2 = 128$，$Y_{F2} = 2.17$

由表3-4-6查得弯曲疲劳极限为：$\sigma_{Flim1} = 207$MPa $\sigma_{Flim2} = 199$MPa

由表3-4-5查得弯曲疲劳强度的最小安全系数：$S_{Fmin} = 1.3$

齿根许用弯曲应力为 $[\sigma_F]_1 = \dfrac{\sigma_{Flim1}}{S_{Fmin}} = 159.2$MPa $[\sigma_F]_2 = \dfrac{\sigma_{Flim2}}{S_{Fmin}} = 153.1$MPa

$$\sigma_{F1} = \dfrac{2KT_1}{b_2 m^2 Z_1} Y_F = \dfrac{2 \times 1 \times 112139}{64 \times 2^2 \times 32} \times 2.50 = 68.44\text{MPa}$$

所以 $\sigma_{F1} \leqslant [\sigma_F]_1$

所以齿根弯曲疲劳强度足够。

(6) 齿轮其他尺寸计算

分度圆直径 $d_1 = mz_1 = 2 \times 32 = 64$mm

分度圆直径 $d_2 = mz_2 = 2 \times 128 = 256\text{mm}$

齿顶圆直径 $d_{a1} = m(z_1 + 2h_a^*) = 2(32+2) = 68\text{mm}$

齿顶圆直径 $d_{a2} = m(z_2 + 2h_a^*) = 2(128+2) = 260\text{mm}$

齿根圆直径 $d_{f1} = m(z_1 - 2h_a^* - 2c^*) = 2(32 - 2\times 1 - 2\times 0.25)\text{mm} = 59\text{mm}$

齿根圆直径 $d_{f2} = m(z_2 - 2h_a^* - 2c^*) = 2(128 - 2\times 1 - 2\times 0.25)\text{mm} = 251\text{mm}$

齿顶高 $h_a = h_a^* m = 1 \times 2 = 2\text{mm}$

齿根高 $h_f = (h_a^* + c^*)m = (1 + 0.25) \times 2 = 2.5\text{mm}$

全齿高 $h = h_a + h_f = 2 + 2.5 = 4.5\text{mm}$

(7) 确定齿轮精度等级

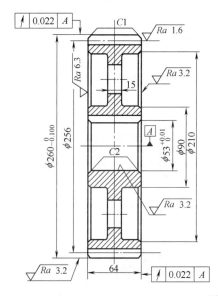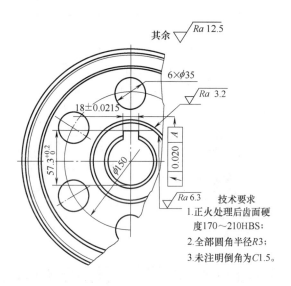

图 3-7-1 齿轮零件图

验算齿轮圆周速度 $v = \dfrac{\pi d_1 n_1}{60 \times 1000} = \dfrac{3.14 \times 64 \times 305.7}{64 \times 1000} = 1.02\text{m/s}$

查表 3-4-2，齿轮传动精度等级 7 级合适。

(8) 确定齿轮结构，绘制齿轮工作图。

$d_{a1} = 68\text{mm}$，齿轮轴结构；$d_{a2} = 260\text{mm}$，腹板式结构。具体零件图如图 3-7-1 所示。

任务总结

1. 齿轮的类型、特点。

2. 渐开线齿轮的啮合特点：恒定的传动比；中心距有可分性；齿轮的传力方向不变。

3. 齿轮的主要参数：模数、齿数、压力角、分度圆、基圆、齿距等；直齿轮、斜齿轮、锥齿轮、蜗杆传动的参数之间的异同点。

4. 直齿轮、斜齿轮、锥齿轮和蜗杆传动的正确啮合条件、连续传动条件以及齿轮的标准安装。

5. 渐开线齿轮的加工方法：仿形法、范成法。

6. 各类齿轮不根切的最少齿数：直齿圆柱齿轮 $z_{\min} \geqslant 17$；斜齿圆柱齿轮 $z_{\min} \geqslant 17/\cos^3\beta$；直齿圆锥齿轮 $z_{\min} \geqslant 17/\cos\delta$。

7. 标准齿轮与变位齿轮：当变位量 $x = 0$ 时，为标准齿轮；当变位量 $x > 0$ 时，为正变位齿轮;当变位量 $x<0$ 时,为负变位齿轮。正变位齿轮 s_f 增大,s_a 减小;负变位齿轮 s_f 减小,s_a 增大。

变位齿轮可弥补标准齿轮的三大不足:z_{min} 限制、一对齿轮的等强度要求、凑配中心距。

8. 金属材料的力学性能指标:强度、塑性、硬度、冲击韧性、伸长率、疲劳强度和断裂韧性。

9. 金属的晶体结构与结晶。

10. 典型材料的热处理工艺。

11. 齿轮传动的失效形式与设计准则:闭式传动软齿面,通常主要失效形式为齿面点蚀,故先按齿面接触强度设计,求出小齿轮分度圆直径后,再校核齿根弯曲强度。

闭式传动硬齿面先按齿根弯曲强度设计,求出模数,再校核齿面接触强度。

开式传动或铸铁齿轮则按弯曲强度设计出齿轮模数,考虑磨损的影响,将模数 m 增大 10%~20%。低速重载齿轮传动主要失效形式是轮齿塑性变形。

12. 直齿圆柱齿轮的受力分析、强度计算。

13. 斜齿圆柱齿轮、直齿圆锥齿轮、蜗杆传动的受力分析;特别是对斜齿轮轴向力或螺旋线方向的判断。

四种齿轮传动受力分析

14. 轮系的概念、类型、特点及应用。

15. 定轴轮系和周转轮系的传动比计算。计算时应注意:

(1) 正确判断属于何种轮系,选择相应的传动比公式;

(2) 代入公式时要注意代入转速的大小与方向,并设定某一转向为正,另一转向则为负;

(3) 行星齿轮传动比计算要注意各符号的含义。

16. 各类齿轮传动的结构和零件工作图。

实践项目　渐开线齿廓范成法模拟齿轮加工

一、项目目的

(1) 掌握范成法切制渐开线齿廓的原理,观察齿廓曲线形成过程。

(2) 了解齿轮根切的原因和避免根切的方法,建立变位齿轮的概念。

范成法加工齿轮

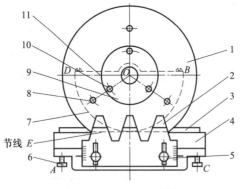

图 3-8-1　齿轮范成仪
1—图纸托盘;2—齿条刀具;3—机架;4—溜板;5—锁紧螺母;6—调节螺钉;7—钢丝;8—定位销;9—压板;10—锁紧螺母;11—半圆盘

二、项目要求

用齿轮范成仪(见图 3-8-1)切制渐开线标准齿轮、正负变位齿轮的 2~3 个齿廓。

三、项目步骤

(1) 根据范成仪尺寸选定被切齿轮的模数和齿数以及正负变位量,计算标准齿轮和正、负变位齿轮的分度圆、齿顶圆和齿根圆,并画在图纸上(各占 120°),沿最大圆+(2~3) mm 剪下毛坯(见图 3-8-2)。

(2) 将毛坯安装在范成仪上,把切齿刀推到极限位置,分别切出标准齿轮、正负变位齿轮（见图 3-8-3）。

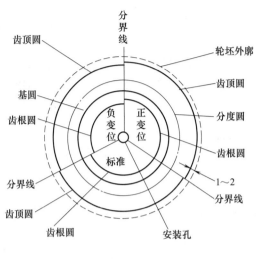
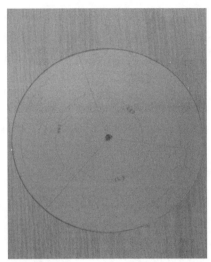

图 3-8-2 轮坯图样

四、项目报告

1. 根据指定范成仪（图 3-8-1）尺寸，确定要加工齿轮的基本参数

$m=$ _____ mm，$\alpha=$ _____，$z=$ _____，$h_a^*=1$，$c^*=0.25$，变位量 $xm=$ _____ mm。

2. 根据计算的结果，完成下面参数的计算并填入对应的表格

3. 范成仪模拟齿轮加工

（1）根据上表计算的结果，将毛坯分为三等份（见图 3-8-2），分别标出正变位齿轮、负变位齿轮、标准齿轮，然后在各自的区域内画出齿顶圆、齿根圆、基圆和分度圆；

（2）完成齿轮的加工；

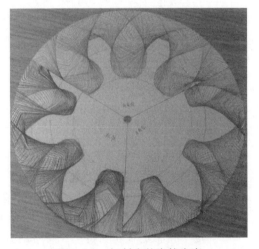

图 3-8-3 切制出的齿轮齿廓

序号	项目	计算公式	计算结果		
			标准齿轮	变位齿轮	
				正变位	负变位
1	分度圆直径	$d=mz$			
2	变位系数	$x=$ 变位量$/m$			
3	齿根圆直径	$d_f=m(z-2h_a^*-2c^*\pm 2x)$			
4	齿顶圆直径	$d_a=m(z+2h_a^*\pm 2x)$			
5	基圆直径	$d_b=mz\cos\alpha$			
6	齿距	$p=\pi m$			
7	分度圆齿厚	$s=m(\pi/2+2x\tan\alpha)$			
8	分度圆齿槽宽	$e=m(\pi/2-2x\tan\alpha)$			
9	齿顶高	$h_a=m(h_a^*\pm x)$			
10	齿根高	$h_f=m(h_a^*+c^*\pm x)$			

(3) 将加工好的轮齿粘贴在空白处（见图3-8-3）。

4. 思考题

(1) 同一齿条刀为什么可加工标准齿轮和变位齿轮？正负变位齿轮与标准齿轮中哪些参数不变，哪些变化，为什么？

(2) 根切现象是如何产生的？避免根切的措施有哪些？

思考与练习

一、填空题

1. 一对渐开线直齿圆柱齿轮正确啮合的条件是_____、_____。一对渐开线斜齿圆柱齿轮正确啮合的条件是_____、_____、_____。（用公式表示）

2. 一对齿轮啮合时，两齿轮的_____圆始终相切。

3. 斜齿圆柱轮通常取_____端的参数为标准值。

4. 正变位齿轮 x _____ 0，刀具_____轮坯中心，该齿轮齿顶厚变_____，齿根厚变_____，基圆_____，当加工 $z<17$ 的标准直齿圆柱齿轮时，若不发生根切，可采用_____变位。

5. 蜗杆传动具有_____性，即只能用_____带动_____。

二、选择题

1. 渐开线齿廓的形状与齿轮的（　　）半径大小有关。
   A. 分度圆　　B. 节圆　　C. 基圆　　D. 渐开线曲率

2. 闭式硬齿面齿轮传动的主要失效形式是（　　）。
   A. 齿面胶合　　　　　　B. 轮齿疲劳折断
   C. 齿面磨粒磨损　　　　D. 轮齿过载折断

3. 理论上，标准直齿圆柱齿轮不产生根切的最小齿数是（　　）。
   A. $z_{min}=14$　　B. $z_{min}=24$　　C. $z_{min}=17$　　D. $z_{min}=21$

4. 一个齿轮上的圆有（　　）。
   A. 齿顶圆和齿根圆
   B. 齿顶圆、分度圆、基圆和齿根圆
   C. 齿顶圆、分度圆、基圆、节圆、齿根圆
   D. 基圆、节圆、齿根圆

5. 确定平行轴定轴轮系传动比符号的方法为（　　）。
   A. 只可用 $(-1)^m$ 确定
   B. 只可用画箭头方法确定
   C. 用画箭头方法确定
   D. 既可用 $(-1)^m$ 确定也可用画箭头方法确定

三、判断题

1. 对于单个齿轮，没有节圆和啮合角。（　　）
2. 斜齿圆柱齿轮的主要优点是制造容易。（　　）
3. 齿轮传动可实现任意轴之间的运动和动力传递。（　　）
4. 齿轮啮合传动时留有顶隙是为了防止齿轮根切。（　　）
5. 一对标准齿轮啮合，其啮合角必然等于压力角。（　　）

四、简答题

1. 常用退火方法有哪些？分别适用于处理哪一类零件？
2. 淬火的目的是什么？淬火加热温度如何选择？常用冷却介质和淬火方式各有哪些？

3. 什么叫回火？回火目的是什么？常用回火方法有哪些？分别适于处理哪类零件？
4. 轮齿的失效形式有哪些？滚动轴承的失效形式有哪些？
5. 什么叫做定轴轮系？什么叫做行星轮系？

五、计算题

1. 如题图 3-1-1 所示为一定轴轮系，$z_1=15$，$z_2=24$，$z_3=20$，$z_4=35$，$z_5=1$，$z_6=60$。（1）在图上画出蜗轮 6 的转向及各齿轮的转向并分析齿轮 3、4、5、6 的轴向力；（2）求传动比 i_{16}。

2. 如题图 3-1-2 所示轮系中，已知 $z_1=z_2=z_4=z_5=20$，求传动比 i_{16}。

3. 一对标准外啮合直齿圆柱齿轮，已知 $z_1=19$，$z_2=57$，$m=4\text{mm}$，$\alpha=20°$，分别计算各齿轮的分度圆直径、齿根圆直径、齿顶圆直径、基圆直径、齿距及齿厚。

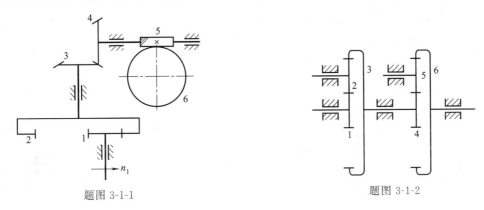

题图 3-1-1　　　　　　　　　　题图 3-1-2

4. 若已知一对标准安装的直齿圆柱齿轮的中心距=210mm，传动比 $i=3$，小齿轮齿数 $z_1=21$，试求这对齿轮的 m、d_1、d_2、d_{a1}、d_{a2}、d_{f1}、d_{f2}、p。

5. 如题图 3-1-3 所示为二级圆柱齿轮减速器，高速级和低速级均为标准斜齿轮传动。

（1）为使Ⅱ轴所承受的轴向力较小，确定齿轮 3、4 的螺旋线方向；

（2）画出齿轮 3、4 在啮合点处所受各分力的方向。

6. 如题图 3-1-4 所示，试确定：（1）蜗轮的转向；（2）蜗杆与蜗轮上作用力的方向。

7. 如题图 3-1-5 所示为蜗杆传动和圆锥齿轮传动的组合。已知输出轴上的锥齿轮 z_4 的转向 n。（1）欲使中间轴上的轴向力能部分抵消，试确定蜗杆传动的螺旋线方向和蜗杆的转向。（2）在图中标出各轮轴向力的方向。

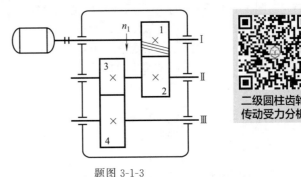

题图 3-1-3

8. 一单级闭式直齿圆柱齿轮传动，已知：传递功率 $P=12\text{kW}$，转速 $n_1=960\text{r/min}$，齿数 $z_1=25$，$z_2=75$。单向转动，载荷平稳，电动机驱动。试问这对齿轮能否满足强度要求而安全工作？

9. 如题图 3-1-6 所示为二级斜齿圆柱齿轮减速器和一对开式锥齿轮所组成的传动系统。已知动力由轴Ⅰ输入，转动方向如图所示，为使轴Ⅱ和轴Ⅲ的轴向力尽可能小，试确定减速器中各斜齿轮的轮齿旋向，并画出每对齿轮在啮合处的受力方向。

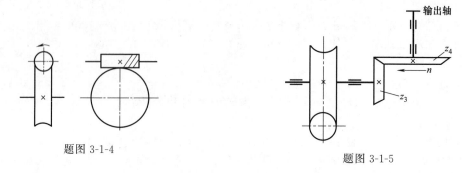

题图 3-1-4　　　　　　　题图 3-1-5

10. 如题图 3-1-7 所示为直齿圆锥齿轮和斜齿圆柱齿轮组成的两级传动装置，动力由轴Ⅰ输入，轴Ⅲ输出，轴Ⅲ的转向如图箭头所示，试分析（1）在图中画出各轮的转向；（2）为使中间轴Ⅱ所受的轴向力可以抵消一部分，确定齿轮 3、4 的螺旋方向；（3）画出圆锥齿轮 2 和斜齿轮 3 所受各分力的方向。

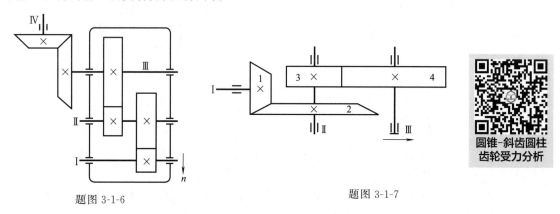

题图 3-1-6　　　　　　　题图 3-1-7

11. 题图 3-1-8 所示轮系中，已知各齿轮的齿数为 $z_1=z_2=20$，$z_3'=26$，$z_4=30$，$z_4'=22$，$z_5=34$。试求齿轮 3 的齿数 z_3 及轮系传动比 i_{15}。

12. 在题图 3-1-9 所示的周转轮系中，已知轮 3 的转速 $n_3=2400\text{r/min}$，各轮的齿数 $z_1=105$，$z_3=135$，试求行星架 H 的转速。

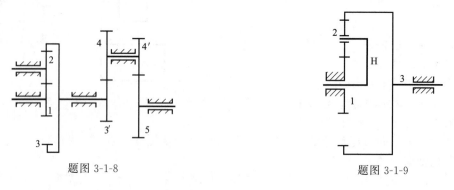

题图 3-1-8　　　　　　　题图 3-1-9

任务四
轴的设计

教学目标

知识目标：
① 掌握轴的种类、特性及应用；
② 掌握轴的设计原则和设计内容。

能力目标：
① 选择轴的材料及热处理工艺；
② 进行轴的结构设计；
③ 判断轴的类型并进行强度设计；
④ 选择相关标准件的型号并进行强度寿命校核。

任务导入

本任务以轴的设计为载体，通过对轴的类型、选材、结构设计、强度设计等内容的分析，使学生掌握轴系材料的选择、结构的设计、强度校核等教学内容。由于教学内容主要讲解轴系基本变形的强度分析，工作任务单中需要解决发生弯扭组合变形的减速器输出轴设计问题，不仅要求学生扎实掌握教学内容，还要提升综合运用所学知识解决复杂问题的能力。通过对本任务的学习，学生可以掌握各种类型轴系的选材、结构设计、强度设计的基本方法。具体工作任务单见表 4-0-1。

表 4-0-1 工作任务单

课程名称	机械设计应用
任务名称	减速器输出轴的设计
一、任务描述	

设计图 4-0-1 所示输送机传动装置中齿轮减速器输出轴。

已知：输出轴的转速 $n=76.4\text{r/min}$，传递的功率 $P=3.45\text{kW}$，齿轮轮毂宽度 $B=70\text{mm}$，齿数 $z=128$，模数 $m=2\text{mm}$，输送机工作时单向运转，载荷平稳。

根据上述条件，完成以下内容：
1. 根据传动方案总体设计、带传动设计、齿轮传动设计的成果，确定轴的设计内容，拟定设计方案；
2. 选择适当的设计参数，进行设计计算；
3. 完成设计说明书的编写；
4. 绘制输出轴的零件工作图。

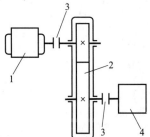

图 4-0-1 输送机传动装置
1—电动机；2—圆柱直齿轮传动；
3—联轴器；4—输送机

二、任务目的
1. 掌握轴材料选择方法；
2. 掌握轴结构设计方法；
3. 掌握轴强度设计方法。

续表

三、任务实施流程

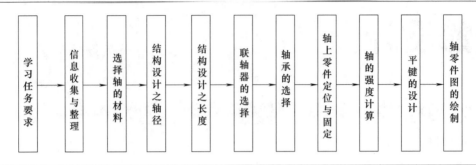

学习任务要求 → 信息收集与整理 → 选择轴的材料 → 结构设计之轴径 → 结构设计之长度 → 联轴器的选择 → 轴承的选择 → 轴上零件定位与固定 → 轴的强度计算 → 平键的设计 → 轴零件图的绘制

四、提交成果

1. 轴的结构设计及强度校核；
2. 轴的设计说明书；
3. 轴的零件图。

知识链接

模块一　轴的分类、选材及加工工艺

　　轴是各种机器上的重要零件，它是用来支承机器中的回转零件（如齿轮、带轮、凸轮等），使回转零件具有确定的工作位置。所有作回转运动的转动零件都必须安装在轴上才能传递运动和转矩。

一、轴的分类

（一）按照承受载荷的不同分类

1. 传动轴

　　主要用来传递转矩不承受或承受很小的弯矩的轴。如图 4-1-1 所示的连接汽车变速箱与后桥差速器的传动轴。

传动轴

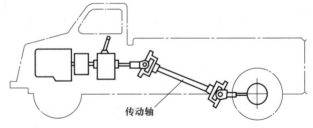

图 4-1-1　汽车传动轴

2. 心轴

　　只承受弯矩而不传递转矩的轴。按其是否转动又分为转动心轴和固定心轴两种。如图 4-1-2（a）所示的火车轮轴为转动心轴，它与火车轮用过盈配合固定在一起，随车轮一起转动。如图 4-1-2（b）所示的三轮车前轮为固定心轴，当三轮车前轮转动时，轴固定不动。

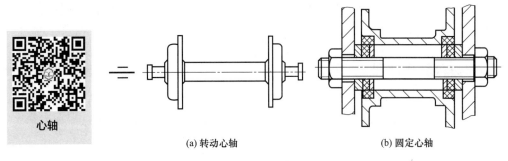

(a) 转动心轴　　　　　　　　(b) 固定心轴

图 4-1-2　心轴

3. 转轴

既承受弯矩又同时传递转矩的轴。它是机械中最常见的轴，如图 4-1-3 所示减速器中的输出轴。

（二）按照轴线形状不同分类

1. 直轴

直轴是一般机械中最常用的轴。直轴根据横截面的不同，又分为光轴和阶梯轴两种。如图 4-1-4 (a) 所示为光轴。光轴为等截面直轴，制造简单，但轴上零件不易定位；如图 4-1-4（b）所示为阶梯轴，阶梯轴为变截面直轴，各截面接近等强度，轴上零件容易定位，在一般机械中应用最广泛。

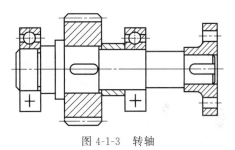

图 4-1-3　转轴

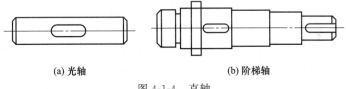

(a) 光轴　　　　　　　(b) 阶梯轴

图 4-1-4　直轴

2. 曲轴

如图 4-1-5 所示，常用于往复式机械（如发动机、空气压缩机、内燃机等），它可以通过连杆及滑块将回转运动转变为直线往复运动，曲轴属于专用零件，本书不做专门论述，请参阅相关资料。

3. 挠性轴

如图 4-1-6 所示，挠性轴具有良好的挠性，常用于医疗器械、汽车里程表和电动的手持小型机具（如铰孔机等）的传动装置中。

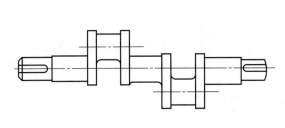

图 4-1-5　曲轴

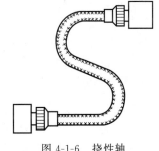

图 4-1-6　挠性轴

(三) 实心轴和空心轴

多数直轴为实心轴，为减轻轴的重量，可将轴制成空心的，空心轴中空还可用来输送润滑油或放置棒料，如车床主轴。为保证空心轴的刚度及扭转稳定性，其内径与外径的比值通常为 0.5～0.6。

二、轴的材料及热处理

轴的材料是决定轴承载能力的重要因素，轴承受的载荷通常为交变应力，因此，轴的失效多为疲劳破坏。选择轴的材料应主要考虑的是：具有足够的抗疲劳强度，对应力集中的敏感性小，与滑动零件接触的表面应有足够的耐磨性，同时还要考虑制造的工艺性及经济性。

轴的材料主要采用碳素钢（常经调质处理）和合金钢。

碳素钢比合金钢价格便宜，对应力集中的敏感性低，中碳钢经过热处理后，能获得良好的综合力学性能（强度、刚度、塑性、韧性等），故应用广泛。常用的碳素钢有 30、35、40、45 和 50 钢，其中最常用的是 45 钢。对于不重要或受载较小的轴，可以使用 Q235、Q275 等普通碳素钢。

合金钢的机械强度高，淬火性能好，但对应力集中的敏感性较高，价格也较贵，因此多用于高速、重载及要求耐磨、耐高温或低温等特殊条件的场合。

需要注意的是，在常温下合金钢与碳素钢的弹性模量相差很小，因此，用合金钢代替碳素钢并不能提高轴的刚度。

轴的毛坯一般采用热轧圆钢或锻件。大直径或重要的轴常采用锻造毛坯，中小直径的轴常采用轧制圆钢毛坯。对于某些结构形状复杂的轴（如曲轴、凸轮轴等）也可采用球墨铸铁代替锻钢，这类材料容易浇铸成所需要的形状，而且有良好的吸振性，价格低廉，对应力集中敏感性低。轴常用材料及力学性能见表 4-1-1。

表 4-1-1 轴的常用材料及主要力学性能

材料牌号	热处理类型	毛坯直径 /mm	硬度（HBS）	抗拉强度 σ_b /MPa	屈服点 σ_s /MPa	应用说明
Q235	热轧或锻后空冷	>16～150		375～500	225～195	用于不重要的轴
Q275				400～540	265～225	
35	正火	≤100	149～187	520	270	用于一般轴
		>100～300	143～187	500	260	
	调质	≤100	156～207	560	300	
		>100～300		540	280	
45	正火	≤100	170～217	600	300	用于强度高、韧性中等的重要轴
		>100～300	162～217	580	290	
	调质	≤200	217～255	650	360	
40Cr	调质	25	≤207	1000	800	用于强度高、强烈磨损、冲击小的重要轴
		≤100	241～286	750	550	
		>100～300		700	500	
35SiMn	调质	≤100	229～286	800	520	可代替 40Cr，用于中小型轴
42SiMn	调质					
40MnB	调质	≤200	241～286	750	500	可代替 40Cr，用于小型轴

注：表中数据分别摘自 GB/T 700—2006，GB/T 699—2015，GB/T 3077—2015。

模块二　轴的结构设计

轴的结构设计就是确定轴的形状和尺寸。由于影响轴结构的因素很多，如轴上作用载荷的大小及分布情况、轴上零件的布置及固定方式、轴承的类型及尺寸、轴的加工及装配的工艺性等。所以轴不像齿轮和带轮那样有典型的结构形式，需要根据具体情况确定较合理的结构。

在进行轴的结构设计时，主要应满足以下几方面的基本要求：轴的受力合理，有利于提高轴的强度和刚度，节约材料，减轻重量；轴上零件定位准确，固定可靠；便于轴上零件的装拆、调整和轴的加工。

如图 4-2-1 所示为一阶梯形转轴的结构简图，轴与轴承配合的部分称为轴颈；与其他回转零件配合的部分称为轴头；连接轴头和轴颈的部分称为轴身。

轴结构设计步骤和内容包括以下几方面：

（1）确定轴上零件布置方案并绘制布置图。

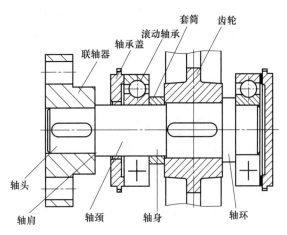

图 4-2-1　阶梯形转轴结构简图

根据传动方案的总体布置确定轴上零件的布置方案并绘图，如图 4-2-2（a）所示。

（2）拟定轴上零件的装配方案。

装配方案与轴的结构形式密切相关，不同的装配方案会得出不同的结构形式，通常需要拟定几种不同方案，综合考虑轴上零件的定位、固定及装拆方式，以便进行分析比较，选出最佳方案。

如图 4-2-2（b）所示的阶梯轴，从左端装拆的零件有：左轴承和轴承盖。从右端装拆的零件有：齿轮、套筒、右轴承和轴承盖、联轴器。

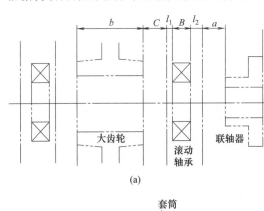

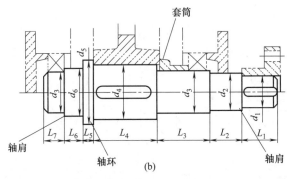

滚动轴承的安装

图 4-2-2　轴的结构设计

（3）轴上零件的定位和固定。

（4）确定轴径和轴段长度。

（5）满足轴结构工艺性的要求。

① 轴的结构形状和尺寸要尽量满足加工、装配和维修的要求。

设计轴时，在形状上要力求简单，阶梯轴上的台阶数不宜过多，因为多加工一个台阶，就要多一次对刀、调整以及改换量具，台阶数增多使轴上应力集中区域增多，轴发生疲劳破坏的可能性也随之增大。轴上各段的键槽、圆角半径、倒角、中心孔等尺寸要尽可能统一，轴上有多处键槽时，一般应使各键槽位于同一母线上，并尽量采用同一规格尺寸。为了便于装配零件，轴端要制出 45°的倒角并去掉毛刺。当轴的某段需车制螺纹或磨削加工时，应留有螺纹退刀槽［见图

4-2-3（a）]或砂轮越程槽［见图 4-2-3（b）］。具体尺寸可参看相关标准或手册。

② 减小应力集中，提高轴的抗疲劳强度。

合理布置并设计轴上零件，以减小轴的载荷；改进轴的结构以减小应力集中的影响，对阶梯轴相邻轴段直径不宜相差太大，过渡圆角半径不宜太小，尽量避免在轴上开横孔、凹槽和加工螺纹；通过降低表面粗糙度，采用碾压、喷丸和表面热处理等工艺改进轴的表面质量以提高轴的抗疲劳强度。

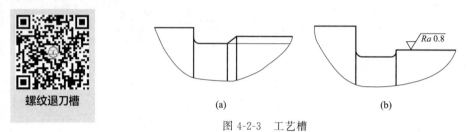

图 4-2-3 工艺槽

在进行轴的结构设计时，轴和轴上零件的结构、工艺以及轴上零件的安装布置等都对轴的强度、刚度有很大影响，应综合考虑各方面因素比较确定。

轴结构设计的核心内容是轴上零件的定位、固定及轴径、轴段长度的确定，因此必须掌握轴上零件的定位、固定方法，轴径、轴段长度的计算方法。

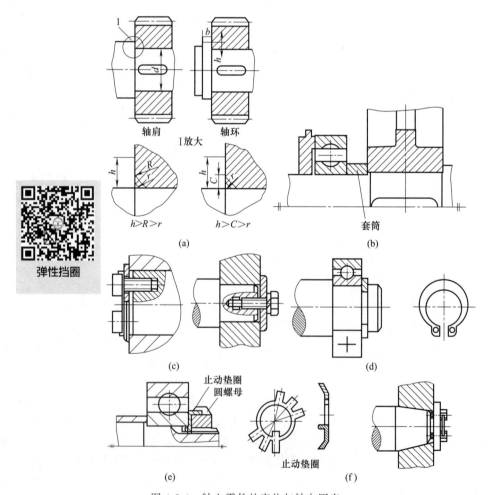

图 4-2-4 轴上零件的定位与轴向固定

一、轴上零件的定位和固定方法

（一）轴上零件的定位

轴上零件
的固定

定位是为了保证轴上零件有准确的安装位置。轴上零件定位多用轴肩和轴环。在图4-2-4（b）中，齿轮靠轴环定位，联轴器和左轴承靠轴肩定位，右轴承通过套筒和齿轮也靠轴环间接定位。为了保证定位准确，轴肩或轴环处的圆角半径 r 必须小于轮毂的圆角 R 或倒角 C，定位轴肩的高度取 $h=(2\sim3)C$ 或 $h=(0.07\sim0.1)d$（d 为配合轴径），非定位轴肩高取 $1\sim2$mm，轴环宽度 $b\approx1.4h$，如图 4-2-4（a）所示。

（二）轴上零件的轴向固定

轴上零件轴向固定的目的是使其准确而可靠地处在规定的位置。如图 4-1-1 所示的齿轮靠轴环和套筒实现轴向固定；左轴承靠套筒和轴承盖轴向固定；右轴承靠轴肩和轴承盖轴向固定；联轴器靠轴肩和另一半与它相连的联轴器（图中未画出）轴向固定。常用的轴向固定方法有以下几种。

（1）轴肩和轴环　如图 4-2-4（a）所示，能承受较大的轴向力，加工方便，固定可靠，应用最广泛。

（2）套筒　如图 4-2-4（b）所示，能承受较大的轴向力，固定可靠，多用于两个相距不远的零件之间的双向固定。

（3）轴端挡圈　如图 4-2-4（c）所示，能承受较大的轴向力和冲击载荷，常用于外伸轴端处零件的固定。

（4）弹性挡圈　如图 4-2-4（d）所示，结构简单，装拆方便，但承受轴向力小，可靠性差，常用作滚动轴承的轴向固定。

（5）圆螺母与止动垫圈　如图 4-2-4（e）所示，固定可靠，能承受较大的轴向力，常用于零件与轴承之间距离较大且轴上允许车制螺纹的场合，可实现轴上零件的位置调整。

（6）锥面结构　如图 4-2-4（f）所示，能承受冲击载荷，装拆方便，常用于对中性要求高或需要经常拆卸的场合。

（三）轴上零件的周向固定

为了保证轴可靠地传递运动和转矩，避免轴上零件与轴发生相对转动，轴上零件应进行周向固定。常用的周向固定方法有：过盈配合、平键、花键、紧定螺钉、圆锥销等。如图 4-2-5 所示。齿轮与轴通常采用过盈配合与平键连接；滚动轴承则用较紧的过盈配合；受力小或光轴上的零件可用紧定螺钉固定；受力大且要求零件作轴向移动时用花键连接。

二、轴径和轴段长度的计算

根据轴上零件的固定方法、装拆顺序、各轴段所受载荷大小等定出各轴段的直径并应满足强度和刚度的要求。轴的长度应根据轴上零件的宽度以及各零件之间的相互配置确定。

（一）确定各轴段的直径

（1）一般用计算法或类比法（参考其他同类机械或凭经验）来确定轴上最小部分的最小轴径。如图 4-2-2（b）中轴外伸端装联轴器处的直径 d_1。

（2）联轴器与滚动轴承之间的轴段直径 d_2 应大于 d_1，以便形成轴肩，使联轴器定位。

（3）安装滚动轴承处的轴径 d_3 应大于 d_2 并符合轴承内径。这样做既便于轴承的装拆又可节省轴的加工费用，因为装轴承的轴段加工精度要求高，把它单独做成一个轴段，可以

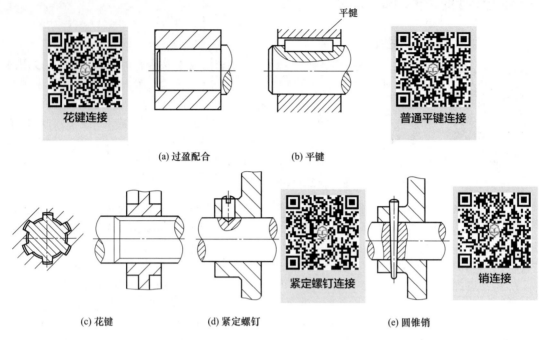

图 4-2-5　轴上零件的周向固定

节省精加工的工时。

（4）安装齿轮处的直径 d_4 应大于 d_3，可使齿轮方便地装拆并避免装拆时划伤轴颈表面。齿轮定位靠左端轴环，轴环直径 d_5 应大于 d_4，保证定位可靠。

（5）为装配方便，同一轴上两端轴承采用相同的型号，故左端轴承处的轴径也为 d_3。

（6）在确定 d_6 时，除了要满足左端轴承的定位要求外，还应保证轴承装拆方便。

在确定轴上各个配合处的直径时要注意以下几点：

① 与滚动轴承配合的轴颈直径，必须符合滚动轴承的内径系列。

② 安装联轴器的轴头直径，必须与联轴器的孔径相适应。

③ 轴上螺纹部分必须符合螺纹的标准。

④ 轴上键的部分必须符合键的标准。

⑤ 各段配合直径均应采用标准值，标准直径见表 4-2-1。

表 4-2-1　轴的标准直径（GB/T 1569—2005）

12	14	16	18	19	20	22	24	25	28	30	32	35	38	40	42	45	48
50	53	57	60	63	65	70	71	75	80	85	90	95	100	110	120	125	130

（二）确定各轴段的长度

（1）为使套筒、轴端挡圈、圆螺母等能可靠地压紧在轴上零件的端面，轴头的长度通常比轮毂宽度 b 小 2~3mm。

（2）轴颈处的轴段长度应与轴承宽度 B 相匹配。

（3）回转件与箱体内壁间的距离为 10~15mm；轴承端面距箱体内壁约为 5~10mm；联轴器或带轮与轴承盖间的距离通常取 10~15mm；套筒长度一般取 15~25mm。

（4）其他轴段长度应根据结构、装拆要求确定。

模块三 轴 承

轴承是用于确定旋转轴与其他零件相对运动位置,并起支承或导向作用的零部件。

一、轴承的作用及要求

(一) 轴承的作用

(1) 支承轴及轴上零件,并保持轴的旋转精度;
(2) 减少转轴与支承之间的摩擦和磨损。

(二) 轴承的要求

轴承应满足如下基本要求:
(1) 能承担一定的载荷,具有一定的强度和刚度。
(2) 具有小的摩擦力,使回转件转动灵活。
(3) 具有一定的支承精度,保证被支承零件的回转精度。

二、轴承分类

按照轴承与轴工作表面间摩擦性质的不同,分为滑动轴承与滚动轴承;而每一类轴承,按其所受的载荷方向不同,又可分为向心(径向)轴承、推力(止推)轴承和向心推力(径向止推)轴承。滑动轴承适用于高速、高精度、重载荷和有较大冲击的场合以及不重要的低速机械中。滚动轴承适用于一般载荷和一般速度的场合。

三、滚动轴承

在滚动摩擦下运转的轴承称为滚动轴承。

(一) 滚动轴承的特点

(1) 类型多,能适应一般的载荷、转速范围和运转精度,因而应用广泛;
(2) 启动和运转时摩擦阻力小,效率高;
(3) 已标准化,有专业工厂大量生产,价格便宜;
(4) 高速运转时有噪声,寿命不长;
(5) 承受冲击载荷的能力较差;
(6) 轴承不能剖分,在长轴或曲轴的中间部分由于安装困难,往往不能使用滚动轴承。

通常,在滚动轴承和滑动轴承都满足使用要求时,宜优先选用滚动轴承。

(二) 滚动轴承的结构

滚动轴承的基本结构可用图 4-3-1 的球轴承来说明,包括内圈、外圈、滚动体及保持架四个部分。

内圈及外圈一方面支持着滚动体,另一方面分别与轴及机座固定,以便组成支承总体。内圈及外圈可分别为旋转或固定件,也可都是旋转件。

保持架用减摩材料做成,如软钢、铜、胶木、塑料等,它的作用是使滚动体能够等距离地分布在轴承之

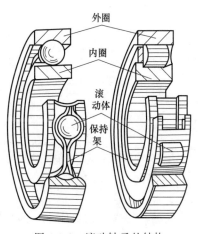

图 4-3-1 滚动轴承的结构

内,并能引导滚动体运动,改善轴承内部的润滑性能。

滚动体的形状是多种多样的,常用的有球、圆柱滚子、圆锥滚子、球面滚子、滚针等形状,如图4-3-2所示。它们的数量、形状及大小直接影响滚动轴承的承载能力及使用性能。

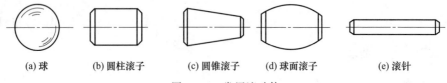

(a) 球　　(b) 圆柱滚子　　(c) 圆锥滚子　　(d) 球面滚子　　(e) 滚针

图 4-3-2　常用滚动体

在推力轴承中没有内圈和外圈,但有紧圈及活圈。活圈与机壳固定,紧圈与轴固定。滚动体在内、外圈的滚道内运动时,接触处产生滚动摩擦。

(三) 滚动轴承的分类

1. 按滚动体的形状不同分类

(1) 球轴承　滚动体为球体的轴承称为球轴承。由于球和内外圈滚道都为点接触,所以承载能力和刚度都较低,又不耐冲击,但球轴承的制造工艺简单,极限转速较高,价格便宜,故应用最广泛。

(2) 滚子轴承　滚动体为圆柱或圆锥体的轴承都称为滚子轴承。滚子与内外圈滚道为线接触,有较高的承载能力、刚度和耐冲击能力,但制造工艺较球轴承复杂,价格也比球轴承高。

2. 按公称接触角 α 的大小分类

公称接触角 α 是指滚动体与外圈接触处的法线与径向平面之间的夹角。α 越大,滚动轴承所能承受的轴向载荷越大,各类球轴承的公称接触角见表4-3-1。

(1) 向心轴承　向心轴承主要承受径向载荷,可分为以下几种。

① 径向接触轴承($\alpha=0°$):主要承受径向载荷,也可承受较小的轴向载荷,如深沟球轴承、调心轴承等。

表 4-3-1　各类球轴承的公称接触角

轴承类型	向心轴承		推力轴承	
	径向接触	向心角接触	推力角接触	轴向接触
公称接触角 α	$\alpha=0°$	$0°<\alpha\leqslant45°$	$45°<\alpha<90°$	$\alpha=90°$
图例	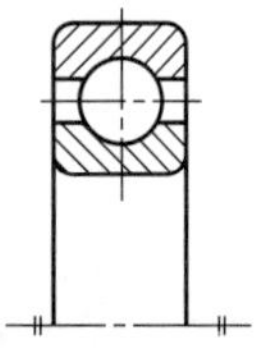	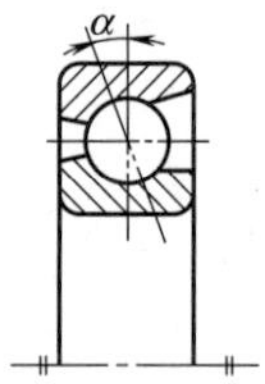		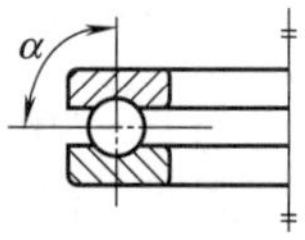

② 向心角接触轴承($0°<\alpha\leqslant45°$):能同时承受径向载荷和轴向载荷的联合作用。如角接触球轴承、圆锥滚子轴承等。其接触角越大,承受轴向载荷的能力越强。圆锥滚子轴承能同时承受较大的径向和单向轴向载荷,内、外圈沿轴向可以分离,装拆方便,间隙可调。有的向心轴承不能承受轴向载荷,只能承受径向载荷,如圆柱滚子轴承、滚针轴承等。

(2) 推力轴承　推力轴承只能或主要承受轴向载荷,可分为以下几种。

① 轴向推力轴承($\alpha=90°$):只能承受轴向载荷,如单、双向推力球轴承、推力滚子轴承等。推力球轴承两个套圈的内孔直径不同。直径较小的套圈紧配在轴颈上,称为轴圈;直径较大的套圈安放在机座上,称为座圈。由于套圈上滚道深度浅,当转速较高时,滚动体的离心力较大,轴承对滚动体的约束力不够,故允许的转速较低。

② 推力角接触轴承（45°＜α＜90°）：主要承受轴向载荷，也可承受较小的径向载荷，如推力调心球面滚子轴承等。

常用滚动轴承的基本类型和特性见表 4-3-2。

表 4-3-2　常用滚动轴承的基本类型和特性

类型代号	简图	类型名称	结构代号	极限转速	轴向承载能力	性能和特点
1		调心球轴承	10000	中	少量	因为外圈滚道表面是以轴承轴线中点为中心的球面，故能自动调心，允许内圈（轴）对外圈（外壳）轴线偏斜量≤2°～3°，一般不宜承受纯轴向载荷
2		调心滚子轴承	20000	低	少量	性能、特点与调心球轴承相同，但具有较大的径向承载能力，允许内圈对外圈轴线偏斜
3		圆锥滚子轴承	30000	中	较大	可以同时承受径向载荷及轴向载荷（30000 型以径向载荷为主，30000B 型以轴向载荷为主）。外圈可分离，安装时可调整轴承的游隙，一般成对使用
5		推力球轴承	51000	低	只能承受单向轴向载荷	为了防止钢球与滚道之间的滑动，工作时必须加有一定的轴向载荷。高速时离心力大，钢球与保持架磨损，发热严重，寿命降低，故极限转速很低。轴线必须与轴承座底面垂直，载荷必须与轴线重合，以保证钢球载荷的均匀分配
		双向推力球轴承	52000	低	能承受双向轴向载荷	
6		深沟球轴承	60000	高	少量	主要承受径向载荷，也可同时承受小的轴向载荷。当量摩擦系数最小。在高转速时，可用来承受纯轴向载荷。工作中允许内、外圈轴线偏斜量≤8′～16′，大量生产，价格最低
7		角接触球轴承	70000	高	大	可以同时承受径向及轴向载荷，也可以单独承受轴向载荷。能在较高转速下正常工作。由于一个轴承只能承受单向的轴向力，因此，一般成对使用，承受轴向载荷的能力由接触角α决定

续表

类型代号	简图	类型名称	结构代号	极限转速	轴向承载能力	性能和特点
N		外圈无挡边的圆柱滚子轴承	N0000	高	无	外圈（或内圈）可以分离，故不能承受轴向载荷。滚子由内圈（或外圈）的挡边轴向定位，工作时允许内、外圈有少量的轴向错动。有较大的径向承载能力，但内外圈轴线的允许偏斜量很小（$2'\sim 4'$）
		内圈无挡边的圆柱滚子轴承	NU0000			
		内圈有单挡边的圆柱滚子轴承	NJ0000		少量	

（四）滚动轴承的代号

按 GB/T 272—2017 的规定，滚动轴承代号由基本代号、前置代号和后置代号组成。滚动轴承的端面上通常印有该轴承的代号。格式为：

| 前置代号 | 基本代号 | 后置代号 |

1. 前置代号

在基本代号之前用来说明成套轴承各部分的分部件的特点，用字母表示，一般可省略。

2. 基本代号

基本代号表示轴承的基本类型、结构和尺寸，是轴承代号的基础。基本代号由轴承类型代号、尺寸系列代号及内径代号 3 部分构成：

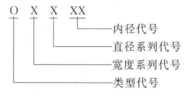

（1）类型代号　滚动轴承的类型代号用数字或大写拉丁字母表示，即有 0、1、2、3、4、5、6、7、N 和 NA 共 10 类，经常使用的有 8 类，见表 4-3-2。

有关滚动轴承代号更详细的内容及表示方法可查阅滚动轴承手册。

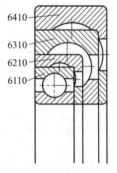

图 4-3-3　尺寸系列对比

（2）尺寸系列代号　直径系列代号和宽度系列代号统称为尺寸系列代号。

直径系列代号：表示同一内径，不同外径的轴承系列。

宽度系列代号：表示内、外径相同，宽度（对推力轴承指高度）不同的轴承系列。

图 4-3-3 所示为不同尺寸系列的深沟球轴承示意图，滚动轴承尺寸系列代号见表 4-3-3。

（3）内径代号　右起第一、二两位数字表示轴承内径，表示方法见表 4-3-4。

表 4-3-3　尺寸系列代号

直径系列代号		向心轴承			推力轴承	
		宽度系列代号			高度系列代号	
		(0)	1	2	1	2
		窄	正常	宽	正常	
		尺寸系列代号				
0	特轻	(0)0	10	20	10	
1		(0)1	11	21	11	
2	轻	(0)2	12	22	12	22
3	中	(0)3	13	23	13	23
4	重	(0)4	—	24	14	24

表 4-3-4　常用轴承内径代号

内径代号	00	01	02	03	04～99
轴承内径/mm	10	12	15	17	数字×5

3. 后置代号

紧接在基本代号之后或与基本代号以"—""/"分隔表示。下面介绍几个常用的代号。

(1) 内部结构代号　表示同一类型轴承的不同内部结构。如角接触球轴承后置代号中的C、AC、B分别表示其公称接触角的大小为15°、25°、40°。

(2) 公差等级代号　轴承的公差等级分为2、4、5、6、6x和0级，共六个级别，从高级到低级排列。标注为/P0、/P6x、/P6、/P5、/P4和/P2，其中0为普通级，一般不标注，在说明轴承代号含义时必须叙述。

(3) 游隙代号　游隙是指内外圈之间沿径向或轴向的相对移动量。常用的轴承径向游隙系列分为1、2、0、3、4、5共六组，依次由小到大。标注为/C1、/C2、/C0、/C3、/C4、/C5，其中0组为基本游隙，可省略不标注，在说明轴承代号含义时也不叙述。

【例 4-3-1】　说明6210、72211AC/P2、57220代号的含义。

解：6210为深沟球轴承，尺寸系列02，其中宽度系列0，直径系列2，轴承内径为50mm，公称接触角$\alpha=25°$，公差等级P0级。

72211AC/P2为角接触球轴承，尺寸系列22，其中宽度系列2，直径系列2，公称接触角$\alpha=25°$，轴承内径55mm，公差等级P4级。

57220为推力球轴承，尺寸系列72，其中高度系列7，直径系列2，轴承内径100mm，公差等级P0级。

(五) 滚动轴承的选用

1. 滚动轴承类型的选择

滚动轴承类型的选择，应根据轴承的实际工作条件，合理选择轴承类型和型号。一般应考虑下列因素：

(1) 载荷和转速　转速较高、载荷较小、要求旋转精度较大且有冲击时，应选用滚子轴承；仅承受径向载荷，应选用向心轴承；只承受轴向载荷时，则选用推力轴承；同时承受径向和轴向载荷的轴承，当轴向载荷与径向载荷相比较小时，可选用深沟球轴承、接触角α较小的角接触球轴承或圆锥滚子轴承；如轴向载荷较大时，则应选用接触角α较大的角接触球轴承、加大型圆锥滚子轴承或向心轴承和推力轴承的组合结构。

(2) 调心和安装要求　当轴的支点跨度较大、工作中弯曲变形较大或两轴承座孔的同轴度较差时，应选用调心轴承；轴承的尺寸确定后，径向空间受限时，选用外径较小的尺寸系列或滚针轴承；轴向空间受限时，选用宽度较窄的尺寸系列；在经常装拆或装拆比较困难的场合，应选用内外圈可分离的圆柱或圆锥滚子轴承。

(3) 经济性 从经济性角度考虑，球轴承比滚子轴承价廉，同型号轴承，精度越高，价格越贵。因此，在满足使用要求的情况下，尽可能选球轴承或普通精度轴承。

2. 滚动轴承的失效形式

滚动轴承尺寸选择的基本准则是根据轴承的失效形式建立的。其失效形式和计算准则如下。

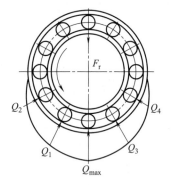

图 4-3-4 滚动轴承载荷分布图

(1) 疲劳点蚀 如图 4-3-4 所示，滚动轴承工作时，滚动体与滚道接触面受变应力的作用，滚动轴承的失效形式主要是疲劳点蚀。对于以疲劳点蚀为主要失效形式的轴承，应按照额定动载荷进行寿命计算。

(2) 塑性变形 滚动轴承在转速较低时，可能因很大静载荷的作用，使轴承滚道或滚动体工作面上产生过大的塑性变形，导致轴承不能正常工作。对于低速重载或受冲击载荷的轴承应该进行静强度计算。

(3) 磨损 高速工作的轴承，由于使用维护和保养不当等原因，常常会引起轴承磨损甚至胶合，因其影响因素十分复杂，只能采取适当地润滑和密封，限制其工作转速等预防措施。

（六）滚动轴承的寿命计算

1. 滚动轴承的寿命计算基本概念

大部分滚动轴承的失效形式是疲劳点蚀。对于单个轴承，从开始工作，到任一轴承元件出现疲劳点蚀前的总转数，或在一定转速下的工作小时数，称为滚动轴承的寿命。

(1) 基本额定寿命 L 大量实验表明，同一型号、同批次生产，在相同载荷、温度、润滑等工作条件下运转的轴承，其寿命各不相同，分布离散，最高寿命和最低寿命甚至相差几十倍。因而轴承的寿命不能以某个轴承的试验结果为标准，因此，引入数理统计的寿命概念，以基本额定寿命作为计算选用轴承的依据。

基本额定寿命是指一批相同型号的轴承，在相同的工作条件下运转，90%的轴承不发生疲劳点蚀前的总转数 L_{10}（单位：10^6 r），或在一定转速下的工作小时数 L_h。

(2) 基本额定动载荷 C 标准中规定使轴承的寿命恰好为 10^6 r 时所能承受的载荷值 C 即为该轴承的基本额定动载荷，它表示轴承抵抗点蚀破坏的能力。对于向心轴承指径向载荷，用 C_r 表示；对于推力轴承指轴向载荷，用 C_a 表示；对于角接触轴承，指其径向分量。各类轴承的基本额定动载荷 C_r 和 C_a 值可在轴承手册中查得。

(3) 当量动载荷 P 滚动轴承的基本额定动载荷是在向心轴承和角接触轴承只承受径向载荷、推力轴承只承受轴向载荷的特定实验条件下测得的，而滚动轴承在实际工作时，可能同时承受径向和轴向载荷，所以必须把实际载荷换算成与基本额定动载荷的载荷条件相同的假想载荷，这个假想载荷称为当量动载荷，用 P 表示。计算公式为

$$P = f_P(XF_r + YF_a) \tag{4-3-1}$$

式中，f_P 为考虑载荷性质引入的载荷系数，其值见表 4-3-5；F_r、F_a 为径向、轴向载荷；X、Y 为径向、轴向载荷系数。

X、Y 值可由表 4-3-6 查得。对于只承受径向载荷的轴承，$P = f_P F_r$；对于只承受轴向载荷的轴承，$P = f_P F_a$。

表 4-3-5 载荷系数

载荷性质	f_P	举 例
无冲击或轻微冲击	1.0～1.2	电机、汽轮机、通风机等
中等冲击	1.2～1.8	车辆、动力机械、起重机、造纸机、冶金机械、木材加工机械、传动装置、机床等
强大冲击	1.8～3.0	破碎机、轧钢机、钻探机、振动筛

表 4-3-6 径向和轴向载荷系数

轴承类型		相对轴向载荷 F_a/C_{0r}	e	$F_a/F_r>e$		$F_a/F_r \leq e$	
				X	Y	X	Y
深沟球轴承 (60000 型)		0.014	0.19	0.56	2.30	1	0
		0.028	0.22		1.99		
		0.056	0.26		1.71		
		0.084	0.28		1.55		
		0.11	0.30		1.45		
		0.17	0.34		1.31		
		0.28	0.38		1.15		
		0.42	0.42		1.04		
		0.56	0.44		1.00		
角接触球轴承	$\alpha=15°$ (70000C 型)	0.015	0.38	0.44	1.47	1	0
		0.029	0.40		1.40		
		0.058	0.43		1.30		
		0.087	0.46		1.23		
		0.12	0.47		1.19		
		0.17	0.50		1.12		
		0.29	0.55		1.02		
		0.44	0.56		1.00		
		0.58	0.56		1.00		
	$\alpha=25°$ (70000AC 型)	—	0.68	0.41	0.87	1	0
	$\alpha=40°$ (70000B 型)		1.14	0.35	0.57	1	0

2. 滚动轴承的寿命计算

滚动轴承的载荷与寿命之间的疲劳曲线关系如图 4-3-5 所示。该曲线的方程为

$$P^\varepsilon L_{10} = C^\varepsilon \times 1 = 常数 \tag{4-3-2}$$

根据上述公式,考虑轴承在高温条件下(≥20℃)工作时的温度修正系数 f_t,得出滚动轴承寿命计算的基本公式为

$$L_{10} = \left(\frac{f_t C}{P}\right)^\varepsilon \tag{4-3-3}$$

式中,f_t 为温度系数,见表 4-3-7;C 为基本额定动载荷,N;P 为当量动载荷,N;ε 为寿命指数,对于球轴承,$\varepsilon=3$,对于滚子轴承,$\varepsilon=10/3$。

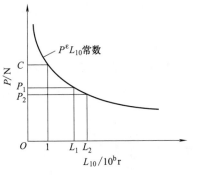

图 4-3-5 滚动轴承的载荷-寿命曲线

表 4-3-7 温度修正系数 f_t

轴承工作温度/℃	≤120	125	150	175	200	225	250	300	350
温度系数 f_t	1.00	0.95	0.90	0.85	0.80	0.75	0.70	0.6	0.5

轴承的寿命计算公式以小时表示

$$L_h = \frac{10^6}{60n}\left(\frac{f_t C}{P}\right)^\varepsilon \tag{4-3-4}$$

式中，n 为轴承转速，r/min。

若已知轴承的当量动载荷 P 和转速 n，并给定了预期寿命 L'_h，可根据待选轴承需具有的基本额定动载荷 C'，对轴承进行选型或校核，计算公式为

$$C' = \frac{P}{f_t} \varepsilon\sqrt{\frac{60n L'_h}{10^6}} \tag{4-3-5}$$

表 4-3-8 中列出了常见机器轴承预期使用寿命的推荐值。根据 C' 选择轴承时，应使所选轴承的基本额定动载荷 $C \geq C'$。

表 4-3-8　轴承预期使用寿命

机 器 类 型	预期使用寿命 L'_h/h
不经常使用的仪器或设备，如闸门开闭装置等	300～3000
短期或间断使用的机械，中断使用不致引起严重后果，如手动机械等	3000～8000
间断使用的机械，中断使用后果严重，如发动机辅助设备、流水作业线自动传送装置、升降机、车间吊车、不常使用的机床等	8000～12000
每日 8 小时工作的机械(利用率不高)，如一般的齿轮传动、某些固定电动机等	12000～20000
每日 8 小时工作的机械(利用率较高)，如金属切削机床、连续使用的起重机、木材加工机械、印刷机械等	20000～30000
24 小时连续工作的机械，如矿山升降机、纺织机械、泵、电动机等	40000～60000
24 小时连续工作的机械，中断使用后果严重，如纤维生产或造纸设备、发电站主电机、矿井水泵、船舶螺旋桨轴等	100000～200000

【例 4-3-2】 某减速器采用一级直齿圆柱齿轮传动，支承根据工作条件选用深沟球轴承。已知轴承径向载荷 $F_r = 1212.84\text{N}$，转速 $n = 76.4\text{r/min}$。轴颈直径 50mm，运转时无冲击，预期寿命 $L'_h = 24000\text{h}$。试校核轴承寿命。

解：(1) 初选轴承型号

根据工作条件和轴颈直径，初选轴承 6210。由轴承手册查得该轴承的基本额定动载荷 $C = 35000\text{N}$。

(2) 计算当量动载荷 P

因无冲击，查表 4-3-5，取载荷系数 $f_P = 1$，则当量动载荷为

$$P = f_P F_r = 1 \times 1212.84 = 1212.84\text{N}$$

(3) 计算轴承寿命

因轴承为常温下工作，取 $f_t = 1$，球轴承，$\varepsilon = 3$，则

$$L_h = \frac{10^6}{60n_{II}}\left(\frac{f_t C_r}{P}\right)^3 = \frac{10^6}{60n_{II}}\left(\frac{1 \times 35 \times 10^4}{1212.84}\right)^3 = 5316802\text{h} > L'_h = 24000\text{h}$$

所选轴承 6210 合适。

四、滑动轴承

在滑动摩擦下运转的轴承称为滑动轴承。

(一) 滑动轴承的特点

1. 滑动轴承优点

(1) 在高速重载下能正常工作，寿命长；

(2) 精度高；

(3) 滑动轴承能做成剖分式的，能满足特殊结构需要；

(4) 液体摩擦轴承具有很好的缓冲和阻尼作用，可以吸收振动、缓和冲击；

(5) 滑动轴承的径向尺寸比滚动轴承小；
(6) 启动摩擦阻力较大；
(7) 非液体摩擦滑动轴承具有结构简单、使用方便等。

2. 滑动轴承缺点

(1) 维护复杂，对润滑条件较高；
(2) 边界润滑轴承，摩擦损耗较大。

(二) 滑动轴承的应用

(1) 工作转速特高的轴承，如汽轮发电机；
(2) 要求对轴的支承位置特别精确的轴承，如精密磨床；
(3) 特重型的轴承，如水轮发电机；
(4) 承受巨大冲击和振动载荷的轴承，如破碎机；
(5) 在特殊条件下（如水中、或腐蚀介质）工作的轴承，如舰艇螺旋桨推进器的轴承；
(6) 根据装配要求必须做成剖分式的轴承，如曲轴轴承；
(7) 轴承处径向尺寸受到限制时，可采用滑动轴承，如多辊轧钢机。

(三) 滑动轴承的分类

1. 滑动轴承的分类

按照滑动表面间润滑状态的不同可分为：液体润滑轴承、不完全液体润滑轴承和自润滑轴承。

按照液体润滑承载机理不同，滑动轴承又分为动压润滑轴承和静压润滑轴承。

2. 三种摩擦状态

在动压轴承中，随着工作条件和润滑性能的变化，其滑动表面间的摩擦状态亦有所不同。通常将其分为如下三种状态：完全液体摩擦、边界摩擦和干摩擦。如图 4-3-6 所示。

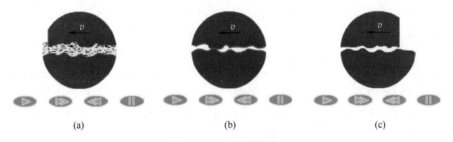

图 4-3-6 摩擦的状态

(1) 完全液体摩擦　完全液体摩擦状态 [图 4-3-6 (a)] 是指滑动轴承中相对滑动的两表面完全被润滑油膜所隔开，油膜有足够的厚度，消除了两摩擦表面的直接接触。此时，只存在液体分子之间的摩擦，故摩擦系数很小（$f=0.001 \sim 0.008$），显著地减少了摩擦和磨损。完全液体摩擦是滑动轴承工作的最理想状况。对那些重要且高速旋转的机器，应确保轴承在完全液体摩擦状态下工作。

(2) 边界摩擦　当滑动轴承的两相对滑动表面有润滑油存在时，由于润滑油与摩擦表面的吸附作用，将在摩擦表面上形成一层极薄的边界油膜 [图 4-3-6 (b)]，它能承受很高的压强而不破坏。边界油膜的厚度比 $1\mu m$ 还小，不足以将两摩擦表面分隔开，所以，相对滑动时，两摩擦表面微观的尖峰相遇就会把油膜划破，形成局部的金属直接接触，故这种状态称为边界摩擦状态。一般而言，边界油膜可覆盖摩擦表面的大部分。虽它不能像完全液体摩擦完全消除两摩擦表面间的直接接触，却可起着减轻磨损的作用。这种状态的摩擦系数 $f=0.008 \sim 0.01$。

(3) 干摩擦 两摩擦表面间没有任何物质时的摩擦称为干摩擦状态 [图 4-3-6（c）]，在实际中，没有理想的干摩擦。因为任何金属表面上总存在各种氧化膜，很难出现纯粹的金属接触（除非在洁净的实验室，才有可能发生）。由于干摩擦状态，将产生大量的摩擦损耗和严重的磨损，故滑动轴承中不允许出现干摩擦状态，否则，将导致强烈的升温，把轴瓦烧毁。

（四）滑动轴承的结构

1. 径向滑动轴承

径向滑动轴承可以分为整体式和剖分式（对开式）两大类，通常情况下可以根据工作条件进行选用。

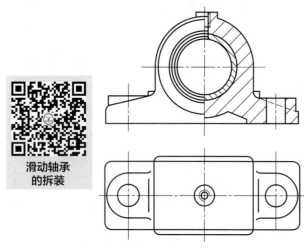

图 4-3-7 整体式径向滑动轴承

（1）整体式径向滑动轴承 整体式滑动轴承，由轴承座和轴承套组成，如图 4-3-7 所示。轴承套压装在轴承座孔中，一般配合为 H8/s7。轴承座用螺栓与机座连接，顶部设有安装注油油杯的螺纹孔。轴套上开有油孔，并在其内表面开油沟以输送润滑油。这种轴承结构简单、制造成本低，但当滑动表面磨损后无法修整，而且装拆轴的时候只能作轴向移动，有时很不方便，有些粗重的轴和中间具有轴颈的轴（如内燃机的曲轴）就不便或无法安装。所以，整体式滑动轴承多用于低速、轻载和间歇工作的场合，例如手动机械、农业机械等。

这类轴承座的标记为：HZ×××轴承座 JB/T 2560，其中 H 表示滑动轴承座，Z 表示整体式，×××表示轴承内径（单位 mm）。标准规格为：HZ020～140。

（2）剖分式滑动轴承 剖分式滑动轴承是由轴承盖、轴承座、剖分轴瓦和螺栓组成，如图 4-3-8 所示。轴承中直接支承轴颈的零件是轴瓦。为了安装时容易对心，在轴承盖与轴承座的中分面上做出阶梯形的梯口。轴承盖应当适度压紧轴瓦，使轴瓦不能在轴承孔中转动。轴承盖上制有螺纹孔，以便安装油杯或油管。

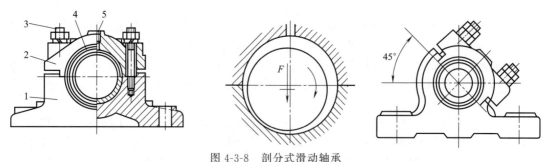

图 4-3-8 剖分式滑动轴承
1—轴承座；2—轴承盖；3—螺栓；4—轴瓦；5—油孔

这类轴承轴瓦与座孔之间的配合为 H8/m7。轴承座标记为：H2×××轴承座 JB2561（或 H4×××），其中 H 表示滑动轴承座，2（4）表示螺栓数，×××表示轴承内径（单位 mm）。标准规格为 H2030～H2160（H4050～H4220）。

2. 推力滑动轴承

推力滑动轴承用于承受轴向载荷，由轴承座、套筒、径向轴瓦、止推轴瓦所组成，如图4-3-9（a）所示。

为了便于对中，止推轴瓦底部制成球面形式，并用销钉来防止它随轴颈转动，润滑油从底部进入，上部流出。

由于工作面上相对滑动速度不等，越靠近边缘处相对滑动速度越大，磨损越严重，会造成工作面上压强分布不均匀，相对滑动端面通常采用环状端面。当载荷较大时，可采用多环轴颈，如图4-3-9（b）所示，这种结构能够承受双向轴向载荷。

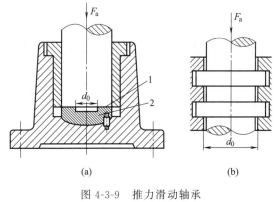

图 4-3-9 推力滑动轴承
1—轴颈；2—轴瓦

（五）滑动轴承的失效形式

滑动轴承的失效形式通常由多种原因引起，失效的形式有很多种，有时几种失效形式并存，相互影响。

1. 磨粒磨损

进入轴承间隙的硬颗粒物（如灰尘、砂砾等）有的嵌入轴承表面，有的游离于间隙中并随轴一起转动，它们都将对轴颈和轴承表面起研磨作用。在机器启动、停车或轴颈与轴承发生边缘接触时，它们都将加剧轴承磨损，导致几何形状改变、精度丧失，轴承间隙加大，使轴承性能在预期寿命前急剧恶化。

2. 刮伤

进入轴承间隙的硬颗粒或轴颈表面粗糙的轮廓峰顶，在轴承上划出线状伤痕，导致轴承因刮伤而失效。

3. 胶合（也称为烧瓦）

当轴承温升过高，载荷过大，油膜破裂时，或在润滑油供应不足的条件下，轴颈和轴承的相对运动表面材料发生黏附和迁移，从而造成轴承损坏，有时甚至可能导致相对运动中止。

4. 疲劳剥落

在载荷反复作用下，轴承表面出现与滑动方向垂直的疲劳裂纹，当裂纹向轴承衬与衬背结合面扩展后，造成轴承衬材料的剥落。它与轴承衬和衬背因结合不良或结合力不足造成轴承衬的剥离有些相似，但疲劳剥落周边不规则，结合不良造成的剥离周边比较光滑。

5. 腐蚀

润滑剂在使用中不断氧化，所生成的酸性物质对轴承材料有腐蚀性，特别对制造铜铝合金中的铅，易受腐蚀而形成点状剥落。氧对锡基巴氏合金的腐蚀，会使轴承表面形成一层由SnO_2和SnO混合组成的黑色硬质覆盖层，它能擦伤轴颈表面，并使轴承间隙变小。此外，硫对含银或铜的轴承材料的腐蚀，润滑油中水分对铜铅合金的腐蚀，都应予以注意。

以上列举了常见的几种失效形式，由于工作条件不同，滑动轴承还可出现气蚀、流体侵蚀、电侵蚀和微动磨损等损伤。从美国、英国和日本三家汽车厂统计的汽车用滑动轴承故障原因的平均比率来看，因不干净或由异物进入而导致故障的比率较大。如表4-3-9所示。

表 4-3-9 汽车用滑动轴承故障原因的平均比率

故障原因	不干净	润滑油不足	安装误差	对中不良	超载	腐蚀	制造精度低	气蚀	其他
比率/%	38.3	11.1	15.9	8.1	6.0	5.6	5.5	2.8	6.7

(六) 滑动轴承的材料

1. 轴承材料的要求

轴瓦与轴承衬的材料通称为轴承材料。针对以上所述的失效形式，轴承材料性能应着重满足以下主要要求：

(1) 良好的减摩性、耐磨性和抗胶合性。减摩性是指材料副具有低的摩擦系数。耐磨性是指材料的抗磨性能（通常以磨损率表示）。抗胶合性是指材料的耐热性和抗黏附性。

(2) 良好的摩擦顺应性、嵌入性和磨合性。摩擦顺应性是指材料通过表层弹塑性变形来补偿轴承滑动表面初始配合不良的能力。嵌入性是指材料容纳硬质颗粒嵌入，从而减轻轴承滑动表面发生刮伤或磨粒磨损的性能。磨合性是指轴瓦与轴颈表面经过短期轻载运转后，易于形成相互吻合的表面粗糙度。

(3) 足够的强度和抗腐蚀能力。

(4) 良好的导热性、工艺性、经济性等。应该指出的是：没有一种轴承材料全面具备上述性能，因而必须针对各种具体的情况，仔细进行分析后合理选用。

2. 轴承的材料

常用的材料可以分为三大类：

(1) 金属材料　如轴承合金、铜合金、铝基合金和铸铁等。

① 轴承合金（通称巴氏合金或白合金）　轴承合金是锡、铅、锑、铜的合金，它以锡或铅作为基体，其内含有锑锡（Sb-Sn）或铜锡（Cu-Sn）的硬晶粒。硬晶粒起抗磨作用，软基体则增加材料的塑性。轴承合金的弹性模量和弹性极限都很低，在所有轴承材料中，它的嵌入性及摩擦顺应性最好，很容易和轴颈磨合，也不易与轴颈发生胶合。但轴承合金的强度很低，不能单独制作轴瓦，只能黏附在青铜、钢或铸铁轴瓦上作轴承衬。轴承合金适用于重载、中高速场合，价格较贵。

② 铜合金　铜合金具有较高的强度，较好的减摩性和耐磨性。由于青铜的减摩性和耐磨性比黄铜好，故青铜是最常用的材料。青铜有锡青铜、铅青铜和铝青铜等几种，其中锡青铜的减摩性和耐磨性最好，应用广泛。但锡青铜比轴承合金硬度高，磨合性及嵌入性差，适用于重载及中速场合。铅青铜抗胶合能力强，适用于高速、重载轴承。铝青铜的强度及硬度较高，抗胶合能力较差，适用于低速重载轴承。在一般机械中有50%的滑动轴承采用青铜材料。

③ 铝基轴承合金　铝基轴承合金在许多国家获得了广泛的应用。它有相当好的耐蚀性和较高的疲劳强度，摩擦性也较好。这些品质使铝基轴承合金在部分领域取代了较贵的轴承合金和青铜。铝基轴承合金可以制成单金属零件（如轴套、轴承等），也可以制成双金属零件，双金属轴瓦以铝基轴承合金为轴承衬，以钢作衬背。

④ 灰铸铁和耐磨铸铁　普通灰铸铁或加有镍、铬、钛等合金成分的耐磨灰铸铁，或者是球墨铸铁，都可以用作轴承材料。这类材料中的片状或球状石墨在材料表面上覆盖后，可以形成一层起润滑作用的石墨层，故具有一定的减摩性和耐磨性。此外石墨能吸附碳氢化合物，有助于提高边界润滑性能，故采用灰铸铁作轴承材料时应加润滑油。由于铸铁性脆、磨合性能差，故只适用于轻载低速和不受冲击载荷的场合。

(2) 多孔质金属材料　这是不同于金属粉末经压制、烧结而成的轴承材料。这种材料是多孔结构的，孔隙约占体积的10%~35%。使用前先把轴瓦在加热的油中浸渍数小时，使孔隙中充满润滑油，因而通常把这种材料制成的轴承称为含油轴承。它具有自润滑性。工作时，由于轴颈转动的抽吸作用及轴承发热时油的膨胀作用，油便进入摩擦表面间起润滑作用；不工作时，因毛细管作用，油便被吸回到轴承内部，故在相当长的时间内，即使不加油仍能很好地工作。如果定期给以供油，则使用效果更好。但由于其韧性较小，故宜用于平稳无冲击载荷及中低速情况。常用的有多孔铁和多孔质青铜。多孔铁常用来制作磨粉机轴套、机床油泵衬套、内燃机凸轮轴衬套等，多孔质青铜常用来制作电风扇、纺织机械及汽车发电机的轴承。我国也有专门制造含油轴承的生产厂家，需用时可根据设计手册选用。

(3) 非金属材料

① 非金属材料中应用最广的是各种塑料，如酚醛树脂、尼龙、聚四氟乙烯等。聚合物的特性是：与许多化学物质不起反应，抗腐蚀性好，例如聚四氟乙烯（PTEE）能抗强酸和弱碱；具有一定的自润滑性，可以在无润滑条件下工作，在高温条件下具有一定的润滑能力；具有包容异物的能力（嵌入性好），不宜擦伤配合零件表面；减摩性及耐磨性比较好。

选择聚合物作轴承材料时，必须注意以下一些问题：由于聚合物的热传导能力差，只有钢的百分之几，因此必须考虑摩擦热的消散问题，它严格限制着聚合物轴承的工作转速及压力值。又因为聚合物的线胀系数比钢大得多，因此聚合物轴承与钢制轴颈的间隙比金属轴承的间隙大。此外聚合物材料的强度和屈服极限较低，因而在装配和工作时能承受的载荷有限。另外聚合物在常温下会产生蠕变现象，因而不宜用来制作间隙要求严格的轴承。

② 碳-石墨是电机电刷的常用材料，也是不良环境中的轴承材料。碳-石墨是由不同量的碳和石墨构成的人造材料，石墨含量越多，材料越软，摩擦系数越小。可在碳-石墨材料中加入金属、聚四氟乙烯或二硫化钼组分，也可以浸渍液体润滑剂。碳-石墨轴承具有自润滑性，它的自润性和减摩性取决于吸附的水蒸气量。碳-石墨和含有碳氢化合物的润滑剂有亲和力，加入润滑剂有助于提高其边界润滑性能。此外，它还可以作水润滑的轴承材料。

③ 橡胶主要用于以水作润滑剂或环境较脏污之处。橡胶轴承内壁上带有纵向沟槽，便于润滑剂的流通、加强冷却效果并冲走脏物。

④ 木材具有多孔质结构，可用填充剂来改善其性能。填充聚合物能提高木材的尺寸稳定性和减少吸湿量，并能提高强度。采用木材（以溶于润滑油的聚乙烯作填充剂）制成的轴承，可在灰尘极多的条件下工作，例如用作建筑、农业中使用的带式输送机支承滚子的滑动轴承。

（七）滑动轴承的润滑

轴承润滑剂具有降低摩擦功耗、减少磨损、冷却、吸振、防锈等功能。轴承能否正常工作和正确选用润滑剂关系密切。常用的润滑剂有三种类型，分别是液体润滑剂、半固体润滑剂和固体润滑剂。液体的润滑剂称为润滑油，半固体的、在常温下呈油膏状为润滑脂。

1. 润滑脂及其选择

轴颈速度 1～2m/s 的滑动轴承润滑可以采用润滑脂。润滑脂是用矿物油、各种稠化剂（如钙、钠、锂、铝等金属皂）和水调和而成，润滑脂的稠度（针入度）大，承载能力大，但物理和化学性质不稳定，不宜在温度变化大的条件下使用，多用于低速重载或摆动的轴承中。润滑脂选择参考表 4-3-10。

润滑脂的特点是无流动性，可在滑动表面形成一层薄膜，适用于要求不高、难以经常供油，或者低速重载以及作摆动运动的轴承中。润滑脂选择时要遵循以下原则：

(1) 当压力高和滑动速度低时，选择针入度小一些的品种；反之，选择针入度大一些的品种。

(2) 所用润滑脂的滴点，一般应较轴承的工作温度高约 20～30℃，以免工作时润滑脂过多地流失。

(3) 在有水淋或潮湿的环境下，应选择防水性能强的钙基或铝基润滑脂。在温度较高处应选用钠基或复合钙基润滑脂。

表 4-3-10　滑动轴承润滑脂的选择

压力(强)p/MPa	轴径圆周速度 v/(m/s)	最高工作温度/℃	选用的牌号
≤1.0	≤1	75	3号钙基脂
1.0～6.5	0.5～5	55	2号钙基脂
≥6.5	≤0.5	75	3号钙基脂
≤6.5	0.5～5	120	2号钙基脂
≥6.5	≤0.5	110	1号钙钠基脂
1.0～6.5	≤1	−55～110	锂基脂
≥6.5	0.5	60	2号压延基脂

注：1. 在潮湿环境，温度在75～120℃的条件下，应考虑选用钙-钠基润滑脂；
2. 在潮湿环境，温度在75℃以下，没有3号钙基脂时也可以使用铝基脂；
3. 工作温度在110～120℃可选用锂基脂或钡基脂；
4. 集中润滑时，稠度要小些。

2. 润滑油及其选择

润滑油是主要的润滑剂，润滑油的特点是有良好的流动性，可形成动压、静压或边膜界润滑膜，适用于不完全液体滑动轴承和完全液体润滑滑动轴承。润滑油的主要物理性能指标是黏度，黏度表征液体流动的内摩擦性能，黏度越大，其流动性越差。润滑油另一物理性能是油性，表征润滑油在金属表面上的吸附能力。油性越大，对金属的吸附能力越强，油膜越容易形成。

润滑液选择时遵循以下原则：

（1）在高速轻载的工作条件下，为了减小摩擦功耗可选择黏度小的润滑油；

（2）在重载或冲击载荷工作条件下，应采用油性大、黏度大的润滑油，以形成稳定的润滑膜；

（3）静压或动静压滑动轴承可选用黏度小的润滑油；

（4）表面粗糙或未经跑合的表面应选择黏度高的润滑油；

（5）高温时，选择黏度大的润滑油，反之，黏度可小些。

润滑油的选择参考表4-3-11。

表 4-3-11　滑动轴承润滑油的选择

轴径圆周速度/(m/s)	平均压力 p<3MPa	轴径圆周速度/(m/s)	平均压力 p<(3～7.5)MPa
<0.1	L-AN68、110、150	<0.1	L-AN150
0.1～0.3	L-AN68、110	0.1～0.3	L-AN100、150
0.3～2.5	L-AN46、68	0.3～0.6	L-AN100
2.5～5.0	L-AN32、46	0.3～1.2	L-AN68、100
5.0～9.0	L-AN15、22、32	1.2～2.0	L-AN68
>9.0	L-AN7、10、15		

注：1. 表中润滑油是以40℃时的运动黏度为基础的牌号。
2. 不完全液体润滑，工作温度小于60℃。

3. 固体润滑剂及其选择

固体润滑剂可在滑动表面形成固体膜，主要适用于润滑油不能胜任工作的场合，如高温、低速重载或有环境清洁要求的情况下。常见的固体润滑剂有三种，分别是二硫化钼、石墨、聚四氟乙烯等。石墨性能稳定、$t>350℃$才开始氧化，可在水中工作；二硫化钼摩擦系数低，使用温度范围广；聚四氟乙烯树脂摩擦系数低，只有石墨的一半（−60～300℃），但遇水性能下降。

（八）非液体摩擦滑动轴承的设计

1. 失效形式和设计约束条件

非液体摩擦滑动轴承工作时，因其摩擦表面不能被润滑油完全隔开，只能形成边界油膜，存在局部金属表面的直接接触。因此，轴承工作表面的磨损和因边界油膜的破裂导致的工作表面胶合或烧瓦是其主要失效形式。设计时，约束条件是：维持边界油膜不遭破裂。但由于边界油膜的强度和破裂温度的影响机理尚未完全开清，目前的设计计算仍然只能是间接的、条件性的，其相应的设计约束条件如下所述。

(1) 限制轴承的平均压强　限制轴承平均压强以保证润滑油不被过大的压力所挤出，避免工作表面的过度磨损，即：

径向轴承

$$p \leqslant [p] \quad (\text{MPa}) \tag{4-3-6}$$

$$p = \frac{F_r}{dl} \leqslant [p] \quad (\text{MPa}) \tag{4-3-7}$$

式中，F_r 为径向载荷，N；d 为轴径直径，mm；l 为轴承宽度，mm；$[p]$ 为轴瓦材料许用压强，常用轴瓦及轴承衬材料的 $[p]$、$[pv]$ 等数据参考表 4-3-12。

表 4-3-12　常用轴瓦及轴承衬材料的 $[p]$、$[pv]$ 数据

材料及其代号	$[p]$/MPa		$[pv]$/(MPa·m/s)	HBS 金属型	HBS 砂型	最高工作温度/℃	轴颈硬度
铸锡锑轴承合金 ZSnSb11Cu6	平稳	25	20	27		150	150HBS
	冲击	20	15			150	150HBS
铸铅锑轴承合金 ZPbSb16Sn16Cu2	15		10	30		150	150HBS
铸锡青铜 ZCuSn10P1	15		15	90	80	280	45HRC
铸铅青铜 ZCuSn5Pb5Zn5	8		15	65	60	280	45HRC
铸铝青铜 ZCuAl0Fe3	15		12	110	100	280	45HRC

推力轴承

$$p = \frac{4F_a}{\pi Z(d^2 - d_0^2)k} \leqslant [p] \quad (\text{MPa}) \tag{4-3-8}$$

式中，F_a 为轴向载荷，N；d、d_0 为接触面积的外径和内径，mm；Z 为推力环数目；k 为考虑因开油沟使接触面积减小的系数，通常 $k = 0.8 \sim 0.9$；$[p]$ 为许用压强，当 $Z > 1$ 时，考虑到多环推力轴承各环间的载荷分布不均匀，应把表 4-3-12 中的许用值降低 50%。

(2) 限制轴承 pv 值　由于 pv 值与摩擦功率损耗成正比，它表征了轴承的发热因素。限制 pv 值，以防止轴承温升过高，出现胶合破坏。即：

对于径向轴承　　$pv \leqslant [pv]$ （MPa·m/s） (4-3-9)

对于推力轴承　$pv = \frac{F_r}{dl} \times \frac{\pi dn}{60 \times 1000} = \frac{F_r n}{19100l} \leqslant [pv]$ （MPa·m/s） (4-3-10)

上式 v 应取平均线速度，即：

$$v_m = \frac{\pi d_m n}{60 \times 1000} \tag{4-3-11}$$

$$d_m = \frac{d + d_0}{2} \tag{4-3-12}$$

式中，n 为轴的转速，r/min；$[pv]$ 为轴瓦材料的许用值，见表 4-3-12。考虑到推力轴承采用平均速度计算，$[pv]$ 值应比表 4-3-12 中的值更大地降低，通常钢轴颈对金属轴瓦

时，可取 $[pv] = 2\sim4\mathrm{MPa\cdot m/s}$。

（3）限制轴承滑动速度 v　当压强 p 较小时，即使 p 与 pv 都在许用范围内，也可能因滑动速度 v 过大而加剧磨损。故要求

$$v \leqslant [v] \quad (\mathrm{m/s}) \tag{4-3-13}$$

2. 设计方法

（1）选择轴承的结构形式及材料　设计时，一般根据已知的轴径 d、转速 n 和轴承载荷 F 及使用要求，确定轴承的结构形式及轴瓦结构，并按表 4-3-12 初定轴瓦材料。

（2）初步确定轴承的基本尺寸参数　宽径比 l/d 是轴承的重要参数，可参考滑动轴承手册的推荐值，根据已知轴径 d 确定轴承长度 l 及相关的轴承座外形尺寸；并按不同的使用和旋转精度要求，合理选择轴承的配合，以确保轴承具有一定的间隙。

（3）校核是否满足约束条件，否则再设计　对轴承进行校核计算，若不满足约束条件，则进行再设计。一般，能满足约束条件的方案不是唯一的，设计时，应初步确定数种可行的方案，经分析、评价，然后确定出一种较好的设计方案。

模块四　联轴器的类型及型号选择

联轴器是机械传动中的常用部件，主要用于两轴连接，使它们一起转动传递运动和转矩。

一、联轴器的作用

联轴器连接的两根轴一般属于两个不同的机械或部件，由于制造和安装误差以及负载后变形和热变形等影响，很难使它们的轴线严格对中，两轴将会产生某种形式的相对位移误差，如图 4-4-1 所示，图（a）为轴向偏移误差，图（b）为径向偏移误差，图（c）为角偏移误差，图（d）为综合偏移误差。如果联轴器对各种偏移没有补偿能力，工作中将会产生附加动载荷，使工作情况恶化，甚至出现强烈的振动，破坏机器正常工作。因此，这就要求联轴器在结构上具有补偿能力。

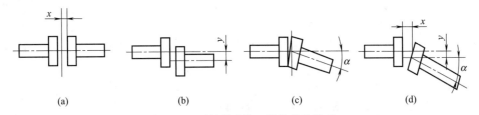

图 4-4-1　联轴器连接两轴的偏移形式

二、联轴器的分类

根据联轴器补偿两轴偏移能力的不同，可以将联轴器分为刚性联轴器和弹性联轴器两大类。刚性联轴器又可分为固定式和可移式两类。

（一）固定式刚性联轴器

这种联轴器不具有缓冲性和补偿两轴相对偏移性，常用于两轴能严格对中并在工作中不发生相对位移的场合。刚性联轴器结构简单，制造成本低，装拆、维护方便，传递转矩较大，故应用广泛。常用的固定刚性联轴器有套筒联轴器、凸缘联轴器等。

1. 套筒联轴器

套筒联轴器是利用套筒及连接零件（键或销）将两轴连接起来。如图 4-4-2（a）中的紧定螺钉用作轴向固定，图 4-4-2（b）中的圆锥销当轴超载时会被剪断，起到安全保护作用。

套筒联轴器结构简单，制造容易，径向尺寸小，但两轴线要求严格对中，装拆时必须作轴向移动，适用于工作平稳、无冲击载荷的低速、轻载、小尺寸轴，多用于金属切削机床中。

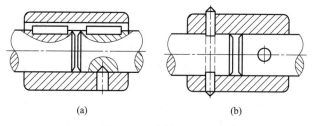

图 4-4-2 套筒联轴器

2. 凸缘联轴器

凸缘联轴器是刚性联轴器中应用最广泛的一种，结构如图 4-4-3 所示。凸缘联轴器由两个带凸缘的半联轴器用螺栓连接而成。半联轴器与两轴之间用键连接。常用的结构形式有两种，图 4-4-3（a）所示为两半联轴器用铰制孔螺栓连接，靠螺栓杆与螺栓孔配合对中，拆装方便，传递转矩大，装拆时轴不须作轴向移动。图 4-4-3（b）所示为两半联轴器靠凸肩与凹槽相配合实现对中，用普通螺栓连接，依靠结合面的摩擦力传递转矩，对中精度高，但装拆时，轴必须作轴向移动。

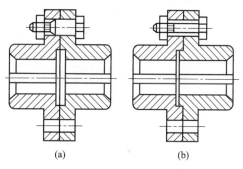

图 4-4-3 凸缘联轴器

（二）可移式刚性联轴器

可移式刚性联轴器不仅能传递运动和转矩，还能在一定程度上补偿轴的偏移。常用的可移式刚性联轴器有十字滑块联轴器、齿式联轴器和十字轴万向联轴器等。

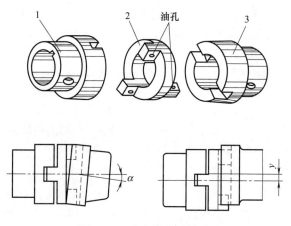

图 4-4-4 十字滑块联轴器

1. 十字滑块联轴器

十字滑块联轴器是由两端面上带有凸榫的中间滑块 2 与两个端面开有凹槽的半联轴器 1、3 组成的,如图 4-4-4 所示。中间滑块 2 两侧相互垂直的凸榫分别嵌装在两个半联轴器 1、3 的凹槽中。中间滑块的凸榫可在半联轴器的凹槽中径向滑动,补偿径向位移并能补偿角位移。

十字滑块联轴器结构简单、制造方便。但不耐冲击,易于磨损。适用于低速、轴的刚度较大但无剧烈冲击的场合。

2. 齿式联轴器

齿式联轴器是无弹性元件联轴器中应用较广泛的一种。它是由两个带外齿环的套筒Ⅰ和两个带内齿环的套筒Ⅱ所组成,如图 4-4-5(a)所示。

套筒Ⅰ分别装在被连接的两轴端,由螺栓连成一体的套筒Ⅱ通过齿环与套筒Ⅰ啮合。为能补偿两轴的相对位移,将外齿环的轮齿做成鼓形齿,齿顶做成中心线在轴线上的球面,如图 4-4-5(b)所示,齿顶和齿侧留有较大的间隙。齿式联轴器允许两轴有较大的综合位移。当两轴有位移时,联轴器齿面间因相对滑动产生磨损。为减少磨损,联轴器内注有润滑剂。

齿式联轴器同时啮合的齿数多,承载能力大,外廓尺寸较紧凑,可靠性高,适用速度范围广,但结构复杂,制造困难,通常在高速重载的重型机械中使用。

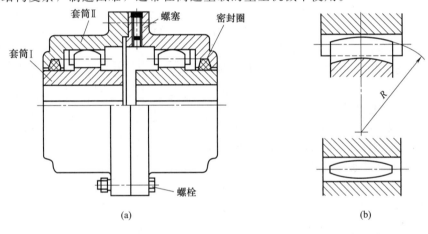

图 4-4-5 齿式联轴器

3. 十字轴万向联轴器

如图 4-4-6 所示,十字轴万向联轴器由两个叉形接头 1、3 和一个十字轴 2 组成。它利用中间连接件十字轴连接的两叉形半联轴器均能绕十字轴的轴线转动性能,从而使联轴器的两轴线能成任意角度 α,一般 α 最大可达 $35°\sim 45°$,但 α 角越大,传动效率越低。当十字轴万向联轴器单个使用、主动轴以等角速度转动时,从动轴作变角速度回转,造成在传动中产生附加动载荷。为了避免这种现象,可采用两个万向联轴器成对使用,如图 4-4-7 所示,使两次角速度变化的影响相互抵消,从而达到主、从动轴同步转动。

十字轴万向联轴器的材料常用合金钢制造,以获得较高的耐磨性和较小的尺寸。十字轴万向联轴器能补偿较大的角位移,结构紧凑,使用、维护方便,广泛用于汽车、工程机械等传动系统中。

(三) 弹性联轴器

这种联轴器是利用联轴器中弹性元件的变形来补偿位移的,具有缓冲和减振的作用。常见的有弹性套柱销联轴器、弹性柱销联轴器等。

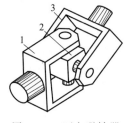

图 4-4-6　万向联轴器

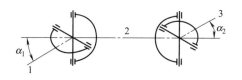

图 4-4-7　双万向联轴器

1. 弹性套柱销联轴器

弹性套柱销联轴器的结构与凸缘式联轴器很近似，只是用装有弹性套的柱销代替了连接螺栓（如图 4-4-8 所示）。利用弹性套的弹性变形来补偿两轴的径向位移和角位移，并具有缓冲和吸振作用。

这种联轴器结构简单、容易制造、装拆方便、成本较低。其主要用于冲击载荷小、启动频繁的中、小功率传动中。

2. 弹性柱销联轴器

这种联轴器与弹性套柱销联轴器很相似，但用弹性柱销（通常用尼龙制成）将两半联轴器连接起来，如图 4-4-9 所示。为了防止柱销滑出，两侧用挡环封闭。为了增加补偿量，常将柱销的一端制成鼓形。

这种联轴器结构简单，两半联轴器可以互换，加工容易，维修方便，尼龙柱销的弹性不如橡胶，但强度高、耐磨性好。当两轴相对位移不大时，这种联轴器的性能比弹性套柱销联轴器还要好些，特别是寿命长，结构尺寸紧凑，适用于轴向窜动较大、冲击不大，经常正反转的中、低速以及较大转矩的传动中。

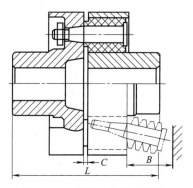

图 4-4-8　弹性套柱销联轴器

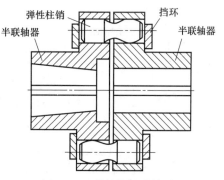

图 4-4-9　弹性柱销联轴器

三、联轴器的选用

常用联轴器的种类很多，大多已标准化和系列化，一般不需要重新设计，直接从标准中选用即可。选择联轴器的步骤和方法如下：

1. 选择联轴器的类型

联轴器类型的选择要根据机器的工作特点和要求，结合各类联轴器的性能，并参照同类机器的使用经验来选择。两轴的对中要求高、轴的刚度又大时，可选用套筒联轴器或凸缘联轴器；载荷不平稳、两轴对中困难、轴的刚度较差时，可选弹性柱销联轴器；如所传递的转矩较大时，宜选用凸缘联轴器或齿式联轴器；两轴相交时，则应选用万向联轴器等。

2. 选择联轴器的型号

联轴器的主要性能参数为额定转矩 T_n、许用转速 $[n]$、位移补偿量和被连接轴的直径范围等。

联轴器型号通常是根据所传递的转矩、轴的直径和转速，从联轴器标准中选用的。选择的型号应满足以下条件：

（1）计算转矩 T_c 应小于或等于所选型号的额定转矩 T_n，即

$$T_c \leqslant T_n$$

（2）转速 n 应小于或等于所选型号的许用转速 $[n]$，即

$$n \leqslant [n]$$

（3）轴的直径应在所选型号的孔径范围之内。

考虑机器启动时的惯性力和工作时可能出现的过载，联轴器的计算转矩可由下式计算：

$$T_c = KT = 9550 \cdot K \cdot P/n$$

式中，K 为工作情况系数，见表 4-4-1；P 为传递功率，kW；n 为工作转速，r/min；T 为联轴器的转矩，N·mm。

表 4-4-1　联轴器和离合器的工作情况系数 K

原动机	工作机械	K
电动机	皮带运输机、鼓风机、连续运转的金属切削机床	1.25～1.5
	链式运输机、刮板运输机、螺旋运输机、离心泵、木工机械	1.5～2.0
	往复运动的金属切削机床	1.5～2.0
	往复式泵、往复式压缩机、球磨机、破碎机、冲剪机	2.0～3.0
	起重机、升降机、轧钢机	3.0～4.0
汽轮机	发电机、离心泵、鼓风机	1.2～1.5
往复式发动机	发电机	1.5～2.0
	离心泵	3～4
	往复式工作机	4～5

注：1. 刚性联轴器选用较大的 K 值，弹性联轴器选用较小的 K 值；
2. 合器 $K=2\sim3$；摩擦式离合器 $K=1.2\sim1.5$；
3. 从动件的转动惯量小、载荷平稳时 K 取较小值。

四、离合器简介

离合器与联轴器一样也是机械传动中的常用部件。主要用于连接两轴，使它们一起转动，以传递运动和转矩。联轴器和离合器的区别是：联轴器只有在机械停机时才能将连接分开，使两轴分离；离合器可以根据工作需要，在机械运转时随时使两轴脱开或结合。

使用离合器目的是为了按需要随时分离和接合机器的主、从动轴。对离合器的基本要求是：接合平稳，分离迅速彻底，工作可靠，操作灵活、省力，调节和维护方便，外廓尺寸小，重量轻，耐磨性和散热性好。常用离合器有以下几种类型。

（一）牙嵌式离合器

牙嵌式离合器是由两个端面带牙的半离合器所组成，如图 4-4-10 所示。其中一半离合器 1 用键固定于主动轴上，另一半离合器 2 则用导向平键 3（或花键）与从动轴连接，通过

操纵机构可使离合器沿导向平键作轴向移动，以实现两半离合器的结合和分离。对中环用来保证两轴线同心。

牙嵌式离合器常用的牙型有三角形、矩形、梯形、锯齿形等，其径向剖面如图 4-4-11 所示。

三角形牙用于传递中、小转矩的低速离合器，其容易接合、分离，但牙齿强度较低；梯形牙接合和分离方便，能自动补偿牙因磨损而产生的侧隙，从而使其在反转时的冲击减小，另外它的牙根强度高，能传递的转矩较大，故应用最普遍；矩形牙不便于接合、分离，仅适用于静止时手动接合；锯齿形牙强度高，接合方便，但只能传递单向转矩。

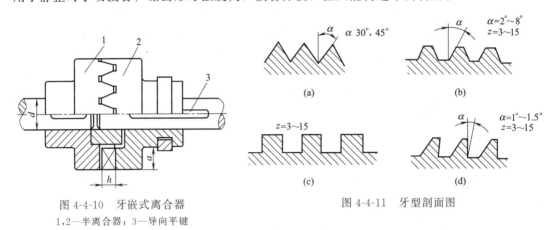

图 4-4-10　牙嵌式离合器
1,2—半离合器；3—导向平键

图 4-4-11　牙型剖面图

牙嵌式离合器结构简单，外廓尺寸小，能保证两轴同步运转，但只能在停车或低速转动时才能进行接合。故常用于低速和不需在运转中进行接合的机械上，如在机床和农业机械中应用较多。

（二）摩擦离合器

利用主、从动半离合器摩擦片接触面间的摩接力来传递转矩的离合器，通称为摩擦离合器，它是能在高速下离合的机械式离合器。最简单的摩擦离合器如图 4-4-12 所示，主动盘固定在主动轴上，从动盘利用导向键与从动轴连接，它可以沿轴向滑动。为了增加摩擦系数，在一个盘的表面上装有摩擦片。工作时利用操纵机构，在可移动的从动盘上施加轴向压力 F_A（可由弹簧、液压缸或电磁吸力等产生），使两盘压紧，产生摩擦力来传送转矩。

摩擦离合器与牙嵌离合器比较，优点是：两轴能在不同速度下接合；接合和分离过程比较平稳、冲击振动小；从动轴的加速时间和所传递的最大转矩可以调节；过载时将发生打滑，避免使其他零件受到损坏。故摩擦离合器的应用较广。缺点是结构复杂、成本高；当产生滑动时不能保证被连接两轴间的精确同步转动；摩擦会产生热，当温度过高时会引起摩擦

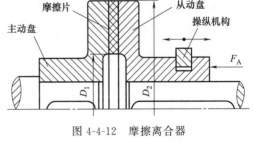

图 4-4-12　摩擦离合器

系数的改变，严重的可能导致摩擦盘胶合和塑性变形。所以，一般对钢制摩擦盘应限制其表面最高温度不超过 300～400℃，整个离合器的平均温度不超过 100～120℃。

（三）定向离合器

定向离合器也称为超越离合器，它只能按一个转向传递转矩，反向转动时就自动分离。

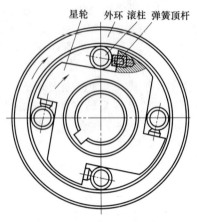

图 4-4-13 滚柱式定向离合器

定向离合器的种类很多，图 4-4-13 所示为滚柱式定向离合器，它是由星轮、外环、滚柱和弹簧顶杆组成。弹簧顶杆的作用是将滚子压向星轮的楔形槽内，使其与星轮、外圈相接触。

当星轮为主动件并作顺时针方向转动时，滚柱受摩擦力的作用被楔紧在槽内，从而带动外环一起转动。

当星轮逆时针方向转动时，滚柱被推到槽中较宽的部位，它不再楔紧在槽内，因而外环就不转动，离合器处于分离状态。若外环为主动件时，则情况刚好相反，即外环逆时针方向转动时，离合器处于接合状态，而顺时针方向转动时，则处于分离状态。定向离合器工作时没有噪声，故适用于高速传动，但制造精度要求较高。定向离合器常用于汽车、拖拉机和机床等的传动装置中，自行车后轴上也安装有超越离合器。

模块五 连　　接

为了便于机器的制造、安装、运输及维修，机械中广泛地使用了各种连接。所谓连接就是将两个或两个以上的物体接合在一起的结构，其中起连接作用的物体称为连接件，如螺栓、螺母、键和销等。

机械连接有两大类：一类是机器工作中，被连接的零（部）件间可以有相对运动的连接，称为动连接，如机构中的各种运动副；另一类是机器在工作时，被连接零件间不允许产生相对运动的连接，称为静连接。

静连接又分为可拆连接和不可拆连接。可拆连接是指不损坏连接中的任一零件就可拆开的连接。常见的有螺纹连接、键连接及销连接等。不可拆连接是指需要损坏连接中的某一部分才能拆开的连接，常见的有铆接、焊接、粘接等。

一、键

键连接主要用于轴和轴上零件（如带轮、齿轮、凸轮等）之间的周向固定以传递运动和转矩，有的还可以实现轴上零件的轴向固定或轴向移动。键是一种标准零件，在机械中应用极为广泛。

按键在连接中的松紧程度可分为松键连接和紧键连接两类。

（一）松键连接

1. 平键连接

平键的两侧面为工作面，上表面与轮毂键槽底面间有间隙［见图 4-5-1（a）］。工作时靠键的两侧面与轴及轮毂上键槽侧面的挤压来传递运动和转矩。平键连接结构简单、装拆方便、对中性好，但不能承受轴向力，对轴上的零件不能起到轴向固定的作用。

平键连接按用途不同又可分为普通平键、薄平键、导向平键和滑键四种。

普通平键如图 4-5-1 所示，这种键用于静连接，其端部形状可分为圆头（A 型）、平头（B 型）和单圆头（C 型）3 种。A 型和 C 型键的轴上键槽用键槽铣刀铣出，键在键槽中能实现较好的轴向定位，应用最广泛。缺点是键的端部圆头与轮毂键槽不接触，使键的圆头部分不能充分利用，同时轴槽端部的弯曲应力集中较大。B型键的轴槽用盘铣刀铣出，轴上的应力集中较小，但键在轴上的轴向定位不好，对于尺寸较大的键，需用紧定螺钉把键固定在键槽中，以防松动。C型键则适用于轴端与轮毂的连接。平键连接的尺寸标准参见表4-5-1。

表 4-5-1 普通平键的基本规格（摘自 GB/T 1095、1096—2003）

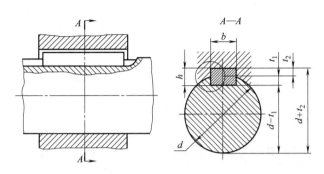

轴	键	键槽										
轴径 D	公称尺寸 $b×h$	公称尺寸 b	宽度 b					深度				半径 r
			偏差					轴 t_1		毂 t_2		
			较松键连接		一般键连接		较紧键连接					
			轴 H9	毂 D10	轴 N9	毂 Js9	轴和毂 P9	公称	偏差	公称	偏差	最小	最大
自 6～8	2×2	2	+0.025	+0.060	−0.004	±0.0125	−0.006	1.2	+0.1 0	1	+0.1 0	0.08	0h16
>8～10	3×3	3	0	0.020	−0.029		−0.31	1.8		1.4			
>10～12	4×4	4	+0.030 0	+0.078 +0.030	0 −0.030	±0.015	−0.012 −0.042	2.5		1.8			
>12～17	5×5	5						3.0		2.3			
>17～22	6×6	6						3.5		2.8		0.16	0.25
>22～30	8×7	8	+0.036 0	+0.098 +0.040	0 −0.036	±0.018	−0.015 −0.051	4.0		3.3			
>30～38	10×8	10						5.0		3.3			
>38～44	12×8	12	+0.043 0	+0.120 +0.050	0 −0.043	±0.0215	−0.018 −0.061	5.0		3.3			
>44～50	14×9	14						5.5		3.8		0.25	0.40
>50～58	16×10	16						6.0	+0.2 0	4.3	+0.2 0		
>58～65	18×11	18						7.0		4.4			
>65～75	20×12	20	+0.052 0	+0.149 +0.065	0 −0.052	±0.026	−0.022 −0.074	7.5		4.9			
>75～85	22×14	22						9.0		5.4		0.40	0.60
>85～95	25×14	25						9.0		5.4			
>95～110	28×16	28						10.0		6.4			
长度(L)系列	6,8,10,12,14,16,18,20,22,25,28,32,35,40,45,50,55,60,63,70,80,90,100,110,125,140,160,180,200,220,250,280,320,360,400,450,500												

注：$D-t_1$ 和 $D+t_2$ 两组组合尺寸的偏差按相应的 t_1 和 t_2 的偏差选取，但 $D-t_1$ 偏差值应取负号。对于键，b 的偏差按h9，h 的偏差按h11，L 的偏差按h14。

薄平键与普通平键结构相似，也有圆头、平头和单圆头3种。但其厚度只有普通平键的60%～70%，因而传递转矩的能力较低，常用于薄壁轮毂、空心轴及一些径向尺寸受限制的场合，或只传递运动的轴与轮毂连接。

导向平键和滑键都用于动连接。当被连接的轮毂类零件在工作中必须在轴上作轴向移动时则应采用导向平键连接或滑键连接。当相对移动距离较小时可采用导向平键连接，如图4-5-2（a）所示。导向平键是一种较长的平键，用螺钉固定在轴上的键槽中，为了方便拆卸，常在键中间留有起键螺钉孔。导向平键和轮毂键槽采用间隙配合，轮毂可沿导向平键轴向移动。当移动距离较大时应采用滑键连接，如图4-5-2（b）所示。滑键固定在轮毂上，轮毂带

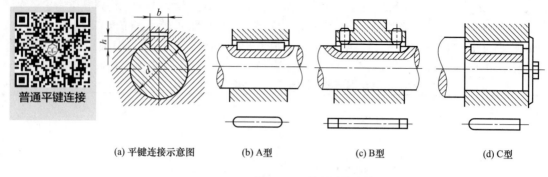

图 4-5-1 普通平键连接

动滑键在轴上的键槽中作轴向移动。

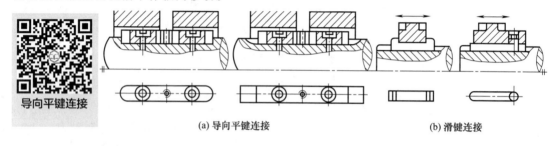

图 4-5-2 导向平键连接和滑键连接

2. 半圆键连接

半圆键连接如图 4-5-3 所示。半圆键的两侧面为半圆形,能在键槽内摆动以适应键槽的斜度。键的上表面与轮毂键槽底面间有间隙,工作时靠键的侧面受挤压来传递运动和转矩。这种连接的优点是工艺性较好,装配方便;缺点是轴上的键槽窄而深,对轴的强度削弱较大,主要用于传递转矩不大的连接,尤其适用于锥形轴端与轮毂的连接。

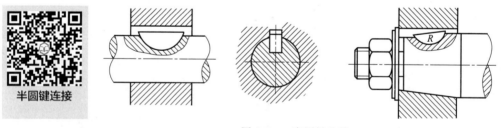

图 4-5-3 半圆键连接

(二)紧键连接

1. 楔键连接

楔键连接用于静连接,如图 4-5-4 所示。楔键的上表面与轮毂键槽底面都有 1:100 的斜度。键的上下表面是工作面,装配后,上下表面楔入轮毂和轴上的键槽之间,产生很大的压紧力。工作时,靠工作表面之间的摩擦力来传递运动和转矩,并可承受单方向的轴向载荷,起单向的轴向固定作用。这类键的缺点是装配楔紧时使轴与轮毂的配合产生偏心和偏斜,定心精度不高。因此主要用于定心精度要求不高、载荷平稳、速度较低的场合。

楔键按形状分普通楔键和钩头楔键两种,普通楔键按其端部形状又分圆头楔键和方头楔键两类,钩头楔键的钩头是为了便于装拆用的。

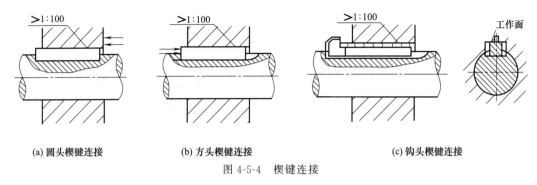

(a) 圆头楔键连接　　　　(b) 方头楔键连接　　　　(c) 钩头楔键连接

图 4-5-4　楔键连接

2. 切向键连接

切向键由一对普通的楔键组成，如图 4-5-5 所示。上下两个平行的窄面为工作面，工作时依靠工作面间的挤压来传递运动和转矩。装配时两键分别从轮毂两端打入，拼合后沿轴的切线方向楔紧。一个切向键只能传递单向转矩；若需要传递双向转矩，必须两个切向键组合使用，并互成 120°～135° 布置。切向键的键槽对轴的强度削弱较大，定心精度低，常用于重型机械。

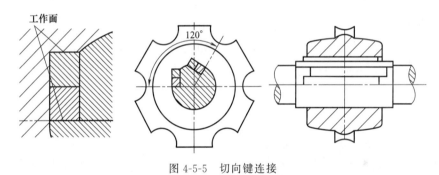

图 4-5-5　切向键连接

（三）键的选择和平键强度校核

1. 键的选择

键的选择包括类型选择和尺寸选择两个方面。键的类型应根据键连接的结构特点、使用要求和工作条件来选择。需要综合考虑定心精度、传递转矩、是否轴向固定或轴向移动距离和键在轴上位置等因素。

键的主要尺寸为其剖面尺寸，包括宽度 b，高度 h 和长度 L。键尺寸 $b \times h$ 可根据轴的公称直径从标准中选取，如表 4-5-1。键的长度 L 则需根据齿轮轮毂的宽度确定，一般要略小于轮毂宽度 5～10mm，并符合键的标准长度系列值；对于导向键和滑键，其键长 L 则按轮毂宽度和移动距离而定。

2. 平键的强度校核

(1) 剪切的概念和剪切强度　平键在工作时，键的左右两个侧面受到力的作用［见图 4-5-6（a）、(b)］，将使键的上下两部分沿截面发生相对错动［见图 4-5-6（c）］，这种现象叫做剪切，发生相对错动的截面 $m\text{-}m$ 称为剪切面。机器中许多连接件，如键、螺栓、销和铆钉等工作时主要发生的都是剪切变形。

剪切变形的外力特点是：构件受到与其轴线相垂直的、大小相等、方向相反且作用线相距很近的两个力作用；变形特征是：横截面将产生相对错动的变形。

应用截面法假想将平键沿剪切面 $m\text{-}m$ 截为两段，任取一段作为研究对象，如图 4-5-6（d）所示。由平衡条件可知，剪切面上必有一个与外力 F 大小相等、方向相反的内力，这

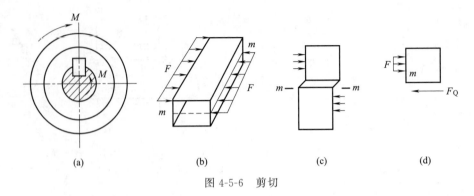

图 4-5-6 剪切

个与截面相切的内力称为剪力,用 F_Q 表示。

剪切面上单位截面积的剪力称为切应力,方向和截面相切,用符号 τ 表示。切应力在剪切面上的分布规律比较复杂,工程上通常采用实用计算法,即假设剪力在剪切面上是均匀分布的。于是,切应力可按下式计算

$$\tau = \frac{F_Q}{A} \tag{4-5-1}$$

式中,τ 为切应力,MPa;F_Q 为剪力,N;A 为剪切面面积,mm²。

为了保证构件在工作时不发生剪切破坏,必须使构件剪切面上的工作切应力不超过材料的许用切应力,即剪切实用的强度条件为

$$\tau = \frac{F_Q}{A} \leqslant [\tau] \tag{4-5-2}$$

式中,$[\tau]$ 为材料的许用切应力,MPa。

工程上常用材料的许用切应力,可从相关设计手册中查得。

(2) 挤压的概念和挤压强度 螺纹、键、销等连接件在工作中受到剪切变形的同时必然伴随有挤压变形。在连接件和被连接件的接触面上互相压紧,产生局部塑性变形,这种现象称为挤压,接触面上的作用力称为挤压力。如图 4-5-7 所示为螺纹连接时的挤压变形情况。

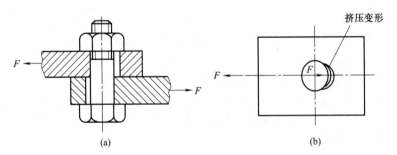

图 4-5-7 螺栓挤压破坏

接触面上单位面积的挤压力称为挤压应力,方向和接触面垂直,用 σ_p 表示。挤压应力在接触面上的分布很不均匀,但工程上仍使用实用计算法。挤压的强度条件是

$$\sigma_p = \frac{F}{A_F} \leqslant [\sigma_p] \tag{4-5-3}$$

式中,σ_p 为挤压应力,MPa;F 为挤压力,N;A_F 为挤压面积,mm²;$[\sigma_p]$ 为材料的许用挤压应力,MPa。

(3) 平键的强度校核 对于采用常用材料和按标准选择尺寸的普通平键连接,其主要失

效形式是键、轴槽和轮毂槽三者中强度最弱的工作面被压馈。除非严重过载，一般情况下其剪切强度足够，不会发生剪切破坏。因此，平键连接通常只按工作面的最大挤压应力 σ_p 进行强度计算。

设键上载荷均匀分布，由图 4-5-8 可得平键连接的挤压强度条件

$$\sigma_p = \frac{4T}{dhl} \leqslant [\sigma_p] \qquad (4\text{-}5\text{-}4)$$

对于导向键连接和滑键连接等动连接，其主要失效形式是工作面的磨损。应按工作面上的最大压强 p 进行强度计算，即

$$p = \frac{4T}{dhl} \leqslant [p] \qquad (4\text{-}5\text{-}5)$$

式中，T 为转矩，N·mm；d 为轴径，mm；h 为键的高度，mm；l 为键的工作长度，mm；键工作长度的确定与键的类型有关，普通平键的 A 型 $l=L-b$；B 型 $l=L$；C 型 $l=L-\frac{b}{2}$；$[\sigma_p]$ 为许用挤压应力，MPa，见表 4-5-2；$[p]$ 为许用压强，MPa；见表 4-5-2。

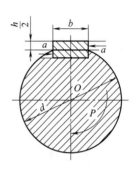

图 4-5-8 平键连接的受力分析

表 4-5-2 平键连接的许用挤压应力、许用压强　　　　　　MPa

许用值	键连接中最薄弱零件的材料	载荷性质		
		静载荷	轻微冲击	冲击
$[\sigma_p]$	钢	125～150	100～120	60～90
	铸铁	70～80	50～60	30～45
$[p]$	钢	50	40	30

计算后如强度不足，在结构允许时可适当增加轮毂宽度和键的长度。如强度仍不足，可采用相隔 180°的双键连接，如图 4-5-9 所示。考虑到制造误差和键上载荷分布的不均匀，强度计算时，双键按 1.5 个计算。

【例 4-5-1】 如图 4-5-10 所示。减速器中直齿圆柱齿轮和轴的材料都为 45 钢，齿轮轮毂宽度 $B=70$mm，轴的直径 $d=53$mm，传递的转矩 $T=431250$N·mm，载荷平稳。试选择键并验算连接的强度。

解：(1) 选择键的类型和尺寸

根据齿轮传动的工作要求，选择 A 型普通平键。

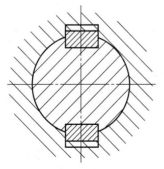

图 4-5-9 两个平键组成的连接

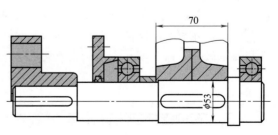

图 4-5-10 减速器中的轴连接

根据轴的直径 $d=53$mm，轮毂宽度 $B=70$mm，查表 4-5-1，选取 $b=16$mm，$h=10$mm，$L=63$mm。

（2）强度校核

由表 4-5-2 查得 $[\sigma_p]=125$MPa，键的工作长度 $l=63$mm-16mm$=47$mm，带入公式 (4-9) 计算

得
$$\sigma_p = \frac{4T}{dhl} = \frac{4 \times 431250}{53 \times 10 \times 47} = 69.25(\text{MPa}) < [\sigma_p] = 125(\text{MPa})$$

故此平键连接满足强度要求。

二、花键

轴和轮毂孔周向均布多个凸齿和凹槽所构成的连接称为花键连接，齿的侧面是工作面。花键连接是多齿传递载荷，故比平键连接的承载能力高，定心性和导向性好，对轴的削弱小。花键连接一般用于定心精度要求高和载荷较大或经常滑移的连接。

（一）花键的特点

(1) 齿较多、工作面积大、承载能力较高；
(2) 键均匀分布，各键齿受力较均匀；
(3) 齿槽线、齿根应力集中小，对轴的强度削弱减少；
(4) 轴上零件对中性好；
(5) 导向性较好；
(6) 加工需专用设备、制造成本高。

（二）花键的分类

花键分为内花键和外花键。按截面形状可分为矩形花键、渐开线花键，如图 4-5-11 所示。

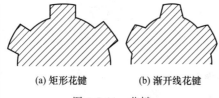

(a) 矩形花键　　(b) 渐开线花键

图 4-5-11 花键

1. 矩形花键

矩形花键的齿形是矩形，容易加工，应用广泛。按齿的尺寸数目不同可分为轻、中两系列，分别适用于不同的载荷情况。轻系列的承载能力较小，多用于静连接和轻载连接；中系列用于中等载荷的连接。为了提高轴和轴毂的同心度，国标 GB/T 1144—2001 规定采用小径定心，其定心精度易从工艺上得到保证，定心精度高，稳定性好。

2. 渐开线花键

渐开线花键的齿形为渐开线，分为 $\alpha=30°$，$\alpha=45°$ 两种，对应的齿顶高分别为：$h^*=0.5m$，$h^*=0.4m$。与渐开线齿轮相比，花键齿短，齿根宽，不产生根切的最小齿数较少。

渐开线花键受载时齿上有径向分力，能起自动定心作用，有利于保证连接的同心度。由于齿根部较厚，故强度高，承载能力大，但花键孔拉刀的制造成本高。渐开线花键可利用加工齿轮的设备及刀具进行加工，因此工艺性较好，制造精度高，齿根圆角大，应力集中小，易于对心。

（三）花键连接的设计计算

计算花键连接可以做成静连接，也可以做成动连接。对于静连接失效方式为齿面压溃；对于动连接主要失效方式为工作面过度磨损。花键连接的强度计算一般进行挤压强度或耐磨

性验算。

静连接时,假设工作载荷沿键的工作长度 l 均匀分布,且各齿面上压力的合力 N 作用在平均半径 r_m 处。挤压强度条件:

$$\sigma_p = \frac{2000T}{\psi z h l d_m} \leqslant [\sigma]_p \quad (4\text{-}5\text{-}6)$$

静连接,耐磨性条件:

$$p = \frac{2000T}{\psi z h l d_m} \leqslant [p] \quad (4\text{-}5\text{-}7)$$

式中,T 为传递扭矩,N·m;z 为花键齿数;l 为键齿工作长度,mm;h 为键齿侧面工作高度,mm;ψ 为花键各键齿受力不均匀系数,$\psi = 0.7 \sim 0.8$。

对矩形花键:$h = [(D-d)/2] - 2c$,其中 D 和 d 分别是花键轴的外径和内径(mm),c 是倒角尺寸。

对于渐开线花键:$\alpha = 30°$,$h = m$,m 为模数;$\alpha = 45°$时,$h = 0.8m$。对于三角形花键:$h = 0.8m$。

d_m 为花键的平均直径,mm。对于矩形花键:$d_m = (D+d)/2$。对于渐开线与三角形花键:$d_m = D_f$(分度圆直径)。

$[\sigma_p]$ 为许用挤压应力,MPa;$[p]$ 为需用压强,MPa,见表 4-5-3。

花键连接的零件多用抗压强度极限不低于 600 MPa 的高强度钢制造,多数需用经过热处理,特别是在载荷下频繁移动花键齿,应通过淬火或化学处理获得足够的硬度与耐磨性。花键连接的需用挤压应力和许用压强见表 4-5-3。

表 4-5-3 花键连接的许用挤压应力 $[\sigma_p]$ 和许用压强 $[p]$

连接工作方式	工作条件	$[\sigma_p]$	$[p]$
		齿面未经热处理	齿面经热处理
静连接$[\sigma_p]$	不良	35~50	40~70
	中等	60~100	100~140
	良好	80~120	120~200
动连接$[p]$（空载下移动）	不良	15~20	25~35
	中等	20~30	30~60
	良好	25~40	40~70
动连接$[p]$（负载下移动）	不良	…	3~10
	中等	…	3~15
	良好	…	10~20

三、销连接

销是标准件,可作为定位零件,用以确定零件间的相互位置;也可起连接作用,以传递横向力或转矩;或作为安全装置中的过载切断零件。

销连接按照用途,可分为定位销、连接销和安全销。定位销用来固定零件之间的相对位置,它是组合加工和装配时的重要辅助零件。通常不受载荷或只受很小的载荷,故不做强度校核计算,其直径按结构确定,数目一般不少于 2 个;连接销用来实现两零件之间的连接,可用来传递不大的载荷。其类型根据工作要求选定,其尺寸可根据连接的结构特点按经验或者规范确定,必要时按剪切和挤压强度条件进行校核计算;安全销作为安全装置中的过载剪

销连接

切元件，安全销在过载时被剪断，因此，销的直径应按剪切条件确定。为了确保安全销被剪断前不提前发生挤压破坏，通常可在安全销上加一个销套。

销连接按照形状可分为圆柱销、圆锥销、槽销等多种形式，见表4-5-4。

表 4-5-4　销连接的分类、特点及应用

类型		图形	标准	特点		应用
圆柱销	普通圆柱销	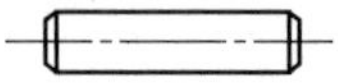	GB/T 119.1～119.2—2000	销孔需要铰制，多次装卸后会降低定位的精度和连接的紧固性。只能传递不大的载荷	直径公差带有m6（A型）、h8（B型）、h11（C型）和u8（D型）四种，以满足不同的配合要求	主要用于定位，也可用于连接
	内螺纹圆柱销		GB/T 120.1～120.2—2000		直径公差带只有m6一种，内螺纹供拆卸时使用。有A型和B型两种内螺纹圆柱销	B型有通气平面，用于不通孔
	螺纹圆柱销	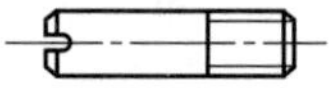	GB/T 878—2007		直径公差较大，定位精度低	用于精度要求不高的场合
	带孔销	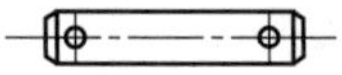	GB/T 880—2008	用开口销锁定，拆卸方便		用于铰接处
	弹性圆柱销	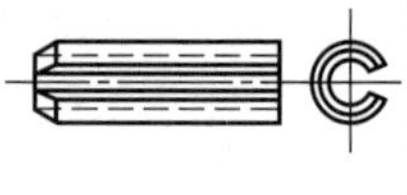	GB/T 879.1～879.5—2000	具有弹性，装入销孔后与孔壁压紧，不易松脱。销孔精度要求较低，互换性好，可多次装拆，但刚性较差，不适合于高精度定位。载荷大时可用几个套在一起使用，相邻内外两销的缺口应错开180°		用于有冲击、振动的场合，可代替部分圆柱销、圆锥销、开口销或销轴
圆锥销	普通圆锥销	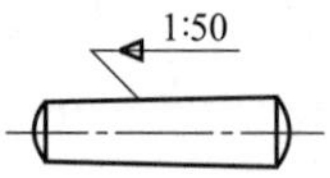	GB/T 117—2000	有1∶50的锥度，便于安装。定位精度比圆柱销高，在受横向力时能够自锁，销孔需铰制		主要用于定位，也可用于固定零件、传递动力，多用于经常装拆的场合
	内螺纹圆锥销	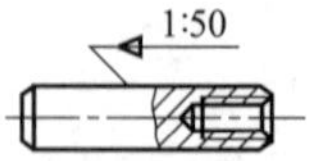	GB/T 118—2000			用于不通孔
	螺尾圆锥销	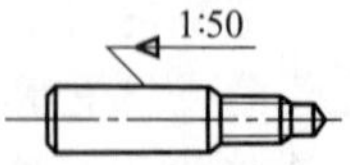	GB/T 881—2000	螺纹供拆卸用。螺尾圆锥销制造困难。开尾圆锥销打入销孔后，末端可以稍微张开，以防止松脱		用于拆卸困难的场合
	开尾圆锥销	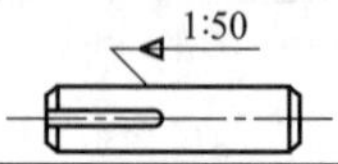	GB/T 877—1986			用于有冲击、振动的场合

续表

类型		图形	标准	特点		应用
槽销	直槽销		GB/T 13829.1—2004	沿销体母线碾压或模锻三条（相隔120°）槽，打入销孔并与孔壁压紧，不易松脱，能承受振动和循环载荷。销孔不需铰光，可多次装拆	全长具有平行槽，端部有导杆和倒角两种，销与孔壁间压力分布较均匀	用于有严重振动和冲击载荷的场合
	中心槽销		GB/T 13829.1—2004		销的中部有短槽，槽长有1/2全长和1/3全长两种	用作心轴，将带毂的零件固定在短槽处
	锥槽销		GB/T 13829.2—2004		沟槽成楔形，有全长和半长两种，作用与圆锥销相似，销与孔壁间压力分布不均匀	与圆锥销相同
	半长倒锥槽销		GB/T 13829.2—2004		一半为圆柱销，一半为圆锥销	用作轴杆
	有头槽销		GB/T 13829.3—2004		有圆头和沉头两种	可代替螺钉、抽芯铆钉，用以紧固标牌、管夹子等
其他销	销轴		GB/T 882—2008	用开口销锁定，拆卸方便		用于铰接处
	开口销		GB/T 91—2000	工作可靠，拆卸方便		用于锁定其他紧固件，与槽形螺母合用
						用于尺寸较大处
	快卸销		HB1-704—1983	既能定位并承受一定的横向力，还能快速拆卸，有快卸止动销、快卸弹簧销等多种形式		需要快速拆卸的销连接
			HB1-706—1983			
	安全销			结构简单，形式多样，必要时可在销上切出圆槽。为防止断销时损坏孔壁，可在孔内加销套		用于传动装置和机器的过载保护，如作为安全联轴器等的过载剪断元件

四、螺纹连接

（一）螺纹的形成

将一直角三角形绕在直径为 d_2 的圆柱表面上，使三角形底边与圆柱体的底边重合，则三角形的斜边在圆柱体表面形成一条螺旋线。三角形的斜边与底边的夹角 λ，称为螺旋线升角。若取一平面图形，使其平面始终通过圆柱体的轴线并沿着螺旋线运动，则这平面图形在空间形成一个螺旋形体，称为螺纹，如图 4-5-12 所示。

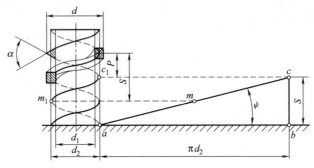

图 4-5-12　螺纹形成示意图

根据平面图形的形状，螺纹可分为三角形、矩形、梯形和锯齿形螺纹等。根据螺旋线的绕行方向，可分为左旋螺纹和右旋螺纹，规定将螺纹直立时螺旋线向右上升为右旋螺纹，向左上升为左旋螺纹。机械制造中一般采用右旋螺纹，有特殊要求时，才采用左旋螺纹。根据螺旋线的数目，可分为单线螺纹和等距排列的多线螺纹。为了制造方便，螺纹一般不超过 4 线。

（二）螺纹的主要参数

以广泛应用的圆柱普通螺纹为例，螺纹的主要参数如下（如图 4-5-13 所示）：

(1) 大径（外径）$d(D)$　与外螺纹牙顶相重合的假想圆柱面直径，也称公称直径；

(2) 小径（内径）$d_1(D_1)$　与外螺纹牙底相重合的假想圆柱面直径，在强度计算中作危险剖面的计算直径；

(3) 中径 d_2　在轴向剖面内牙厚与牙间宽相等处的假想圆柱面的直径，近似等于螺纹的平均直径，$d_2 \approx 0.5(d+d_1)$；

(4) 螺距 P　相邻两牙在中径圆柱面的母线上对应两点间的轴向距离；

(5) 导程（S）　同一螺旋线上相邻两牙在中径圆柱面的母线上的对应两点间的轴向距离；

(6) 线数 n　螺纹螺旋线数目，一般为便于制造 $n \leq 4$；螺距、导程、线数之间关系为 $S=nP$；

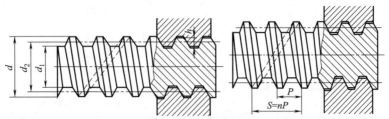

图 4-5-13　螺纹的主要参数

(7) 螺旋升角 ψ　在螺纹中径圆柱面上螺旋线的切线与垂直于螺旋轴线的平面的夹角，如图 4-5-14 所示；

$$\psi = \arctan(S/\pi d_2) = \arctan\frac{nP}{\pi d_2} \tag{4-5-8}$$

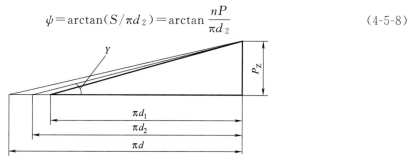

图 4-5-14　螺旋升角 ψ

(8) 牙型角 α　螺纹轴向平面内螺纹牙型两侧边的夹角；牙型斜角 β 指螺纹牙型的侧边与螺纹轴线的垂直平面的夹角，对称牙型 $\beta = \dfrac{\alpha}{2}$，如图 4-5-15 所示。

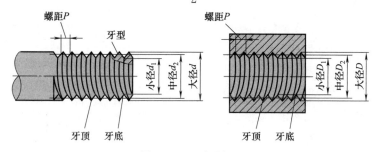

图 4-5-15　牙型角 α

（三）几种常用螺纹的特点和应用

螺纹是螺纹连接和螺旋传动的关键部分，按螺纹在轴向剖面内的形状可分为以下几种类型：

1. 三角形螺纹

牙型角大，自锁性能好，而且牙根厚、强度高，故多用于连接。常用的有普通螺纹、英制螺纹和圆柱管螺纹，如图 4-5-16（a）所示。

(1) 普通螺纹　国家标准中，把牙型角 $\alpha = 60°$ 的三角形米制螺纹称为普通螺纹，大径 d 为公称直径。同一公称直径可以有多种螺距的螺纹，其中螺距最大的称为粗牙螺纹，其余都称为细牙螺，粗牙螺纹应用最广。细牙螺纹的小径大、升角小，因而自锁性能好、强度高，但不耐磨、易滑扣，适用于薄壁零件、受动载荷的连接和微调机构的调整。

(2) 英制螺纹　牙型角 $\alpha = 55°$，以英寸为单位，螺距以每英寸的牙数表示，也有粗牙、细牙之分。主要是英、美等国使用，国内一般仅在修配中使用。

2. 矩形螺纹

牙型为正方形，牙型角 $\alpha = 0°$ [图 4-5-16（b）]，牙厚为螺距的一半，当量摩擦系数较小，效率较高，但牙根强度较低，螺纹磨损后造成的轴向间隙难以补偿，对中精度低，且精加工较困难，因此，这种螺纹已较少采用。

3. 梯形螺纹

牙型为等腰梯形，牙型角 $\alpha = 30°$ [图 4-5-16（c）]，效率比矩形螺纹低，但易于加工，对中性好，牙根强度较高，当采用剖分螺母时还可以消除因磨损而产生的间隙，因此广泛应用于螺旋传动中。

4. 锯齿形螺纹

锯齿形螺纹工作面的牙侧角为 3°，非工作面的牙侧角为 30°，兼有矩形螺纹效率高和梯形螺纹牙根强度高的优点,但只能承受单向载荷,适用于单向承载的螺旋传动 [图 4-5-16 (d)]。螺纹牙强度,用于单向受力的传力螺旋;如螺旋压力机、千斤顶等。

5. 圆柱管螺纹

牙型角 $\alpha=55°$,牙顶呈圆弧形,旋合螺纹间无径向间隙,紧密性好,公称直径为管子的公称通径 [图 4-5-16 (e)],广泛用于水、煤气、润滑等管路系统连接中。

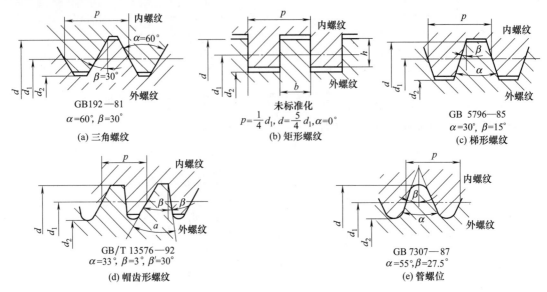

图 4-5-16 螺纹的类型

(四) 螺纹连接的基本类型及预紧和防松

1. 螺纹连接的基本类型

(1) 螺栓连接 螺栓穿过被连接件的通孔,与螺母组合使用,不切制螺纹,结构简单、装拆方便,适用于被连接件厚度不大且能够从两面进行装配的场合。如图 4-5-17 (a) 为受拉螺栓连接,螺栓与孔之间有间隙;如图 4-5-17 (b) 为铰制孔螺栓连接,被连接件上孔用高精度铰刀加工而成,螺栓杆与孔之间一般采用过渡配合,主要用于需要螺栓承受横向载荷或需靠螺杆精确固定被连接件相对位置的场合。

(2) 双头螺柱连接 使用两端均有螺纹的螺柱,一端旋入并紧定在较厚被连接件的螺纹孔中,另一端穿过较薄被连接件的通孔 (图 4-5-18)。适用于被连接件较厚,不宜制作通孔及需要经常拆卸,连接紧固或者紧密程度要求较高的场合。

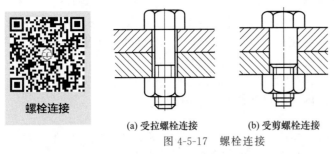

(a) 受拉螺栓连接　　(b) 受剪螺栓连接

图 4-5-17 螺栓连接

(3) 螺钉连接 螺钉直接旋入被连接件的螺纹孔中 (图 4-5-19),适用于被连接件之一较厚,或另一端不能装螺母的场合。但经常拆装会使螺纹孔磨损,导致被连接件过早失效,所以不适用于经常拆装的场合。

(4) 紧定螺钉连接 将紧定螺钉拧入一零件的螺纹孔中,其末端顶住另一零件的表面 (图 4-5-20),或顶入相应的凹坑中。常用于固定两个零件的相对位置,并可传递不大的横向力或转矩。

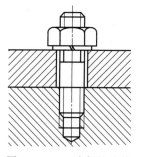

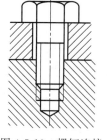

图 4-5-18　双头螺柱连接　　　　　　　　　　　图 4-5-19　螺钉连接

连接零件包括螺栓、螺钉、双头螺柱、紧定螺钉、螺母、垫圈及防松零件等，大多已有国家标准，工程尺寸为螺纹大径。

螺纹连接件的制造精度分为 A、B、C 三级。A 级精度最高，用于要求装配精度高及受振动、变载荷等重要连接；C 级用于一般连接。

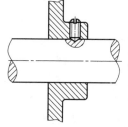

2. 螺纹连接的预紧

通常，螺纹连接在装配时必须预先拧紧，称为预紧（紧连接）。预紧可防止连接在工作时出现间隙、横向移动或松动，增强连接的可靠性和紧密性。所需预紧力的大小与工作载荷有关。

图 4-5-20　紧定螺钉连接

（1）拧紧力矩 T_Σ　在预紧螺栓连接时，加在扳手上的力矩 T_Σ 必须克服螺旋副中的螺纹力矩 T 和螺母与支撑面之间的摩擦力矩 T_f。

$$T_\Sigma = T + T_f \tag{4-5-9}$$
$$T = F_0 \tan(\varphi + \rho V) d_2/2 \tag{4-5-10}$$
$$T_f = f_c F_0 r_f \tag{4-5-11}$$

式中，r_f 支撑面间的摩擦半径，f_c 为摩擦系数。

$$T_\Sigma = 0.2 F_0 d \times 10^{-3} \tag{4-5-12}$$

式中，T_Σ 的单位 N·m；d 的单位为 mm。

（2）预紧力的控制　适当选用较大的预紧力对螺纹的连接的可靠性及连接件的疲劳强度都是有利的。但过大会削弱静强度使整个连接件的尺寸增大，将导致连接件在装配或偶然过载时被拉断。因此在设计时，既要保证连接件所需要的预紧力，又不应使螺纹连接件过载。因此对重要的连接在装配时要控制预紧力。预紧力过大，会使连接超载；预紧力不足，则又可能导致连接失效。小直径的螺栓装配时应施加小的拧紧力矩，否则就容易将螺栓杆拉断。

3. 螺纹连接的防松

螺纹连接一般具有自锁性（自锁条件 $\psi \leqslant \varphi_v$），在静载荷和工作温度变化不大时不会自动松脱。但在冲击、振动和变载荷的作用下，预紧力可能在某一瞬间减小或消失，连接有可能松脱。高温的螺纹连接，由于温度变形差异等原因，也有可能发生松脱现象。螺纹连接防松的实质是防止螺纹副的相对转动。

防松的方法很多，就其工作原理，可分为三类：摩擦防松、机械防松和破坏螺纹副关系的永久防松（变为不可拆连接）。

（1）摩擦防松　摩擦防松的原理是使螺纹副中有不随连接所受外载荷而变的压力，从而始终存在摩擦力矩以阻止相对转动。

① 弹簧垫圈　为一圈特制的弹簧，材料为弹簧钢，它应用极为广泛。装配后垫圈被压

平，产生较大的弹性变形。在变载下，此变形不易恢复，其弹力能使螺纹间保持压紧力和摩擦力而防松；此外，垫圈切口尖端逆着旋松的方向，也有阻止螺母反转的作用。

② 双螺母 通过增加摩擦防松；结构简单、使用方便，但结构尺寸大、可靠性不高。它适用于平稳、低速和重载的连接，其他场合目前用地不多。

③ 自锁螺母 利用嵌在螺母内的各种弹性材料（如弹性环、尼龙圈等）的弹性变形，在螺纹间产生的附加摩擦力来防松的。

(2) 机械防松 是利用各种机械锁紧件来防松的。它们工作可靠，应用广泛，但不宜多次拆卸。

① 开槽螺母与开口销，圆螺母与止动垫圈，带翅垫片。拧紧螺母后，将开口销插入与螺栓尾部孔对准的螺母槽内，再将销尾掰开。阻止螺母与螺杆相对转动。

② 止动垫圈 一般与六角螺母相配使用，垫圈约束螺母，而自身又被约束在被连接件上，使螺母不能转动。同时要保证螺栓不转动。

③ 金属丝锁定螺钉组 各螺钉拧紧后，将金属丝按螺钉不能松退的方向，依次穿入螺钉顶头上的孔中锁紧。当螺钉有松动趋势时，将使钢丝被拉得更紧。适用于螺钉组，在使用时应注意钢丝穿入螺钉的方向。

(3) 变为不可拆连接 拧紧螺母后，用油漆、点焊或点冲破坏螺纹，或在旋合段涂以金属黏结剂，强迫螺栓、螺母螺纹副局部塑性变形，阻止其松动，永久性防松方法方便，防松可靠，但拆卸后螺纹副被破坏，螺栓、螺母不能重新使用。

(五) 螺纹连接的强度计算

螺栓连接强度计算的目的，主要是根据连接的结构形式、材料性质和载荷状态等条件，分析螺栓的受力和失效形式，然后按相应的计算准则计算螺纹小径 d_1，再按照标准选定螺纹公称直径 d 和螺距 P 等。螺栓其余部分尺寸及螺母、垫圈等，一般都可根据公称直径 d 直接从标准中选定，因为制定标准时，已经考虑了螺栓、螺母的各部分及垫圈的等强度和制造、装配等要求。

1. 松螺栓连接

在少数场合下，连接在承受工作载荷之前，不需要拧紧螺母，称为松连接。松螺栓连接的特点是装配时不拧紧螺母，在承受工作载荷前，连接并不受力。这种连接只能承受静载荷，故应用不广。当承受轴向工作载荷 $F(\mathrm{N})$ 时，螺纹部分的强度条件为：

$$\sigma = \frac{F}{\frac{\pi}{4}d_1^2} \leqslant [\sigma] \tag{4-5-13}$$

设计公式为：

$$d_1 \geqslant \sqrt{\frac{4F}{\pi[\sigma]}} \tag{4-5-14}$$

式中，d_1 为螺杆危险截面直径，mm；$[\sigma]$ 为许用拉应力，N/mm² (MPa)。

2. 紧螺栓连接

承受工作载荷之前，螺母必须拧紧到一定程度，使被连接件之间产生足够的预紧力，以便在承受横向载荷（见受横向载荷的紧螺栓连接）时，被连接件间不会因摩擦力不足而发生滑动；或在承受轴向工作载荷（见受轴向载荷的紧螺栓连接）时被连接件之间不出现间隙。

螺栓在承受轴向工作载荷时的失效形式：多为螺纹部分的塑性变形或断裂，如果连接经常拆卸也可能导致滑扣；在承受横向载荷时螺栓在接合面处受剪，并与被连接孔相互挤压，其失效形式为：螺杆被剪断，螺杆或孔壁被压溃等。

(1) 受横向外载荷的紧螺栓连接

① 采用普通螺栓 被连接件承受横向载荷 F，连接靠预紧力 F_0 在接合面上所产生的摩擦力平衡外载荷。装配时拧至所需预紧力 F_0。拧紧螺母后，当连接承受工作载荷 F 时，螺栓所受拉力仍为 F_0，此外，螺栓还受到摩擦力矩的作用。

如图 4-5-21 所示，工作时连接受到与螺栓轴线相垂直的外载荷 F_R 的作用。被连接件在预紧力的作用下相互压紧，依靠结合面产生的摩擦力来抗衡外载荷，从而避免产生相对移动。显然，无论工作前还是工作后，螺栓本身仅受装配时由于拧紧螺母而产生的预紧力和螺纹副阻力矩的作用。预紧力使螺栓危险截面上产生拉应力：

$$F_0 f \cdot z \cdot m \geqslant K F_R \tag{4-5-15}$$

$$F_R \geqslant K F_R / f \cdot z \cdot m \tag{4-5-16}$$

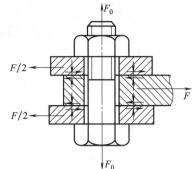

图 4-5-21 普通螺栓受横向载荷受力图

式中，z 为连接螺栓的数目；m 为结合面数目；f 为结合面间摩擦系数，对于钢或铸铁的干燥加工表面，可取 $f = 0.1 \sim 0.15$；K 为可靠性系数，亦称防滑系数，通常取 $K = 1.1 \sim 1.3$。

由此可得，单个螺栓所需的预紧应力为：$\sigma = 4F_0/\pi d_1^2$。若计入扭转切应力的影响：

强度条件为

$$\sigma_e = \frac{1.3 F_0}{\frac{\pi}{4} d_1^2} \leqslant [\sigma] \tag{4-5-17}$$

设计公式为

$$d_1 = \sqrt{\frac{4 \times 1.3 F_0}{\pi [\sigma]}} \tag{4-5-18}$$

式中，$[\sigma]$ 为许用拉应力，N/mm² （MPa）。

② 采用铰制孔用螺栓 铰制孔用螺栓连接一般均需拧紧，由预紧力产生的拉应力对连接强度的影响可以不计。螺栓杆受横向工作载荷 F_R 时，剪切强度条件为：

$$\tau = \frac{F_R h}{m \frac{\pi}{4} d_s^2} \leqslant [\tau] \tag{4-5-19}$$

螺栓杆或孔壁的挤压强度条件：

$$\sigma_p = \frac{F_R h}{d_s L_{\min}} \leqslant [\sigma_p] \tag{4-5-20}$$

式中，d_s 为螺栓杆剪切面直径，mm；m 为接合面数；$[\tau]$ 为螺栓的许用剪切应力，MPa；$[\sigma_p]$ 为螺栓杆或孔壁中的低强度材料的许用挤压用力，MPa；h 为螺栓杆与孔壁间的最小高度，mm。

（2）受轴向外载荷的紧螺栓连接 这种承载形式在紧螺栓连接中比较常见，图 4-5-22 所示的汽缸与汽缸盖螺栓组连接就是这种连接的典型例子。在这种连接中，螺栓实际承受的总拉力 F_Σ 并不等于预紧力和轴向工作载荷 F 之和。如图 4-5-23 所示，分析如下。

一般汽缸压强 p 对每个螺栓产生的轴向工作载荷为：

$$F = p(\pi D^2/4)/z$$

式中，z 为连接螺栓个数。p 为气缸内的压强 MPa。

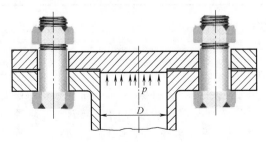

图 4-5-22 汽缸与汽缸盖螺栓组连接

未拧紧未受工作载荷时螺栓情况：如图

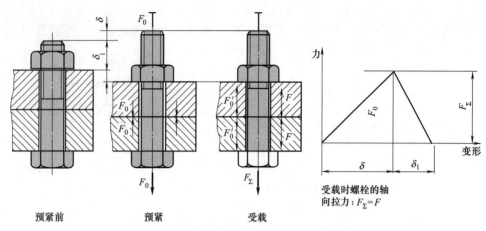

图 4-5-23　汽缸与汽缸盖螺栓组连接受力分析

4-5-24 预紧前。拧紧后未受工作载荷时螺栓受预紧力 F_0 作用：如图 4-5-24 的预紧。

拧紧后受工作载荷时螺栓受到总拉力 F_Σ 作用：

$$F_\Sigma = F + F_0'$$

此时，由于螺栓受工作载荷 F 的作用，伸长量又增加了 δ，被连接件间随螺栓伸长而被放松了 δ，故其压紧力由 F_0 减小到 F_0'，被连接件作用与螺栓的反作用力也应为 F_0'，F_0' 称为剩余预紧力。

选取了 F_0' 后，用 $F_\Sigma = F + F_0'$ 计算出螺栓的总拉力 F_Σ 的值。然后代入下式：

强度计算为：

$$\sigma' = \frac{1.3 F_\Sigma}{\frac{\pi}{4} d_1^2} \leqslant [\sigma] \tag{4-5-21}$$

设计公式为：

$$d_1 = \sqrt{\frac{4 \times 1.3 F_\Sigma}{\pi [\sigma]}} \tag{4-5-22}$$

根据受工作载荷 F 的伸长量与被连接件回弹变形量相等的关系，可导出预紧力 F_0 与剩余预紧力 F_0' 的关系为：

$$F_0 = F_0' + (1 - K_c) F \tag{4-5-23}$$

式中，$K_c = C_1 / (C_1 + C_2)$，K_c 称相对刚度系数；C_1 为螺栓刚度；C_2 为被连接件刚度。螺栓的相对刚度，其值与螺栓和被连接件的材料、尺寸、结构、工作载荷作用位置及连接中垫片的材料等因素有关，在一般计算中，若被连接件为钢铁，可由表 4-5-5 选取。

表 4-5-5　不同材料下相对刚度系数

被连接钢板间所用垫片	金属垫片(或无垫片)	皮革垫片	铜皮石锦垫片	橡胶垫片
$C_1/(C_1+C_2)$	0.2~0.3	0.7	0.8	0.9

$$F_\Sigma = F + F_0' = F_0 + C_1 F / (C_1 + C_2) \tag{4-5-24}$$

（六）螺纹连接件的材料和许用应力

1. 螺纹连接件的材料

螺栓的常用材料有低碳钢 Q215、10 钢和中碳钢 Q235、35 和 45 钢等，重要和有特殊要求的场合可采用 15Cr、40Cr、30CrMnSi 和 15MnVB 等力学性能较高的合金钢。有防蚀或导电要求时，也可采用铜及其合金以及其他有色金属。近年来还发展了高强度塑料螺栓和螺母。常用螺栓材料的力学性能见表 4-5-6。

表 4-5-6　螺栓的常用材料及其力学性能

钢　号	强度极限 σ_B/MPa	屈服极限 σ_S/MPa	钢　号	强度极限 σ_B/MPa	屈服极限 σ_S/MPa
10	340~420	210	35	540	320
Q215	340~420	220	45	650	360
Q235	410~470	240	40Cr	340~420	650~900

2. 螺纹连接的许用应力和安全系数

不控制预紧力的紧螺栓连接中，安全系数 S 的选择与螺栓直径 d 有关，d 越小，S 越大，许用应力 $[\sigma]$ 也就越低。这是因为，如果不控制预紧力，螺栓直径越小，拧紧时螺杆因过载而损坏的可能性就越大。在设计时，因 d 未知，而 S 的选择与 d 有关，因此要用试算法，即根据经验，先假定一个螺栓直径，再根据这个直径查取 S，然后根据强度计算公式计算出 d_1 值，若 d_1 的计算值与所假定的直径相对应，则可将假定值作为设计结果，否则必须重算。

（七）提高螺栓连接强度的措施

螺栓连接的强度主要取决于螺栓的强度。影响螺栓强度的因素很多，有结构、尺寸参数、装配工艺、材料、制造精度等级等。

1. 提高螺栓的疲劳强度

变载荷工作时，在工作载荷和残余预紧力不变的情况下，减小螺栓刚度或增大被连接件刚度都能达到提高螺栓疲劳强度的目的，但应适当增大预紧力，以保证连接的密封性。

减小螺栓刚度的常用措施有：适当增加螺栓的长度、减小螺栓杆直径或做成中空的结构——柔性螺栓。柔性螺栓受力时变形大，吸收能量作用强，也适于承受冲击和振动。在螺母下面安装弹性元件，当工作载荷由被连接件传来时，由于弹性元件的较大变形，也能起到柔性螺栓的效果。为了增大被连接件的刚度，不宜采用刚度小的垫片。

2. 改善螺纹牙间的载荷分布

采用普通螺母时，轴向载荷在旋合螺纹各圈之间的分布是不均匀的，从螺母支承面算起，第一圈受载最大，以后各圈递减。理论分析和实验证明，旋合圈数越多，载荷分布不均的程度就越显著，第 8~10 圈以后的螺纹几乎不受载荷。所以，采用圈数多的厚螺母，并不能提高连接强度。若采用悬置（受拉）螺母，则螺母锥形悬置段与螺栓杆均为拉伸变形，有助于减少螺母和螺栓杆的螺距变化差，从而使载荷分布比较均匀。

3. 减轻应力集中

螺纹的牙根和收尾、螺栓头部与栓杆交接处，都有应力集中，是产生断裂的危险部位；特别是在旋合螺纹的牙根处，由于栓杆拉伸，牙受弯剪，而且受力不均，情况更为严重。适当加大牙根圆角半径以减轻应力集中，可提高螺栓疲劳强度达 20%~40%；在螺纹收尾处用退刀槽、在螺母承压面以内的栓杆有余留螺纹等，都有良好效果。航空、航天器螺栓采用新发展的 MJ 螺栓，其主要结构特点就是牙根圆角半径增大。高强度钢螺栓对应力集中敏感，但由于可用更大的预紧力拧紧和更高的极限强度，结果还是有利的。

4. 采用合理的制造工艺

制造工艺对螺栓疲劳强度有很大影响。采用碾制螺纹时，由于冷作硬化的作用，表层有残余压应力，金属流线合理，螺栓疲劳强度可比车制螺纹高 30%~40%；热处理后再滚压的效果更好。另外，碳氮共渗、渗氮、喷丸处理都能提高螺栓疲劳强度。

五、螺旋传动

螺旋传动由螺杆、螺母和机架组成，主要用于把回转运动变为直线运动，同时传递运动和动力。其应用广泛，如螺旋千斤顶、螺旋丝杠、螺旋压力机等。

（一）螺旋传动的类型与特点

根据用途，螺旋传动可分为三种类型：

（1）传力螺旋　以传递动力为主，要求用较小的力矩转动螺杆（或螺母）而使螺母（或螺杆）产生轴向运动和较大的轴向力，这个力可以用来完成起重和加压等工作，如螺旋千斤顶和螺旋压力机等。

（2）传导螺旋　以传递运动为主，并要求有较高的运动精度，速度较高且能较长时间连续工作，如机床进的给螺旋机构。

（3）调整螺旋　用于调整并固定零、部件之间的相互位置，如机床卡盘，压力机的调整螺旋。调整螺旋不经常转动。

（二）滑动螺旋的结构和材料

1. 螺旋传动的结构

包括螺杆、螺母的固定和支撑的结构形式。滑动螺旋多用梯形螺纹，起重螺旋也用锯齿形螺纹，对效率要求高的传动螺旋也可用矩形螺纹。

滑动螺旋的失效形式有：螺纹磨损、螺杆断裂、螺纹牙根剪断和弯断，螺杆很长时还可能失稳。一般根据抗磨损条件或螺杆断面强度条件设计螺杆尺寸，对其他失效形式进行校核计算。此外对有自锁要求的螺旋副，要校核其自锁条件；对传动精度要求高的螺旋副，需校核螺杆刚度；对长径比较大的螺杆校核其稳定性；对高速的长螺杆校核其临近转速。

2. 滑动螺旋的常用材料

螺杆和螺母的材料应有足够的强度、耐磨性和良好的加工性。不经热处理的螺杆一般可采用 Q255、Y40Mn、45、50 钢，重要的需热处理的螺杆可采用 65Mn、40Cr 或 20CrMnTi 钢，精密传动螺杆可用 9MnV、CrWMn、38CrMoAl 钢等。螺母常用的材料有铸锡青铜 ZCuSn10P1、ZCuSn5Pb5Zn5；重载低速时用高强度铸造铝青铜 ZCuAl10Fe3 或铸造黄铜 ZCuZn25Al6Fe3Mn3；重载时可用 35 钢或球墨铸铁；低速轻载时也可用耐磨铸铁。尺寸大的螺母可用钢或铸铁作外套，内部浇铸青铜，高速螺母可浇铸锡锑或铅锑轴承合金（即巴氏合金）。

（三）螺旋传动的设计计算

1. 螺纹副耐磨性计算

磨损多发生在螺母上。由于影响磨损的因素很多，目前还没有完善的计算方法，所以通常采用限制螺纹副压强 p 作为防止螺纹过度磨损的条件性计算。为方便分析，把一圈螺纹牙展直，这样螺纹牙相当于一根悬臂梁，则验算公式为：

$$p = \frac{F_Q}{zA} = \frac{F_Q}{z\pi d_2 h} = \frac{F_Q p}{z\pi d_2 h H} \leqslant [p] \tag{4-5-25}$$

$$d_2 \geqslant \sqrt{\frac{F_Q p}{\pi h \phi [p_c]}} \tag{4-5-26}$$

根据耐磨性条件可得螺杆中径为：

对于矩形螺纹　　　　　$d_2 \geqslant 0.8 \sqrt{\dfrac{F_Q}{\phi [p_c]}}$ 　　　　　　　（4-5-27）

对于锯齿形螺纹　　　　$d_2 \geqslant 0.65 \sqrt{\dfrac{F_Q}{\phi [p_c]}}$ 　　　　　　（4-5-28）

2. 螺母螺纹牙的强度计算

一般螺母材料强度低于螺杆，所以螺纹牙受剪和弯曲均在螺母上。将螺母一圈螺纹沿螺纹大径处展开（将前面图中 $\pi d_1 \xrightarrow{\text{换成}} \pi D$），即可视为一悬臂梁，每圈螺纹承受的平均压力 F_Q/z 作用在中径 D_2 的圆周上，则螺纹牙根部危险剖面的弯曲强度条件为：

剪切强度条件 $\qquad \tau = \dfrac{F_Q}{b\pi Dz} \leqslant [\tau] \quad \text{MPa}$ (4-5-29)

弯曲强度条件 $\qquad \sigma_b = \dfrac{M}{W} = \dfrac{F_Q}{z} \times \dfrac{h}{2} \bigg/ \dfrac{1}{6}\pi Db^2 = \dfrac{3F_Q h}{\pi Db^2 z} \leqslant [\sigma]_b$ (4-5-30)

3. 螺杆的强度计算

螺杆工作时同时受轴面压力（拉力）F_Q 与扭矩 T 的作用，截面受拉（压）应力与扭剪应力的复合作用，所以按弯扭（压扭，拉扭）复合强度条件计算——第四强度理论。

$$\sigma_e = \sqrt{\sigma^2 + 3\tau^2} = \sqrt{\left(\dfrac{F_Q}{A}\right)^2 + \left(\dfrac{T}{W_T}\right)^2} \leqslant [\sigma] \quad \text{MPa} \qquad (4\text{-}5\text{-}31)$$

式中，$A = \dfrac{\pi}{4}d_1^2$ 为螺杆危险截面积，mm^2；d_1 为螺纹小径，mm；$W_T = \dfrac{1}{16}\pi d_1^3 \approx 0.2 d_1^3$ 为抗扭截面模量，mm^3；$T = F_Q \tan(\psi + \rho_v)\dfrac{d_2}{2}$ 为螺纹扭矩，N·mm；$[\sigma]$ 为螺杆材料许用应力，MPa。

4. 验算自锁条件

对有自锁性要求的螺旋副如起重螺旋、火炮高低机等，要进行自锁条件验算。
自锁条件为

$$\psi = \arctan \dfrac{s}{\pi d_2} = \arctan \dfrac{np}{\pi d_2} \leqslant \varphi_v \qquad (4\text{-}5\text{-}32)$$

式中，ψ 为螺旋升角；L 为导程；$\varphi_v = \arctan \dfrac{f}{\cos\beta} = \arctan f_v$，为当量摩擦角；$\beta$ 为螺纹牙型斜角；f 为螺旋副的滑动摩擦系数。

5. 螺杆稳定性校核

当螺杆较细长且受较大轴向压力时，可能会双向弯曲而失效（稳定性），螺杆相当于后杆，螺杆所承受的轴向压力 F_Q 小于其临界压力 F_{Qca}。通常螺杆长度 $L \geqslant (7.5 \sim 10)d_1$ 时要进行稳定性校核。

模块六　轴的承载能力分析

一、传动轴的强度与刚度分析

扭转是由一对大小相等、转向相反、作用在垂直于轴线平面内的外力偶引起的。如图 4-6-1（a）所示的钻杆、如图 4-6-1（b）所示汽车的传动轴、如图 4-6-1（c）所示汽车方向盘的操纵杆等都是受扭构件的实例。

扭转变形的受力特点是：轴两端受到一对大小相等、转向相反的外力偶的作用。变形特征是：横截面绕轴线发生相对转动。如图 4-6-2 所示，两端相对转过的 φ 角称为扭转角。

受扭构件强度和刚度分析的内容，与轴向拉（压）变形相似。即首先求出构件的内力（扭矩），然后计算应力和应变，最后建立强度和刚度条件。

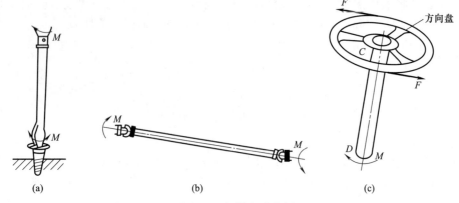

图 4-6-1 扭转变形实例

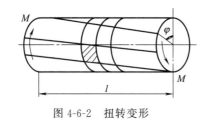

图 4-6-2 扭转变形

（一）扭转时横截面上的内力

1. 外力偶矩的计算

机器中的动力是由电动机来传递的。作用在轴上的外力偶矩一般不直接给出，而是给出轴所传递的功率和轴的转速。这时可利用功率、转速和外力偶矩之间的关系，求出作用在轴上的外力偶矩。

$$M = 9550 \frac{P}{n} \tag{4-6-1}$$

式中，M 为作用在轴上的外力偶矩，N·m；P 为轴传递的功率，kW；n 为轴的转速，r/min。当传递的功率 P 用马力（PS）做单位时（1PS=0.7355kW），式（4-6-1）可改写为

$$M = 7024 \frac{P}{n} \tag{4-6-2}$$

由上述公式可知：当功率 P 确定后，轴的转速越高传递的外力偶矩越小；反之，转速越低，传递的外力偶矩越大。

2. 扭转时横截面上的内力——扭矩

确定了作用在轴上的外力偶矩之后，就可以根据外力偶矩计算扭转时横截面上的内力了。计算扭矩的方法仍然采用截面法。

如图 4-6-3（a）所示的等直圆轴，在其两端垂直轴线平面内分别作用着等值、反向的一对外力偶，其力偶矩为 M，求任意横截面 $m-m$ 上的扭矩 T。

解：（1）截开：沿 $m-m$ 用假想平面将轴截为两段，如图 4-6-3（b）所示，取左段为研究对象。

（2）代替：根据力偶的性质可知，力偶要用力偶来平衡，因此，横截面上必然出现一个内力偶与外力偶平衡，即为去掉的右段对左段的作用，该力偶作用在 $m-m$ 截面内，称为扭矩，用符号 T 表示。

（3）平衡：由平衡方程式 $\sum M = 0$ 确定扭矩

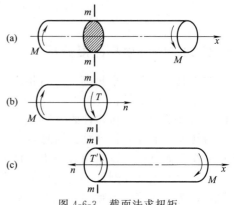

图 4-6-3 截面法求扭矩

T 的大小。

$$T - M = 0$$

得
$$T = M$$

也可以取右段为研究对象,得到的扭矩 T' 与取左段为研究对象求出的 T 是一对作用与反作用力偶,它们大小相等,转向相反。因此,求任意截面上的扭矩时,可以取左段也可以取右段为研究对象,其计算结果是一致的。如图 4-6-3 (c) 所示。

不论是取左段还是取右段为研究对象,为使所得同一截面上的扭矩正负号相同,一般都先假设截面上的扭矩为正。若计算结果为正,则表明扭矩为正,转向即为所假设的方向,否则与所假设方向相反。扭矩转向的正负用右手螺旋法判断,即:

右手四指表示扭矩转动方向,大拇指表示扭矩矢量方向,若大拇指与截面外法线方向相同,则扭矩为正,反之为负,如图 4-6-4 所示。

图 4-6-4　右手螺旋法

3. 扭矩图

当轴上有多个外力偶作用时,为了清晰地表达出轴各截面的扭矩及变化情况,以便确定危险截面上的扭矩值,通常以横轴表示轴各截面的位置,以纵轴表示相应截面上的扭矩,把扭矩随截面位置的变化用图线表示的图称为扭矩图。

(二) 扭转时横截面上的应力——剪应力 τ

1. 扭转时任一截面上任一点处的剪应力及最大剪应力

分析传动轴扭转时的应力需要结合扭转变形的变形特点,考虑三方面因素:几何变形、物理关系和静力学关系。则横截面上任一点的剪应力 τ 与扭矩 T 及该点至轴心的距离 ρ 成正比;与截面的极惯性矩 I_P 成反比。如图 4-6-5 所示。因此,轴扭转任一横截面上任一点的剪应力计算公式为:

$$\tau_\rho = \frac{T}{I_P} \rho \qquad (4\text{-}6\text{-}3)$$

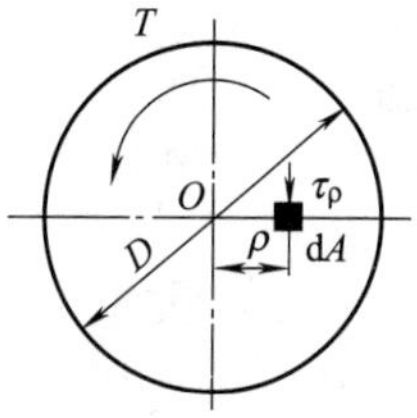

式中,T 为横截面上的扭矩;ρ 为所求应力点到轴心的距离;I_P 为截面的极惯性矩,表示截面的几何性质,它的大小与截面形状、尺寸有关,其量纲为毫米或米的四次方,即 mm⁴ 或 m⁴。

当 $\rho = \dfrac{D}{2}$ 时,有 $\tau_\rho = \tau_{\max}$,即任一截面上的最大剪应力

图 4-6-5　扭转的应力

$$\tau_{\max} = \frac{T}{I_P} \times \frac{D}{2} \qquad (4\text{-}6\text{-}4)$$

令 $W_P = \dfrac{I_P}{D/2}$,称为抗扭截面系数,其量纲为毫米或米的三次方,即 mm³ 或 m³。将其代入式(4-6-4)中,得任一截面上的最大剪应力公式为:

$$\tau_{\max} = \frac{T}{W_P} \qquad (4\text{-}6\text{-}5)$$

抗扭截面系数 W_P 也称抗扭截面模量,表示截面抵抗扭转变形的能力。显然,在相同扭矩的作用下,W_P 越大产生的剪应力越小,表明截面抵抗扭转变形的能力越强。

W_P 的大小与截面的形状和尺寸有关,不同的截面形状有不同的计算公式,常用的截面

及抗扭截面系数计算如下：

实心圆截面如图 4-6-6（a）所示，其 I_P、W_P 分别为

$$I_P = \frac{\pi D^4}{32} \tag{4-6-6}$$

$$W_P = \frac{\pi}{16} D^3 \tag{4-6-7}$$

空心圆截面如图 4-6-6（b）所示，其 I_P、W_P 分别为

$$I_P = \frac{\pi D^4}{32}(1-\alpha^4) \tag{4-6-8}$$

$$W_P = \frac{\pi D^3}{16}(1-\alpha^4) \tag{4-6-9}$$

$\alpha = \dfrac{d}{D}$，为内、外径之比。

2. 扭转时横截面上剪应力的分布规律

通过分析公式（4-6-3）可以得到传动轴扭转时横截面上剪应力的分布规律。如图 4-6-7 所示，横截面上某点的剪应力与该点至轴心的距离成正比且为线性关系，与过该点的半径垂直，方向与截面上的扭矩转向一致，轴心处剪应力为零，离开轴心越远，剪应力越大，在距离轴心最远的圆周上剪应力最大。图 4-6-7 的（a）图为实心圆截面的应力分布图；（b）图为空心圆截面的应力分布图。

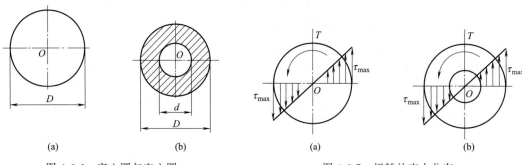

图 4-6-6　实心圆与空心圆　　　　图 4-6-7　扭转的应力分布

（三）传动轴的强度计算

传动轴受到扭转变形后，产生最大剪应力的横截面是最危险的。为了保证传动轴有足够的强度而不会破坏，要求轴工作时，不允许轴内最大扭转剪应力超过材料的许用剪应力 $[\tau]$。因此圆轴扭转时的强度条件为

$$\tau_{\max} = \frac{T_{\max}}{W_P} \leqslant [\tau] \tag{4-6-10}$$

式中，$[\tau]$ 为材料的许用剪应力，可查阅相关手册；$T_{\max}$ 为危险截面的扭矩；W_P 为抗扭截面模量。

应用圆轴扭转的强度条件可以解决强度校核、设计截面和确定许可传递的功率和力偶矩等三类问题。

【例 4-6-1】　汽车传动轴由无缝钢管制成，外径 $D=90\text{mm}$，内径 $d=85\text{mm}$，材料为 45 钢，许用剪应力 $[\tau]=60\text{MPa}$，已知轴的转速 $n=100\text{r/min}$，传递的功率 $P=17\text{kW}$，试校核轴的强度。

解：
（1）求扭矩 T

根据题目所给已知条件可得：

$$T = M = 9550 \frac{P}{n} = 9550 \times \frac{17}{100} = 1623.5 \text{N·m}$$

（2）轴的强度校核

$$W_P = \frac{\pi D^3}{16}(1-\alpha^4) = \frac{3.14 \times 90^3}{16}\left[1-\left(\frac{85}{90}\right)^4\right] = 29.2 \times 10^3 \text{mm}^3$$

$$\tau_{max} = \frac{T}{W_P} = \frac{1623.5 \times 10^3}{29.2 \times 10^3} = 56\text{MPa} < [\tau] = 60\text{MPa}$$

所以，传动轴满足强度要求。

【例 4-6-2】 如果把上例中的轴改为相同材料的实心轴，要求与原空心轴的强度相同，试确定其直径 D_1，并比较空心轴与实心轴的重量。

解：
（1）确定实心轴直径 D_1。由于空心轴和实心轴的强度相同，则它们的抗扭截面系数必相等。即 $W_{P空} = W_{P实} = 29.5 \times 10^3 \text{mm}^3$，则有

$$\frac{\pi D^3}{16}(1-\alpha^4) = \frac{\pi \times D_1^3}{16} = 29.2 \times 10^3 \text{mm}^3$$

解得

$$D_1 = \sqrt[3]{\frac{16 \times 29.2 \times 10^3}{3.14}} = 53\text{mm}$$

（2）比较空心轴和实心轴的重量

两轴的材料相同和长度相同，它们的重量比就等于面积比。

设实心轴截面积为 A_1，空心轴截面积为 A_2，则有

$$A_1 = \frac{\pi D_1^2}{4} \quad ; \quad A_2 = \frac{\pi D^2}{4}(1-\alpha^2)$$

故：

$$\frac{A_2}{A_1} = \frac{\frac{\pi D^2}{4}(1-\alpha^2)}{\frac{\pi}{4}D_1^2} = \frac{90^2 \times \left[1-\left(\frac{85}{90}\right)^2\right]}{53^2} = 0.31 = 31\%$$

计算结果表明：在强度相同的情况下，空心轴的重量仅为实心轴重量的 31%，采用空心轴可节约近三分之二的材料。这是因为轴扭转横截面上的剪应力沿半径呈线性分布，圆心附近应力较小，材料未能充分发挥作用。改为空心轴后，更能有效发挥其截面的优势，符合剪应力 τ 的分布规律，而且空心轴比实心轴省料、重量轻，因此合理选择截面形状，可以提高轴的强度。但是，空心轴加工较困难，成本较高，长轴不宜采用。

（四）传动轴的刚度计算

传动轴正常工作时，若轴的变形过大，会直接影响机器的加工精度，甚至产生扭转振动。例如，车床丝杠扭转变形过大，将直接影响切削加工精度和车床的使用寿命。因此在传动轴的设计中，除须考虑要求强度外，还应将其变形限制在一定范围内，从而保证轴工作时安全可靠。

扭转变形时，任意两个截面间产生的相对角位移称为扭转角，扭转角是扭转变形程度的度量值。长度为 L 的轴两端相对扭转角为

$$\varphi = \frac{TL}{GI_P} \tag{4-6-11}$$

式中，φ 为扭转角，rad；T 为扭矩，N·mm；G 为材料的剪切模量，MPa；I_P 为截面的极惯性矩，mm^4。

由上式可以看出，当扭矩 T 及轴长 L 一定时，GI_P 越大，扭转角 φ 越小。GI_P 反映了轴的材料抵抗扭转变形的能力，称为抗扭刚度。

工程中通常用单位长度扭转角 θ 来衡量轴的变形，单位长度扭转角 θ 是相距一个单位长度的两个横截面间的相对转角，单位为 rad/m。

$$\theta = \frac{\varphi}{L} = \frac{T}{GI_P} \tag{4-6-12}$$

实际应用中单位长度扭转角 θ 常用 °/m 为单位，则上式写为

$$\theta = \frac{T}{GI_P} \times \frac{180°}{\pi} \tag{4-6-13}$$

由此得圆轴扭转时的刚度条件为：

$$\theta = \frac{T}{GI_P} \leqslant [\theta] \tag{4-6-14}$$

或

$$\theta = \frac{M_n}{GI_P} \times \frac{180°}{\pi} \leqslant [\theta] \tag{4-6-15}$$

式（4-6-14）和式（4-6-15）称为圆轴扭转时的刚度条件。式中许用长度扭转角 $[\theta]$ 值，可查阅有关手册。一般按轴的精度要求规定各种轴应满足：

精密机器、仪器的轴　　$[\theta] = 0.15° \sim 0.5°/\text{m}$；
一般传动轴　　$[\theta] = 0.5° \sim 1.0°/\text{m}$；
精度要求不高的轴　　$[\theta] = 1.0° \sim 2.5°/\text{m}$；
精度较低的传动轴　　$[\theta] = 2.0° \sim 4.0°/\text{m}$。

圆轴扭转时的刚度条件同样可以解决刚度校核、设计截面尺寸、求许可传递的功率和力偶矩三类问题。

【例 4-6-3】 如图 4-6-8（a）所示等直圆轴上主动轮 B 的输入功率为 $P_1 = 248\text{kW}$，从动轮 A、C 的输出功率分别为 $P_2 = 120\text{kW}$、$P_3 = 128\text{kW}$，轴的转速 $n = 955\text{r/min}$，轴径 $d = 60\text{mm}$，轴材料的剪切模量 $G = 80\text{GPa}$，许用剪应力 $[\tau] = 40\text{MPa}$，单位许用扭转角 $[\theta] = 1°/\text{m}$，求：(1) 1—1 和 2—2 截面上的扭矩并绘制扭矩图；(2) 校核轴的强度和刚度。

解：(1) 计算作用在轮 B、A 和 C 上的外力偶矩 M_1、M_2 和 M_3，根据式（4-6-1）计算各轮上的外力偶矩得

$$M_1 = 9550 \frac{P_1}{n} = 9550 \times \frac{280}{955} = 2480\text{N·m}$$

$$M_2 = 9550 \frac{P_2}{n} = 9550 \times \frac{120}{955} = 1200\text{N·m}$$

$$M_3 = 9550 \frac{P_3}{n} = 9550 \times \frac{128}{955} = 1280\text{N·m}$$

(2) 应用截面法分别求 1—1 和 2—2 截面的扭矩。

沿 1—1 截面截开，取左部分为研究

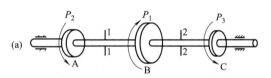
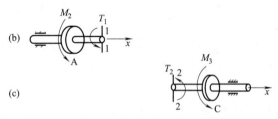
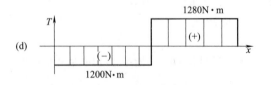

图 4-6-8　扭矩图

对象，如图 4-6-8（b）所示，求轮 A 和 B 间截面上的扭矩 T_1，则

$$\sum M = 0, M_2 + T_1 = 0$$

得 $\qquad T_1 = -M_2 = -1200\text{N}\cdot\text{m}$

沿 2—2 截面截开，取右部分为研究对象，如图 4-6-8（c）所示，求轮 B 和 C 间截面上的扭矩 T_2，则

$$\sum M = 0, M_3 - T_2 = 0$$

得 $\qquad T_2 = M_3 = 1280\text{N}\cdot\text{m}$

（3）绘制扭矩图。如图 4-6-8（d）所示，危险截面上的扭矩 $T_{\max} = 1280\text{N}\cdot\text{m}$。

（4）轴的强度校核。由式（4-20）可得

$$\tau_{\max} = \frac{T_{\max}}{W_P} = \frac{1280 \times 10^3}{\frac{3.14 \times 60^3}{16}} = 30\text{MPa} < [\tau] = 40\text{MPa}$$

满足强度要求。

（5）刚度校核。由式（4-6-15）可得

$$\theta_{\max} = \frac{T_{\max}}{GI_P} \times \frac{180°}{\pi} = \frac{1280 \times 10^3}{80 \times 10^3 \times \frac{3.14 \times 60^4}{32}} \times \frac{180}{3.14} = 0.72 \times 10^{-3}(°/\text{mm})$$

$$= 0.72°/\text{m} < [\theta] = 1°/\text{m}$$

满足刚度要求。

二、心轴的强度分析

心轴在载荷作用下将发生弯曲变形。弯曲变形的外力特点是：作用在轴上的外力（包括支座反力）都垂直于轴的轴线。变形特征是：变形后轴的轴线由直线变成曲线，称为挠曲线。

（一）轴的计算简图及载荷的简化

机械上心轴（工程中也称梁）的截面形状、载荷及支承情况都比较复杂，为了便于分析和计算，必须对梁进行简化，不管心轴的截面形状有多复杂，均以轴线代表心轴。如图 4-6-9 所示为火车轮轴的计算简图。

作用于梁上的外力，包括载荷和支座反力，可以简化为集中力、分布载荷和集中力偶三种形式。

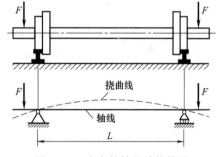

图 4-6-9　火车轮轴的计算简图

根据支座对轴约束的不同特点，通常心轴有三种基本类型：

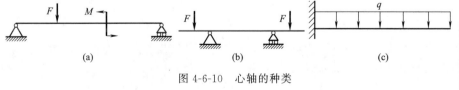

图 4-6-10　心轴的种类

心轴

（1）简支梁　一端是活动铰支座，另一端为固定铰链支座的梁，如图 4-6-10（a）所示；

（2）外伸梁　一端或两端伸出支座之外的梁，如图 4-6-10（b）所示；

（3）悬臂梁　一端为固定端支座，另一端自由的梁，如图 4-6-10（c）所示。

（二）弯曲时横截面上的内力——剪力 F_Q 和弯矩 M

梁弯曲时横截面上内力的求解仍然采用截面法。下面以简支梁为例说明剪力 F_Q 和弯矩 M 的求解方法。

设跨度为 L 的简支梁上 C 点作用一集中力 F，此梁在载荷及支座反力共同作用下处于平衡状态，如图 4-6-11（a）所示，试求出 $m-m$ 截面上的内力。

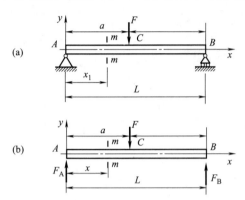

1. 以梁整体为研究对象，求解支座反力

受力如图 4-6-11（b）所示。根据静力学平衡方程可求出支座反力为

由 $\sum M_A(F)=0 \quad F_B \times L - F \times a = 0$

解得 $\quad F_B = \dfrac{Fa}{L}$

由 $\sum F_y = 0 \quad F_B + F_A - F = 0$

解得 $\quad F_A = \dfrac{Fb}{L}$

2. 用截面法求内力

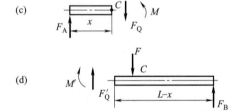

图 4-6-11　轴截面上的内力

在 $m-m$ 截面处，用一假想垂直于轴线的平面将梁截为两段，如图 4-6-11（c）、（d）所示，研究其中的任一段，如左段梁，该段梁上除作用有支座反力 F_A 外，在截开的截面上还有右段梁对左段梁的作用力，此力就是梁该截面上的内力。该内力应从平衡方面分析。由于梁原来是平衡的，截开后的每段梁仍然保持平衡，根据 $\sum F_y = 0$ 可知：在 $m-m$ 截面上，应该有向下的力 F_Q 与 F_A 平衡；同时 F_Q 与 F_A 组成一力偶，此力偶将会使左段梁产生转动，根据 $\sum M_O(F)=0$，在 $m-m$ 截面上，必定有一个与其力偶矩大小相等、转向相反的力偶矩为 M 的力偶与之平衡。力 F_Q 与力偶 M 就是弯曲时横截面上产生的两种内力。力 F_Q 称为剪力，力偶 M 称为弯矩。

$m-m$ 截面上的剪力和弯矩的具体值可由平衡方程求得，即

$$\sum F_y = 0 \quad F_A - F_Q = 0$$

得

$$F_Q = F_A = \dfrac{Fb}{L}$$

$$\sum M_O(F) = 0 \quad F_A x - M = 0$$

得

$$M = F_A x = \dfrac{Fb}{L} x$$

矩心 O 必须是 $m-m$ 截面的形心。

$m-m$ 截面上的内力也可以通过右段梁的平衡来求得，其结果与通过左段梁求得的完全相同，但它们是作用与反作用力的关系，大小相等、方向相反。

为了使取左段梁或右段梁作为分离体求得的同一截面上的内力具有相同的符号，对剪力 F_Q 与弯矩 M 的正负号作如下规定：

当截面上的剪力使所取分离体微段梁产生左侧截面向上、右侧截面向下的相对错动时剪力为正，如图 4-6-12（a）所示，反之为负，如图 4-6-12（b）所示；当截面上的弯矩使所取分离体微段梁产生上部受压、下部受拉（上凹下凸的变形）时弯矩为正，如图 4-6-13（a）

所示,反之为负,如图 4-6-13 (b) 所示。

上述剪力、弯矩的正负号规定可总结为两句口诀:"左上右下,剪力为正;左顺右逆,弯矩为正。"口诀中的左右是指:在选取的分离体中,所求内力的截面位于左侧或右侧。

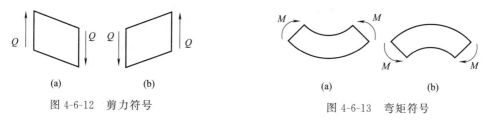

图 4-6-12 剪力符号　　　　　　图 4-6-13 弯矩符号

【例 4-6-4】 简支梁受载荷如图 4-6-14 (a) 所示,试求图中各指定截面的剪力和弯矩,截面 1—1、2—2 表示集中力 F 作用处的左、右侧截面(即截面 1—1、2—2 间间距趋于无穷小)截面 3—3、4—4 表示集中力偶 M_e 左、右侧截面。

解:(1)求出支座反力。以梁为研究对象,受力如图 4-6-14 (b) 所示。列平衡方程。即

$$\sum M_B = 0, \quad -F_A \times 4 + F \times 3 - M_e + q \times 2 \times 1 = 0$$
$$\sum F_y = 0, \quad F_A + F_B - F - q \times 2 = 0$$

解得

$$F_A = F_B = 10 \text{kN}$$

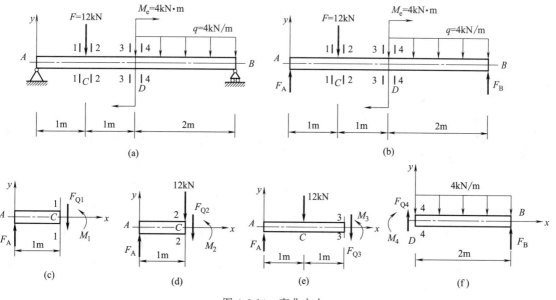

图 4-6-14 弯曲内力

(2)计算各指定截面的内力。

① 取 1—1 截面的左段两为研究对象,受力如图 4-6-14 (c) 所示,列平衡方程解得

$$F_{Q1} = F_A = 10 \text{kN}$$
$$M_1 = F_A \times 1 = 10 \times 1 = 10 \text{kN} \cdot \text{m}$$

② 取 2—2 截面的左段为研究对象(包含力 F 的作用),受力如图 4-6-14 (d) 所示,列平衡方程解得

$$F_{Q2} = F_A - F = 10 - 12 = -2 \text{kN}$$
$$M_2 = F_A \times 1 - F \times 0 = 10 \times 1 = 10 \text{kN} \cdot \text{m}$$

③ 取 3—3 截面的右段梁为研究对象，受力如图 4-6-14（e）所示，列平衡方程解得
$$F_{Q3} = q \times 2 - F_B = 4 \times 2 - 10 = -2 \text{kN}$$
$$M_3 = F_B \times 2 - q \times 2 \times 1 - M_e = 10 \times 2 - 4 \times 2 \times 1 - 4 = 8 \text{kN} \cdot \text{m}$$

④ 取 4—4 截面的右段梁为研究对象，受力如图 4-6-14（f）所示，列平衡方程解得
$$F_{Q4} = -F_B + q \times 2 = -10 + 4 \times 2 = -2 \text{kN}$$
$$M_4 = F_B \times 2 - q \times 2 \times 1 = 10 \times 2 - 4 \times 2 \times 1 = 12 \text{kN} \cdot \text{m}$$

通过上例计算比较 1—1 截面和 2—2 截面的剪力值，可以看出，在集中力 F 作用处的两侧截面上的剪力发生突变，突变值为该处集中力的大小。同样，比较 3—3 截面和 4—4 截面，可以看出，在集中力偶 M_e 作用处的两侧截面上弯矩值发生突变，突变值为该处集中力偶 M_e 的大小。

（三）剪力图和弯矩图

1. 梁的内力图——剪力图和弯矩图

梁的内力随截面位置变化的图线，称为梁的内力图。内力图包含剪力图和弯矩图。剪力图和弯矩图的坐标系统如图 4-6-15 所示。

图 4-6-15　剪力图和弯矩图的坐标系统

其中的 x 轴必须与梁轴线平行用以表示截面位置，因此要求剪力图和弯矩图必须画在梁的下方并反映出相应的截面位置。

2. 绘制剪力图和弯矩图的基本方法

绘制梁内力图的方法有很多，常用的基本方法有三种。

（1）方程法　从内力的求解中，可以看到一般情况下，梁横截面上的剪力、弯矩随截面位置而变化。若以梁的轴线为 x 轴，则坐标 x 表示梁上横截面的位置。那么剪力和弯矩可表示为 x 的函数。即
$$Q = Q(x)$$
$$M = M(x)$$

分别称为剪力方程和弯矩方程。

对所要分析的梁通过列出剪力方程和弯矩方程并根据方程绘制出剪力图和弯矩图的方法称为方程法。

方程法是绘制剪力图和弯矩图最基本的方法，但此方法不适合于梁上载荷较复杂的情况，而且绘图过程也较繁琐。

（2）简捷法　利用梁上载荷与剪力、弯矩的微分关系绘制剪力图和弯矩图的方法称为简捷法。用简捷法绘制内力图简单、快捷，而且很容易掌握，因此，在绘制梁的内力图时经常使用，本课程主要讲解并要求掌握简捷法。

（3）叠加法　在线弹性范围内和小变形条件下的平面弯曲梁，任一载荷产生的支座反力、弯矩和变形，不受其他载荷的影响。若梁上同时承受几个载荷作用而产生的支座反力、内力和变形，等于各个载荷单独作用时引起支座反力、内力和变形的代数和，称为叠加原理。利用叠加原理求支座反力、内力和变形的方法称为叠加法。事实上，在求解梁的支座反力、内力和变形时都可以采用叠加法。

采用叠加法绘制内力图需要在掌握和记忆一定数量内力图的基础上进行，对于初学者来

说难度较大。

3. 简捷法

(1) 梁上荷载与剪力、弯矩的微分关系

$$\frac{\mathrm{d}Q(x)}{\mathrm{d}x}=q(x) \tag{4-6-16}$$

上式表明，梁上任一横截面上的剪力对 x 的一阶导数等于作用在该截面处的分布载荷集度。这一微分关系的几何意义是：剪力图上某一点切线的斜率等于相应截面处的分布载荷集度。

$$\frac{\mathrm{d}M(x)}{\mathrm{d}x}=Q(x) \tag{4-6-17}$$

上式表明，梁上任一横截面上的弯矩对 x 的一阶导数等于作用在该截面处的剪力。这一微分关系的几何意义是：弯矩图上某一点切线的斜率等于相应截面上的剪力值。

$$\frac{\mathrm{d}^2 M(x)}{\mathrm{d}x^2}=q(x) \tag{4-6-18}$$

上式表明，梁上任一横截面上的弯矩对 x 的二阶导数等于作用在该截面处的分布载荷集度。这一微分关系的几何意义是：由分布载荷集度的正负可以确定弯矩图的凹凸方向。

(2) 用简捷法绘制梁的内力图　由梁上载荷与剪力、弯矩的微分关系及几何意义，可以总结出梁的剪力图、弯矩图的图形变化规律。利用这些规律，只要知道梁上外力情况，就可以知道梁各段剪力图、弯矩图的图形形状。因此，只需计算出控制截面（分界点、极值点所在的截面位置）的剪力值、弯矩值，就可以直接点绘出梁的剪力图和弯矩图。

(3) 梁内力图的图形变化规律　下面将绘制梁的内力图中最常用的图形变化规律总结成五个要点。掌握这五个要点对于绘制常见梁的内力图是足够用了，更加全面的图形规律参见表 4-6-1。

表 4-6-1　梁的剪力、弯矩图的规律

载荷类型	无载荷段 $q(x)=0$			均布载荷 $q(x)=$ 常数		集中力		集中力偶	
				$q<0$	$q>0$	$F\downarrow$	$C\uparrow F$	M	M
Q 图	水平线			倾斜线		产生突变		无影响	
M 图	$Q>0$ 倾斜线	$Q=0$ 水平线	$Q<0$ 倾斜线	二次抛物线 $Q=0$ 有极值		在 C 处有折角		产生突变	

① 如果某段梁上无分布载荷作用（$q=0$），剪力图是一条水平直线，弯矩图是一条斜直线。

② 如果某段梁上有分布载荷作用（$q\neq 0$）且均布载荷向下（$q<0$），剪力图是一条下斜直线（\）；弯矩图为上凸二次抛物线（⌒）。

③ 在集中力作用的截面位置处剪力图将发生突变，其突变值等于该处集中力的大小，

而弯矩图会出现"尖点"。

④ 在集中力偶作用的截面位置处,剪力图无变化,弯矩图发生突变,其突变值等于该处集中力偶矩的大小。

⑤ 剪力等于零的截面位置处,弯矩有极值。

(4) 用简捷法绘图的步骤及注意事项

步骤:

① 求出梁的支座反力(悬臂梁可不求)。
② 据梁上载荷作用情况分段(依据外力变化分段)。
③ 判断各段剪力图、弯矩图的大致图形形状。
④ 求控制截面的剪力值和弯矩值。
⑤ 逐段画出剪力图和弯矩图。
⑥ 在图上标注各控制截面的内力值。

注意事项:

① 剪力图、弯矩图必须画在梁的下方并与截面位置对齐。
② 若有剪力为零的截面,在剪力图上标注截面位置,在弯矩图上求出相应的弯矩值。
③ 绘制曲线至少需要有三个控制值。

【例 4-6-5】 简支梁受载荷如图 4-6-16(a)所示,绘制剪力图与弯矩图。

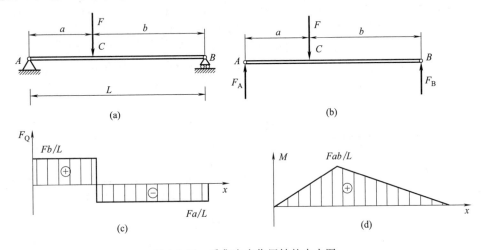

图 4-6-16 受集中力作用轴的内力图

解:(1) 求梁的支座反力。

取梁的整体为研究对象,受力图如图 4-6-16(b)所示,解得

$$F_A = \frac{Fb}{L} \quad F_B = \frac{Fa}{L}$$

(2) 作剪力图。AC 和 CB 段均为水平直线。确定以下控制点并求出控制点的剪力值。

$$F_{QA} = F_A = \frac{Fb}{L} \quad F_{QB} = -F_B = -\frac{Fa}{L}$$

剪力图如图 4-6-16(c)所示。

(3) 作弯矩图。AC 和 CB 段均为斜直线。确定以下控制点并求出控制点的弯矩值。

$$M_A = 0 \quad M_C = F_A a = \frac{Fab}{L} \quad M_B = 0$$

弯矩图如图 4-6-16(d)所示。

从图中可见，在集中力作用的截面处，剪力图有突变，其突变的数值等于该处集中力 F，而弯矩图在该处有尖点。

【例 4-6-6】 简支梁受载荷如图 4-6-17（a）所示，绘制剪力图与弯矩图。

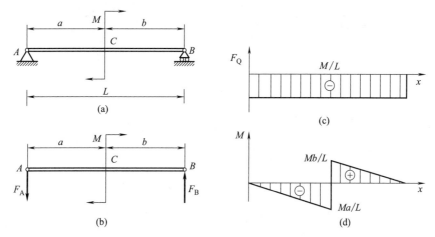

图 4-6-17　受集中力偶作用轴的内力图

解：(1) 求梁的支座反力。

取梁的整体为研究对象，受力图如图 4-6-17（b）所示，解得

$$F_A = F_B = \frac{M}{L}$$

(2) 作剪力图。AC 和 CB 段均为水平直线。确定以下控制点并求出控制点的剪力值。

$$F_{QA} = -F_A = -\frac{M}{L} \qquad F_{QB} = -F_B = -\frac{M}{L}$$

剪力图如图 4-6-17（c）所示。

(3) 作弯矩图。AC 和 CB 段均为斜直线。确定以下控制点并求出控制点的弯矩值。

$$M_A = 0 \quad M_{C左} = -F_A a = -\frac{Ma}{L} \quad M_{C右} = F_B b = \frac{Mb}{L} \quad M_B = 0$$

弯矩图如图 4-6-17（d）所示。

从图中可见，在集中力偶作用的截面处，弯矩图有突变，其突变的数值等于该处集中力偶 M，对剪力图没有影响。

【例 4-6-7】 简支梁受载荷如图 4-6-18（a）所示，绘制剪力图与弯矩图。

解：(1) 求梁的支座反力。

取梁的整体为研究对象，受力图如图 4-6-18（b）所示，解得

$$F_A = F_B = \frac{qL}{2}$$

(2) 作剪力图。AB 段为斜直线。确定以下控制点并求出控制点的剪力值。

$$F_{QA} = F_A = \frac{qL}{2} \qquad F_{QB} = -F_B = -\frac{qL}{2}$$

剪力图如图 4-6-18（c）所示。从图中可见，存在有剪力为零的截面，作图时要求在剪力图上标出截面位置，作弯矩图时求出相应截面处的弯矩值。截面位置的确定方法是：见图 4-6-18（c），通常三角形 ADC 和 CBE 是相似三角形（本题为全等三角形），根据相似三角形对应边成比例的几何性质，得出

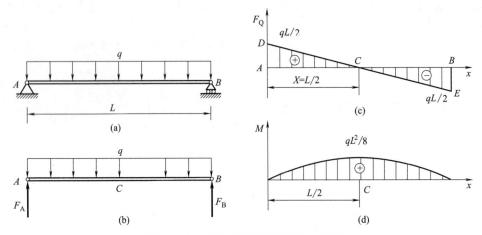

图 4-6-18 受均布载荷作用轴的内力图

$$\frac{AD}{BE} = \frac{AC}{CB} = \frac{\dfrac{qL}{2}}{\dfrac{qL}{2}} = \frac{X}{L-X} \qquad 解得 \qquad X = \frac{L}{2}$$

(3) 作弯矩图。AB 段为上凸二次抛物线。确定以下控制点并求出控制点的弯矩值。

$$M_A = 0 \quad M_C = F_A \times \frac{L}{2} - \frac{qL^2}{8} = \frac{qL^2}{8} \quad M_B = 0$$

弯矩图如图 4-6-18 (d) 所示。

【例 4-6-8】 外伸梁受载荷如图 4-6-19 (a) 所示，绘制剪力图与弯矩图。

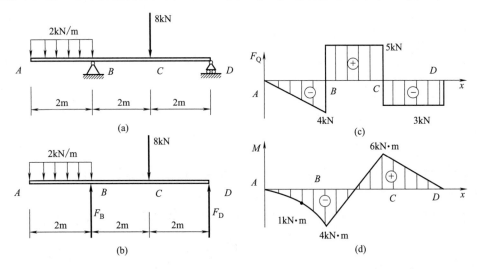

图 4-6-19 外伸梁内力图

解：(1) 求梁的支座反力。

取梁的整体为研究对象，受力图如图 4-6-19 (b) 所示，解得

$$F_B = 9\text{kN} \qquad F_D = 3\text{kN}$$

(2) 作剪力图。AB 段为斜直线，BC 和 CD 段均为水平直线。确定以下控制点并求出控制点的剪力值。

$$F_{QA}=0 \quad F_{QB左}=-4\text{kN} \quad F_{QB右}=5\text{kN} \quad F_{QC左}=5\text{kN} \quad F_{QC右}=-3\text{kN}$$

剪力图如图 4-6-19（c）所示。

(3) 作弯矩图。AB 段为上凸二次抛物线，BC 和 CD 段均为斜直线。确定以下控制点并求出控制点的弯矩值。

$$M_A=0 \quad M_B=-4\text{kN}\cdot\text{m} \quad M_C=6\text{kN}\cdot\text{m} \quad M_D=0$$

AB 段曲线段中点的弯矩值为 1kN·m。

弯矩图如图 4-6-19（d）所示。

（四）弯曲时横截面上的应力及分布规律

1. 纯弯曲

如果梁的横截面上既有弯矩，又有剪力。这种弯曲为横力弯曲；若梁上的横截面上只有弯矩而无剪力，称为纯弯曲。

如图 4-6-20（a）所示的简支梁 AB，从图 4-6-20（b）、(c) 所示梁的剪力图和弯矩图中可以看到，CD 段梁上的剪力值为零，而弯矩值为 M，AC 和 DB 段的剪力值、弯矩值均不为零，因此 CD 段上发生的是纯弯曲，而 AC 和 DB 段为横力弯曲。

纯弯曲的梁横截面上仅有正应力。为研究梁横截面上的正应力及分布规律，需从研究纯弯曲入手，然后推广到横力弯曲。理论与试验已证明，这样做对于横力弯曲的细长梁（横截面高度 h 和梁跨度 L 之比 $h/L \leq 0.2$ 的梁），只要材料在弹性范围之内，所得纯弯曲结论和公式仍然适用。

2. 中性层和中性轴

梁发生弯曲变形后，靠近顶层的纵向纤维缩短，靠近底层的纵向纤维伸长。由变形的连续性可知，其间必有一层既不伸长也不缩短的纤维，这一长度不变的纵向纤维层称为中性层。中性层与横截面的交线称为中性轴。经推导得知：中性轴必通过横截面的形心。中性轴通常用 z 轴来表示。如图 4-6-21 所示。

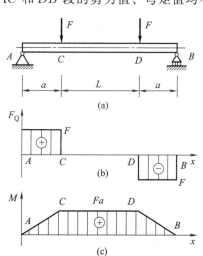

图 4-6-20 纯弯曲和横力弯曲

3. 正应力的计算公式及分布规律

(1) 梁任一截面任一点处的正应力计算公式

$$\sigma=\pm\frac{My}{I_z} \qquad (4\text{-}6\text{-}19)$$

式中，M 为横截面的弯矩；y 为横截面上所求应力点到中性轴的距离；I_z 为截面对中性轴惯性矩，m^4 或 mm^4。

正负号规定：拉应力为正、压应力为负。

(2) 梁任一截面上的最大正应力计算公式 从式（4-6-19）可知，在离中性轴最远的梁的上、下边缘处正应力最大。即

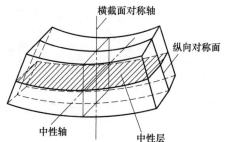

图 4-6-21 中性层和中性轴

$$\sigma_{\max}=\pm\frac{My_{\max}}{I_z} \qquad (4\text{-}6\text{-}20)$$

令 $W_z = \dfrac{I_z}{y_{max}}$,称为横截面对中性轴的抗弯截面模量,单位是 m^3 或 mm^3。则

$$\sigma_{max} = \pm \dfrac{M}{W_z} \tag{4-6-21}$$

正值表示最大拉应力、负值表示最大压应力。

(3) 横截面上正应力的分布规律　由公式（4-6-19）可知,横截面上任一点的正应力与该点到中性轴的距离 y 成正比,离开中性轴越远正应力越大,中性轴上各点正应力为零。正应力沿截面高度线性分布,距离中性轴等远处即 y 值相同的点,正应力也相等。如图4-6-22所示。

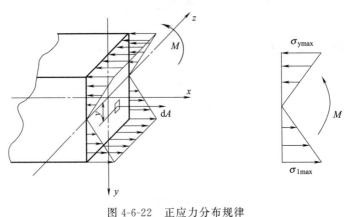

图 4-6-22　正应力分布规律

(4) 惯性矩和抗弯截面模量的计算　惯性矩和抗弯截面模量与截面的形状有关,反映了截面的几何性质,常用的简单图形惯性矩和抗弯截面模量的计算如下。

① 矩形截面

如图 4-6-23 所示。

$$I_z = \dfrac{bh^3}{12};\quad I_y = \dfrac{hb^3}{12};\quad W_z = \dfrac{bh^2}{6};\quad W_y = \dfrac{hb^2}{6}$$

② 圆形截面　如图 4-6-24 所示。

$$I_z = I_y = \dfrac{\pi D^4}{64};\quad W_z = W_y = \dfrac{\pi D^3}{32}$$

③ 圆环形截面　如图 4-6-25 所示。

$$I_y = I_z = \dfrac{\pi D^4}{64}(1-\alpha^4);\quad W_y = W_z = \dfrac{\pi D^3}{32}(1-\alpha^4)$$

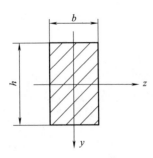

图 4-6-23　矩形截面

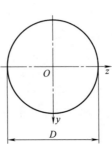

图 4-6-24　圆形截面

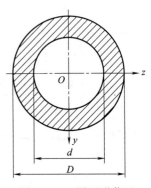

图 4-6-25　圆环形截面

式中，D 为圆环外径；d 为圆环内径；α 为内外径之比，即 $\alpha = \dfrac{d}{D}$。

(五) 弯曲强度条件

为保证梁能够安全的工作，必须使梁具备足够的强度。梁的最大弯曲正应力所在截面为危险截面，最大正应力所在的点为危险点。梁的最大正应力发生在危险截面距中性轴最远的上、下边缘处。若材料的许用正应力为 $[\sigma]$，则梁弯曲正应力强度条件为：

$$\sigma_{\max} = \frac{M_{\max}}{W_z} \leqslant [\sigma] \tag{4-6-22}$$

公式 (4-6-22)，只适用于许用拉应力 $[\sigma_l]$ 和许用压应力 $[\sigma_y]$ 相等的塑性材料。对于脆性材料（如铸铁）许用拉应力 $[\sigma_l]$ 和许用压应力 $[\sigma_y]$ 是不相等的，应分别建立相应强度条件，即

$$\sigma_{l\max} = \frac{M_{\max} y_{l\max}}{I_z} \leqslant [\sigma_l] \tag{4-6-23}$$

$$\sigma_{y\max} = \frac{M_{\max} y_{y\max}}{I_z} \leqslant [\sigma_y] \tag{4-6-24}$$

应用梁的正应力强度条件同样可以解决强度校核、设计截面尺寸、确定许可载荷三类强度问题。

【例 4-6-9】 火车轮轴受力如图 4-6-26 (a) 所示，承受的载荷 $F = 30\text{kN}$，轴的直径 $d = 100\text{mm}$，轴材料的许用应力 $[\sigma] = 80\text{MPa}$，试校核此轴的强度。

解：(1) 确定最大弯矩值。作弯矩图如图 4-6-26 (b) 所示，最大弯矩值为：

$$M_{\max} = 30 \times 240 = 7200 \text{kN} \cdot \text{mm}$$

(2) 计算弯曲截面模量

$$W_z = \frac{\pi d^3}{32} = \frac{3.14 \times 100^3}{32} = 98125 \text{mm}^3$$

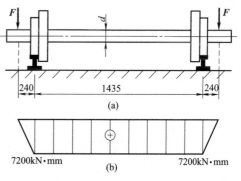

图 4-6-26　火车轮轴强度分析

(3) 校核强度。根据式 (4-6-22)

$$\sigma_{\max} = \frac{M_{\max}}{W_z} = \frac{7200 \times 10^3}{98125} = 73.4 \text{MPa} < [\sigma] = 80 \text{MPa}$$

故轮轴的强度满足要求。

三、转轴的强度分析及设计

(一) 转轴受力分析

机器中的转轴，通常是在弯曲与扭转的组合变形下工作，其受力较复杂，下面以直齿轮传动为例分析转轴工作的受力情况。

1. 力的平移定理

定理　作用在构件上的力 F，可以平行的移动到构件内任意一点 O，但必须同时附加一个力偶，此附加力偶的力偶矩，等于原力对新作用点 O 的矩。

直齿轮传动时，轮齿啮合产生的啮合力分解为圆周力 F_t 和径向力 F_r，如图 4-6-27 (a) 所示，其分力 F_r、F_t 作用在齿轮节圆上，为分析力 F_t 对轴的作用效果，将力 F_t 平移至轴心 O 点，则有平移力 F_t 作用于轴上，使轴产生弯曲变形；同时有附加力偶 M 使轴产生扭转

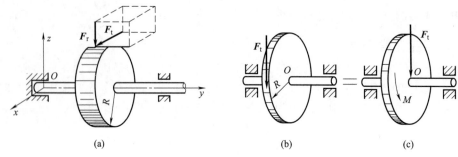

图 4-6-27 力的平移定理

变形。

2. 转轴受力分析

(1) 外力分析 电动机轴的外伸端装有带轮,工作时,电动机给轴输入转矩通过带传动输出运动和转矩,如图 4-6-28 (a) 所示。

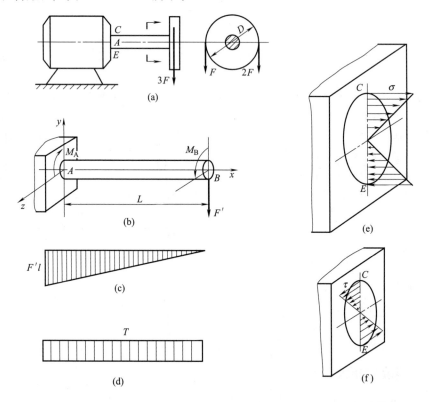

图 4-6-28 电动机轴受力分析

电动机的计算简图为一悬臂梁,设电动机轴右端受到带轮的垂直拉力 F 和 $2F$,带轮的直径为 D,根据力的平移定理将两力平移至轴心,得到力 $F'=3F$ 和附加力偶 M_B。

$$M_B = 2F\frac{D}{2} - F\frac{D}{2} = \frac{FD}{2}$$

F' 垂直于轴的轴线使轴产生弯曲变形,而附加力偶 M_B 则使轴产生扭转变形,电动轴发生的是弯扭组合变形,受力如图 4-6-28 (b) 所示。

(2) 内力分析及危险截面的确定 分别画出轴的弯矩图 [见图 4-6-28 (c)] 和扭矩图

[见图 4-6-28（d）]。由图可见，固定端 A 处为危险截面，其上的弯矩和扭矩值分别为
$$M = F'L = 3FL$$
$$T = M_B = \frac{FD}{2}$$

（3）应力分析　如图 4-6-28（e）、（f）所示为轴 A 截面处弯曲正应力和扭转剪应力的分布情况。在 C、E 两点的正应力和剪应力分别达到最大值，因此，这两点为危险点，该两点的应力分别为

$$\sigma = \frac{M}{W_z} \tag{4-6-25}$$

$$\tau = \frac{T}{W_P} \tag{4-6-26}$$

对弯、扭组合变形，可采用第三或第四强度理论作为强度条件，则有

$$\sigma_e = \sqrt{\sigma^2 + 4\tau^2} \leqslant [\sigma] \tag{4-6-27}$$

或

$$\sigma_e = \sqrt{\sigma^2 + 3\tau^2} \leqslant [\sigma] \tag{4-6-28}$$

将式（4-6-25）、式（4-6-26）代入以上两式，并注意到圆截面轴的 $W_P = 2W_z$，可得转轴在扭转与弯曲组合变形下的强度条件为

$$\sigma_e = \frac{\sqrt{M^2 + T^2}}{W_z} \leqslant [\sigma] \tag{4-6-29}$$

或

$$\sigma_e = \frac{\sqrt{M^2 + 0.75T^2}}{W_z} \leqslant [\sigma] \tag{4-6-30}$$

（二）转轴的交变应力及疲劳破坏

1. 交变应力

转轴受载后，其应力往往随时间作周期性变化，这种应力称为交变应力。产生交变应力的原因，主要是受到周期性变化的载荷的作用，这种多次循环的变动载荷称为交变载荷。交变应力可由动载荷产生，也可由静载荷产生。如图 4-6-29（a）所示的齿轮轴在受到静载荷 F 作用转动时，齿轮轴表面上任一点横截面上的弯曲正应力，随时间作周期性变化，当齿轮轴旋转一周，轴横截面边缘上 K 点的位置将由 1→2→3→4→1 变化，如图 4-6-29（b）所示，K 点应力的变化从 0→σ_{max}→0→σ_{min}→0，如图 4-6-29（c）所示。这种应力每重复变化一次的过程称为一个应力循环。

2. 交变应力的循环特性及类型

（1）循环特征　如图 4-6-30（a）所示，在一根轴上放上可转动的物体，当物体不运动时，在重力作用下，梁产生弯曲变形而处于静平衡状态，当物体转动时，轴将在静平衡位置作强迫振动，产生交变应力。把交变应力随时间变化的曲线，称为应力循环曲线，如图 4-6-30（b）所示。从曲线图可以看出，交变应力具有以下循环特征：

① 循环次数　应力重复变化的次数，称为循环次数。交变应力每重复变化一次，称为一个应力循环，完成一个应力循环所需要的时间，称为一个周期。

② 最大应力、最小应力和平均应力　在一个应力循环中，应力的最大值 σ_{max} 称为最大应力；应力的最小值 σ_{min} 称为最小应力；应力循环中最大应力和最小应力的平均值，称为平均应力，即

$$\sigma_m = \frac{\sigma_{max} + \sigma_{min}}{2}$$

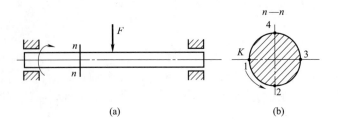

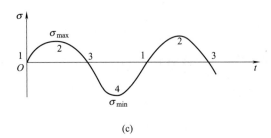

图 4-6-29 齿轮轴

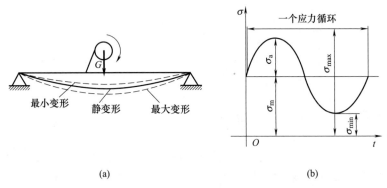

图 4-6-30 循环特征

③ 应力幅　最大应力与最小应力的一半，称为应力幅 σ_a。

$$\sigma_a = \frac{\sigma_{max} - \sigma_{min}}{2}$$

④ 循环特征　应力循环中最小应力与最大应力之比，称为循环特征 γ，即

$$\gamma = \frac{\sigma_{min}}{\sigma_{max}}$$

它表示交变应力的不对称程度，是表征交变应力特征的重要参数。

(2) 交变应力的类型　工程中常见的交变应力类型主要有以下几种。

① 对称循环交变应力　当交变应力的最大应力 σ_{max} 与最小应力 σ_{min} 相等而符号相反时的应力，称为对称循环交变应力。即 $\sigma_{max} = -\sigma_{min}$，这时循环特征为

$$\gamma = \frac{\sigma_{min}}{\sigma_{max}} = -1$$

② 非对称循环交变应力　最大应力与最小应力数值不等的交变应力称为非对称循环交变应力。即 $\sigma_{max} \neq -\sigma_{min}$，$\gamma \neq -1$。

③ 脉动循环交变应力　最小应力 $\sigma_{min} = 0$ 的交变应力称为脉动循环交变应力。其循环特

征为

$$\gamma = \frac{\sigma_{\min}}{\sigma_{\max}} = 0$$

3. 疲劳破坏

金属材料在交变应力作用下的破坏称为疲劳破坏。构件的疲劳破坏与静应力的破坏是不相同的，因此疲劳破坏具有以下特点。

(1) 应力低　构件破坏时的最大应力远低于材料在静载荷下的极限应力，甚至低于屈服极限，表明在低应力下就可发生疲劳破坏。

(2) 突然断裂　构件在疲劳破坏前没有明显的塑性变形，对于塑性好的材料，经过多次交变应力的作用，也呈突发性突然断裂。

(3) 断口形状　对疲劳破坏的构件，观察其断口形状，可以看到明显的两个不同的区域：光滑区和粗糙区。如图 4-6-31 所示，在光滑区可以看到圆弧曲线，该曲线是由裂纹源在多次循环应力作用下，逐渐扩展而形成的。当裂纹扩展到一定程度，构件突然断裂形成断口的粗糙区。

这种破坏是在没有明显的塑性变形的情况下突然发生的，极易造成严重的事故。

4. 提高轴抗疲劳强度的措施

(1) 合理设计轴的形状，减缓应力集中　轴最大应力发生于表层或截面发生突变的应力集中处，设计轴的形状时，尽量避免出现方形或带有尖角的孔和槽以及截面尺寸的急剧变化，在截面尺寸变化处，要采用足够大的圆角过渡，如图 4-6-32 (a) 所示，可采用过渡肩环［见图 4-6-32 (b)］或凹切圆槽

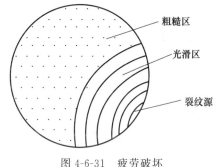

图 4-6-31　疲劳破坏

［见图 4-6-32 (c)］，以增大轴肩圆角半径，减少局部应力集中。在轴与轴上零件过盈配合处，零件轮毂上开减载槽 B［见图 4-6-32 (d)］，可以减少过盈配合处的局部应力。

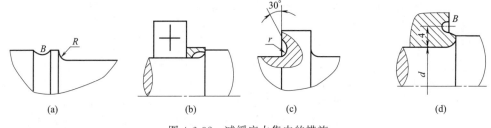

图 4-6-32　减缓应力集中的措施

(2) 提高轴表面质量　减小轴表面的粗糙度，以发挥其抗疲劳的性能；对轴最大应力所在的表层采取表面强化措施，如滚压、喷丸、淬火、渗碳或渗氮等，增加表面强度；在装配、检修及运输中，应尽量避免在轴表面上造成伤痕。

(三) 转轴的设计

1. 轴的设计准则

(1) 为了保证轴能正常工作，要求轴有足够的强度和刚度。

(2) 为了保证轴上零件能固定可靠、装拆方便和便于加工制造，要求轴必须有合理的结构。

典型机构中大部分的轴主要进行结构和强度设计。但对某些机构的轴，如金属切削机

床，其主轴的刚度就很重要，因为机床主轴受力后如果变形过大，会严重影响机床的加工精度。在轴的设计时要全面考量机构的工作状况、特性等，制定合理的设计方案，达到既安全又经济的目标。

2. 轴的设计步骤

(1) 选择轴的材料及热处理，确定许用应力 材料类型及热处理的选择，参见表 4-1-2；轴的弯曲许用应力可查表 4-6-2。

表 4-6-2 轴的许用弯曲应力   MPa

材料	σ_b	$[\sigma_{+1b}]$	$[\sigma_{0b}]$	$[\sigma_{-1b}]$
碳素钢	400	130	70	40
	500	170	75	45
	600	200	95	55
	700	230	110	65
合金钢	800	270	130	75
	900	300	140	80
	1000	330	150	90
铸钢	400	100	50	30
	500	120	70	40

注：$[\sigma_{-1b}]$、$[\sigma_{0b}]$ 和 $[\sigma_{+1b}]$ 分别称为对称循环、脉动循环和静应力状态下的许用弯曲应力。

(2) 初步估算轴的最小直径 初估轴最小直径的设计公式为

$$d \geqslant A\sqrt[3]{\frac{P}{n}} \tag{4-6-31}$$

式中，P 为轴传递的功率，kW；n 为轴的转速，r/min；A 为由轴的材料和承载情况确定的系数，可按表 4-6-3 确定。

表 4-6-3 常用材料的 $[\tau]$ 和 A 值

轴的材料	Q235,20	35	45	40Cr,35SiMn,42SiMn
$[\tau]$/MPa	12~20	20~30	30~40	40~52
A	160~135	135~118	118~107	107~98

注：1. 轴上所受弯矩较小或只受转矩时，A 取较小值，否则取较大值。
2. 用 Q235、35SiMn 时，A 取较大值。
3. 轴上开一个键槽时，A 值增大 4%~5%；开两个键槽时，A 值增大 7%~10%。

确定最小轴径时，要结合整体设计将由式 (4-6-31) 所得直径圆整为标准直径或与相配合的零件（如联轴器、带轮等）的孔径吻合。

(3) 进行轴的结构设计，绘制轴的结构草图 见"轴的结构设计"相关内容。

(4) 按弯、扭强度条件校核轴的危险截面强度 轴的最小轴径确定后，可依次确定其他各段轴径和轴长，轴上零件的位置得以确定，这时，轴的强度校核顺序如下：

① 绘出轴的空间受力简图，将轴上载荷分解为水平分力和铅垂分力。
② 求出水平面内的支反力 F_H 和铅垂面内的支反力 F_V。
③ 分别绘出水平面内的弯矩图 (M_H) 和铅垂面内的弯矩图 (M_V)。
④ 计算合成弯矩 $M = \sqrt{M_H^2 + M_V^2}$，绘出合成弯矩图。
⑤ 计算扭矩 T，绘出扭矩图。
⑥ 计算弯、扭组合的当量弯矩 $M_e = \sqrt{M^2 + (\alpha T)^2}$，绘出当量弯矩图。

式中的 α 为根据转矩性质确定的折算系数，转矩不变时，$\alpha = 0.3$；转矩为脉动循环（单向转动）时，$\alpha \approx 0.6$；转矩为对称循环（频繁正反转）时，$\alpha = 1$。

⑦ 判断危险截面，按式 (4-6-32) 校核危险截面处的轴径。

$$d \geqslant \sqrt[3]{\frac{M_e}{0.1[\sigma_{-1b}]}} \tag{4-6-32}$$

⑧ 比较轴径，当 $d_计 \leqslant d_设$ 时，说明轴满足强度要求，可以正常安全的工作，否则需重新进行轴的结构设计。

（5）绘制轴的零件工作图。

3. 轴的弯曲刚度简介

（1）挠度和转角　弯曲变形的主要特征是轴线由直线变为曲线，这条曲线称为挠曲线。梁轴线上任一点的竖向线位移称为挠度，用 y 表示，单位为 mm；横截面绕中性轴转过的角度称为转角，用 θ 表示，单位为 rad。如图 4-6-33 所示。

（2）刚度条件　轴的弯曲变形刚度条件是最大挠度和转角不超过允许的范围，即

$$\left.\begin{array}{l}|y|_{\max} \leqslant [y] \\ |\theta|_{\max} \leqslant [\theta]\end{array}\right\} \tag{4-6-33}$$

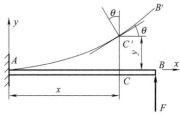

图 4-6-33　挠度和转角

式中，$[y]$ 和 $[\theta]$ 分别为轴的许用挠度和转角。其值由具体工作要求来确定，可从有关设计手册中查得或参考下列数据：

一般用途的转轴　　$[y] = (0.0003 \sim 0.0005)L$　　（L 为两轴承间的跨距）
　　　　　　　　　$[\theta] = (0.001 \sim 0.002)\text{rad}$

知识拓展

一、组合变形的概念

工程实际中的许多构件，由于受力较复杂，往往存在着两种或两种以上的基本变形。如图 4-7-1（a）所示悬臂吊车的横梁 AB，当起吊重物时，不仅产生弯曲变形，由于拉杆 BC 的作用，还会产生轴向压缩变形〔见图 4-7-1（b）〕。又如图 4-7-2（a）所示的齿轮轴，若将啮合力 F 向齿轮中心平移，则可简化成如图 4-7-2（b）所示的受力情况，力 F 使轴产生弯曲变形；两个力偶 M_C 和 M_B 则使轴产生扭转变形。在外力作用下，构件若同时产生两种或两种以上的基本变形，这样的杆件变形称为组合变形。图 4-7-1 中的吊车横梁 AB 是压缩与弯曲的组合变形；图 4-7-2 中的齿轮轴则是弯曲与扭转的组合变形。

工程实践中的组合变形还有很多，如斜弯曲、偏心压缩（拉伸）等。下面主要研究弯曲与扭转的组合变形。

二、组合变形下强度计算的分析方法

由于所研究的都是小变形的构件，可以认为各载荷对物体的作用彼此独立，互不影响，即任一载荷所引起的内力、应力和变形不受其他载荷的影响。因此，对组合变形构件的分析就可以采用叠加原理，采用先分解后综合的方法进行分析、求解，其基本思路和步骤如下：

（1）把作用在构件上的载荷进行简化，即将外力进行平移或分解，把构件上的外力转化为几个静力等效的载荷，使这几个静力等效的载荷各自对应着一种基本变形。

（2）分别计算构件在每种载荷单独作用下（每种基本变形）的内力、应力。

（3）将各基本变形情况下所得结果叠加，得到构件在原载荷作用下的内力和应力，然后按照危险点的应力状态及构件的破坏形式选择合适的强度条件进行强度计算。

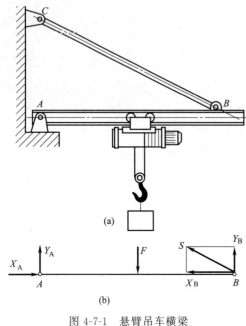

图 4-7-1 悬臂吊车横梁　　图 4-7-2 齿轮轴

三、弯扭组合变形的概念

构件在载荷作用下，同时产生弯曲变形和扭转变形的情况，称为弯曲与扭转组合变形，简称弯扭组合变形。机械中的转轴，大多是在弯扭组合变形下工作。

四、弯扭组合变形下的内力、应力及强度条件

（一）受力分析

如图 4-7-3（a）所示，电动机通过联轴器带动齿轮轴，在轴左端的联轴器上作用外力偶矩 M 驱动轴转动。将作用于直齿圆柱齿轮上的啮合力 F 分解为圆周力 F_t 和径向力 F_r，根据力的平移定理，将圆周力 F_t 向轴线平移得作用于轴线上的横向力 F_t' 和附加力偶矩 M_F，圆轴的受力图如图 4-7-3（b）所示。由平衡条件可以得出

$$M = M_F$$

力偶矩 M_F 和 M 使轴产生扭转变形，径向力 F_r 使轴在垂直平面（xz 平面）内产生弯曲变形，横向力 F_t' 则使轴在水平面（xy 平面）内产生弯曲变形。故传动轴属于弯扭组合变形。

（二）内力分析

根据传动轴的受力图 [图 4-7-3（b）]，分别作出轴的扭矩 T 图，垂直平面内的弯矩 M_z 图，水平平面内的弯矩 M_x 图，如图 4-7-3（c）所示。传动轴在 AE 段各截面上的扭矩 T 均为

$$T = M = \frac{FD}{2} \tag{4-7-1}$$

在 AE 段的 E 截面上，xy 平面内的弯矩 M_y 和 xz 平面内的弯矩 M_z 都为最大值，由此可见 E 截面是危险截面。M_y 和 M_z 分别为

$$M_{y\max} = \frac{F_r ab}{l} \tag{4-7-2}$$

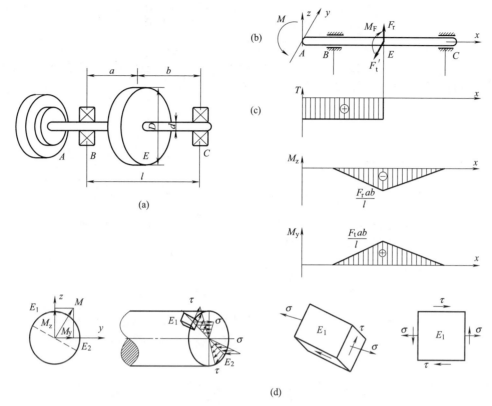

图 4-7-3 弯扭组合变形受力分析

$$M_{z\max} = \frac{F'_t ab}{l} \tag{4-7-3}$$

由于平面弯曲发生在通过圆轴轴线的任一纵向对称平面内,因而可以把两个相互垂直平面内的弯矩按矢量合成的方法进行合成,求出合成弯矩的大小为

$$M = \sqrt{M_{y\max}^2 + M_{z\max}^2} = \frac{ab}{l}\sqrt{F_r^2 + F_t^{'2}} \tag{4-7-4}$$

(三) 应力分析

作出危险截面上的剪应力和正应力分布图,如图 4-7-3(d) 所示。在危险截面上,剪应力在边缘上各点达到最大值,大小为

$$\tau = \frac{T}{W_P} \tag{4-7-5}$$

弯曲正应力在 E_1 点和 E_2 点上达到最大值,大小为

$$\sigma = \frac{M}{W_z} \tag{4-7-6}$$

边缘上各点扭转剪应力是相同的,而边缘上的 E_1 点和 E_2 点的弯曲正应力为最大值,因此 E_1 点和 E_2 点是危险点。

(四) 强度条件

由塑性材料制成的传动轴其抗拉和抗压强度相等,故可只取 E_1 点(或 E_2 点)进行强度

校核。先围绕 E_1 点截取单元体，单元体为二向应力状态，根据第三强度理论，强度条件为

$$\sqrt{\sigma^2+4\tau^2} \leqslant [\sigma] \tag{4-7-7}$$

将式（4-7-5）中的 τ 和式（4-7-6）中的 σ 代入上式，并注意到圆截面轴的 $W_P=2W_z$，可得传动轴在扭转与弯曲组合变形下的强度条件为

$$\frac{\sqrt{M^2+T^2}}{W_z} \leqslant [\sigma] \tag{4-7-8}$$

若按第四强度理论，强度条件为

$$\sqrt{\sigma^2+3\tau^2} \leqslant [\sigma] \tag{4-7-9}$$

将式（4-7-5）中的 τ 和式（4-7-6）中的 σ 及 $W_P=2W_z$ 代入上式，可得传动轴在扭转与弯曲组合变形下按第四强度理论的强度条件为

$$\frac{\sqrt{M^2+0.75T^2}}{W_z} \leqslant [\sigma] \tag{4-7-10}$$

应指出的是，式（4-7-8）和式（4-7-10）适用于截面为圆形的、塑性材料制成的轴类杆件发生弯扭组合变形的情况。按第三强度理论计算偏于安全，按第四强度理论计算更接近于实际情况。

任务实施

轴的结构分析

根据工作任务单要求，依次完成轴的结构设计、强度校核、联轴器的选择、平键的选择、轴承的选择和寿命校核等内容，完成任务的过程涉及了任务中学习到的主要知识，学习者能把所学知识应用到实际问题中，达到训练知识运用和融会贯通的能力。具体步骤如下：

表 4-8-1 减速器输出轴设计计算表

计算项目	计算说明	计算结果
1. 选择轴的材料，确定许用应力	普通用途，中小功率减速器，选用 45 钢正火处理，由表 4-1-1 查得，$\sigma_b=600$MPa, $\sigma_s=300$MPa，由表 4-6-2 查得 $[\sigma_{-1b}]=55$MPa	$\sigma_b=600$MPa $[\sigma_{-1b}]=55$MPa
2. 粗估最小轴径	由表 4-6-3 查得 $A=115$ 按式（4-6-29） $d \geqslant A\sqrt[3]{\dfrac{P}{n}}=115\times\sqrt[3]{\dfrac{3.45}{76.4}}=40.95$(mm) 轴上开一个键槽，将轴径增大 5% $d\times 1.05=40.95\times 1.05=42.99$(mm) 该轴外端安装联轴器，为补偿轴的偏移，选用弹性柱销联轴器：$T_c=K\cdot$ $T=1.5\times 9550\times\dfrac{3.45}{76.4}=646.875$(N·m) 查设计手册选用弹性柱销联轴器，其规格为 $HL_4 45\times 84$(GB/T 5014—2003)孔径 $d_1=45$mm 与轴外伸直径相符	$d_1=45$mm 选 HL_4 弹性柱销联轴器
3. 轴初步设计，绘制轴结构草图	根据轴上零件的位置、齿轮、套筒、左轴承、轴承盖和联轴器由左端装配；右轴承从右端装配。轴上零件要做到定位准确，固定可靠[见图 4-8-1(a)] 减速器采用直齿轮传动，选用深沟球轴承 6210。凸缘式轴承盖使轴系两端固定，齿轮通常采用油浴润滑，轴承采用脂润滑	

续表

计算项目	计算说明	计算结果
4. 轴的结构设计	(1)轴径确定 $d_1 = 45$ mm $d_2 = 50$ mm(符合轴承内径,便于轴承装拆) 轴承型号初选为 6210,深沟球轴承。 $d_3 = d_2 + 2h' = 50 + 2(2\sim4)$ mm $= 53$ mm (取标准直径,$d_4 > d_3$ 便于装配) $d_4 = d_{\min} = 57$ mm($d_{\min}$ 为轴承最小安装尺寸) $d_5 = d_2 = 50$ mm(两轴同型号) (2)轴段长度确定 $L_1 = 82$ mm(HL$_4$ 联轴器丁型轴孔 $B_1 = 84$ mm,L_1 短 $2\sim3$ mm)$L_2 = 97$ mm(L_2 由四部分组成:①轴承到联轴器的距离,根据箱体宽度、轴承盖结构尺寸和螺钉头到联轴器的间距 $55\sim65$ mm,初步确定为 55 mm;②轴承宽度与挡油环厚度 21 mm;③套筒长度 $L_{套} = 15\sim25$ mm,取 19 mm;④其余 2 mm 为齿轮轮毂宽度的一部分。) $L_3 = 68$ mm(齿轮轮毂宽 70 mm,L_3 比轮毂宽小 $2\sim3$ mm)$L_4 = 20$ mm(按照轴环宽度 $b \geqslant 1.4h = 1.4 \times \dfrac{(d_4-d_3)}{2} = 2.8$ mm, 回转件与箱体内壁间的距离为 $10\sim15$ mm,轴承端面距箱体内壁约为 $5\sim10$ mm 综合考虑取得。) $L_5 = B' + 1 = 21$ mm(轴承宽 $B' = 20$ mm,挡油环厚 1 mm) (3)两轴承间的跨距(认为支点在轴承的中点) $L = (L_2-65) + L_3 + L_4 + (L_5-11) = 130$ mm	$d_1 = 45$ mm $d_2 = 50$ mm $d_3 = 53$ mm $d_4 = 57$ mm $d_5 = 50$ mm $L_1 = 82$ mm $L_2 = 97$ mm $L_3 = 68$ mm $L_4 = 20$ mm $L_5 = 21$ mm $L = 130$ mm
5. 齿轮受力计算	分度圆直径:$d = mz = 2 \times 128 = 256$ mm 转矩:$T = 9.55 \times 10^6 \dfrac{P}{n} = 9.55 \times 10^6 \times \dfrac{3.45}{76.4} = 431250$ N·mm 圆周力:$F_t = \dfrac{2T}{d} = \dfrac{2 \times 431250}{256} = 3369$ N 径向力:$F_r = F_t \tan\alpha = 1226$ N	$d = 256$ mm $T = 431250$ N·mm $F_t = 3369$ N $F_r = 1226$ N
6. 轴的强度校核	(1)画轴的受力图[见图 4-8-1(b)] (2)将齿轮所受力分解成水平面 H 和铅垂面 V 内的力[见图 4-8-1(c)(e)] (3)求水平面和铅垂面内的反力 H 面内 $F_H = \dfrac{F_t}{2} = \dfrac{3369}{2} = 1684.5$ N V 面内 $F_V = \dfrac{F_r}{2} = \dfrac{1226}{2} = 613$ N (4)绘制弯矩图 H 面内弯矩图[见图 4-8-1(d)] $M_{CH} = F_H \times 65 = 109492.5$ N·mm V 面内弯矩图[见图 4-8-1(f)] $M_{CV} = F_V \times 65 = 39845$ N·mm 合成弯矩图[见图 4-8-1(g)] $M_C = \sqrt{M_{CH}^2 + M_{CV}^2} = \sqrt{109492.5^2 + 39845^2} = 116517$ N·mm (5)绘制扭矩图[见图 4-8-1(h)] $T = 431250$ N·mm	

续表

计算项目	计算说明	计算结果
6. 轴的强度校核	(6)绘制当量弯矩图[见图4-8-1(i)] 单向转动，转矩为脉动循环 $\alpha=0.6$ A 截面和 B 截面： $M_{eA}=M_{eB}=\alpha T=0.6\times431250=258750\mathrm{N\cdot mm}$ C 截面： $M_{eC}=\sqrt{M^2+(\alpha T)^2}=\sqrt{116517^2+258750^2}=283774\mathrm{N\cdot mm}$ (7)校核危险截面 A、C 根据式(4-6-30) $d_A=\sqrt[3]{\dfrac{M_{eA}}{0.1[\sigma_{-1b}]}}=\sqrt[3]{\dfrac{258750}{0.1\times55}}=36.10(\mathrm{mm})$ $d_C=\sqrt[3]{\dfrac{M_{eC}}{0.1[\sigma_{-1b}]}}=\sqrt[3]{\dfrac{283774}{0.1\times55}}=37.23(\mathrm{mm})$ 考虑键槽： $d_A=36.10\times105\%=37.90\mathrm{mm}<d_1=45\mathrm{mm}$ $d_C=37.23\times105\%=39.09\mathrm{mm}<d_3=53\mathrm{mm}$ 强度足够，无需修改结构	
7. 绘制轴的工作图	根据有关要求绘图，零件图如图4-8-2 所示	

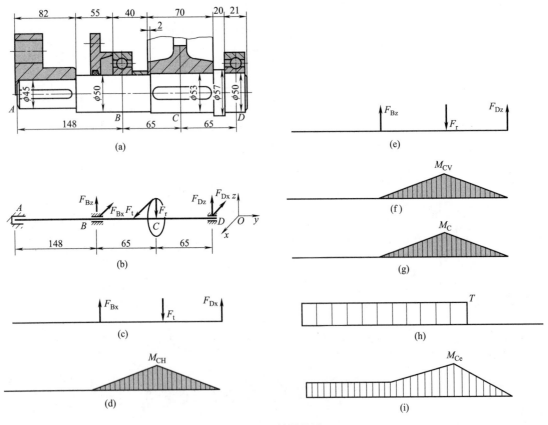

图 4-8-1 轴的设计

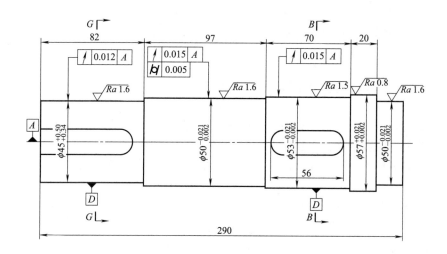

技术要求
1. 调质处理后表面硬度 220~250HBS；
2. 全部圆角半径1；
3. 全部倒角1；
4. 未注圆角公差按IT12。

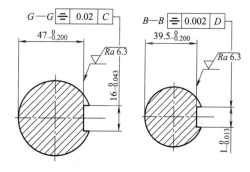

图 4-8-2　轴的零件图

任务总结

一、轴的分类

按照承受载荷的不同，轴可分为传动轴、心轴和转轴三类。
按照轴的轴线形状不同，可分为直轴、曲轴和挠性轴三类。

二、轴材料的选择及结构设计

轴的材料是决定轴承载能力的重要因素。选择轴的材料应主要考虑的是：具有足够的抗疲劳强度、对应力集中的敏感性小、与滑动零件接触的表面应有足够的耐磨性，同时还要考虑制造的工艺性及经济性。

轴的材料主要采用碳素钢（常经调质处理）和合金钢。

轴的结构设计就是确定轴的形状和尺寸。在进行轴的结构设计时，主要应满足以下几方面的基本要求：轴的受力合理，有利于提高轴的强度和刚度，节约材料减轻重量；轴上零件定位准确，固定可靠；便于轴上零件的装拆、调整和轴的加工。

三、传动轴的强度计算

传动轴主要用来传递转矩不承受或承受很小的弯矩的轴。

扭转变形的受力特点是：轴两端受到一对大小相等、转向相反的外力偶的作用。变形特征是：横截面绕轴线发生相对转动。

1. 重点概念

(1) 判断扭矩正负所用的右手螺旋法则：

四指表示扭矩转向，拇指表示扭矩矢量，拇指与截面外法线方向一致，扭矩为正，反之为负。

(2) 扭矩图：当轴上有多个外力偶作用时，为了清楚地看出各截面的扭矩变化情况，以便确定危险截面，需要绘制扭矩图。

(3) 扭转时剪应力分布规律：剪应力的方向是垂直半径的，大小与到轴心距离成正比。

2. 常用公式

(1) 力偶矩与功率转速关系公式

$$M = 9550 \frac{P}{n} \text{N} \cdot \text{m}$$

(2) 剪应力计算公式

$$\tau_\rho = \frac{T}{I_P} \times \rho \ ; \tau_{\max} = \frac{T}{W_P} \ ;$$

(3) 强度条件

$$\tau_{\max} = \frac{T}{W_P} \leqslant [\tau] \ ;$$

(4) 刚度条件计算公式

$$\theta = \frac{T}{GI_P} \leqslant [\theta]$$

或

$$\theta = \frac{M_n}{GI_P} \times \frac{180°}{\pi} \leqslant [\theta]$$

3. 两种截面的极惯性矩和抗扭截面系数

圆截面

$$I_P = \frac{\pi d^4}{32}, W_P = \frac{\pi d^3}{16}$$

圆环截面

$$I_P = \frac{\pi D^4}{32}(1-\alpha^4); W_P = \frac{\pi D^3}{16}(1-\alpha^4); \alpha = \frac{d}{D}$$

4. 强度条件与刚度条件计算公式均可解决三方面问题

(1) 求许可力偶矩或功率；

(2) 设计截面尺寸；

(3) 进行强度和刚度校核。

四、心轴的强度计算

心轴是只承受弯矩而不传递转矩的轴。

弯曲变形的外力特点是：作用在轴上的外力（包括支座反力）都垂直于轴的轴线。变形特征是：变形后轴的轴线由直线变成曲线，称为挠曲线。

1. 重点概念

(1) 纯弯曲与横力弯曲　梁的横截面上既有弯矩，又有剪力，这种弯曲称为横力弯曲；若梁上的横截面上只有弯矩而无剪力，称为纯弯曲。

(2) 中性层和中性轴　在梁的受拉区和受压区之间有一层既不伸长也不缩短的纤维，这一长度不变的纵向纤维层称为中性层。中性层与横截面的交线称为中性轴。中性轴必过截面形心。

(3) 判断剪力、弯矩正负的口诀　"左上右下，剪力为正；左顺右逆，弯矩为正。"

(4) 剪力图和弯矩图　当轴上有多个外力作用时，为了清楚地表达出各截面内力的变化情况，以便确定危险截面，需要绘制剪力图和弯矩图。

(5) 弯曲时正应力分布规律　离开中性轴越远正应力越大，中性轴上各点正应力为零。正应力沿截面高度线性分布，距离中性轴等远处的点，正应力相等。

2. 常用公式

通常，心轴的横截面上既有弯矩，又有剪力，因而横截面上有正应力和剪应力。正应力是决定心轴是否被破坏的主要因素，只有在特殊的情况下才需进行剪应力强度校核。因此，弯曲正应力的强度计算是重点。

(1) 正应力计算公式

$$\sigma = \frac{My}{I_z}$$

(2) 强度条件

$$\sigma_{max} = \frac{M_{max}}{W_z} \leqslant [\sigma]$$

3. 三种截面的惯性矩和抗弯截面模量

矩形截面：$I_z = \frac{bh^3}{12}$；$I_y = \frac{hb^3}{12}$；$W_z = \frac{bh^2}{6}$；$W_y = \frac{hb^2}{6}$

圆形截面：$I_z = I_y = \frac{\pi D^4}{64}$；$W_z = W_y = \frac{\pi D^3}{32}$

圆环形截面：$I_y = I_z = \frac{\pi D^4}{64}(1-\alpha^4)$；$W_y = W_z = \frac{\pi D^3}{32}(1-\alpha^4)$

4. 应用强度条件可解决三方面问题

(1) 强度校核；

(2) 设计截面尺寸；

(3) 求许可载荷。

五、转轴的设计

转轴是既承受弯矩又同时传递转矩的轴。它是机械中最常见的轴。

按照轴的轴线形状不同，可分为直轴、曲轴和挠性轴三类。

其中直轴是一般机械中最常用的轴。直轴根据外形的不同，又分为光轴和阶梯轴两种。光轴为等截面直轴，阶梯轴为变截面直轴，各截面接近等强度，轴上零件容易定位，在一般机械中应用最广泛。

转轴在扭转与弯曲组合变形下的强度条件为：

$$\sigma_e = \frac{\sqrt{M^2+T^2}}{W_z} \leqslant [\sigma] \qquad （第三强度理论式）$$

$$\sigma_e = \frac{\sqrt{M^2+0.75T^2}}{W_z} \leqslant [\sigma] \qquad （第四强度理论式）$$

设计转轴时应考虑的主要问题：

(1) 为了保证轴能正常工作，要求轴有足够的强度和刚度。

（2）为了保证轴上零件能固定可靠、装拆方便和便于加工制造，要求轴必须有合理的结构。

六、其他传动零（部）件的设计

主要包括滚动轴承、联轴器、键连接的选择与设计。

实践项目

项目名称：轴系结构观察

实训目的：

（1）通过对轴系的结构观察分析，理解轴各部分结构的功用、特点。

（2）进一步掌握周结构设计时应考虑强度、刚度、加工、装配、使用和国家标准等综合因素。

实训要求：

（1）观察各种类型的轴（心轴、传动轴、转轴、阶梯轴、曲轴、扰性轴）的结构特点、受力特点、轴上零件的固定方式和结构要求。

（2）绘出1~2根典型轴的结构草图，说出轴的类型，并对轴头、轴身、轴径各部分结构给予评价。

思考与练习

一、填空题

1. 轴按照承载情况可分为_____、_____和_____。
2. 机器上的两轴需要随意结合或分离，则应使用_____来连接。
3. 键连接主要用于轴毂之间的_____固定，是一种可拆连接。
4. 普通平键的工作面是_____，工作时靠_____传递转矩。
5. 一个角接触球轴承只能承受单向的轴向力，因而这类轴承宜成对使用、反向安装，一般有_____和_____两种安装方式。
6. 心轴只承受_____而不传递_____的轴。
7. 传动轴主要用来传递_____不承受或承受很小的_____的轴。
8. 轴是各种机器上的重要_____。
9. 轴是用来支承机器中的_____，使回转零件具有_____的工作位置。
10. 心轴按其是否转动分为_____和_____两种。
11. 转轴指的是既承受_____又同时传递_____的轴。
12. 按照轴线形状不同，轴可分为_____、_____和_____三类。
13. 直轴根据横截面的不同，又分为_____和_____两种。
14. 轴与_____配合的部分称为轴颈。
15. 轴与其他_____配合的部分称为轴头。
16. 连接_____和_____的部分称为轴身。
17. 轴上零件定位多采用_____和_____。
18. 轴上零件的固定包括_____和_____。
19. 轴承是支承轴和轴上零件的_____。
20. 根据工作时的摩擦性质，轴承分为_____和_____两类。
21. 滚动轴承的基本结构包括_____、_____、_____和_____四个部分。
22. 按滚动体的形状不同，滚动轴承分为_____和_____。

23. 滚动轴承代号由_____、_____和_____组成。
24. 6210为深沟球轴承，轴承内径为_____，公差等级_____。
25. 根据补偿两轴偏移能力的不同，联轴器分为_____和_____两大类。
26. 常用离合器有_____、_____和_____。
27. 按照在连接中的松紧程度键可分为_____和_____两类。
28. 连接就是将_____的物体接合在一起的结构。
29. 连接结构中起连接作用的物体称为_____。
30. 机械连接有两大类动连接和_____，动连接又称_____。
31. 静连接又分为_____和_____。
32. 普通平键按端部形状不同可分为_____、_____和_____。

二、单项选择题

1. 当两个被连接件之一太厚，不易制成通孔且需要经常拆卸时，往往采用（　　）。
   A. 螺栓连接　　　　B. 双头螺柱连接　　　　C. 螺钉连接
2. 滚动轴承中，为防止轴承发生疲劳点蚀，应进行（　　）。
   A. 疲劳寿命计算　　B. 静强度计算　　C. 极限转速验算　　D. 滑动轴承中
3. 含油轴承是采用（　　）材料制成的。
   A. 硬木　　　　B. 粉末冶金　　　　C. 塑料
4. 承受预紧力 F' 的紧螺栓连接在受轴向工作拉力 F 时，剩余预紧力为 F''，其螺栓所受的总拉力 F_0 为（　　）。
   A. $F_0 = F + F'$　　B. $F_0 = F + F''$　　C. $F_0 = F' + F''$
5. 当键连接强度不足时可采用双键。使用两个平键时要求键（　　）布置。
   A. 在同一条直线上　　　　　　　　B. 相隔90°
   C. 相隔120°　　　　　　　　　　D. 相隔180°
6. 下列零件的失效中，（　　）不属于强度问题。
   A. 螺栓断裂
   B. 齿轮的齿面上发生疲劳点蚀
   C. 蜗杆轴产生过大的弯曲变形
   D. 滚动轴承套圈的滚道上被压出深的凹坑
7. 在下列四种型号的滚动轴承中，只能承受径向载荷的是（　　）。
   A. 6208　　　　B. N208　　　　C. 3208　　　　D. 5208
8. 下列四种螺纹中，自锁性能最好的是（　　）。
   A. 粗牙普通螺纹　　　　　　　　B. 细牙普通螺纹
   C. 梯形螺纹　　　　　　　　　　D. 锯齿形螺纹
9. 对于普通螺栓连接，在拧紧螺母时，螺栓所受的载荷是（　　）。
   A. 拉力　　　　B. 扭矩　　　　C. 压力　　　　D. 拉力和扭矩
10. 在常用的螺旋传动中，传动效率最高的螺纹是（　　）。
    A. 三角形螺纹　　B. 梯形螺纹　　C. 锯齿形螺纹　　D. 矩形螺纹
11. 在常用的螺纹连接中，自锁性能最好的螺纹是（　　）。
    A. 三角形螺纹　　B. 梯形螺纹　　C. 锯齿形螺纹　　D. 矩形螺纹
12. 承受横向载荷的紧螺栓连接，该连接中的螺栓受（　　）作用。
    A. 剪切　　　　B. 拉伸　　　　C. 剪切和拉伸
13. 采用凸台或沉头座作为螺栓头或螺母的支撑面，是为了（　　）。
    A. 减少预紧力　　　　　　　　B. 减少挤压力

C. 避免螺栓受弯曲应力 D. 便于放置垫圈
14. 连接螺纹要求（　　），传动螺纹要求（　　）。
A. 易于加工 B. 效率高
C. 自锁性好 D. 螺距大
15. 只受预紧力的紧螺栓连接，在强度计算时将螺栓所受的拉力乘以 1.3，是由于（　　）。
A. 为了保证足够的预紧力 B. 增大安全系数
C. 防止松脱 D. 计入扭转剪应力
16. 滚动轴承是（　　）。
A. 零件 B. 构件 C. 部件 D. 机械
17. 联轴器是（　　）。
A. 零件 B. 构件 C. 部件 D. 机械
18. 离合器是（　　）。
A. 零件 B. 构件 C. 部件 D. 机械
19. 轴是（　　）。
A. 零件 B. 构件 C. 部件 D. 机械
20. 轴上与轴承配合的部位称（　　）。
A. 轴头 B. 轴颈 C. 轴身 D. 轴瓦
21. 轴上与齿轮配合的部位称（　　）。
A. 轴头 B. 轴颈 C. 轴身 D. 轴
22. 轴上与联轴器配合的部位称（　　）。
A. 轴头 B. 轴颈 C. 轴身 D. 轴
23. 自行车的后轴是（　　）。
A. 心轴 B. 转轴 C. 传动轴 D. 输入轴
24. 转轴主要承受（　　）载荷作用。
A. 拉伸 B. 扭转 C. 弯曲 D. 弯曲和扭转
25. 传动轴主要承受（　　）载荷作用。
A. 拉伸 B. 扭转 C. 弯曲 D. 弯曲和扭转
26. 心轴主要承受（　　）载荷作用。
A. 拉伸 B. 扭转 C. 弯曲 D. 弯曲和扭转
27. 阶梯轴应用最广的主要原因是（　　）。
A. 便于零件装拆和固定 B. 制造工艺性好
C. 传递载荷大 D. 疲劳强度高
28. 联轴器和离合器的主要作用是（　　）。
A. 缓冲、减振 B. 使两轴接合以传递运动和转矩
C. 防止机器发生过载 D. 补偿两轴的不同心或热膨胀
29. 在下列联轴器中，通常所说的固定式的刚性联轴器是（　　）。
A. 齿式联轴器 B. 弹性套柱销式联轴器
C. 弹性柱销联轴器 D. 凸缘联轴器
30. 轴上连接轴颈和轴头的部位称（　　）。
A. 轴头 B. 轴颈 C. 轴身 D. 轴瓦
31. 自行车后轴上可以安装（　　）。
A. 牙嵌式离合器 B. 摩擦离合器
C. 弹性柱销联轴器 D. 超越离合器

32. 轴承代号 72211AC/P2 中公称接触角是（　　）。
A. $\alpha=10°$　　　B. $\alpha=15°$　　　C. $\alpha=25°$　　　D. $\alpha=40°$

33. 轴承代号 72211AC/P4 中轴承内径是（　　）。
A. 40mm　　　B. 45mm　　　C. 50mm　　　D. 55mm

34. 轴承代号 72211AC/P2 中公差等级是（　　）。
A. P1　　　B. P2　　　C. P3　　　D. P4

35. 普通平键的长度应（　　）。
A. 稍长于轮毂的长度
B. 略短于轮毂的长度
C. 是轮毂长度的 2 倍
D. 是轮毂长度的 3 倍

36. 在下列联轴器中，通常所说的固定式的刚性联轴器是（　　）。
A. 齿式联轴器
B. 弹性套柱销式联轴器
C. 弹性柱销联轴器
D. 凸缘联轴器

37. 滚动轴承在一般转速下的主要失效形式是（　　）。
A. 过量的塑性变形
B. 过度磨损
C. 疲劳点蚀
D. 胶合

38. 键的截面尺寸 $b×h$ 主要根据（　　）来选择。
A. 传递扭矩的大小
B. 传递功率的大小
C. 轮毂的长度
D. 轴的直径

三、判断题

1. 所有作回转运动的转动零件都必须安装在轴上才能传递运动和转矩。（　　）
2. 阶梯轴为变截面直轴，各截面接近等强度。（　　）
3. 曲轴属于通用零件。（　　）
4. 空心轴不仅节省材料，还可用来输送润滑油或放置棒料。（　　）
5. 滚动轴承只有内圈可以运动。（　　）
6. 滚动轴承只有外圈可以运动。（　　）
7. 滚动轴承内圈及外圈可分别为旋转或固定件，也可都是旋转件。（　　）
8. 轴承代号中 0 组为基本游隙，可省略不标注，在说明轴承代号含义时也不叙述。（　　）
9. 轴承代号中的 0 级公差为普通级，一般不标注，在说明轴承代号含义时也不叙述。（　　）
10. 联轴器主要用于两轴连接，同时结构上要具有补偿轴偏差的能力。（　　）

四、多项选择题

1. 常用的周向固定方法有（　　）。
A. 轴环　　　B. 过盈配合　　　C. 平键　　　D. 花键

2. 常用的周向固定方法有（　　）。
A. 过盈配合　　　B. 紧定螺钉　　　C. 圆锥销　　　D. 花键

3. 滚动轴承的基本结构包括（　　）。
A. 内圈　　　B. 外圈　　　C. 滚动体　　　D. 保持架

4. 滚动轴承的基本结构包括（　　）。
A. 内圈　　　B. 外圈　　　C. 滚动体　　　D. 脂润滑

5. 轴承代号 6210 中，以下哪些说法是正确的（　　）。
A. 深沟球轴承
B. 尺寸系列 02
C. 轴承内径为 50mm
D. 公差等级 P0 级

6. 轴承代号 72211AC/P2 中，以下哪些说法是正确的（　　）。

A. 深沟球轴承 B. 尺寸系列 22
C. 轴承内径为 55mm D. 公称接触角 $\alpha=25°$

7. 轴承代号 57220 中,以下哪些说法是正确的（　）。
A. 推力球轴承 B. 尺寸系列 72
C. 轴承内径为 100mm D. 高度系列 7

8. 以下物体哪些是连接件（　）。
A. 螺栓　　　　B. 螺母　　　　C. 键　　　　D. 销

9. 键的剖面尺寸包括（　）。
A. 厚度 t　　　B. 宽度 b　　　C. 高度 h　　　D. 长度 L

10. 轴上零件定位方法主要有（　）。
A. 平键　　　　B. 圆锥销　　　　C. 轴肩　　　　D. 轴环

五、简答题

1. 滚动轴承与滑动轴承相比有哪些特点？
2. 什么是公称接触角？有何意义？
3. 联轴器和离合器的区别是什么？
4. 导向平键和滑键有何不同？
5. 轴的结构设计，主要应满足哪些基本要求？
6. 说出下列滚动轴承代号 7105 AC/P6　6308/P6　N2312 的含义。
7. 指出题图 4-1-1 中轴的结构错误（错误处用画圈表示）说明原因并改正。

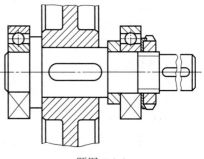

题图 4-1-1

六、计算题

1. 如题图 4-1-2 所示圆形截面钢轴受力，已知所用材料 $[\sigma]=160\text{MP}$，$F=120\text{kN}$，$L=4\text{m}$，$d=100\text{mm}$，要求：绘制轴的剪力图和弯矩图并校核正应力强度。

2. 如题图 4-1-3 所示等直圆轴上主动轮 A 的输入功率为：$P_1=368\text{kW}$，从动轮 B、C 的输出功率分别为 $P_2=147\text{kW}$，$P_3=221\text{kW}$，轴的转速 $n=955\text{r/min}$，要求：绘制扭矩图并指出最大扭矩的数值以及所在截面位置。

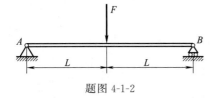

题图 4-1-2

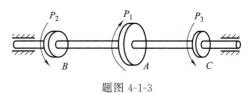

题图 4-1-3

3. 题图 4-1-4 中传动轴转速 $n=250\text{r/min}$，主动轴输入功率 $P_B=8\text{kW}$，从动轮 A、C 输出功率 $P_A=5\text{kW}$，$P_C=2\text{kW}$，试画该轴扭矩图。

4. 试求题图 4-1-5 所示各轴指定截面上的剪力和弯矩。设 q、a、F 均为已知。

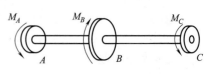

题图 4-1-4

5. 用简捷法画出题图 4-1-6 所示各梁的剪力图和弯矩图，求出 $F_{Q\max}$ 和 $M_{\max}$。

6. 空心轴受载如题图 4-1-7 所示。已知 $[\sigma]=150\text{MPa}$，轴外径 $D=60\text{mm}$，在保证安全的条件下，求内径 d 的最大值。

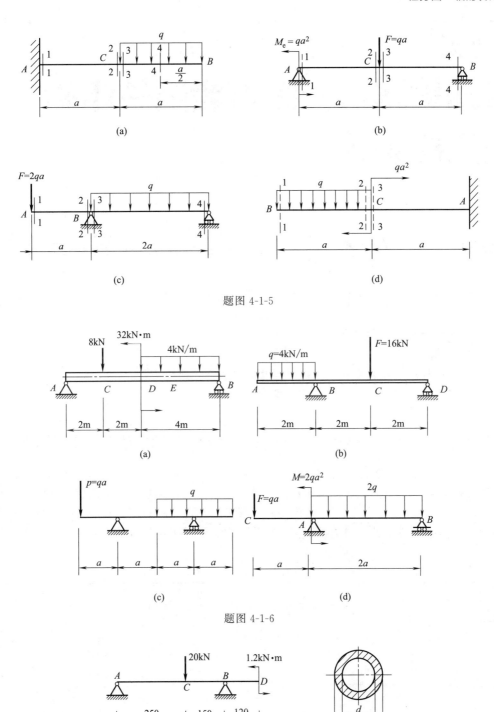

题图 4-1-5

题图 4-1-6

题图 4-1-7

任务五
带式输送机一级直齿圆柱齿轮减速器设计

教学目标

知识目标：
① 掌握典型零件设计方法、标准件的型号选择及强度校核；
② 熟悉零件设计的有关标准和设计规范，并掌握查阅方法；
③ 掌握绘制零件图和装配图的基本知识。

能力目标：
① 具有熟练使用技术资料、手册、经验数据和公式的能力；
② 具有一定的制图能力和较强的文字表述能力。

任务导入

本任务以减速器为载体，通过对传动装置总体设计、带传动设计、齿轮传动设计、轴的设计等内容的学习，使学生掌握减速器的设计思路、方法，减速器装配图、零件图的绘制方法。通过任务单的形式提出问题，让学生带着任务去学习，在学习过程中逐一解决任务单提出的问题，在解决问题过程中掌握知识，提升能力，实现了本任务的教学目标。工作任务单见表 5-0-1。

表 5-0-1 工作任务单

课程名称	机械设计应用
任务名称	带式输送机一级直齿圆柱齿轮减速器设计
一、任务描述	

带式输送机运送碎粒物料，如谷物、型砂、煤等。输送机运转方向不变，满载启动，工作载荷稳定，工作机传动效率为 0.96。使用年限为 10 年，每年 300 个工作日，每日工作 8 小时。环境最高温度 35℃；小批量生产，希望中心距 500mm 左右。已知条件：(输送机运输带工作拉力、运输带工作速度、滚筒直径可在表 5-0-2 中选择)，本任务以运输带工作拉力 $F=2.7$kN；运输带工作速度 $v=1.2$m/s；滚筒直径 $D=300$mm 为例进行设计。根据以上已知条件，完成图中减速器的设计。

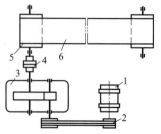

1—电动机；2—带传动；3—减速器；4—联轴器；5—滚筒；6—传送带

二、任务目的

1. 掌握带式输送机一级直齿圆柱齿轮减速器设计流程;
2. 掌握零件设计说明书的书写方法;
3. 掌握装配图、零件图的绘制方法。

三、任务实施流程

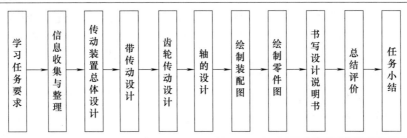

学习任务要求 → 信息收集与整理 → 传动装置总体设计 → 带传动设计 → 齿轮传动设计 → 轴的设计 → 绘制装配图 → 绘制零件图 → 书写设计说明书 → 总结评价 → 任务小结

四、提交成果

1. 减速器装配图 1 张(可根据具体情况而定);
2. 零件工作图 1~2 张(轴、齿轮或带轮,可根据具体情况而定);
3. 设计说明书 1 份(用 A4 纸按规定格式装订成册)。

表 5-0-2　一级减速器设计参数表

数据编号	1	2	3	4	5	6	7	8	9	10	11
运输带工作拉力 F/N	3000	2000	2100	2200	2300	2400	2500	2600	2700	2800	2900
运输带工作速度 $v/(m/s)$	0.80	0.90	0.85	0.80	0.75	0.70	0.95	0.90	1.2	0.88	0.80
卷筒直径 D/mm	330	330	320	310	280	290	340	340	300	320	320
数据编号	12	13	14	15	16	17	18	19	20	21	22
运输带工作拉力 F/N	3100	3200	3300	3400	3500	3600	3700	3800	3900	4000	4100
运输带工作速度 $v/(m/s)$	0.78	0.85	0.95	0.95	0.90	0.85	0.85	1.15	1.15	1.1	1.1
卷筒直径 D/mm	320	350	350	350	340	340	330	380	400	390	400
数据编号	23	24	25	26	27	28	29	30	31	32	33
运输带工作拉力 F/N	3200	3200	3300	3400	3500	3600	3700	3800	3900	4000	4100
运输带工作速度 $v/(m/s)$	0.78	0.85	0.95	0.95	0.90	0.85	0.85	1.15	1.15	1.1	1.1
卷筒直径 D/mm	320	330	340	360	360	370	380	390	420	380	390
数据编号	34	34	36	37	38	39	40	41	42	43	44
运输带工作拉力 F/N	3100	3100	3400	3100	3600	3500	3450	3350	3250	4000	4050
运输带工作速度 $v/(m/s)$	0.78	0.85	0.95	0.95	0.90	0.85	0.85	1.15	1.15	1.1	1.1
卷筒直径 D/mm	350	350	310	350	340	340	330	380	400	390	400
数据编号	45	46	47	48	49	50	51	52	53	54	55
运输带工作拉力 F/N	900	850	850	3200	3500	3600	3700	3800	3900	4000	4100
运输带工作速度 $v/(m/s)$	0.78	0.85	0.95	0.85	0.90	0.85	0.85	1.15	1.15	1.1	1.1
卷筒直径 D/mm	320	350	350	340	330	330	340	340	350	350	360
数据编号	56	57	58	59	60	61	62	63	64	65	66
运输带工作拉力 F/N	3100	3200	3300	3400	3500	3600	3700	3500	3700	4000	4100
运输带工作速度 $v/(m/s)$	0.78	0.85	0.95	0.95	0.90	0.85	0.90	1.15	1.15	1.1	1.15
卷筒直径 D/mm	360	370	380	390	310	320	330	340	360	360	370
数据编号	67	68	69	70	71	72	73	74	75	76	77
运输带工作拉力 F/N	3100	3200	3300	3400	3500	3600	3700	3800	3900	4000	4100
运输带工作速度 $v/(m/s)$	0.90	0.90	0.90	0.90	0.85	0.90	090	1.00	1.00	1.05	1.05

知识链接

模块一 减速器的主要类型及特点

减速器是在原动机和工作机或执行机构之间的独立的闭式传动装置，用来降低转速和增大转矩，以满足工作需要，在某些场合也用来增速，称为增速器。它结构紧凑、效率高、使用维护方便，在现代机械中应用极为广泛。减速器是一种相对精密的机械，它的种类繁多，型号各异，不同种类有不同的用途和特点。

减速器为一独立部件，有标准减速器和非标准减速器两种。标准减速器已系列化，由专业工厂生产。非标准减速器根据要求自行设计制造。减速器种类众多，按照传动类型可分为齿轮减速器、蜗杆减速器和行星齿轮减速器；按照传动级数不同可分为单级和多级减速器；按照齿轮形状可分为圆柱齿轮减速器、圆锥齿轮减速器和圆锥-圆柱齿轮减速器；按照传动的布置形式又可分为展开式、分流式和同轴式减速器。常用减速器的类型和应用见表 5-1-1。

表 5-1-1 常用减速器的类型及应用

名称		型式	传动比范围	特点及应用
一级减速器	圆柱齿轮		直齿 $i \leqslant 5$ 斜齿 $i \leqslant 10$ 人字齿 $i \leqslant 10$	轮齿可为直齿、斜齿或人字齿。箱体常用铸铁铸成，支承用滚动轴承
	圆锥齿轮		直齿 $i \leqslant 3$ 斜齿 $i \leqslant 6$	用于两轴相交的传动，传递功率和速度较小
	下置式蜗杆		$i = 10 \sim 70$	蜗杆下置，便于润滑，但搅油损失大，一般 $v_i < 10 \text{m/s}$ 时使用
	上置式蜗杆		$i = 10 \sim 70$	蜗杆上置，装拆方便，v_i 可适当高些

续表

名称		型式	传动比范围	特点及应用
二级减速器	圆柱齿轮展开式	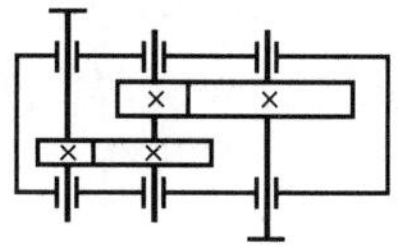	$i=i_1 \cdot i_2=8\sim40$	二级减速器中最简单的一种，由于齿轮不对称布置，轴应有足够的刚度，高速级用斜齿，低速级斜齿、直齿均可
	圆锥圆柱齿轮	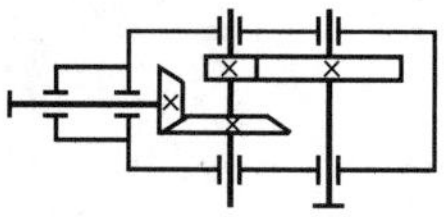	$i=i_1 \cdot i_2=8\sim15$	圆锥齿轮在高速级，使齿轮尺寸不致太大，否则加工困难，圆锥齿轮可用直齿或圆弧齿，圆柱齿轮用直齿或斜齿

一、标准减速器简介

1. 标准减速器代号

减速器代号包括减速器型号、总中心距、传动比、装配型式及齿轮传动精度等级。型号：ZD、ZL、ZS 分别表示单级、二级、三级减速器。总中心距：单位 cm，表示输入轴与输出轴之间的距离。传动比：用数字 1、2、…、17 表示总传动比、高速级、低速级传动比数值，需查机械零件手册。装配形式：轴外伸情况，根据减速器在机械总体布局的位置决定，用Ⅰ、Ⅱ、Ⅲ……表示。

例：ZL45—12—ⅠA

ZL 表示二级圆柱齿轮减速器；45 表示总中心距为 450mm；12 表示第 12 种传动比；Ⅰ表示第Ⅰ种装配形式；A 表示高速级齿轮传动精度等级为 8-7-7。

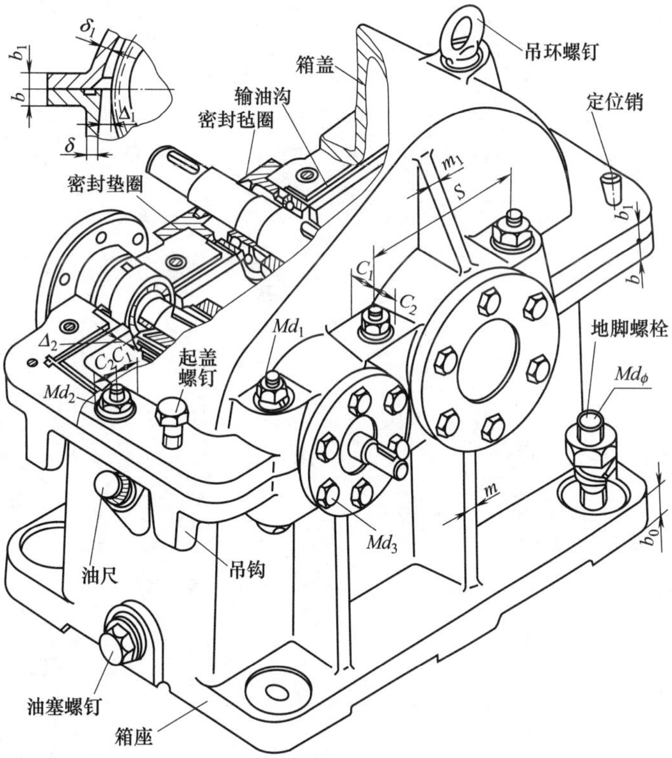

2. 标准减速器的选择

根据减速器型号选择方法：首先根据所需的传动比，选择减速器的级数、传动比代号、总传动比以及各级传动比，然后确定许用功率（$P<[P]$，即高速轴传递的功率小于减速器的许用功率）和减速器总中心距。

图 5-1-1 一级圆柱齿轮减速器

二、一级圆柱齿轮减速器

如图 5-1-1 所示为一级圆柱齿轮减速器，轴线可水平布置、上下布置和垂直布置。可使用直齿、斜齿和人字齿齿轮，传动比一般小于 5，传递功率可达数万千瓦，效率较高，生产工艺简单，精度易于保证，一般工厂都能制造，性价比较高，应用广泛。

三、二级圆柱齿轮减速器

如图 5-1-2 所示为二级圆柱齿轮减速器，轴线可水平布置、上下布置和垂直布置。可使用直齿、斜齿和人字齿齿轮，传动比一般为 8～40。展开式减速器由于齿轮相对于轴承不对称布置，因而造成载荷沿齿向分布不均匀，要求轴具备较大的刚度。分流式减速器齿轮相对于轴承为对称布置，载荷沿齿向分布均匀，可承受较大载荷，常用于较大功率、变载荷的场合。同轴式减速器长度方向尺寸较小，轴向尺寸较大，中间轴较长，刚度较差，但两级大齿轮直径接近，有利于浸油润滑。

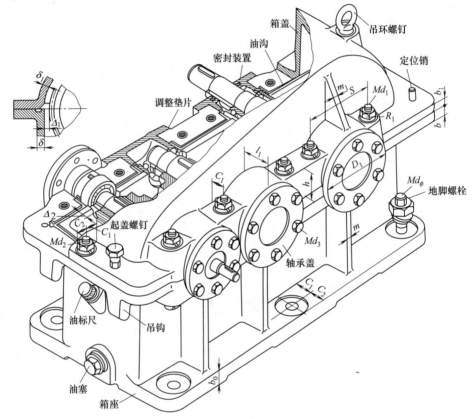

图 5-1-2　二级圆柱齿轮减速器

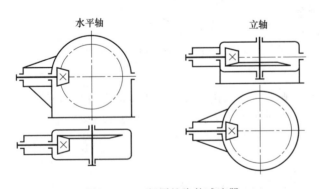

图 5-1-3　一级圆锥齿轮减速器

四、一级圆锥齿轮减速器

如图 5-1-3 所示为一级圆锥齿轮减速器，轴线可水平布置和垂直布置。可使用直齿、斜齿和曲齿齿轮，传动比一般小于 3，主要用于传递和转换空间运动。

五、一级蜗杆减速器

如图 5-1-4 所示为一级蜗杆减速器，圆周速度 $v \leqslant 4 \sim 5 \mathrm{m/s}$ 时宜采用蜗杆下置式，$v > 4 \sim 5 \mathrm{m/s}$ 时宜采用蜗杆上置式，采用立轴布置时对密封要求较高。一级蜗杆减速器尺寸紧凑，结构简单，但效率较低，适用于载荷较小、间歇工作的场合。

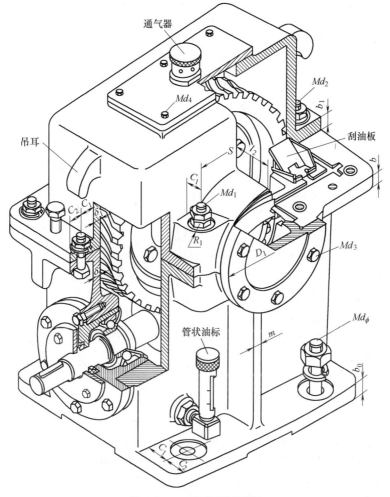

图 5-1-4　一级蜗杆减速器

模块二　传动装置的总体设计

传动装置的总体设计包括传动方案的确定、电动机型号的选择、各级传动比分配和传动装置运动及动力参数的计算，各阶段数据的合理计算为后续各级传动件的设计和计算提供了可靠的依据。

一、传动方案的选择

一般工作机器通常由原动机、传动装置和工作装置三个基本职能部分组成。传动装置传送原动机的动力、变换其运动，以实现工作装置预定的工作要求，它是机器的主要组成部分。实践证明，传动装置的重量和成本通常在整台机器中占有很大的比重，机器的工作性能和运转费用在很大程度上也取决于传动装置的性能、质量及设计布局的合理性。由此可见，在机械设计中合理拟定传动方案具有十分重要的意义。

合理的传动方案除应满足工作要求，还应具备结构紧凑、便于加工、效率高、成本低、使用维护方便等特点。

传动方案通常用运动简图表示，它可以清晰表明组成机器的原动机、传动装置和工作装置三者之间运动和力的传递关系，是设计传动装置中各零部件的重要依据。图 5-2-1 为带式输送机的一级圆柱齿轮减速器运动简图。

二、电动机型号的选择与参数确定

原动机是机器中运动和动力的来源，其种类繁多，如电动机、内燃机、蒸汽机、水轮机、汽轮机、液动机等。电动机构造简单、工作可靠、控制简便、维护容易，一般生产机械上大多数采用电动机驱动。

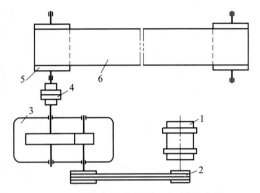

图 5-2-1 带式输送机的一级圆柱齿轮减速器运动简图

1—电动机；2—带传动；3—减速器；
4—联轴器；5—滚筒；6—传送带

电动机已标准化、系列化，通常由专门工厂按标准系列成批或大量生产。机械设计中应根据工作载荷（大小、特性及其变化情况）、工作要求（转速高低、调速要求、启动和反转频繁程度）、工作环境（尘土、金属屑、油、水、高温及爆炸气体等）、安装要求及尺寸、重量有无特殊限制等条件，从产品目录中选择电动机的类型和结构形式、容量（功率）和转速，确定具体型号。

（一）选择电动机的类型和结构形式

生产单位一般用三相交流电源，如无特殊要求（如在较大范围内平稳地调速，经常启动和反转等），通常都采用三相交流异步电动机。我国已制定统一标准的 Y 系列是一般用途的全封闭自扇冷式笼型三相异步电动机，其结构简单、启动性能好、工作可靠、价格低廉、维护方便，适用于不易燃、不易爆、无腐蚀性气体和无特殊要求的机械，如金属切削机床、风机、输送机、搅拌机、农业机械和食品机械等。由于 Y 系列电动机还具有较好的启动性能，因此也适用于某些对启动转矩有较高要求的机械（如压缩机等）。在经常启动、制动和反转的场合，要求电动机转动惯量小和过载能力大，此时宜选用起重及冶金用的 YZ 型或 YZR 型三相异步电动机。

三相交流异步电动机根据其额定功率（指连续运转下电动机发热不超过许可温度的最大功率，其数值标在电动机铭牌上）和满载转速（指负荷相当于额定功率时的电动机转速，当负荷减小时，电动机实际转速略有升高，但不会超过同步转速、磁场转速）的不同，具有系列型号。为适应不同的安装需要，同一类型的电动机结构又制成若干种安装形式。各型号电动机的技术数据（如额定功率、满载转速、堵转转矩与额定转矩之比、最大转矩与额定转矩之比等）、外形及安装尺寸可查阅产品目录或有关机械设计手册。

（二）确定电动机功率

电动机的容量（功率）选得合适与否，对电动机的工作和经济性都有影响。当容量小于工作要求时，电动机不能保证工作装置的正常工作，或使电动机因长期过载而过早损坏；容量过大则电动机的价格高，能量不能充分利用，且因经常不在满载下运行，其效率和功率因数都较低，造成浪费。

电动机容量主要由电动机运行时的发热情况决定，而发热又与其工作情况有关。电动机的工作情况一般可分为以下两类。

（1）用于长期连续运转、载荷不变或很少变化的、在常温下工作的电动机。

选择这类电动机的容量，只需使电动机的负载不超过其额定值，电动机便不会过热。这样可按电动机的额定功率 P_{ed} 等于或略大于电动机所需的输出功率 P_o，即 $P_{ed} \geqslant P_o$，从附录中的附表 1 选择相应的电动机型号，而不必再作发热计算。通常按 $P_{ed}=(1\sim1.3)P_o$ 选择。

电动机所需的输出功率为：

$$P_o = \frac{P_w}{\eta} \text{ (kW)} \tag{5-2-1}$$

式中，P_w 为工作装置所需功率，kW；η 为由电动机至工作装置的传动装置的总效率。

工作装置所需功率 P_w 应由机器各种阻力和运行速度经计算求得。设计中通常可由设计任务书给定参数，按下式计算：

$$P_w = \frac{F_w v_w}{1000 \eta_w} \text{ (kW)} \tag{5-2-2}$$

式中，F_w 为工作装置的阻力，N；v_w 为工作装置的线速度，m/s；η_w 为工作装置的效率。由电动机至工作装置的传动装置总效率 η 按下式计算：

$$\eta = \eta_1 \eta_2 \eta_3 \cdots \eta_n \tag{5-2-3}$$

式中，$\eta = \eta_1 \eta_2 \eta_3 \cdots \eta_n$ 分别为传动装置中每一级传动副（齿轮、蜗杆、带或链传动等）、每对轴承或每个联轴器的效率，其值可查阅机械设计手册，表 5-2-1 列出了部分数据。

表 5-2-1　机械传动效率和传动比概略值

传动类型	传动类别	效率
圆柱齿轮传动	7级精度（稀油润滑）	0.98
	8级精度（稀油润滑）	0.97
	9级精度（稀油润滑）	0.96
	开式齿轮（脂润滑）	0.94～0.96
圆锥齿轮传动	7级精度（稀油润滑）	0.97
	8级精度（稀油润滑）	0.94～0.97
	开式齿轮（脂润滑）	0.92～0.95
带传动	平带传动	0.95
	V带传动	0.96
链传动	开式	0.90～0.93
	闭式	0.95～0.97
蜗杆传动	自锁蜗杆	0.40～0.45
	单头蜗杆	0.70～0.75
	双头蜗杆	0.75～0.82
	四头蜗杆	0.82～0.92
滚动轴承	球轴承（稀油润滑）	0.99（一对）
	滚子轴承（稀油润滑）	0.98（一对）
滑动轴承	润滑不良 正常润滑 液体摩擦	0.94（一对）0.97（一对）0.99（一对）
联轴器	浮动式（十字沟槽式等）	0.97～0.99
	齿式联轴器	0.99
	弹性联轴器	0.99～0.995
带式输送机	输送机滚筒	0.96

计算传动装置总效率时应注意以下几点：

① 所取传动副的效率是否已包括其轴承效率，如已包括则不再计入轴承效率；

② 轴承效率通常指一对轴承而言；

③ 同类型的几对传动副、轴承或联轴器，要分别计入各自的效率；

④ 蜗杆传动效率与蜗杆头数及材料有关，设计时应初选头数，估计效率，待设计出蜗杆传动后再确定效率，并修正前面的设计计算数据；

⑤ 资料推荐的效率值一般有一个范围，如工作条件差、加工精度低、维护不良时，则应取低值，反之则取高值。

（2）用于变载下长期运行的电动机、短时运行的电动机（工作时间短、停歇时间较长）和重复短时运行的电动机（工作时间和停歇时间都不长），其容量选择按等效功率法计算，并校验过载能力和启动转矩。需要时可参阅电力拖动等有关著作。

（三）确定电动机转速

额定功率相同的同类型电动机有若干种转速可供设计选用。电动机转速越高，则磁极越少，尺寸及重量越小，一般说价格也越低；但是由于所选用的电动机转速越高，当工作机械低速时，减速传动所需传动装置的总传动比必然增大，传动级数增多，尺寸及重量增大，从而使传动装置的成本增加。因此确定电动机转速时应同时兼顾电动机及传动装置两者加以综合分析比较确定。电动机选用最多的是同步转速为 1000r/min、1500r/min 两种，如无特殊要求，一般不选用低于 750r/min 的电动机。

根据选定的电动机类型、结构、容量和转速，从标准中查出电动机型号后，应将其型号、额定功率、满载转速、外形尺寸、电动机中心高、轴伸尺寸、键连接尺寸等记下备用。Y 系列三相异步电动机的技术数据摘列于附录中的附表 1。

三、传动比计算与分配

电动机选定后，根据电动机的满载转速 n_m 及工作轴的转速 n_w 可确定传动装置的总传动比 i，即可确定传动装置的总传动比 $i=\dfrac{n_\mathrm{m}}{n_\mathrm{w}}$。总传动比数值不大的可用一级传动，数值大的通常采用多级传动，并将总传动比分配到组成传动装置的各级传动机构。若传动装置由多级传动串联而成，必须使各级分传动比 i_1、i_2、i_3、$\cdots$、i_k 乘积与总传动比相等，即

$$i=i_1 i_2 i_3 \cdots i_k \tag{5-2-4}$$

合理分配传动比是传动装置设计中的又一个重要问题。它将影响传动装置的外廓尺寸、重量及润滑等很多方面。具体分配传动比时，应注意以下几点：

（1）各级传动的传动比最好在推荐范围内选取，对减速传动尽可能不超过其允许的最大值。各类传动的传动比常用值及最大值可参见表 5-2-2。

表 5-2-2　常用传动机构的传动比适用范围

指标	传动机构选用	平带传动	V 带传动	链传动	齿轮传动		蜗杆传动
功率（常用值）/kW		小（≤20）	中（≤100）	中（≤100）	大（最大 50000）		小（≤50）
单级传动比	常用值	2～4	2～4	2～5	圆柱 3～5	圆锥 2～3	10～40
	最大值	5	7	6	8	5	80

（2）应注意使传动级数少、传动机构数少、传动系统简单，以提高传动效率和减少精度的降低。

（3）应使各传动的结构尺寸协调、匀称及利于安装，绝不能造成互相干涉。V 带-单级齿轮减速器的传动中，若带传动的传动比过大，大带轮半径可能大于减速器插入轴的中心高，造成安装不便；由于高速级传动比过大，造成高速级大齿轮与低速轴干涉相碰。

（4）应使传动装置的外廓尺寸尽可能紧凑。由于传动比分配不相同，其外廓尺寸就有差别。

(5) 在卧式齿轮减速器中，常设计各级大齿轮直径相近，可使其浸油深度大致相等，便于齿轮浸油润滑。由于低速级齿轮的圆周速度较低，一般其大齿轮直径可大一些，亦即浸油深度可深一些。

(6) 总传动比分配还应考虑载荷性质。对平稳载荷，各级传动比可取简单的整数，对周期性变动载荷，为防止局部损坏，各级传动比通常取为质数。

(7) 对传动链较长、传动功率较大的减速传动，一般按"前小后大"的原则分配传动比，即自电动机向低速的工作轴各级传动比依次增大较为有利，这样可使各级中间轴有较高的转速及较小的转矩，从而可以减小中间级传动机构及其轴的尺寸和重量。但从不同侧重点考虑具体问题时，也可能与这个原则有所不同。

四、运动与动力参数分配与计算

设电动机轴为 0 轴，减速器高速轴为 Ⅰ 轴，大齿轮轴为 Ⅱ 轴，工作机轴为 Ⅲ 轴。

（一）计算各轴转速

$$n_0 = n_m \tag{5-2-5}$$

$$n_Ⅰ = \frac{n_m}{i_{带}} \tag{5-2-6}$$

$$n_Ⅱ = \frac{n_Ⅰ}{i_{齿}} \tag{5-2-7}$$

$$n_w = n_Ⅱ \tag{5-2-8}$$

（二）计算各轴功率

$$P_0 = P_d \tag{5-2-9}$$

$$P_Ⅰ = P_d \eta_{带} \tag{5-2-10}$$

$$P_Ⅱ = P_Ⅰ \eta_{轴承} \eta_{齿轮} \tag{5-2-11}$$

$$P_Ⅲ = P_Ⅱ \eta_{轴承} \eta_{联轴器} \tag{5-2-12}$$

（三）计算各轴转矩

$$T_0 = 9.55 \times 10^6 \frac{P_0}{n_0} \tag{5-2-13}$$

$$T_Ⅰ = 9.55 \times 10^6 \frac{P_Ⅰ}{n_Ⅰ} \tag{5-2-14}$$

$$T_Ⅱ = 9.55 \times 10^6 \frac{P_Ⅱ}{n_Ⅱ} \tag{5-2-15}$$

$$T_Ⅲ = 9.55 \times 10^6 \frac{P_Ⅲ}{n_Ⅲ} \tag{5-2-16}$$

模块三　传动零件的设计

一、带传动的设计

（一）V 带设计

V 带设计是根据给定的原始数据，如功率、转速、传动比、传动装置要求及工作条件等进行。设计的主要内容有确定带的型号、大小、中心距、带长、带的根数以及对轴的压力等。

（二）带轮设计

带轮设计主要是选择带轮的材料和结构。带轮常用材料为铸铁，转速高时可以采用铸钢，小功率也可以采用铸铝或塑料。

注：轴的结构设计完成后，才能确定带轮轮毂孔的直径，根据带轮的结构形式确定带轮的其他尺寸，并画出大小带轮的结构草图，检查无误后，完成带轮的工作图。

设计 V 带时的注意事项：

（1）检查带轮尺寸与传动装置外廓尺寸的相互关系，如装在电动机轴上的小带轮直径与电动机中心高是否对称，其轴孔直径与电动机轴径是否一致；

（2）大带轮尺寸不得过大，避免大带轮与减速器机架相碰；

（3）带轮结构设计前，应先绘制轴的装配草图，确定安装带轮的那段轴径，根据轴径确定带轮的轮毂尺寸。

带的设计内容、步骤参阅任务二。

二、齿轮传动的设计

设计时应选择正确的设计准则，计算出减速器各齿轮的模数、齿数、分度圆直径、齿宽、中心距等主要参数，以满足结构和使用要求。

设计齿轮时注意事项：

（1）正确处理设计出的尺寸数据，视具体情况进行圆整、取标准值，如模数、压力角应取标准值，中心距、齿宽应取整数；

（2）传动动力的齿轮啮合，齿轮模数不小于 2mm；

（3）小齿轮齿宽比大齿轮齿宽大 5～10mm；

（4）齿轮各参数计算出来后，应以表格的形式记录下有关尺寸，供绘制装配图和零件图使用。

齿轮的具体设计内容请参阅任务三。

三、轴的设计

设计轴时应根据装配、加工、受力等情况，合理确定轴各部分的形状和尺寸，使其满足强度、结构和使用要求。

设计轴时注意事项：

（1）为了保证轴能正常工作，要求轴具有足够的强度和刚度；

（2）防止工作时产生不允许的断裂和变形；

（3）为保证轴上零件能固定可靠、拆装方便，以便轴的加工制造，减少生产费用，要求轴必须具有良好工艺性，并且要求结构合理；

（4）安装在轴上的零件，要进行轴向和周向定位与固定。

轴的具体设计内容、步骤请参阅任务四。

模块四　其他传动零件（联轴器、键、轴承）的选择与校核

联轴器、键已经标准化，在使用时可直接选用。轴承可以分滚动轴承和滑动轴承两类，在减速器的设计中常采用滚动轴承。具体相关内容参阅任务四。

模块五 装配图的绘制与设计

一、机械装配图设计概述

如图 5-5-1 所示，机械装配图表达各零部件之间的相互位置、尺寸关系和各零件的结构形状，是绘制零件工作图，进行机械组装和调试的技术依据。

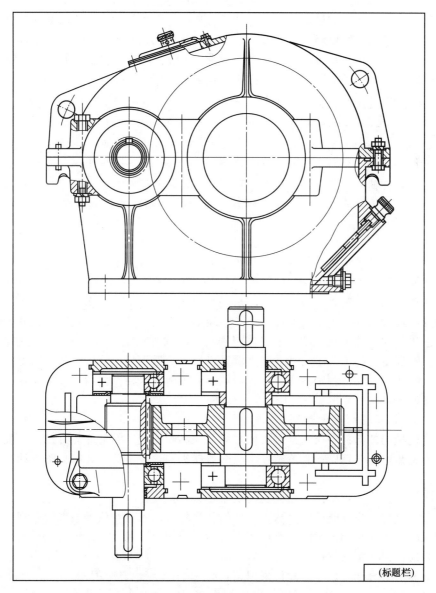

图 5-5-1 一级圆柱齿轮减速器装配图

装配图是在总体方案、主要参数和尺寸等初步拟订的基础上设计具体的结构，这时要综合考虑工作要求、强度、刚度、寿命、加工、装拆、调整、润滑、检测、维修及经济等多方面的因素，采用"由主到次，由粗到细""边绘图，边计算，边修改"的方法逐步完成，才能得到较好的结构。由于装配图设计过程较复杂，一般先用细线、轻线进行装配图草图设计，待检查修改完后再进行装配工作图总成设计。

二、装配草图的设计和绘制

（一）装配草图设计的基本任务

装配草图设计的基本任务是通过绘图考察初拟的运动参数、各传动件的结构和尺寸是否协调、干涉；确定出轴的结构、跨距和受力点的位置以计算轴和轴承；确定出所有部件和零件的结构与尺寸，为零件工作图设计和装配图总成设计提供必需的结构尺寸和依据。

装配草图设计包括结构设计、绘图和计算，在其交替进行中常需修改某些零件的结构和尺寸，所以绘制草图着笔要轻、线条要细，由主到次，由粗到细，按选定的图样比例进行。对于已标准化（或规格化）了的零件（如滚动轴承等）可先用示意法仅表示其外形轮廓尺寸，对一些倒圆、倒角等细部尺寸以及剖面线均无需画出。

（二）装配草图设计的准备工作

1. 由运动简图划分部件，明确各部件运动、动力参数及尺寸

如图 5-2-1 所示运动简图可以划分为电动机、V 带传动、减速器、联轴器、驱动卷筒轴系部件及机架等部件。由总体设计、传动件设计可获得电动机的型号、额定功率、输出功率、满载转速，各轴的转速、输入功率和转矩，减速器两齿轮的模数、齿数、轮宽、中心距和圆周速度，V 带传动的型号、带长、根数，两 V 带轮的宽度，基准直径和中心距等主要参数和尺寸数据。

2. 考虑选择结构方案

运动简图通常仅表示机械传动系统和布局大意，进行装配草图设计时应进一步考虑选择结构方案。如按图 5-2-1 所示，可考虑为：V 带传动——用于电动机、齿轮减速器相连，并由电动机在轨上调整张紧力；减速器——水平剖分式、干壁式、铸造箱体，齿轮浸油润滑，轴承脂润滑并设封油环，采用深沟球轴承、两端单向固定，螺钉连接式轴承盖并用调整垫片组调整轴系位置和间隙，轴伸出处采用毡圈密封；驱动卷筒轴系部件——铸造卷筒用平键、紧定螺钉与轴固定，剖分式滚动轴承座支承；机架——槽钢焊接结构机架，用螺栓分别与电动机滑轨、减速器、卷筒轴轴承座连接；联轴器——弹性联轴器，用于减速器输出轴与驱动卷筒主轴等的连接。

3. 部件装配草图的设计和绘制

在组成机械的各部件中应选择对机械总体关联和影响最大的部件先行设计，胶带输送机中考虑为齿轮减速器。现以该直齿圆柱齿轮减速器为例，说明部件装配草图设计和绘制的大致步骤。

（1）选择视图、图纸幅面、图样比例及布置图面位置。

装配图所选视图应以能简明表达各零件的基本外形及其相互位置关系为原则。一般减速器选用正视图、俯视图和侧视图三个视图来表达，结构简单者也可选用两个视图，必要时应加剖视图和局部向视图来表达。

图纸幅面应符合标准规定，建议采用 A1 或 A0 号图纸绘制装配图。

在选择图样比例和布置图面之前，应根据传动件的中心距、顶圆直径等主要结构尺寸及参考相近似的装配图，估计出外廓尺寸，并考虑零件序号、尺寸标注、明细表、标题栏、技术特性表及技术要求的文字说明等所需图面空间，选择图样比例、合理布置图面。通常将正视图和俯视图布置在图纸左侧，明细表、标题栏和技术特性布置在图纸右侧。图样比例须符合标准规定，为增强设计的真实感，应优先采用 1∶1 的图样比例，若

视图相对图纸尺寸过大或过小时，也可选用其他合适且常用的图样比例。视图、图纸幅面、图样比例的选择和图面位置的布置，彼此密切相关，绘图时应全盘考虑、统筹兼顾、合理选定。

(2) 画传动件的中心线及轮廓线、箱体的内壁线。

传动件、轴和轴承是减速器的主要零件，其他零件的结构和尺寸通常均需随后设计才能确定。绘图时先画主要零件，后画其他零件，由箱内零件画起，内外兼顾，逐步向外展开。为此，应先画传动零件的中心线（在图面上也起到基准定位的作用）、齿顶圆、节圆、齿根圆、轮缘及轮毂宽等轮廓线，按箱体内壁与小齿轮端面应留有一定间距的关系画出沿箱体长度方向的两条内壁线，再按箱体内壁与大齿轮顶圆应留有一定间距的关系画出沿箱体宽度方向的一条内壁线，画图时应以一个视图为主，兼顾几个视图。对于圆柱齿轮减速器，小齿轮顶圆与箱体内壁间的距离暂不确定，待进一步设计结构时，再由正视图上箱体结构的投影确定。

(3) 初估轴的外伸端直径，通过绘图进行轴和轴承部件结构的初步设计及轴上零件作用力的位置。

根据以上初绘草图阶段所定的轴的结构、支点和轴上零件的力作用点，分析轴所受的力，按适当比例绘制弯矩图、扭矩图及当量弯矩图，并在其上标出特征点的数值；同时在结构图上判定并标出轴的若干危险剖面。参照教材对各危险剖面校核轴的强度，校核时若发现轴的强度不够，则应加大轴径，或修改轴的结构参数（如加大圆角半径等），以降低应力及应力集中程度。若轴的强度富裕，且其计算应力或安全系数与许用值相差不大，则以轴结构设计时确定的轴径为准，一般不再修改。对于强度裕量过大的情况，也应在综合考虑刚度、结构要求以及轴承和键连接等的工作能力后决定是否修改，以防顾此失彼。

滚动轴承的寿命最好与减速器的使用寿命或减速器的检修期（2～3年）大致相符。若计算结果表明轴承的寿命达不到上述要求，可不改变原选轴承而改用5000～10000小时作为设计寿命，而在使用过程中需定时更换轴承。在轴承寿命达不到规定要求时，宜先考虑选用另一种直径系列的轴承，其次再考虑改换轴承类型，提高轴承基本额定动载荷。

平键连接主要校核挤压强度，计算时需注意许用挤压应力，应按键、轴、轮毂三者材料最弱的选取，并注意正确计算键长。若强度不够，则可通过加大键的长度，改用双键、花键，加大轴径等措施来满足强度要求。

(4) 进一步绘图，进行传动零件、固定装置、密封装置、箱体及附件的结构设计。

上述设计的具体结构和尺寸关系可参阅本书任务二、三、四的阐述与分析，学生应在融会贯通的基础上发挥创造性，独立进行本阶段的设计工作，并注意绘图时应先主件后附件，先主体后局部，先轮廓后细部，同时在三个视图上交替进行。

(5) 装配草图的检查和修正。

上述工作完成之后，应对装配草图仔细检查，认真修正，检查次序亦如绘制装配草图"由主到次"进行。检查的主要内容如下：

① 装配草图是否与传动方案（运动简图）一致。如轴伸出端的位置，电动机的布置及外接零件（带轮和联轴器等）的匹配是否符合传动方案的要求。

② 传动件、轴、轴承及轴上其他零件的结构是否合理，定位、固定、加工、装拆及密封是否可靠和方便。

③ 箱体的结构与工艺性是否合理，附件的布置是否恰当，结构是否正确。

④ 重要零件是否满足强度、刚度、耐磨等要求，其计算是否正确，计算出的尺寸是否与设计计算相符。

⑤ 图纸幅面、图样比例、图面布置等是否合适。视图表达是否符合机械制图标准的规

定，投影是否正确，可重点检查三个视图的投影关系是否协调一致，啮合轮齿、螺孔及滚动轴承等的规定画法和简化画法是否正确。

以上较详细地阐述了单级圆柱齿轮减速器装配草图的设计和绘制，读者可以由此得到启迪，从而自己进行两级圆柱齿轮、圆锥-圆柱齿轮以及蜗杆等减速器装配草图的设计与绘制；设计与绘制装配草图的步骤和方法基本相同。

三、装配工作图的绘制和总成设计

在完成装配草图的基础上，应进一步将总成绘制成为可供生产用的、正式的、完整的装配工作图。其上应包括必要的结构视图与尺寸、零部件序号、明细表、标题栏以及技术特性和技术要求等内容。现仍以减速器为例，对以上内容分别提示如下。

（一）按机械制图标准绘制结构视图

装配工作图各视图都应完整、清晰，避免采用虚线表示零件的结构形状，对必须表达的内部结构或细部结构，可以用局部剖视或向视图表示。装配图上某些结构可用机械制图标准规定的简化画法，例如螺栓、螺母、滚动轴承可以采用简化画法；对于类型、尺寸、规格、材料均相同的螺栓连接，可以只画一个，其他则用中心线表示。

装配工作图也应先用轻线绘制，待零件工作图设计完成，进行某些必要的修改后再加浓。如果装配草图质量良好，无需作较多的或重大的改动。也可以在原装配草图上继续进行装配工作图的绘制与总成设计工作。

（二）标注主要尺寸和配合

1. 特性尺寸

反映技术性能、规格或特征的尺寸。

2. 外形尺寸

表明占有的空间尺寸，如减速器的总长、总宽和总高等，可供包装、运输和布置安装场所作参考。

3. 安装尺寸

为设计支承件（如机架、电动机座），外接零件提供联系的尺寸，如减速器箱体底面的尺寸，地脚螺栓孔的直径与中心距，地脚螺栓孔的定位尺寸，轴外伸端的配合直径、配合长度、中心高及端面定位尺寸等。

4. 配合尺寸

表明各配合零件之间装配关系的尺寸，如传动件与轴头，轴承内孔与轴颈，轴承外围与轴承座孔的配合尺寸。在标注这些尺寸的同时，应认真考虑并注明选用何种基准制、配合性质及精度等级。

（三）编制零件序号、明细表和标题栏

装配工作图上所有零件均应标出序号，但对形状、尺寸及材料完全相同的零件只需标一个序号。各独立部件，如滚动轴承、通气器和油标等，虽然是由几个零件所组成，也只编一个序号。对于装配关系清楚的零件组（如螺栓、螺母及垫圈），可用一条公用指引线，但各零件仍应分别给予编号。

序号应安排在视图外边，并沿水平方向及垂直方向以顺时针或逆时针顺序整齐排列，不得重复和遗漏。各序号引线不应相交，并尽可能不与视图的剖面线平行。

明细表和标题栏在装配工作图上的布置可参见机械制图标准，标题栏应布置在图纸的右下角，明细表和标题栏的格式可参见图 5-5-2。对装配图中每一个序号均应在明细表中由下向上顺序编填，各标准件应按规定方式标记。材料应注明牌号，外购件一般应在备注栏内写

明。编制明细表也是最后确定材料及标准件的过程，应当认真对待，要注意尽量减少材料和标准件的品种和规格。

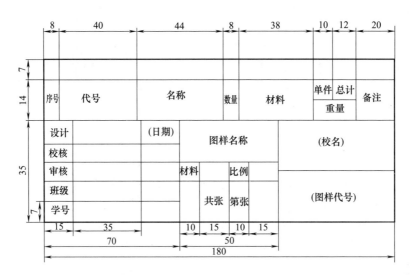

图 5-5-2　标题栏和明细表格式

（四）标出技术特性

通常采用列表形式在装配图上的适当位置标出技术特性，减速器的技术特性所列项目一般为输入功率和转速、传动效率、总传动比和传动特性（各级传动比及各级传动的主要参数、精度等级）等。

（五）撰写技术要求

装配工作图上的技术要求是用文字来说明。在视图上难以标出的有关装配、调整、检验、润滑、维护等方面的内容，具体则与设计要求有关。在减速器装配图上通常写出的技术要求有如下几方面：装配前的零件表面要求；安装和调整要求；润滑要求；密封要求；试验要求；包装和运输要求等。各项具体的技术要求是根据该直齿圆柱齿轮减速器的设计要求编写的。啮合传动的侧隙量和接触斑点是根据传动件精度确定的，齿轮副的最小和最大法向侧隙应根据齿厚极限偏差和传动中心距极限偏差等通过计算来确定。用涂色法检查齿面接触斑点是在主动轮齿面上涂色，主动轮转动 2~3 周，观察从动轮齿面的着色情况，并分析沿齿高和齿长接触区位置以及接触面积大小，若侧隙及接触斑点不符合要求时，可对齿面进行刮研、跑合或调整传动件的啮合位置。

待上述工作完成之后，应对装配工作图的质量逐项仔细检查，使之正确无误。

关于总装配图的绘制与总成设计，其工作内容和前述减速器部件装配图的绘制与总成设计基本类似。胶带输送机的总装配图中，由于减速器、弹性联轴器、驱动卷筒轴组件等均另行绘制了部件装配图，在总装配图的序号和明细表中则将它们分别作为一个单元编制，其外形和配合尺寸等一般均无需在总装配图中标注。总装时用的螺栓、螺母及垫片等标准件常集中一起编写序号。

四、装配图中常见的错误

为了便于设计者画出合理正确的装配图，根据多年教学实践中学生常出现的错误，特将以正误对照的形式加以分析比较，以引起注意，如图 5-5-3~图 5-5-15 所示。

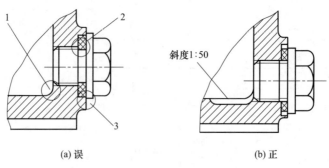

图 5-5-3　油塞的位置与画法
1—油塞的位置太高，有碍排油，底部应有 1∶50 的斜度；
2—垫圈孔太小，无法装入；3—凸台上锪孔的直径应略大于垫圈尺寸

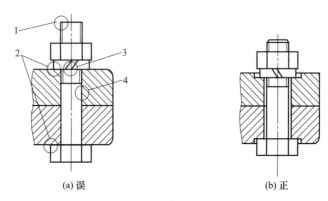

图 5-5-4　箱缘连接螺栓
1—螺栓头太长、缺倒角；2—漏画锪孔投影线；
3—弹簧垫圈开口画反；4—漏画螺栓光孔线

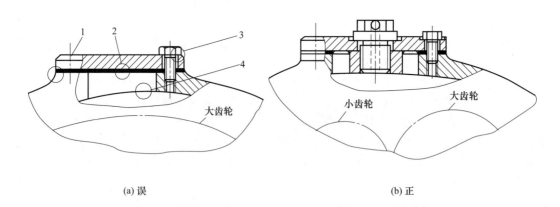

图 5-5-5　检查透盖
1—缺外廓线；2—垫片剖不着的部分不涂黑，在该位置可装通气装置；
3—漏画孔线；4—检查孔位置应在便于检查两齿轮啮合的部位

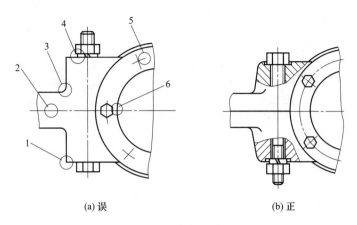

(a) 误 (b) 正

图 5-5-6　凸台与连接螺栓

1—铸造凸台应有 1∶20 拔模斜度和铸造圆角；2—箱盖与箱座的剖分线漏画；3—漏画凸缘过渡线；
4—考虑螺栓能否装上，是否与机座干涉，且应剖开；5—螺钉中心线画法错误；6—螺钉不应该在剖分面上

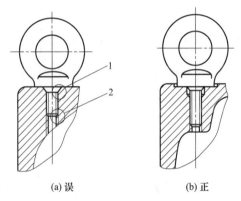

(a) 误 (b) 正

图 5-5-7　环首螺钉

1—缺锪孔线和螺钉孔座；2—配合螺纹短；钻偏孔、钻头易断

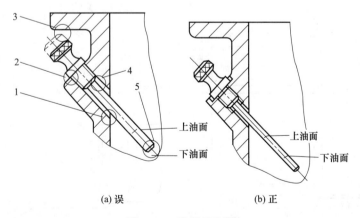

(a) 误 (b) 正

图 5-5-8　油尺的安装

1—漏内壁线；2—油尺漏画退刀槽，凸台处没锪孔；3—油尺与凸缘干涉，无法拆装；
4—漏画螺纹孔；5—油尺太短，测不到下游面

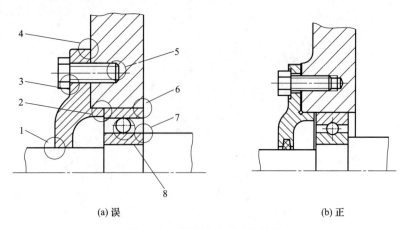

(a) 误　　　　　　　　　(b) 正

图 5-5-9　轴承透盖与连接结构

1—缺密封圈、轴承盖的孔应略大于轴径；2—对于 60000 型轴承应留热补偿间隙（30000、70000 靠内部游隙补偿）；3—缺锪孔线和轴承盖上的光孔线；4—应铸出凸台并加密封圈；5—漏画螺纹孔；6—箱体内壁线应与轴承端面相距 5～10mm；7—轴肩太高，轴承拆装不便；8—滚动体太小，内外圈剖面线应相反

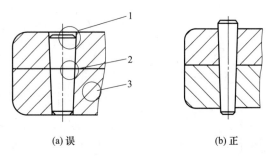

(a) 误　　　　　　　　　(b) 正

图 5-5-10　定位销

1—销钉太短，不便拆装；2—销钉剖开后不应有剖分线；3—剖面线相反

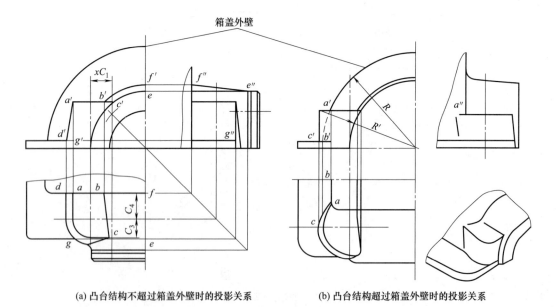

(a) 凸台结构不超过箱盖外壁时的投影关系　　　(b) 凸台结构超过箱盖外壁时的投影关系

图 5-5-11　凸台结构

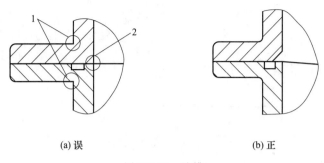

(a) 误 (b) 正

图 5-5-12 油槽

1—缺铸造圆角；2—润滑油无法进入油槽、应加工倒棱

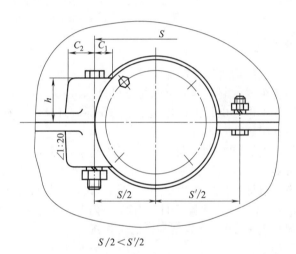

$S/2 < S'/2$

图 5-5-13 连接螺栓的位置

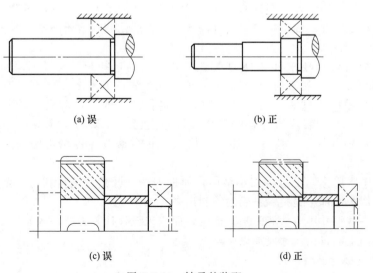

(a) 误 (b) 正

(c) 误 (d) 正

图 5-5-14 轴承的装配

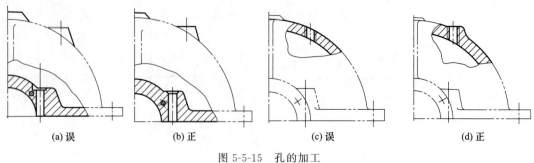

图 5-5-15　孔的加工

模块六　零件工作图的设计与绘制

一、零件工作图设计概述

机器或部件中每个零件的结构尺寸和加工等方面的要求在装配图中没有完全反映出来。因此，要把装配图中的各个零件制造出来（除标准件外），还必须绘制出每一零件的工作图。合理设计和正确绘制零件工作图也是设计过程中的一个重要环节，只有完成零件工作图的绘制，制造产品所需的设计图纸才算齐备。

零件工作图是零件制造、检验和制订工艺规程的基本技术文件。它既要反映设计的意图，又要考虑制造的可能性和合理性。一张正确设计的零件工作图可以起到减少废品、降低生产成本、提高生产率和机械使用性能的作用，在机械设计课程设计中，绘制零件工作图的目的主要是锻炼学生的设计能力及掌握零件工作图的内容、要求和绘制方法。由于时间限制，只要求绘制由教师指定的 2～3 个典型零件的工作图。

零件工作图的要求如下：

1. 正确选择和合理布置视图

零件工作图必须根据机械制图中规定的画法并以较少的视图和剖视合理布置图面，清楚而正确地表达出零件内、外各部分的结构形状和尺寸。为了方便起见，零件工作图应以较大的比例绘制，对于局部的细小结构，还可以再用更大的比例画出局部放大图。

2. 合理标注尺寸

要求认真分析设计要求和零件的制造工艺，正确选择尺寸基准面，做到尺寸齐全，标注合理，尽可能避免加工时再作任何计算，不遗漏，不重复，更不能有差错。零件的结构尺寸从装配图中得到并与装配图一致，不得任意更改，以防发生矛盾。但当装配图中零件的结构从制造和装配的可能性与合理性角度考虑，认为不十分合适时，也可在保持零件工作性能的前提下，修改零件的结构，但是在修改零件结构的同时，也要对装配图作相应的改动。

对装配图中未曾标明的一些细小结构，如退刀槽、圆角、倒角和铸件壁厚的过渡尺寸等，在零件工作图中都应完整、正确地绘制出来。

另外，有一些尺寸不应从装配图上推定，而应以设计计算为准，例如齿轮的齿顶圆直径等。零件工作图上的自由尺寸应加以圆整。

3. 标注公差及表面粗糙度

对于配合尺寸和精度要求较高的几何尺寸，应标注出尺寸的极限偏差。

根据不同要求标注零件的表面形状和位置公差。自由尺寸的公差一般可不标注。形位公差值可用类比法或计算法确定。

4. 编写技术要求

技术要求是指一些不便在图上用图形或符号标注,但在制造或检验时又必须保证的条件和要求。它的内容比较广泛多样,需视具体零件的要求而定。

5. 画出零件工作图标题栏(见图 5-5-2)

二、轴类零件工作图的设计和绘制

1. 视图

轴类零件的工作图,一般只需一个主视图,在有键槽和孔的地方,可增加必要的局部剖面,对于退刀槽、中心孔等细小结构,必要时应绘制局部放大图,以便确切地表达出形状并标注尺寸。

2. 标注尺寸

轴类零件一般都是回转体,因此主要是标注直径尺寸和轴向长度尺寸。标注直径尺寸时,应特别注意有配合关系的部位。当各轴段直径有几段相同时,都应逐一标注,不得省略。即使是圆角和倒角等细部结构尺寸也应标注无遗,或者在技术要求中说明。标注长度尺寸时,既要按照零件尺寸的精度要求,又要符合机械加工的工艺过程,不致给机械加工造成困难或给操作者带来不便,因此需要考虑基准面和尺寸链问题。

3. 标注尺寸公差和形位公差

轴类零件工作图有以下几处需要标注尺寸公差和形位公差。

(1) 安装传动零件(齿轮、蜗轮、带轮、链轮等)、轴承以及其他回转件与密封装置处轴的直径公差。公差值按装配图中选定的配合性质从公差配合表中查出。

(2) 键槽的尺寸公差。为了检验方便,键槽深度一般标注尺寸的极限偏差(此时极限偏差值取负值)。

(3) 轴的长度公差。在减速器中一般不作尺寸链的计算,可以不必标注长度公差。自由公差按 h12、h13 或 H12、H13 决定(一般不标注)。

(4) 各重要表面的形状公差和位置公差。根据传动精度和工作条件等,可标注以下几方面的形位公差:配合表面的圆柱度与滚动轴承或齿轮(蜗轮)等配合的表面,其圆柱度公差约为轴直径公差的 1/4,或取圆柱度公差等级为 6~7 级。与联轴器和带轮等配合的表面其圆柱度公差约为轴直径公差的 0.6~0.7 倍,或取圆柱度公差等级为 7~8 级。

4. 标注表面粗糙度

轴的各个表面都要进行加工,其表面粗糙度可按推荐的数值,或查阅其他有关手册推荐用的轴加工表面粗糙度数值。

5. 撰写技术要求

轴类零件工作图中的技术要求主要包括下列几个方面:

(1) 对材料的力学性能和化学成分的要求及允许代用的材料等。

(2) 对材料表面性能的要求,如热处理方法、热处理后的硬度、渗碳层深度及淬火深度等。

(3) 对机械加工的要求,如是否要保留中心孔(留中心孔时,应在图中画出或按国家标准加以说明)。若与其他零件一起配合加工(如配钻或配铰等),也应予以说明。

(4) 对图中未注明的圆角、倒角的说明,个别部位的修饰加工要求,以及对较长的轴要求毛坯校直等。

6. 轴的零件工作图示例

图 5-6-1 所示为轴的工作图示例,为了使图上表示的内容层次分明,便于辨认和查

找，对于不同的内容应分别划区标注，例如在轴的主视图下方集中标注轴向尺寸和代表基准的符号。

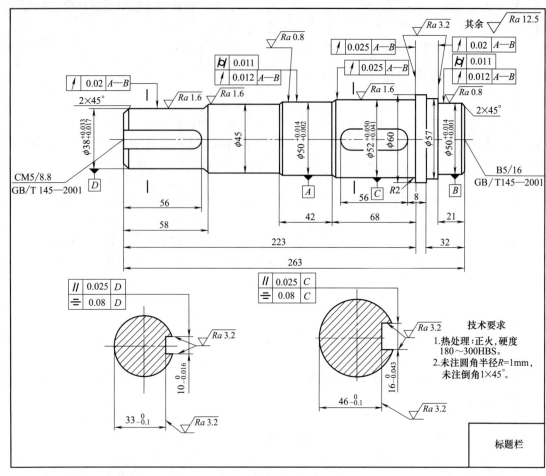

图 5-6-1　轴工作图

三、齿轮类零件工作图的设计和绘制

齿轮类零件包括齿轮、蜗杆和蜗轮等。这类零件的工作图中除了零件图形和技术要求外，还应有啮合特性表。

齿轮类零件的图形应按照国家的有关标准规定绘制，要求完整地表示出零件的几何形状及轮坯的各部分尺寸和加工要求，如图 5-6-2 所示。这类零件工作图一般需要有两个主要视图，但可按规定对视图作某些简化。齿轮轴和蜗杆轴的视图与轴类零件相似。图上的尺寸可按回转件的尺寸标注方式进行标注，径向尺寸可标注在垂直轴线的视图上，也可标注在齿宽方向的视图上。齿轮类零件的分度圆虽然不能直接测量，但它是设计的基本尺寸，应标注在图上或写在啮合特性表中。对于倒角、圆角和铸（锻）造斜度等都应逐一标注在图上或写在技术要求中。尺寸公差、形位公差以及表面粗糙度等应标注在视图上，具体数值的确定与齿轮类零件的精度、工作条件等有关。齿轮类零件工作图的技术要求一般内容有：

（1）对铸件、锻件或其他类型坯件的要求。
（2）对材料力学性能和化学成分的要求及允许代用的材料。
（3）对材料表面力学性能的要求。

(4) 对未注明倒角圆角的说明。
(5) 对大型或高速齿轮的平衡校验的要求。

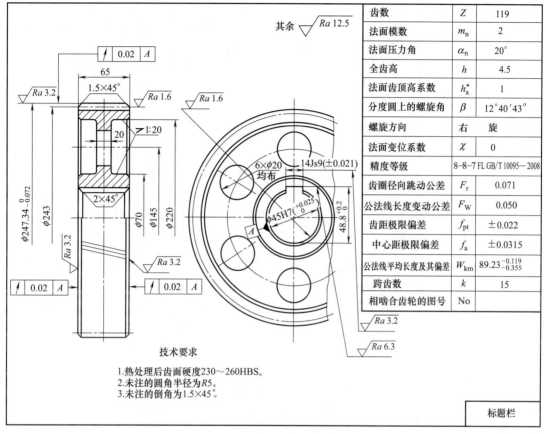

图 5-6-2　圆柱齿轮工作图

齿轮的轴向尺寸标注比较简单，对于小齿轮只有齿宽 b 和轮毂宽度 L 两个尺寸，前者为自由尺寸，后者为轴系组件装配尺寸链中的一环。当齿轮尺寸较大时，为了减轻重量可采用盘形辐板结构。如辐板用车削方法形成时，则标注凹部的深度 c_1，以便于加工时测量。对于用锻、铸方法形成的辐板，则宜直接标注辐板的厚度 c。对于轮缘厚度、辐板厚度、轮毂及辐板开孔等尺寸，为便于测量，均应进行圆整。

为了保证齿轮加工的精度和有关参数的测量，标注尺寸时要考虑到基准面，并规定基准面的尺寸和形位公差，齿轮的轴孔和端面既是工艺基准也是测量和安装的基准。为了保证安装质量和切齿精度，对端面与孔中心线的垂直度和端面跳动度均应有要求。齿轮的齿顶圆作为测量基准时有两种情况：一是加工时用齿顶圆定位或找正，此时要控制齿顶圆的径向跳动；另一种情况是用齿顶圆定位检验齿厚或基节尺寸公差，此时要控制齿顶圆公差和径向跳动。

模块七　减速器的润滑

一、齿轮润滑

减速器内的齿轮传动大都采用油润滑，为了控制搅油发热量，降低溅油的功率损耗，提高润滑效能，对于圆周速度 $v=2\sim12\text{m/s}$ 的齿轮传动和 $v\leqslant10\text{m/s}$ 的蜗杆传动，用浸油润滑。浸油润滑时，以圆柱齿轮或蜗轮的整齿高浸入油中为宜，但不应少于 10mm，因此可在装配图上绘出油线的位置，然后量出油池深度 h_0 和箱内底面面积，算出实际装油量 V，V 应大于或等于传动需油量 V_0，即 $V\geqslant V_0$。若 $V\leqslant V_0$ 则应将箱底面向下移，以增大油池深度。通常单级减速器每传递 1kW 功率，需油量 $V_0\approx0.35\sim0.7\text{L}$。对于二级减速器，应合理选择传动比，使各级大齿轮的浸油深度趋于相同。对蜗杆减速器，当蜗杆圆周速度 $v<5\text{m/s}$ 时，可采用下置式蜗杆；当 $v>5\text{m/s}$ 时，建议采用上置式蜗杆；当 $v>10\text{m/s}$ 时，必须采用压力喷油润滑，保证润滑与散热。

为避免传动件回转时将油池底部沉积的污物搅起，大齿轮的齿顶圆到油池底面的距高不小于 $30\sim50\text{mm}$，箱座高度 H 即可求出，见图 5-7-1，H 应取整数。

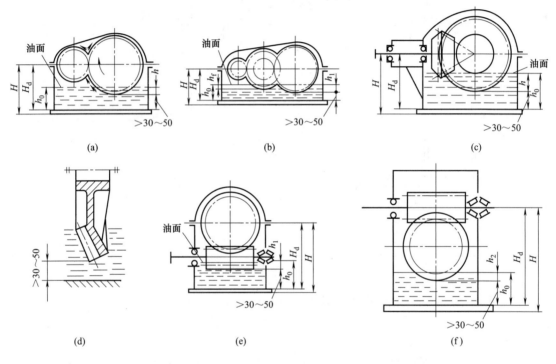

图 5-7-1　油池漫油润滑

二、轴承润滑

当浸入油中的回转件圆周速度 $v>2\text{m/s}$ 时，轴承采用飞溅润滑。由于转动零件的旋转，把油池中的油飞溅到箱盖的内壁上，油顺着内壁流入箱体剖分面凸缘上的油沟内，并沿油沟流入各轴承进行润滑。为便于油顺利流入油沟，将箱盖内壁剖分面处的边缘切制倒棱，如图 5-7-2 所示。油沟制造方法与结构尺寸见图 5-7-3。当浸入油池中的传动零件的圆周速度 $v<2\text{m/s}$ 时，溅油效果不好，轴承可采用脂润滑。脂润滑方法简单，使用维护、密封方便，在装配滚动轴承时，将润滑脂填入轴承空腔内，填入量不得超过轴承空腔的 $1/3\sim1/2$，过多散热性差，过少则润滑不良。

为确定分箱面不漏油，可在箱体的剖分面凸缘上制回油沟[图 5-7-2（a）]，回油沟尺寸、结构同输油沟，回油沟通入箱体内，使浸入箱体剖分面上的油导回油箱。为保证传动的正常进行，箱内油温不得超过 60～70℃，否则应采取适当的散热措施。

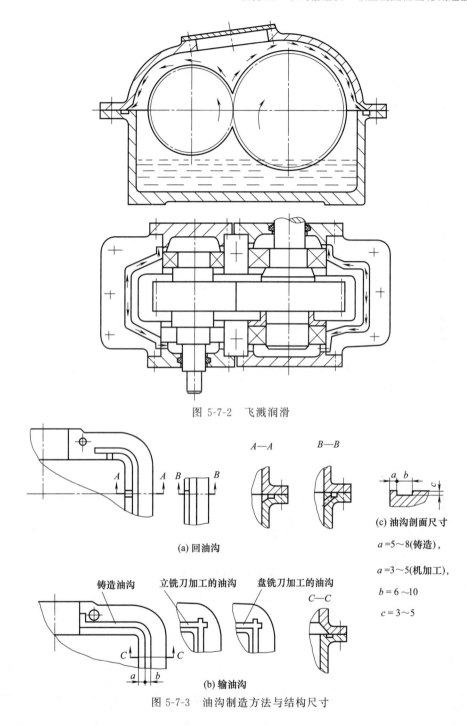

图 5-7-2 飞溅润滑

(a) 回油沟

(b) 输油沟

(c) 油沟剖面尺寸

$a=5\sim8$(铸造)，

$a=3\sim5$(机加工)，

$b=6\sim10$

$c=3\sim5$

图 5-7-3 油沟制造方法与结构尺寸

模块八　设计计算说明书的编写

一、设计计算说明书内容

设计计算说明书是对设计的合理性、经济性、可靠性以及关于润滑密封和其他附件选择的说明。说明书的内容和设计任务有关。对于一减速器为主的机械传动装置设计，其说明书的内容大致包括：

(1) 目录（标题，页次）；
(2) 设计任务书（设计题目）；
(3) 前言（题目分析，传动方案的拟订等）；
(4) 电动机的选择，传动系统的运动、动力参数的计算（计算电动机所需的功率，选择电动机，分配各级传动比，计算各轴转速、功率和转矩）；
(5) 传动零件的设计计算（确定带传动、齿轮或蜗杆传动的主要参数）；
(6) 轴的设计计算及校核；
(7) 轴承的选择和计算；
(8) 键连接的选择和校核；
(9) 联轴器的选择和校核；
(10) 箱体的设计（主要结构尺寸的设计计算及必要的说明）；
(11) 润滑和密封的选择，润滑剂的牌号及装油量计算；
(12) 传动装置（减速器）的附件及说明；
(13) 设计小结（简要说明课程设计的体会，本设计的优缺点及改进意见等）；
(14) 参考资料（资料的编号、作者、书名、出版单位和出版年、月）。

二、设计计算说明书的要求和注意事项

设计计算说明书除系统地说明设计过程中所考虑的问题和全部的计算项目外，还应阐明设计的合理性、经济性以及装拆方面的有关问题。同时还要注意下列事项：

(1) 计算正确完整，文字简洁通顺，书写整齐清晰。对计算内容应先写出计算公式，再代入有关数据，然后得出最后结果，不必写出中间的演算过程。说明书中还应包括与文字叙述和计算有关的必要简图。

(2) 说明书中所引用的重要计算公式和数据，应注明出处。对所得的计算结果，应有简要的结论。

(3) 说明书须按上述推荐的顺序及规定格式撰写，标出页次，编好目录，然后装订成册。（格式见表 5-8-1）

表 5-8-1 设计说明书的书写格式示例

设计内容	计算及说明	结果
1. 高速级齿轮传动计算 (1)选择齿轮材料 (2)许用接触应力	五、齿轮传动设计计算 小齿轮：选用 45 钢，调质处理 220HBS 大齿轮：选用 45 钢，正火处理 180HBS $[\sigma_H] = \dfrac{\sigma_{Hlim}}{S_{Hmin}} \cdots\cdots$	小齿轮：45 220HBS 大齿轮：45 180HBS $[\sigma_{H1}] =$

■ 任务实施

根据工作任务单的要求，依次完成运动与动力参数的分配与计算、带传动设计、齿轮传动设计、轴的结构设计、标准件的选用与强度校核，从而完成整个减速器的设计，步骤如下：

1. 运动与动力参数分配与计算

(1) 传动装置的总效率（电动机至输送带的总效率）

查表 5-2-1 得：$\eta_{带}=0.96$，$\eta_{齿轮}=0.97$，$\eta_{轴承}=0.99$，$\eta_{联轴器}=0.99$

$$\eta_{总} = \eta_{带} \times \eta_{轴承}^2 \times \eta_{齿轮} \times \eta_{联轴器} \times \eta_{工作机}$$
$$= 0.96 \times 0.99^2 \times 0.97 \times 0.99 \times 0.96$$

$$= 0.867$$

(2) 电动机的输出功率

$$P_{电动机} = \frac{P_{工作机}}{\eta_{总}} = \frac{Fv}{1000\eta_{总}} = \frac{2700 \times 1.2}{1000 \times 0.867} = 3.74 \text{kW}$$

式中，F 为工作拉力（设计给定的已知值），N；v 为运输带速度（设计给定的已知值），m/s。

电动机的额定功率：$P_{ed} = (1 \sim 1.3)P_d = (1 \sim 1.3)3.74 = 3.74 \sim 4.862 \text{kW}$

(3) 电动机转速的确定

① 工作机转速

$$n_w = \frac{60 \times 1000v}{\pi D} = \frac{60 \times 1000 \times 1.2}{3.14 \times 300} = 76.4 \text{r/min}$$

② 电动机转速

$$n_d = i n_w = (6 \sim 20)76.4 = 458.4 \sim 1528 \text{r/min}$$

(4) 电动机型号的确定

同一功率的电动机有四种不同转速，其中符合这一范围的电动机的转速 750r/min、1000r/min 和 1500r/min，综合考虑电动机和传动装置的尺寸重量以及带传动和减速器的传动比，比较三个方案可知：方案 2 适中比较适合，见表 5-9-1。

表 5-9-1 电动机型号、参数和传动装置各级传动比

方案	电动机型号	额定功率 P_{ed}/kW	电动机转速		传动装置传动比		
			同步转速	满载转速	总传动比	带	齿轮
1	Y160M1-8	4	750	720	9.42	3	3.14
2	Y132M1-6	4	1000	960	12.56	3.14	4
3	Y112M-4	4	1500	1440	18.85	3.5	5.4

(5) 总传动比分配

① 确定总传动比：$i = \dfrac{n_m}{n_w} = \dfrac{960}{76.4} = 12.56$

② 总传动比分配（见表 5-2-2）

查表 5-2-2，$i_{带} = 2 \sim 4$，$i_{齿} = 3 \sim 5$，$i_{带} < i_{齿}$，总传动比：$i_{总} = i_{带} \times i_{齿}$

设 $i_{带} = 3.14$，则 $i_{齿} = \dfrac{i_{总}}{i_{带}} = \dfrac{12.56}{3.14} = 4$

(6) 运动及动力参数计算

① 各轴转速

$$n_0 = n_{电动机} = 960 \text{r/min}$$

$$n_{\text{I}} = \frac{n_0}{i_{带}} = \frac{960}{3.14} = 305.73 \text{r/min}$$

$$n_{\text{II}} = \frac{n_{\text{I}}}{i_{齿}} = \frac{305.73}{4} = 76.4 \text{r/min}$$

$$n_w = n_{\text{II}} = 76.4 \text{r/min}$$

② 各轴功率

$$P_0 = P_d = 3.74 \text{kW}$$

$$P_{\text{I}} = P_d \eta_{带} = 3.74 \times 0.96 = 3.59 \text{kW}$$

$$P_{\text{II}} = P_{\text{I}} \eta_{轴承} \eta_{齿轮} = 3.59 \times 0.99 \times 0.97 = 3.45 \text{kW}$$

$$P_{\text{III}} = P_{\text{II}} \eta_{轴承} \eta_{联轴器} = 3.45 \times 0.99 \times 0.99 = 3.38 \text{kW}$$

③ 各轴转矩

$$T_0 = 9.55 \times 10^6 \frac{P_0}{n_0} = 9.55 \times 10^6 \frac{3.76}{960} = 37205 \text{N} \cdot \text{mm}$$

$$T_\text{I} = 9.55 \times 10^6 \frac{P_\text{I}}{n_\text{I}} = 9.55 \times 10^6 \frac{3.59}{305.73} = 112139 \text{N} \cdot \text{mm}$$

$$T_\text{II} = 9.55 \times 10^6 \frac{P_\text{II}}{n_\text{II}} = 9.55 \times 10^6 \frac{3.45}{76.4} = 431250 \text{N} \cdot \text{mm}$$

$$T_\text{III} = 9.55 \times 10^6 \frac{P_\text{III}}{n_\text{III}} = 9.55 \times 10^6 \frac{3.38}{76.4} = 422500 \text{N} \cdot \text{mm}$$

运动及动力参数见表 5-9-2 所示。

表 5-9-2　运动参数及动力参数

参数 轴名	转速/(r/min)	功率/kW	扭矩/(N·mm)	传动比	效率
0 轴（电动机轴）	960	3.74	37205	3.14	0.96
Ⅰ 轴（主动轴）	305.73	3.59	112139	4	0.96
Ⅱ 轴（从动轴）	76.4	3.45	431250	1	0.98
Ⅲ 轴（卷筒轴）	76.4	3.38	422500		

2. 带传动设计（见任务二）

3. 齿轮传动设计（见任务三）

4. 轴的结构设计（见任务四）

5. 联轴器、键、滚动轴承的选用及强度校核（见任务四）

6. 书写设计说明书

任务总结

1. 传动方案选择

传动方案是机器设计的整体构思，它反映了机器的原动机、传动装置与工作机之间的配置关系，是设计传动装置中各零部件的依据。

传动方案选择时，应考虑全面、周到，首先根据设计要求、使用情况、工作环境作仔细分析研究，然后根据各类传动的特点，考虑受力、外廓尺寸、制造、经济、使用维护等因素，拟定不同的传动方案，并加以分析，对比，择优选定，使选择的传动方案简单、紧凑、工作可靠，寿命长且经济，效率高。

2. 传动顺序配置

传动系统需多级传动组合，由于各级的速度、受力不同，应合理配置各级传动。常采用的传动顺序如下：

（1）带传动通常放在高速级：由于带传动承载能力低，传递相同转矩时比其他传动结构尺寸大，放在高速级，转速高，可获得较小的外廓尺寸，且可以缓冲，吸振，工作平稳，并有过载保护作用。

（2）斜齿圆柱齿轮较直齿轮承载能力大，传动平稳，可放在高速级。

（3）圆锥齿轮传动通常放在高速级，由于锥齿轮制造困难，尤其是尺寸较大时，加工更困难，高速级可使其外廓尺寸相对减少，但转速太高，需提高圆锥齿轮的加工精度，制造成本上升。

（4）蜗杆传动适用于传动比大而传动功率较小的场合，宜放在高速级，利于油膜生成，提高承载力和效率。

（5）链传动可在恶劣环境中工作，承载力大，但运转不平稳，故放在低速级。

(6) 开式齿轮传动由于摩擦磨损大,润滑不良,故放在低速级。
(7) 改变运动形式的机构,布置在传动系统的最后一级。

3. 传动比的分配

合理分配传动比,是传动系统设计的一个重要问题,合理与否直接影响传动系统的外廓尺寸、重量、润滑条件和传动机构的中心距等,故应认真对待。

分配传动比遵循的原则是:
(1) 各级传动的传动比不超过最大值;
(2) 发挥各级传动的承载能力,使其外廓尺寸接近最小;
(3) 使二级或多级齿轮减速器的各级大齿轮浸油深度大致相同,以便实现油浴润滑。

减速器内各级传动比分配方法如下
(1) 对于V带传动——级圆柱齿轮传动系统,带传动的传动比应小于齿轮传动的传动比,这样整个传动系统尺寸较小,结构紧凑。
(2) 对于展开式二级圆柱齿轮加速器,为使两个大齿轮浸油深度大致相同,两大齿轮应具有相近的直径。

4. 带传动设计

(1) 工业中常用V带传动,因为V带传动承载力较平带大。根据传递的功率、转速和带传动的传动比以及工作情况,首先确定带型号、大小带轮直径、中心距和带长带根数以及对轴的压力,然后待轴结构设计完毕后,即确定了带轮毂孔直径,再确定带轮结构形式、材料和结构尺寸,并画出大小带轮的结构草图。

(2) 注意带轮与其他机件的协调关系:
① 小带轮直径与电动机中心高应相称;
② 小带轮毂孔应与电动机外伸轴径相符,其轮毂宽应与电动机外伸轴长度相符;
③ 大带轮尺寸不得过大,避免大带轮与减速器机架相碰撞;
④ 带轮结构设计前应先绘制轴的装配草图,确定轴各段的直径,轴径应符合标准直径系列且与配合零件的轮毂孔相符。

5. 齿轮传动设计

(1) 根据已知条件 P_I、n_I、$i_{齿}$,选择齿轮的材料、热处理方式、硬度值、齿轮的模数、齿数、分度圆、齿宽和中心距以及齿轮顶圆。

(2) 正确处理设计出的尺寸数据,视具体情况进行圆整、取标准值或精确值。如模数、压力角应取标准值;中心距、齿宽、结构尺寸(如轮毂直径、腹板厚、腹板孔径、腹板孔所在圆直径)应圆整为整数;节圆、齿根圆、齿顶圆、螺旋角应取精确值,取小数后三位,角度取到秒。

(3) 对于闭式齿轮传动,在满足弯曲强度的前提下,尽量取小模数、多齿数,增加重合度使传动平稳,而且模数小,齿顶圆直径也小,节省材料又减少切齿工作量。对于传递动力的齿轮,为防止意外断齿,模数应大于2mm。大小齿轮的齿数要互为质数,使主从动齿轮错位啮合,改善磨损情况。对于斜齿轮其分度圆螺旋角取值应大小适当,太大则产生过大轴向力,导致轴承受力加大;太小则不能充分发挥斜齿轮的承载力大,重合度大,传动平稳等特点,通常取 $\beta=8°\sim15°$。

(4) 对于开式齿轮传动,按弯曲强度设计,考虑磨损应将所得模数加大10%~20%。且开式齿轮传动适宜用直齿并放在低速级,要注意材料搭配,使其具有良好的减摩性和耐磨性。

(5) 圆锥齿轮设计计算时,应以大端模数为标准,分度圆锥角(δ_1、δ_2)、分度圆直径、锥距不得圆整,而大小锥齿轮宽度应相等。

(6) 蜗杆传动材料选择要注意跑合性和耐磨性,事先要粗估相对滑动速度。为便于加工,蜗杆蜗轮尽量选用右旋,当蜗杆传动速度较大时,需进行热平衡计算。蜗杆传动采用上置式还是下置式要根据润滑及蜗杆圆周速度确定。

（7）对于二级齿轮减速器必须同时计算两对齿轮的重要参数和尺寸，并按比例绘出结构草图，以便确定其结构、润滑及安装是否合理。如不合理，必须重新计算直到结构、润滑及安装合理为止。两对齿轮在选择材料、毛坯制造方法、热处理、齿轮加工方法、强度等应相近，以简化工艺过程。

（8）减速器外的其他传动，如开式齿轮传动、链传动、带传动，只需确定各传动的主要参数，开式齿轮传动，求出分度圆直径、齿顶圆直径、齿宽及作用在轴上的力的大小和方向。链传动求出链轮直径、中心距、链节距、链轮轮宽 e 及作用在轴上的力大小和方向。带传动求出带轮直径、宽度、中心距及带作用在轴上的力的大小和方向以及带的根数。

6. 轴的设计

轴设计通常包括：按扭矩粗估最小轴径；轴的结构设计；轴的弯扭强度校核；轴的刚度计算；轴的零件图绘制。

作轴的结构设计时，首先应分析轴上安装零件及其相互位置，然后拟定合适的装拆方案，根据粗估出的最小直径和拟定的装拆方案，分别确定轴上零件的轴向和周向固定方法，逐一确定出轴的各段直径和长度，最后设计出结构合理、工艺性良好的轴来。

轴在结构设计时要满足 5 个基本要求。

（1）定位要求　轴和轴上零件要有准确的工作位置，轴一般用轴承端盖定位，轴上零件用轴肩或轴环定位。

（2）固定要求　各零件要牢固而可靠地相对固定，包括轴向固定和周向固定。轴向固定方法有：轴肩、轴环、套筒、圆螺母、轴端挡圈、弹性挡圈和紧定螺钉。周向固定方法有过盈配合、键等。

（3）工艺要求　轴应便于加工，轴上零件装拆方便。轴上根据需要设置退刀槽、砂轮越程槽和中心孔。对于滚动轴承，为便于装拆，固定内、外圈的轴肩或套筒的高度应按轴承的安装尺寸确定轴的两端倒角。

（4）强度要求　尽量减少应力集中，截面尺寸变化处尽量采用较大的圆角半径过渡，或采用表面强化处理，降低轴的表面粗糙度。

（5）尺寸要求　轴的各段直径应符合下列要求：

① 与滚动轴承配合的轴颈直径，必须符合滚动轴承内径系列；

② 轴上车制螺纹部分的轴径，应符合外螺纹大径的标准系列；

③ 安装联轴器的轴头直径应与联轴器的孔径范围相适应；

④ 与回转件配合的轴头直径，应采用标准直径；

⑤ 当轴上开有一个键槽，则将原设计直径加大 $4\%\sim5\%$。若开两个键槽轴直径加大 $7\%\sim10\%$。

轴段长度取决于轴上零件和轴承的宽度以及它们之间的相互配置：

① 轴上回转件与固定件之间应留有适当的间隙，以免旋转时碰撞；

② 与回转件配合的轴头长度应小于回转件轮毂宽 $2\sim3m$，以保证套筒、圆螺母及轴端圈能紧靠零件的端面。

轴的结构设计一定要在图纸上严格按比例绘制，并求出轴的支承跨距，为滚动轴承选择作准备。

7. 联轴器选择

联轴器选择时首先合理选出联轴器的类型，常用的类型有刚性联轴器和弹性联轴器，其中弹性联轴器可用于转速较高、要求消除冲击和吸收振动的场合。刚性联轴器有固定式和可移式，固定式用于两轴能精确对中，轴刚性较好的地方；可移式具有补偿位移能力。由于类型选择涉及因素较多，一般可参考同类机器，作经验选择。减速器与输送机之间的联轴器可选用弹性联轴器。

联轴器型号选择应满足以下几个条件：

(1) 计算转矩不超过联轴器的最大许用转矩，即 $T_c \leqslant T_n$（N·m）（$T_c = KT$，K 为工况系数，T 为工作转矩）；

(2) 轴转速不超过联轴器的许用最高转速，即 $n \leqslant [n]$（r/min）；

(3) 轴径不超过联轴器的孔径范围，即 $d_{min} \leqslant d \leqslant d_{max}$。

8. 滚动轴承选择与校核

根据工作要求、载荷情况、使用条件，首先确定轴承类型，通常滚动轴承摩擦阻力小而多用。当轴上装有直齿圆柱齿轮时，可选深沟球轴承；轴上装斜齿圆柱齿轮或锥齿轮、蜗杆蜗轮，且轴向力较大时，可选用角接触球轴承或单列圆锥滚子轴承。轴承内径按轴径的直径选择。在选择滚动轴型号时，可先选择尺寸系列中的中间数值（2030、1121、12），通过试算再确定具体尺寸系列。滚动轴承选择要综合考虑受力大小、方向、极限转速、经济性和特殊要求等，力求满足强度和经济性两大要求。当轴转速 $n \geqslant 10$r/min 时，滚动轴承用疲劳寿命选择尺寸系列或校核；当 $n < 10$r/min 时，则用静强度选择或校核。

9. 键选择与校核

键用来固定轴与回转零件，键的类型按使用要求选择，键的宽度和高度（$b \times h$）按轴头直径选择，而键的长度按轮毂长选择，一般比轮毂小 5~10mm，且符合键标准长度。为使键正常工作，应有足够的强度，故需要校核。通常根据传递的转矩校核其挤压强度即可。

实践项目

项目名称：减速器拆装

实训目的：

通过对各类减速器的拆装，了解减速器的类型、功用、轴类结构、齿轮结构、轴承类型、润滑方式、密封及箱体结构、制造工艺、安装工艺。

实训要求：

对减速器进行拆装，写出拆装报告。

减速器拆装

思考与练习

1. 如何拟定传动方案？合理的传动方案应满足哪些要求？
2. 总体设计时各种传动顺序如何安排？
3. 如何合理分配传动比？
4. 电动机的类型、型号如何选择？选择时应满足哪些要求？
5. 怎样计算传动装置的总效率？
6. 高速级与低速级所传递的转矩和功率是否相同？在轴、轴承设计时有何影响？
7. 常用的带传动哪一种？V 带传动中带轮直径如何合理选择？
8. 直齿轮、斜齿轮有何异同点？选择不同的齿轮传动将对以后哪些零件设计有影响？
9. 两配对齿轮其齿面硬度为何应有差别？合适范围是多少？
10. 齿轮传动中，哪些参数可圆整？哪些取标准值？斜齿轮中心距 a 不为整数时，如何调整？意义何在？
11. 滚动轴承如何选择？同轴上的两轴承为何选用相同类型、型号？
12. 箱体内壁与齿顶圆、齿轮端面为何留有间隙？
13. 减速器装配图需标注哪些尺寸？哪些配合？如何选用配合类型？

附　　　录

一、Y系列三相异步电动机（JB/T 10391—2008 摘录）

附表1　Y系列（IP44）电动机数据

电动机型号	额定功率 /kW	满载转速 /(r/min)			电动机型号	额定功率 /kW	满载转速 /(r/min)		
同步转速 3000r/min，2 级					同步转速 1500r/min，4 级				
Y801-2	0.75	2825	2.2	2.2	Y801-4	0.55	1390	2.2	2.2
Y802-2	1.1	2825	2.2	2.2	Y802-4	0.75	1390	2.2	2.2
Y90S-2	1.5	2840	2.2	2.2	Y90S-4	1.1	1400	2.2	2.2
Y90L-2	2.2	2840	2.2	2.2	Y90L-4	1.5	1400	2.2	2.2
Y100L-2	3	2880	2.2	2.2	Y100L1-4	2.2	1420	2.2	2.2
Y112M-2	4	2890	2.2	2.2	Y100L2-4	3	1420	2.2	2.2
Y132S1-2	5.5	2900	2.0	2.2	Y112M-4	4	1440	2.2	2.2
Y132S2-2	7.5	2900	2.0	2.2	Y132S-4	5.5	1440	2.2	2.2
Y160M1-2	11	2930	2.0	2.2	Y132M-4	7.5	1440	2.2	2.2
Y160M2-2	15	2930	2.0	2.2	Y160M-4	11	1460	2.2	2.2
Y160L-2	18.5	2930	2.0	2.2	Y160L-4	15	1460	2.2	2.2
Y180M-2	22	2930	2.0	2.2	Y180M-4	18.5	1470	2.0	2.2
Y200L1-2	30	2950	2.0	2.2	Y180L-4	22	1470	2.0	2.2
Y200L2-2	37	2950	2.0	2.2	Y200L-4	30	1470	2.0	2.2
Y225M-2	45	2970	2.0	2.2	Y225S-4	37	1480	1.9	2.2
Y250M-2	55	2970	2.0	2.2	Y225M-4	45	1480	1.9	2.2
同步转速 1000r/min，6 级					Y250M-4	55	1480	2.0	2.2
Y90S-6	0.75	910	2.0	2.0	Y280S-4	75	1480	1.9	2.2
Y90L-6	1.1	910	2.0	2.0	Y280M-4	90	1480	1.9	2.2
Y100L-2	1.5	940	2.0	2.0	同步转速 750r/min，8 级				
Y100L-6	2.2	940	2.0	2.0	Y132S-8	2.2	710	2.0	2.0
Y112M-6	3	960	2.0	2.0	Y132M-8	3	710	2.0	2.0
Y132M1-6	4	960	2.0	2.0	Y160M1-8	4	720	2.0	2.0
Y132M2-6	5.5	960	2.0	2.0	Y160M2-8	5.5	720	2.0	2.0
Y160M-6	7.5	970	2.0	2.0	Y160L-8	7.5	720	2.0	2.0
Y160L-6	11	970	2.0	2.0	Y180L-8	11	730	1.7	2.0
Y180L-6	15	970	1.8	2.0	Y200L-8	15	730	1.8	2.0
Y200L1-6	18.5	970	1.8	2.0	Y225S-8	18.5	730	1.7	2.0
Y200L2-6	22	970	1.8	2.0	Y225M-8	22	730	1.8	2.0
Y225M-6	30	980	1.7	2.0	Y250M-8	30	730	1.8	2.0
Y250M-6	37	980	1.8	2.0	Y280S-M	37	740	1.8	2.0
Y280S-6	45	980	1.8	2.0	Y280M-8	45	740	1.8	2.0
Y280M-6	55	980	1.8	2.0					

二、常用滚动轴承

附表 2 深沟球轴承（GB/T 276—2013 摘录）

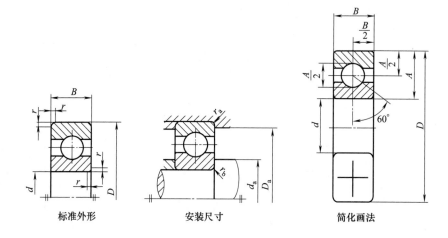

轴承代号	基本尺寸/mm				安装尺寸/mm			基本额定动载荷	基本额定静载荷
	d	D	B	r_s	d_a min	D_a max	r_a max	C/kN	C/kN
6004	20	42	12	0.6	25	37	0.6	9.38	5.02
6204		47	14	1.0	26	41	1.0	12.80	6.65
6304		52	15	1.1	27	45	1.0	15.80	7.88
6404		72	19	1.1	27	65	1.0	31.00	15.20
6005	20	47	12	0.6	30	42	0.6	10.00	5.85
6205		52	15	1.0	31	46	1.0	14.00	7.88
6305		62	17	1.1	32	55	1.0	22.20	11.50
6405		80	21	1.5	34	71	1.5	38.20	19.20
6006	30	55	13	1.0	36	49	1.0	13.20	8.30
6206		62	16	1.0	36	56	1.0	19.50	11.50
6306		72	19	1.1	37	65	1.0	27.00	15.20
6406		90	23	1.5	39	81	1.5	47.50	24.50
6007	35	62	14	1.0	41	56	1.0	16.20	10.50
6207		72	17	1.1	42	65	1.0	25.50	15.20
6307		80	21	1.5	44	71	1.5	33.20	19.20
6407		100	25	1.5	44	91	1.5	56.80	29.50
6008	40	68	15	1.0	46	62	1.0	17.00	11.80
6208		80	18	1.1	47	73	1.0	29.50	18.00
6308		90	23	1.5	49	81	1.5	40.80	24.00
6408		110	27	2.0	50	100	2.0	65.50	37.50
6009	45	75	16	1.0	51	69	1.0	21.10	14.80
6209		85	19	1.1	52	78	1.0	31.50	20.50
6309		100	25	1.5	54	91	1.5	52.80	31.80
6409		120	29	2.0	55	110	2.0	77.50	45.50
6010	50	80	16	1.0	56	74	1.0	22.00	16.20
6210		90	20	1.1	57	83	1.0	35.00	23.20
6310		110	27	2.0	60	100	2.0	61.80	38.00
6410		130	31	2.1	62	118	2.1	92.20	52.20

续表

轴承代号	基本尺寸/mm				安装尺寸/mm			基本额定动载荷 C/kN	基本额定静载荷 C/kN
	d	D	B	r_s	$d_a$min	$D_a$max	$r_a$max		
6011	55	90	18	1.1	62	83	1.0	30.20	21.80
6211		100	21	1.2	64	91	1.5	43.20	29.20
6311		120	29	2.0	65	110	2.0	71.50	44.80
6411		140	33	2.1	67	128	2.1	100.00	62.50
6012	60	95	18	1.1	67	88	1.0	31.50	24.20
6212		110	22	1.5	69	101	1.5	47.80	32.80
6312		130	31	2.1	72	118	2.1	81.80	51.80
6412		150	35	2.1	72	138	2.1	108.00	70.00
6013	65	100	18	1.1	72	93	1.0	32.00	24.80
6213		120	23	1.5	74	111	1.5	57.20	40.00
6313		140	33	2.1	77	128	2.1	93.80	60.50
6413		160	37	2.1	77	148	2.1	118.00	78.50
6014	70	110	20	1.1	77	103	1.0	38.50	30.50
6214		125	24	1.5	79	116	1.5	60.80	45.00
6314		150	35	2.1	82	138	2.1	105.00	68.50
6414		180	42	3.0	84	166	2.5	140.00	99.50
6015	75	115	20	1.1	82	108	1.0	40.20	33.20
6215		130	25	1.5	84	121	1.5	66.00	49.50
6315		160	37	2.1	87	148	2.1	112.00	76.80
6415		190	45	3.0	89	176	2.5	155.00	115.00

注：表中 r_{smin} 为 r_s 的单向最小倒角尺寸，r_{amax} 为 r_a 的单向最大倒角尺寸。

附表3　角接触球轴承（摘自 GB/T 292—1993）

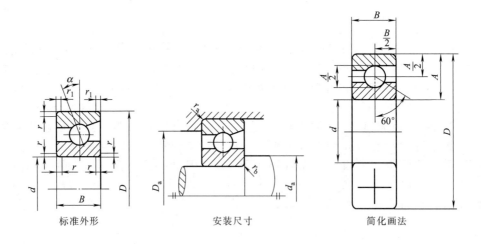

标准外形　　安装尺寸　　简化画法

轴承代号	基本尺寸/mm					安装尺寸/mm			基本额定动载荷 C/kN	基本额定静载荷 C/kN
	d	D	B	r_s min	r_{1s} min	d_a min	D_a max	r_a max		
7204C	20	47	14	1.0	0.3	26	41	1.0	14.5	8.22
7204AC									14.00	7.82
7204B									14.00	7.85

续表

轴承代号	基本尺寸/mm					安装尺寸/mm			基本额定动载荷 C/kN	基本额定静载荷 C/kN
	d	D	B	r_s min	r_{1s} min	d_a min	D_a max	r_a max		
7205C	25	52	15	1.0	0.3	31	46	1.0	16.5	10.50
7205AC									15.80	9.88
7205B									15.80	9.45
7305B		62	17	1.1	0.6	32	55		26.20	15.20
7206C	30	62	16	1.0	0.3	36	56	1.0	23.0	15.00
7206AC									22.00	14.20
7206B									20.50	13.80
7306B		72	19	1.1	0.6	37	65		31.00	19.20
7207C	35	72	17	1.1	0.6	42	65	1.0	30.50	20.00
7207AC									29.00	19.20
7207B									27.00	18.80
7307B		80	21	1.5	0.6	44	71	1.5	38.20	24.50
7208C	40	80	18	1.1	0.6	47	73	1.0	36.80	25.80
7208AC	40	80	18	1.1	0.6	47	73	1.0	35.20	24.50
7208B									32.50	23.50
7308B		90	23	1.5	0.6	49	81	1.5	46.20	30.50
7408B	40	110	27	2.0	1.0	50	100	2.0	67.00	47.50
7209C	45	85	19	1.1	0.6	52	78	1.0	38.50	28.50
7209AC									36.80	27.20
7209B									36.00	26.20
7309B		100	25	1.5	0.6	54	91	1.5	59.50	39.80
7210C	50	90	20	1.1	0.6	57	83	1.0	42.80	32.00
7210AC									40.80	30.50
7210B									37.50	29.00
7310B		110	27	2.0	1.0	60	100	2.0	68.20	48.00
7211C	55	100	21	1.5	0.6	64	91	1.5	52.80	40.50
7211AC									50.50	38.50
7211B									46.20	36.00
7311B		120	29	2.0	1.0	65	110	2.0	78.80	56.50
7212C	60	110	22	1.5	0.6	69	101	1.5	61.00	48.50
7212AC									58.20	46.20
7212B									56.00	44.50
7312B		130	31	2.1	1.1	72	118	2.1	90.00	66.30
7213C	65	120	23	1.5	0.6	74	111	1.5	69.80	55.20
7213AC									66.50	52.50
7213B									62.50	50.20
7313B		140	33	2.1	1.1	77	128	2.1	102.00	77.80
7214C	70	125	24	1.5	0.6	79	116	1.5	70.20	60.00
7214AC									69.20	57.50
7214B									70.20	57.20
7314B		150	35	2.1	1.1	82	138	2.1	115.00	87.20
7215C	75	130	25	1.5	0.6	84	121	1.5	79.20	65.80
7215AC									75.20	63.00
7215B									72.80	62.00
7315B		160	37	2.1	1.1	87	148	2.1	125.00	98.50

注：1. 表中 $r_{s\min}$、$r_{1s\min}$ 分别为 r_s、r_{1s} 的单向最小倒角尺寸，$r_{a\max}$ 为 r_a 的单向最大倒角尺寸。
2. 轴承代号中的 C、AC、B 分别代表轴承接触角 $\alpha=15°、25°、40°$。

三、联轴器

附表 4 弹性柱销联轴器（GB/T 5014—2003 摘录）

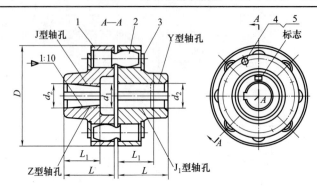

1—半联轴器
2—柱销
3—挡板
4—螺栓
5—垫圈

标记示例：HL7 联轴器 $\dfrac{ZC75\times107}{JB70\times107}$ GB 5014

主动端：Z 型轴孔，C 型键槽，$d_z=75$ mm，$L_1=107$ mm
从动端：J 型轴孔，B 型键槽，$d_2=70$ mm，$L=107$ mm

型号	公称扭矩 /(N·m)	许用转速 /(r/min) 铁	许用转速 /(r/min) 钢	轴孔直径* d_1,d_2,d_z L	轴孔长度/mm Y型 L	轴孔长度/mm J,J₁,Z型 L₁	轴孔长度/mm J,J₁,Z型 L	D /mm	质量 /kg	转动惯量 /(kg·m²)	许用补偿量 径向 ΔY mm	许用补偿量 径向 ΔX mm	角向 Δα
HL1	160	7100	7100	12,14	32	27	32	90	2	0.0064		±0.5	
				16,18,19	42	30	42						
				20,22,(24)	52	38	52						
HL2	315	5600	5600	20,22,24				120	5	0.253		±1	
				25,28	62	44	62						
				30,32,(35)	82	60	82				0.15		
HL3	630	5000	5000	30,32,35,38				160	8	0.6			
				40,42,(45),(48)									
HL4	1250	2800	4000	40,42,45,48,50,55,56	112	84	112	195	22	3.4		±1.5	≤0°30′
				(60),(63)									
HL5	2000	2500	3550	50,55,56,60,63,65,70,(71),(75)	142	107	142	220	30	5.4			
HL6	3150	2100	2800	60,63,65,70,71,75,80				280	53	15.6			
				(85)	172	132	172						
HL7	6300	1700	2240	70,71,75	142	107	142	320	98	41.1	0.20	±2	
				80,85,90,95	172	132	172						
				100,(110)									
HL8	10000	1600	2120	80,85,90,95,100,110,(120),(125)	212	167	212	360	119	56.5			
HL9	16000	1250	1800	100,110,120,125				410	197	133.3			
				130,(140)	252	202	252						
HL10	25000	1120	1560	110,120,125	212	167	212	480	322	273.2	0.25	±2.5	
				130,140,150	252	202	252						
				160,(170),(180)	302	242	302						

注：1. 该联轴器最大型号为 HL14，详见 GB/T 5014—2003；
  2. 带制动轮的弹性柱销联轴器 HLL 型可参阅 GB/T 5014—2003；
  3. "＊" 栏内带括号的值仅适用于钢制联轴器；
  4. 轴孔形式及长度 L、L_1 可根据需要选取。

附表5 弹性套柱销联轴器（GB/T 4323—2002 摘录）

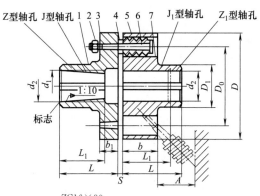

1、7—半联轴器
2—螺母
3—弹簧垫圈
4—挡圈
5—弹性套
6—柱销

标记示例：LT3 联轴器 $\dfrac{ZC16\times30}{JB18\times42}$ GB/T 4323

主动端：Z型轴孔，C型键槽，$d_z=16$mm，$L=30$mm
从动端：J型轴孔，B型键槽，$d_2=18$mm，$L=42$mm

型号	公称转矩 T_n N·mm	许用转矩 $[n]$ r/min	轴孔直径 d_1、d_2、d_z mm	轴孔长度/mm Y型 L	轴孔长度/mm J、J_1、Z型 L_1	轴孔长度/mm L	$L_{推荐}$	D mm	A mm	质量 m kg	转动惯量 kg·m²
LT1	6.3	8800	9	20	14	—	25	71	18	0.82	0.0005
			10、11	25	17						
			12、14	32	20						
LT2	16	7600	12、14				35	80		1.20	0.0008
			16、18、19	42	30	42					
LT3	31.5	6300	16、18、19				38	95	35	2.20	0.0023
			20、22	52	38	52					
LT4	63	5700	20、22、24				40	106		2.84	0.0037
			25、28	62	44	62					
LT5	125	4600	25、28				50	130		6.05	0.0120
			30、32、35	82	60	82					
LT6	250	3800	32、35、38				55	160	45	9.57	0.0280
			40、42								
LT7	500	3600	40、42、45、48	112	84	112	65	190		14.01	0.0550
LT8	710	3000	45、48、50、55、56				70	224		23.12	0.1340
			60、63	142	107	142			65		
LT9	1000	2850	55、55、56	112	84	112	80	250		30.69	0.2130
			60、63、65、70、71	142	107	142					
LT10	2000	2300	63、65、70、71、75				100	315	80	61.40	0.6600
			80、85、90、95	172	132	172					
LT11	4000	1800	80、85、90、95				115	400	100	120.70	2.1220
			100、110	212	167	212					
LT12	8000	1450	100、110、120、125				135	475	130	210.34	5.3900
			130	252	202	252					
LT13	16000	1150	120、125	212	167	212	160	600	180	419.36	17.5800
			130、140、150	252	202	252					
			160、170	302	242	302					

注：质量、转动惯量按材料为铸钢、无孔、$L_{推荐}$计算近似值。

参 考 文 献

[1] 燕晓红. 机械设计基础（四合一）. 北京：北京理工大学出版社，2010.
[2] 燕晓红，刘芳. 典型机械结构的分析与设计. 北京：化学工业出版社，2014.
[3] 张萍. 机械设计基础. 北京：化学工业出版社，2004.
[4] 韩翠英. 汽车机械基础. 北京：化学工业出版社，2010.
[5] 陈霖，甘露萍. 机械设计基础. 北京：人民邮电出版社，2008.
[6] 朱凤芹，周志平. 机械设计基础. 北京：北京大学出版社，2008.
[7] 霍振声. 机械技术应用基础（机械设计四合一）. 北京：机械工业出版社，2003.
[8] 陈立德. 机械设计基础课程设计指导书. 第 3 版. 北京：高等教育出版社，2007.
[9] 杨可桢. 机械设计基础. 第 3 版. 北京：高等教育出版社，1989.
[10] 陈立德. 机械设计基础. 北京：高等教育出版社，2004.
[11] 杨可桢，程光蕴. 机械设计基础. 第 5 版. 北京：高等教育出版社，2006.
[12] 濮良贵，纪名刚. 机械设计. 第 7 版. 北京：高等教育出版社，2001.
[13] 倪森寿. 机械技术基础. 北京：人民邮电出版社，北京：2009.
[14] 林宗良. 机械设计基础. 北京：人民邮电出版社，2009.
[15] 谭放鸣. 机械设计基础. 北京：化学工业出版社，2005.
[16] 袁建新，刘显贵. 机械设计基础. 北京：北京理工大学出版社，2007.
[17] 徐春艳. 机械设计基础. 北京：北京理工大学出版社，2009.
[18] 关玉琴. 工程力学. 北京：人民邮电出版社，2006.
[19] 王洪，银金光. 工程力学. 北京：中国林业出版社，2006.
[20] 李青禄，关玉琴. 机械设计课程设计指导. 北京：化学工业出版社，2013.